全国农业高等院校规划教材
农业部兽医局推荐精品教材

宠物外科与产科

● 高　利　胡喜斌　主编

中国农业科学技术出版社

图书在版编目（CIP）数据

宠物外科与产科/高利，胡喜斌主编. —北京：中国农业科学技术出版社，
2008.8（2022.8重印）
全国农业高等院校规划教材．农业部兽医局推荐精品教材
ISBN 978-7-80233-630-8

Ⅰ. 宠…　Ⅱ. ①高…②胡…　Ⅲ. ①观赏动物—外科学—高等学校—教材
②观赏动物—产科学—高等学校—教材　Ⅳ. S857.1　S857.2

中国版本图书馆 CIP 数据核字（2008）第 081278 号

责任编辑　朱　绯
责任校对　贾晓红　康苗苗

出 版 者　中国农业科学技术出版社
　　　　　北京市中关村南大街 12 号　邮编：100081
电　　话　（010）82106626（编辑室）
传　　真　（010）82106626
网　　址　http://www.castp.cn
经 销 者　新华书店北京发行所
印 刷 者　北京捷迅佳彩印刷有限公司
开　　本　787 mm×1092 mm　1/16
印　　张　21.25
字　　数　490 千字
版　　次　2008 年 8 月第 1 版　2022 年 8 月第 3 次印刷
定　　价　36.00 元

《宠物外科与产科》

编 委 会

主　　编　高　利　东北农业大学

胡喜斌　黑龙江生物科技职业学院

副 主 编　刘容明　北京农业职业学院

杨淑华　沈阳农业大学

李金岭　黑龙江畜牧兽医职业学院

编写人员　郑传芳　信阳农业高等专科学校

林长水　黑龙江生物科技职业学院

傅业全　周口职业技术学院

杨思远　黑龙江民族职业学院

杨明赫　黑龙江农业职业技术学院

盛鹏飞　辽宁医学院动物医学院

王洪利　山东畜牧兽医职业学院

李　林　沈阳农业大学

主　　审　王洪斌　东北农业大学

刘俊栋　江苏畜牧兽医职业技术学院

序

中国是农业大国，同时又是畜牧业大国。改革开放以来，我国畜牧业取得了举世瞩目的成就，已连续20年以年均9.9%的速度增长，产值增长近5倍。特别是“十五”期间，我国畜牧业取得持续快速增长，畜产品质量逐步提升，畜牧业结构布局逐步优化，规模化水平显著提高。2005年，我国肉、蛋产量分别占世界总量的29.3%和44.5%，居世界第一位，奶产量占世界总量的4.6%，居世界第五位。肉、蛋、奶人均占有量分别达到59.2千克、22千克和21.9千克。畜牧业总产值突破1.3万亿元，占农业总产值的33.7%，其带动的饲料工业、畜产品加工、兽药等相关产业产值超过8 000亿元。畜牧业已成为农牧民增收的重要来源，建设现代农业的重要内容，农村经济发展的重要支柱，成为我国国民经济和社会发展的基础产业。

当前，我国正处于从传统畜牧业向现代畜牧业转变的过程中，面临着政府重视畜牧业发展、畜产品消费需求空间巨大和畜牧行业生产经营积极性不断提高等有利条件，为畜牧业发展提供了良好的内外部环境。但是，我国畜牧业发展也存在诸多不利因素。一是饲料原材料价格上涨和蛋白饲料短缺；二是畜牧业生产方式和生产水平落后；三是畜产品质量安全和卫生隐患严重；四是优良地方畜禽品种资源利用不合理；五是动物疫病防控形势严峻；六是环境与生态恶化对畜牧业发展的压力继续增加。

我国畜牧业发展要想改变以上不利条件，实现高产、优质、高效、生态、安全的可持续发展道路，必须全面落实科学发展观，加快畜牧业增长方式转变，优化结构，改善品质，提高效益，构建现代畜牧业产业体系，提高畜牧业综合生产能力，努力保障畜产品质量安全、公共卫生安全和生态环境安全。这不仅需要全国人民特别是广大畜牧科教工作者长期努力，不断加强科学研究与科技创新，不断提供强大的畜牧兽医理论与科技支撑，而且还需要培养一大批掌握新理论与新技术并不断将其推广应用的专业人才。

培养畜牧兽医专业人才需要一系列高质量的教材。作为高等教育学科建设的一项重要基础工作——教材的编写和出版，一直是教改的重点和热点之一。为了支持创新型国家建设，培养符合畜牧产业发展各个方面、各个层次所需的复合型人才，中国农业科学技术出版社积极组织全国范围内有较高学术水平和多年教学理论与实践经验的教师精心编写出版面向21世纪全国高等农林院校，反映现代畜牧兽医科技成就的畜牧兽医专业精品教材，并进行有益的探索和研究，其教材内容注重与时俱进，注重实际，注重创新，注重拾遗补缺，注重对学生能力、特别是农业职业技能的综合开发和培养，以满足其对知识学习和实践能力的迫切需要，以提高我国畜牧业从业人员的整体素质，切实改变畜牧业新技术难以顺利推广的现状。我衷心祝贺这些教材的出版发行，相信这些教材的出版，一定能够得到有关教育部门、农业院校领导、老师的肯定和学生的喜欢。也必将为提高我国畜牧业的自主创新能力和增强我国畜产品的国际竞争力作出积极有益的贡献。

国家首席兽医官
农业部兽医局局长

二〇〇七年六月八日

前　言

本教材是在《教育部关于加强高职高专教育人才培养工作的意见》《关于加强高职高专教育教材建设的若干意见》《关于全面提高高等职业教育教学质量的若干意见》等文件精神的指导下编写而成的。

在编写教材过程中，根据高职高专的培养目标，遵循高等职业教育的教学规律，针对学生的特点和就业面向，注重对学生专业素质的培养和综合能力的提高，尤其突出实践技能训练。理论内容以"必需"、"够用"为度，适当扩展知识面和增加信息量；实践内容以基本技能为主，又有综合实践项目。所有内容均最大限度地保证其科学性、针对性、应用性和实用性，并力求反映当代新知识、新方法和新技术。

外科与产科学是一门实践性和技术性非常强的学科，是临床兽医学的重要的临床专业课。它的范围应该包括外科与产科疾病的发生和发展规律，诊断、治疗和预防的基本方法。并能用手术和非手术的方法及时处理外科与产科疾病，这就要求在意外情况下能够运用基本知识来解决突如其来的实际问题。所以，在学习外产科学的过程中必须要理论联系实际，在实际中来运用理论知识，这样才能逐步提高自己的理论水平和实际操作技能，从而更好地为宠物日常疾病防治服务。

宠物外产科学包括外科、产科及实训等几部分。从事本书编写的人员都是长期从事教学和科研工作，具有丰富的临床经验的教师，具体分工是：高利，第一章，第五章，第十四章；胡喜斌，第十三章，第十六章；林长水，第四章；盛鹏飞，第三章；杨淑华，第九章；杨明赫，第六章；杨思远，第十一章；郑传芳，第八章；刘容明，第七章；傅业全，第二章；李林，第十二章；李金岭，第十章；王洪利，第十五章。由高利负责全书的修改和统稿。

教材由王洪斌、刘俊栋主审。在编写过程中参考了同行的许多相关资料，在此也向"参考文献"的作者表示诚挚的谢意。此书编写由于时间仓促，编者水平所限，难免有不妥之处，恳请专家和读者赐教指正。

编　者

2008 年 5 月

目　录

第一章　损伤

损伤（trauma）是由各种不同外界因素作用于机体，引起机体组织器官在解剖结构上的破坏或生理功能上的紊乱，并伴有不同程度的局部或全身反应的病理现象。损伤的分类如下。

（一）按损伤组织和器官的性质分类

1. *软部组织损伤*　为机体软部组织和器官的损伤。根据皮肤及黏膜的完整性是否受到破坏，又分为软部组织开放性损伤和软部组织非开放性损伤。

2. *硬部组织损伤*　为机体硬部组织和器官的损伤，如关节和骨损伤、关节脱位和骨折等。

（二）按损伤的病因分类

1. *机械性损伤*　系机械性刺激作用所引起的损伤。包括开放性损伤和非开放性损伤。
2. *物理性损伤*　系物理性因素引起的损伤，如烧伤、冻伤、电击及放射性损伤等。
3. *化学性损伤*　系化学因素引起的损伤，如化学性热损伤及强刺激剂引起的损伤等。
4. *生物性损伤*　系生物性因素引起的损伤，如各种细菌和毒素引起的损伤等。

第一节　开放性损伤——创伤

一、开放性损伤（创伤）的概念

创伤（wound）是因锐性外力或强烈的钝性外力作用于机体组织或器官，使受伤部皮肤或黏膜出现伤口并导致深在组织与外界相通的机械性损伤。即创伤是组织或器官的机械性开放性损伤，此时皮肤或黏膜的完整性受到破坏。

二、创伤的组成

创伤一般由创缘、创口、创壁、创底、创腔、创围等部分组成。创缘为皮肤或黏膜及其下的疏松结缔组织；创缘之间的间隙称为创口；创壁由受伤的肌肉、筋膜及位于其间的疏松结缔组织构成；创底是创伤的最深部分，根据创伤的深浅和局部解剖特点，创底可由各种组织构成；创腔是创壁之间的间隙，管状创腔称为创道；创围指围绕创口周围的皮肤或黏膜（图 1－1）。

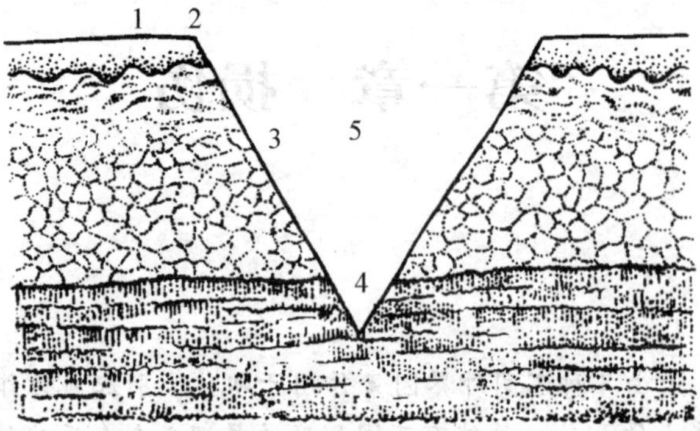

图 1－1　创伤各部名称

1. 创围　2. 创缘　3. 创面　4. 创底　5. 创腔

三、创伤的特征性症状

（一）出血

出血量的多少决定于受伤的部位、组织损伤的程度、血管损伤的状况和血液的凝固性等。出血可分为原发性出血和继发性出血、内出血和外出血、动脉性出血、静脉性出血和毛细血管性出血等。

（二）创口裂开

创口裂开是因受伤组织断离和收缩而引起。创口裂开的程度决定于受伤的部位，创口的方向、长度和深度以及组织的弹性。活动性较大的部位，创口裂开比较明显；长而深的创伤比短而浅的创口裂开大；肌腱的横创比纵创裂开宽。

（三）疼痛及机能障碍

疼痛是因为感觉神经受损伤或炎性刺激而引起。疼痛的程度决定于受伤的部位、组织损伤的性状、犬猫的个体差异等。富有感觉神经分布的部位如爪部、外生殖器、肛门和骨膜等处发生创伤，则疼痛显著。由于疼痛和受伤部位的解剖学结构被破坏，常出现肢体的机能障碍。严重的创伤，其剧烈的疼痛刺激可引发损伤性休克。

四、创伤的分类及临床特征

（一）按伤后经过的时间分类

1. 新鲜创　伤后的时间较短，创内尚有血液流出或存有血凝块，且创内各部组织的轮廓仍能识别，有的虽被严重污染，但未出现创伤感染症状。

2. 陈旧创　伤后经过时间较长，创内各组织的轮廓不易识别，出现明显的创伤感染症状，有的排出脓汁，有的出现肉芽组织。

（二）按创伤有无发生感染分类

1. 无菌创　通常将在无菌条件下所做的手术创称为无菌创。

2. 污染创　创伤被细菌和异物所污染，但进入创内的细菌仅与损伤组织发生机械性接触，并未侵入组织深部繁殖，也未呈现致病作用。污染较轻的创伤，经适当的外科处理后，可能取第一期愈合。污染严重的创伤，又未及时而彻底地进行外科处理时，常转为感染创。

3. 感染创　进入创内的致病菌大量繁殖，对机体呈现致病作用，使伤部组织出现明显的创伤感染症状，甚至引起机体的全身性反应。

（三）按致伤物的性状分类

1. 刺创　是由尖锐细长物体刺入组织内引发的损伤。创口小，创道狭而长，一般创道较直，有的由于肌肉的收缩，创道呈弯曲状态，深部组织常被损伤，并发内出血或形成组织内血肿。刺入物有时折断，作为异物残留于创道内，再加上致伤物体带入创道的污物，刺创极易感染化脓，甚至形成化脓性窦道或引起厌氧性感染。小动物体腔部的刺创，常为透创，应特别注意。

2. 切创　是因锐利的刀类、铁片、玻璃片等切割组织引发的损伤。切创的创缘及创壁比较平整，组织受挫灭轻微，出血量多，疼痛较轻，创口裂开明显，污染较少。一般经适当的外科处理和缝合，能迅速愈合。

3. 挫创　是由钝性外力的作用（如打击、冲撞、蹴踢等）或犬猫从高空坠落在硬地上所致的组织损伤。挫创的创形不整，常存有明显的被血液浸润的挫灭破碎组织，出血量少，创内常存有创囊及血凝块，创伤多被尘土、砂石、被毛等污染，极易感染化脓。

4. 裂创　主要是由犬猫等相互撕咬所致，伤部组织受到机械性牵张而发生断裂。裂创的创形不规整，组织发生撕裂或剥离，创缘呈不整锯齿状，创内深浅不一，创壁及创底凸凹不平，并存有创囊及严重破损组织的碎片。出血较少，创口裂开很大，疼痛剧烈。有的皮肤呈瓣状撕裂，有的并发肌肉及腱的断裂，撕裂组织容易发生坏死或感染。

5. 压创　是由车轮碾压或重物挤压所致的组织损伤。压创的创形不整，存有大量的挫灭组织、压碎的肌腱碎片，有的皮肤缺损或存在粉碎性骨折。压创一般出血少，疼痛不剧烈，创伤污染严重，极易感染化脓。

6. 搔创　被猫和犬爪搔抓致伤，呈线形，一般比较浅表。

7. 缚创　常见于犬、猫颈部，多由项圈或锁链所引起，缚创易感染。

8. 咬创　是犬、猫相互撕咬所致的组织损伤，被咬部呈管状创或近似裂创或呈组织缺损创。创内常有挫灭组织，出血少，常被口腔细菌所污染，可继发蜂窝织炎。

9. 毒创　是被毒蛇咬、毒蜂刺螫等所致的组织损伤。被咬刺部位呈点状损伤，常不易被发现。但毒素进入组织后，患部疼痛剧烈，迅速肿胀，随后出现坏死和分解。毒素引起的全身性反应迅速而严重，可因呼吸中枢和心血管系统的麻痹而死亡。

10. 复合创　具备上述两种以上创伤的特征。常见者有挫刺创、挫裂创等。

五、创伤的检查方法

创伤检查的目的在于了解创伤的性质，决定进行合理治疗及验证治疗方法是否正确的可靠依据。在创伤进行治疗之前及治疗过程中，必须详细而周密地检查局部及全身的状况。

（一）一般检查

首先应检查受伤部位和救治情况。接着是问诊，应了解创伤发生的时间，致伤物的性状，发病当时的情况和犬、猫的表现等。然后是全身检查包括犬、猫的体温、呼吸、脉搏，以及观察犬、猫的可视黏膜颜色和精神状态。最后是系统检查包括呼吸、循环和消化系统的检查。特别要注意各天然孔是否出血，胸腔、腹腔内是否有过多的液体，触诊膀胱是否膨满，并注意排粪、排尿状况。当发生四肢创伤，并怀疑伴有骨和关节损伤时，应弯曲各关节，观察是否有疼痛反应和变形。

（二）创伤外部检查

按由外向内的顺序，仔细地对受伤部位进行检查。先视诊创伤的部位、大小、形状、方向、性质，创口裂开的程度，有无出血，创围组织状态和被毛情况，有无创伤感染现象。继则观察创缘及创壁是否整齐、平滑，有无肿胀及血液浸润情况，有无挫灭组织及异物。然后对创围进行柔和而细致的触诊，以确定局部温度的高低、疼痛情况、组织硬度、皮肤弹性及移动性等。

（三）创伤内部检查

创伤的内部检查，首先要对创围进行剪毛和消毒，在遵守无菌操作的原则下，检查创伤内情况，应胆大心细。注意创缘、创面是否整齐、光滑，有无肿胀、血液浸润及上皮生长等。注意检查创内有无血凝块、挫灭组织、异物。创底有无创囊、死腔等。必要时可用消毒的探针、硬质胶管等，或用戴消毒乳胶手套的手指进行创底检查，摸清创伤深部的具体情况。新鲜创最好不用探针检查，因其易将微生物和异物带入深部，有引起继发性感染的危险，且容易穿通创伤邻近的解剖腔而造成不良后果。但为了明确化脓创或化脓性瘘管（或窦道）的深度、方向及有无异物时，可使用探针或戴消毒手套的手指进行检查，切忌粗暴。

对于有分泌物的创伤，应注意分泌物的颜色、气味、黏稠度、数量和排出情况等。必要时可进行酸碱度测定、脓汁象及血液检查。对于出现肉芽组织的创伤，应注意肉芽组织的数量、颜色和生长情况等。创面可作按压标本的细胞学检查，有助于了解机体的防卫机能状态，客观地验证治疗方法的正确性，用放大镜（5～20 倍）检查能获得良好的结果。

（四）其他检查方法

在创伤检查中，还可以根据需要借助仪器采用穿刺、实验室检查、X 线透视或摄片等检查手段。

六、创伤的治疗

创伤治疗的基本原则是及时止血，解除疼痛，防治休克，防止感染和术后治疗。

（一）创伤治疗的一般原则

1. 及时止血　对于新鲜的出血的创伤，首先应给予积极止血措施，可根据出血的部位、性质和程度，采用压迫、填塞、钳压、结扎等止血方法，也可于创面撒布止血粉。必要时可应用全身性止血剂。

2. 抗休克　一般是先抗休克，待休克好转后再行清创术，但对大出血、胸壁穿透创及肠脱出，则应在积极抗休克的同时，进行手术治疗。

3. 防治感染　灾害性创伤，一般不可避免被细菌等所污染，伤后应立即开始使用抗生素，预防化脓性感染，同时进行积极的局部治疗，使污染的伤口变为清洁伤口并进行缝合，但对战时火器创的处理，原则上只做清创不做缝合。

4. 纠正水与电解质失衡　创伤失血后会使机体严重脱水并发生后期的电解质失衡，所以积极的补液和补充电解质是关键。

5. 消除影响创伤愈合的因素　影响创伤愈合的因素很多，在创伤治疗过程中，注意消除影响创伤愈合的因素，可使肉芽组织生长正常，促进创伤早期治愈。

6. 加强饲养管理　增强机体抵抗力，能促进伤口愈合，对严重的创伤，应给予高蛋白及富有维生素的食物。

（二）创伤时常用止血方法

止血是处理出血的手段和过程，是小动物发生损伤时经常碰到并需立即进行的基本操作，止血是否及时、是否恰当至关重要。往往由于大量的出血导致犬、猫的休克和死亡。

临床常用的止血方法有以下几种：

1. 全身预防止血　是在术前给动物注射凝血药物或同类型血液，借以提高机体抗出血的能力，减少术中出血的方法。①输血　输血可以提高血液凝固性，刺激血管运动中枢，反射性地引起血管收缩，输血在动物手术中应用较少，必要时可在术前输入同种同型血液，术前30～60min输血适宜，输血前要做血型配合实验，但是动物的血型比较复杂，特别是犬，如果是第一次输血且来不及进行配血试验时，可在密切观察的情况下直接输入同种健康动物的抗凝血，发现异常应放慢速度或立即停止。②应用凝血药物　V_K 可增加凝血酶原；安络血增强毛细血管收缩力，降低毛细血管渗透性；止血敏增强血小板机能和粘合力，降低毛细血管渗透性；对羧基苄胺抑制纤维蛋白溶酶原的激活因子，使纤维蛋白溶酶原不能转变为纤维蛋白溶解酶，从而抑制纤维蛋白的溶解，起到止血的作用。

2. 局部预防性止血法　①肾上腺素或麻黄素　适用于小动脉收缩、前括约肌、静脉的止血，一般在手术部位注射或喷洒加肾上腺素的盐水或用蘸有肾上腺素盐水的纱布压迫局部，均可减少创面出血并止血，但应注意监测犬、猫心脏情况，另外目前使用一些医用生物胶做局部喷洒亦有较好的止血作用。此外，肾上腺素经常和局部麻醉结合使用，一般是在500ml普鲁卡因溶液中加入0.1%肾上腺素2ml，通过使血管断端收缩，减少手术出血，还可延长普鲁卡因的麻醉时间。②止血带　适用于四肢、阴茎、尾部、舌部等损伤。作用是暂时阻断血流，创造“无血”的手术视野，可减少手术中失血量并有利于精细的解剖，有时作为犬外伤时的紧急止血。方法是将橡皮止血带适当拉紧（以远端脉搏即将消失为度），拉长绕肢体2～3周。止血带保留的时间，冬季不超过40～60min，夏季不超过1～2h，但一般为45min，若需要的时间长，中间可松开10～30s，松开的方法是“松紧、松紧”，严禁一次松开。

有时现场急救时也可以用棉布类止血带止血，一般在伤口近心端，用绷带、带状布条或绳索等，勒紧止血。常作为外伤时现场紧急止血。

3. 手术过程中止血法　①压迫止血　是手术中最常用的止血方法。其原理是以一定的压力使血管破口缩小或闭合，继之由于血流减慢，血小板、纤维蛋白、红细胞可迅速形成血栓，使出血停止。压迫止血可用一般纱布或采用40～50℃的温热盐水纱布压迫止血，加压需有足够的时间，一般需5min左右再轻轻取出纱布，必要时重复2～3次。注意用纱布压迫止血时只许按压，切忌擦拭，以免损伤组织或使血栓脱落。有时纱布上浸溶有1%～2%麻黄素，0.1%肾上腺素，2% $CaCl_2$ 等溶液时，可提高止血效果；②钳夹止血　在手术操作过程中，对按压后仍见的出血点，可进行钳夹，钳夹出血点时要求准确，钳夹方向尽量与血管断端垂直，钳夹组织要少，严禁大面积夹，最好一次成功；③钳夹捻转止血　在钳夹基础上可将止血钳扭转1～2周，轻轻去钳，使血管断端闭合，适用于小血管出血；④钳夹结扎止血　适用于较大血管的出血。A. 单纯结扎止血　用丝线绕过止血钳所夹的血管及少量组织进行结扎，在拉紧第一结扣的同时，松去止血钳。B. 贯穿结扎止血　结扎线用缝针穿过所钳夹的组织后，再进行结扎，常用“8”字形缝合结扎和单纯贯穿结扎。贯穿结扎的结扎线不易滑脱，适用于大血管的出血或不易用止血钳夹住的出血点（深部），贯穿结扎时缝合针注意不要穿过血管；⑤创内留钳止血　用止血钳夹持深创内的血管断端，并将止血钳留在创内24～48h。为防止止血钳移动，可把用绷带拴系的柄环部固定在动物躯体上。此法多用于大动物去势后继发的精索内动脉出血，犬、猫一般不用；⑥填塞压迫止血　纱布填塞压迫法，因其可能造成再出血及引起感染，不作为理想的止血手段，但是对于广泛渗血及汹涌的渗血，如果现有办法用尽仍未奏效，在不得已的情况下，可采用填塞压迫止血以保证生命安全。此外对深部创腔出血，不易进行钳夹或贯穿结扎时也应用纱布填塞，方法是采用无菌干纱布或绷带填塞压迫，填塞处勿留死腔，要保持适当的压力，填塞时纱布数及连接一定要绝对准确可靠，填塞时要做到有序的折叠，保留12～48h。

4. 电凝止血　电凝止血即用电灼器止血，现常用的电灼器有高频电刀，氩气电刀，就其止血的方式有单极电凝及双极电凝。在止血时，电灼器可直接电灼出血点，也可先用止血钳夹住出血点，再用电灼器接触止血钳，止血钳应准确地夹住出血点或血管处，夹住的组织越少越好，不可接触其他组织以防烧伤，通电1～2s即可止血；也可用小的镊子或Edison镊（血管外科用的尖头镊子）直接夹住出血点电凝。电凝止血适用于表浅的小的出血点止血。

注意事项为：①使用前要检查电灼器有无故障，连接是否正确，检查室内有无易燃化学物质；②电灼前用干纱布或吸引器将手术清理干净，电灼后残面不能用纱布擦拭，只能用纱布蘸吸，以防止血的焦痂脱落造成止血失败；③电灼器或导电的血管钳、镊不可接触其他组织，以防损伤；④应随时用刀片刮净导电物前端的血痂，以免影响止血效果；⑤电凝时间不宜过长，否则烧伤范围大，影响愈合；⑥空腔脏器、大血管附近、皮肤、脑部和大神经附近不宜用电凝。

优缺点：止血迅速，创内不留有线结，但止血效果不可靠，凝固的组织易脱落，发生再次出血，因此，不宜用来进行大血管止血。

5. 烧烙止血　用电烙铁或普通烙铁通过高温使血管断端收缩止血。缺点是损伤大，动物十分痛苦，在兽医上主要用于弥散性出血，如羔羊断尾、去角，大家畜火骟等，如果猫狗必须用时，尽量减少烧伤的组织（范围小、深度浅、热度低、时间短）。

6. 局部化学药物止血　①麻黄、肾上腺素；②止血明胶海绵止血　适用于实质脏器、骨松质、海绵体的出血。可促进血液凝固和提供血凝的支架。种类繁多，如纤维蛋白海绵、氧化纤维素、淀粉海绵、白明胶海绵等。填塞在组织内，可被溶解吸收，且使血管再通；③活组织填塞止血　如网膜、腹膜、筋膜、肌肉瓣等，均带蒂；④骨蜡止血　常用于骨的断端、断角及断面等。

（三）创伤治疗的基本方法

1. 创围清洁法　清洁创围的目的在于防止创伤感染，促进创伤愈合。清洁创围时，先用数层灭菌纱布块覆盖创面，防止异物落入创内。后用剪毛剪将创围被毛剪去，剪毛面积以距创缘周围10cm左右为宜。创围被毛如被血液或分泌物粘着时，可用3%过氧化氢和氨水（200∶4）混合液冲洗。再用70%酒精棉球反复擦拭紧靠创缘的皮肤，直至清洁干净为止。离创缘较远的皮肤，可用肥皂水和消毒液洗刷干净，但应防止洗刷液落入创内。最后用5%碘酊或5%酒精福尔马林溶液以5min的间隔，两次涂擦创围皮肤。

2. 创面清洗法　揭去覆盖创面的纱布块，用生理盐水冲洗创面后，持消毒镊子除去创面上的异物、血凝块或脓痂。再用生理盐水或防腐液反复清洗创伤，直至清洁为止。创腔较浅且无明显污物时，可用浸有药液的棉球轻轻地清洗创面；创腔较深或存有污物时，可用洗创器吸取防腐液冲洗创腔，并随时除去附于创面的污物，但应防止过度加压形成的急流冲刷创伤，以免损伤创内组织和扩大感染。清洗创腔后，用灭菌纱布块轻轻地擦拭创面，以便除去创内残存的液体和污物。

3. 清创手术　用外科手术的方法将创内所有的失活组织切除，除去可见的异物、血凝块，消灭创囊、凹壁，扩大创口（或作辅助切口），保证排液畅通，力求使新鲜污染创变为近似手术创伤，争取创伤的第一期愈合。

根据创伤的性质、部位、组织损伤的程度和伤后经过的时间，对每个创伤施行清创手术的内容也不同。一般于手术前均需进行彻底的消毒和麻醉。修整创缘时，用外科剪除去破碎的创缘皮肤和皮下组织，造成平整的创缘以便于缝合；扩创时，是沿创口的上角或下角切开组织，扩大创口，消灭创囊、龛壁，充分暴露创底，除去异物和血凝块，以便排液通畅或便于引流。除修整创缘和扩大创口外，还应切除创内所有失活破碎组织，造成新创壁。失活组织一般呈暗紫色，刺激不收缩，切割时不出血，无明显疼痛反应。为彻底切除失活组织，在开张创口后，除去离断的筋膜，分层切除失活组织，直至组织有鲜血流出。对于创腔深、创底大和创道弯曲不便于从创口排液的创伤，可选择创底最低处且靠近体表的健康部位，尽量于肌间结缔组织处作适当长度的辅助切口一至数个，以利排液。

随时止血，随时除去异物和血凝块。对暴露的神经和健康的血管应注意保护。清创手术完毕，用防腐液清洗创腔，按需要用药、引流、缝合和包扎。

4. *创伤缝合法* 根据创伤情况可分为初期缝合、延期缝合和肉芽创缝合。

初期缝合是对受伤后数小时的清洁创或经彻底外科处理的新鲜污染创施行缝合，其目的在于保护创伤不继发感染，帮助止血，消除创口裂开，使两侧创缘和创壁相互接着，为组织再生创造良好条件。适合于初期缝合的创伤条件是：创伤无严重污染，创缘及创壁完整且具有生活力，创内无较大的出血和较大的血凝块，缝合时创缘不会因牵引而过分紧张，且不妨碍局部的血液循环等。

临床实践中，常根据创伤的不同情况，分别采取不同的缝合措施。有的施行创伤初期密闭缝合；有的作创伤部分缝合，于创口下角留一排液口，便于创液的排出；有的施行创口上下角的数个疏散结节缝合，以减少创口裂开和弥补皮肤的缺损；有的先用药物治疗3～5d，无创伤感染后，再施行缝合，称此为延期缝合。经初期缝合后的创伤，如出现剧烈疼痛、肿胀显著，甚至体温升高时，说明已出现创伤感染，应及时部分或全部拆线，进行开放治疗。

肉芽创缝合又叫二次缝合，用以加速创伤愈合，减少疤痕形成。适合于肉芽创，创内应无坏死组织，肉芽组织呈红色平整颗粒状，肉芽组织上被覆的少量脓汁内无厌氧菌存在。对肉芽创经适当的外科处理后，根据创伤的状况施行接近缝合或密闭缝合。

5. *创伤引流法* 当创腔深、创道长、创内有坏死组织或创底潴留渗出物时，以使创内炎性渗出物流出创外为目的。常用引流疗法以纱布条引流最为常用，多用于深在化脓感染创的炎性净化阶段。纱布条引流具有毛细管引流的特性，只要把纱布条适当地导入创底和弯曲的创道，就能将创内的炎性渗出物引流至创外。作为引流物的纱布条，根据创腔的大小和创道的长短，可做成不同的宽度和长度。纱布条越长，则其条幅也应宽些。将细长的纱布条导入创内时，因其形成圆球而不起引流作用。引流纱布是将适当长、宽的纱布条浸以药液（如青霉素溶液、中性盐类高渗溶液、奥立夫柯夫氏液、魏斯聂夫斯基氏流膏等)，用长镊子将引流纱布条的两端分别夹住，先将一端疏松地导入创底，另一端游离于创口下角。

临床上除用纱布条作为主动引流之外，也常用胶管、塑料管做被动引流。换引流物的时间，决定于炎性渗出的数量、病畜全身性反应和引流物是否起引流作用。炎性渗出物多时应常换。当创伤炎性肿胀和炎性渗出物增加，体温升高、脉搏增数时是引流受阻的标志，应及时取出引流物作创内检查，并换引流物。引流物也是创伤内的一种异物，长时间使用能刺激组织细胞，妨碍创伤的愈合。因此，当炎性渗出物很少，应停止使用引流物。对于炎性渗出物排出通畅的创伤、已形成肉芽组织坚强防卫面的创伤和创内存有大血管和神经干的创伤，以及关节和腱鞘创伤等，均不应使用引流疗法。

6. *创伤包扎法* 创伤包扎，应根据创伤具体情况而定。一般经外科处理后的新鲜创都要包扎。当创内有大量脓汁、发生厌氧性及腐败性感染，以及炎性净化后出现良好肉芽组织的创伤，一般可不包扎，采取开放疗法。创伤包扎不仅可以保护创伤免于继发损伤和感染，且能保持创伤安静、保温，有利于创伤愈合。创伤绷带由3层，即从内向外由吸收层（灭菌纱布块）、接受层（灭菌脱脂棉块）和固定层（卷轴带、三角巾、复绷带或胶绷带等）组成。对创伤作外科处理后，根据创伤的解剖部位和创伤的大小，选择适当大小的吸收层和接受层放于创部，固定层则根据解剖部位而定。四肢部用卷轴带或三角巾包扎；躯干部用三角巾、复绷带或胶绷带固定。

创伤绷带的更换时间应按具体情况而定。当绷带已被浸湿而不能吸收炎性渗出物时，脓汁流出受阻时，以及需要处置创伤时，应及时更换绷带，否则可以适当延长时间。更换绷带时，应轻柔、仔细、严密消毒，防止继发损伤和感染。创伤换绷带包括取下旧绷带、处理创伤和包扎新绷带 3 个环节。

（四）创伤的用药及输血

1. 创伤用药　创伤用药的目的在于防止创伤感染，加速炎性净化，促进肉芽组织和上皮新生。药物的选择和应用决定于创伤的性状、感染的性质、创伤愈合过程的阶段等。对清创手术比较彻底的创伤，在创面涂布碘酊或用 0. 25% 普鲁卡因青霉素溶液向创内灌注或行创围封闭即可；如创伤污染严重、外科处理不彻底、不及时和因解剖特点不能施行外科处理时，为了消灭细菌，防止创伤感染，早期应用广谱抗菌性药物，可向创内撒布青霉素粉、磺胺碘仿粉（9∶1）等；对创伤感染严重的化脓创，为了达到消灭病原菌和加速炎性净化的目的，应用制菌性药物和加速炎性净化的药物，可用 10% 食盐水、硫呋液（硫酸镁 20. 0ml、0. 01% 呋喃西林溶液加至 100. 0ml）湿敷。如果创内坏死组织较多，可用蛋白溶解酶（纤维蛋白溶酶 30IU、脱氧核糖核酸酶 2 万 IU，调于软膏基质中）创内涂布；对肉芽创应使用保护肉芽组织和促进肉芽组织生长，以及加速上皮新生的药物，可选用 10% 氧化锌软膏、生肌散（制乳香、制没药、煅象皮各 6g，煅石膏 12g、煅珍珠 1g、血竭 9g、冰片 3g，共研成极细末，撒布于创面）或 20% 龙胆紫溶液等涂布；对赘生肉芽组织，可用硝酸银棒、硫酸铜或高锰酸钾粉腐蚀。总之，适用于创伤的药物，应具有既能制菌，又能抗毒与消炎，且对机体组织细胞损害作用小者为最佳。

2. 输血疗法

（1）输血的作用与意义　充全血，既扩大血容量，又补充血细胞，并有良好的止血作用。也可刺激免疫系统的功能，提高免疫力。但有肝肾疾病，心血管系统疾病时，禁用。

（2）方法　利用柠檬酸三钠（枸橼酸钠）或肝素作抗凝剂。3. 8% 枸橼酸钠每 10ml 血加 1ml 就可起到抗凝血的作用，20% 枸橼酸钠和 0. 1% 肝素水溶液的用量与 3. 8% 枸橼酸钠的用量相同。

输血前作血凝试验或先缓慢输入少许，15min 后无反应者（体温、脉搏、呼吸、可视黏膜无异常），再输注全量血液，注射的速度宜慢。

（3）不良反应　发热反应：寒战，体温高；溶血反应：不安，呼吸、脉搏加快，震颤，黏膜发绀，高热；过敏反应：呼吸加快，痉挛，皮肤有荨麻疹，休克死亡。

（五）创伤时的全身疗法

受伤病畜是否需要全身性治疗，应按具体情况而定。许多受伤病畜因组织损伤轻微、无创伤感染及全身症状时，可不进行全身性治疗。当受伤病畜出现体温升高、精神沉郁、食欲减退、白细胞增数等全身症状时，则应施行必要的全身性治疗，防止病情恶化。例如，对污染较轻的新鲜创，经彻底的外科处理以后，一般不需要全身性治疗；对伴有大出血和创伤愈合迟缓的病畜，应输入血浆代用品或全血；对严重污染而很难避免创伤感染的新鲜创，应使用抗生素或磺胺类药物，并根据伤情的严重程度，进行必要的输液、强心措施，注射破伤风抗毒素或类毒素；对局部化脓性炎症剧烈的病畜，为了减少炎性渗出和防止酸中毒，可静脉注射10%葡萄糖酸钙溶液20～50ml和5%碳酸氢钠溶液10～30ml，必要时连续使用抗生素或磺胺类制剂以及进行强心、输液、解毒等措施；疼痛剧烈时，可肌肉注射度冷丁或氯丙嗪。

七、影响创伤愈合的因素

创伤愈合的速度常受许多因素的影响，这些因素包括外界条件方面的、人为的和机体方面的。创伤诊疗时，应尽力消除妨碍创伤愈合的因素，创造有利于愈合的良好条件。

1. 创伤感染　创伤感染化脓是延迟创伤愈合的主要因素，由于病原菌的致病作用，一方面使伤部组织遭受更大的破坏，延长愈合时间；另一方面机体吸收了细菌毒素和有害的炎性产物，降低机体的抵抗力，影响创伤的修复过程。

2. 创内存有异物或坏死组织　当创内特别是创伤深部存留异物或坏死组织时，炎性净化过程不能结束，化脓不会停止，创伤就不能愈合，甚至形成化脓性窦道。

3. 受伤部血液循环不良　创伤的愈合过程是以炎症为基础的过程，受伤部血液循环不良，既影响炎性净化过程的顺利进行，又影响肉芽组织的生长，从而延长创伤愈合时间。

4. 受伤部不安静　受伤部经常进行有害的活动，容易引起继发损伤，并破坏新生肉芽组织的健康生长，从而影响创伤的愈合。

5. 处理创伤不合理　如止血不彻底，施行清创术过晚和不彻底，引流不畅，不合理的缝合与包扎，频繁地检查创伤和不必要的换绷带，以及不遵守无菌规则，不合理地使用药剂等，都可延长创伤的愈合时间。

6. 机体维生素缺乏　维生素A缺乏时，上皮细胞的再生作用迟缓，皮肤出现干燥及粗糙；维生素B缺乏时，能影响神经纤维的再生；维生素C缺乏时，由于细胞间质和胶原纤维的形成障碍，毛细血管的脆弱性增加，致使肉芽组织水肿、易出血；维生素K缺乏时，由于凝血酶原的浓度降低，致使血液凝固缓慢，影响创伤愈合时间。

第二节　软组织的非开放性损伤

一、挫伤

挫伤（contusion）是各种钝性外力直接作用于机体，引起组织的非开放性损伤，此时皮肤的完整性并未遭到破坏。其受伤的组织或器官可能是皮肤、皮下组织、筋膜、肌肉、肌腱、腱鞘、韧带、神经、血管、骨膜、关节、胸腹腔及内脏器官。机体的各种组织对外力作用具有不同程度的抵抗力。皮下疏松结缔组织、小血管和淋巴管抵抗力最弱；中等血管稍强；肌肉、筋膜、腱和神经抵抗力强；皮肤则具有很大的弹性和韧性，抵抗力最强。临床上常见的有软部组织挫伤、神经挫伤、骨挫伤和关节挫伤。

（一）病因

犬、猫等主要是由于车辆冲撞，石块或沉重物体砸落到身上，从高处坠落或跳落于硬地上，相互撕咬等都容易导致挫伤。

（二）分类与症状

按挫伤程度可分为

1. 皮下组织挫伤　多由皮下组织的小血管破裂引起。少量出血常形成局限性的小的出血斑（点状出血），出血量大时，常发生溢血。皮下出血后小部分血液成分被机体吸收，大部分发生凝固，血色素发生溶解，红细胞破裂后被吞噬细胞吞噬，经血液循环和淋巴循环吸收，挫伤部皮肤初期呈黑红色，逐渐变成紫色、黄色后恢复正常。

2. 皮下裂伤　发生皮下裂伤时，皮肤仍完整，但皮下组织与皮肤发生剥离，常有血液和渗出液等积聚皮下。如为肋骨骨折，其断端伤及肺部时，在发生裂创的皮下疏松结缔组织间可形成皮下气肿。又如当软部组织在伸缩性小的组织（骨）与钝性物体之间受到猛烈的压挤之后，皮肤因具有很大的弹性，仍保持其完整性，但位于皮肤下的疏松结缔组织、脂肪组织及肌肉组织常发生挫伤。局部出现溢血，肿胀，疼痛及机能障碍。

3. 皮下深部组织挫伤　深部组织的挫伤常见的有以下几种。

（1）肌肉的挫伤　常由钝性外力直接作用引起，轻度的肌肉挫伤常发生淤血或出血，重度的肌肉挫伤肌肉常发生坏死，挫伤部肌肉软化呈泥样，治愈后形成瘢痕，因瘢痕挛缩常引起局部组织的机能障碍。犬不能起立并长时间趴卧，压迫挫伤部的皮肤和肌肉，渐渐地皮肤也发生损伤，进而形成湿性坏疽。

（2）神经的挫伤　常发生于下面是骨组织且部位浅表的神经。一般表现为疼痛、轻瘫、神经支配的部位知觉及运动麻痹等。损伤后神经所支配的区域肌肉呈渐进性萎缩。中枢神经系统脊髓发生挫伤时，因受挫伤的部位不同可发生呼吸麻痹、后躯麻痹、尿失禁等症状。

（3）关节的挫伤　最容易发生于缺乏肌肉组织保护的关节。此时关节周围软组织及关节腔内发生溢血，关节囊的囊状韧带破坏，常伴有关节软骨的损伤。关节挫伤的临床症状决定于关节内及关节周围组织的损伤程度。轻度挫伤的，关节出现轻微的疼痛反应，不经治疗即可痊愈。重度挫伤时，立即出现关节肿胀、温热、疼痛及机能障碍，对关节进行压迫或他动运动时，出现防卫性反应。站立时避免用患肢负重，运动时出现不同程度的跛行。

（4）骨的挫伤　常发生于骨膜表面无肌肉组织被覆的部位，局部出现平坦而坚硬的肿胀及剧烈疼痛，易形成骨赘。肿胀部位的皮肤常发生擦伤。

破裂：挫伤的同时常伴有内脏器官破裂和筋膜、肌肉、腱的断裂。肝脏、肾脏、脾脏较皮肤和其他组织脆弱，在强烈的钝性外力作用下更易发生破裂。脏器破裂后形成严重的内出血，常易导致休克的发生。

（三）治疗

1. *治疗原则* 制止溢血和渗出，促进炎性产物的吸收，镇痛消炎，防止感染，加速组织的修复能力。同时当受到强力外力的挫伤时要注意全身状态的变化。

2. *常用的治疗方法*

（1）*冷疗和热疗* 在挫伤的最初6～24h，为消除急性炎症，缓解疼痛，热痛肿胀特别重时局部给予冷却疗法（冰囊、雪囊或冷敷）；挫伤后48～72h，改用温热疗法（酒精绷带温敷、四肢末端温水浴）、红外线照射、透热疗法或石蜡疗法等。

（2）*刺激疗法* 炎症慢性化时可进行刺激疗法。涂氨擦剂（氨：蓖麻油＝1：4），樟脑酒精或5%鱼石脂软膏、复方醋酸铅散，引起一过性充血，促进炎性产物吸收，对促进肿胀的消退有良好的效果。或用中药山栀子粉加淀粉或面粉，以黄酒调成糊状外敷，或者用七厘散以黄酒调成糊状外敷。

（3）*其他疗法* 严重挫伤时，可应用镇痛剂，或施行神经阻滞术，并服用跌打丸或云南白药等舒筋活血药。关节挫伤伴发高度跛行时，可用夹板绷带固定3～7d，以保持局部的安静。

二、血肿

血肿（hematoma）是由于各种外力作用，导致血管破裂，溢出的血液分离周围组织，形成充满血液的腔洞。

（一）病因及病理变化

血肿常见于软组织非开放性损伤，主要由于各种机械性外力（棒打、碰撞、跌倒等）作用的结果。某些损伤（刺创、咬创、骨折等）也可形成继发性血肿。血肿可发生于皮下、筋膜下、肌间、骨膜下及浆膜下。犬、猫血肿可发生在耳部、颈部、胸前和腹部等。根据损伤的血管不同，血肿分为动脉性血肿、静脉性血肿和混合性血肿。

血肿形成的速度较快，其大小决定于受伤血管的种类、粗细和周围组织性状，一般均呈局限性肿胀，且能自然止血。较大的动脉断裂时，血液沿筋膜下或肌间浸润，形成弥漫性血肿。较小的血肿，由于血液凝固而缩小，其血清部分被组织吸收，凝血块在蛋白分解酶的作用下软化、溶解和被组织逐渐吸收。其后由于周围肉芽组织的新生，使血肿腔结缔组织化。较大的血肿周围，可形成较厚的结缔组织囊壁，其中央仍贮存未凝的血液，时间较久则变为褐色甚至无色。

（二）症状

血肿的临床特点是肿胀迅速增大，肿胀呈明显的波动感或饱满有弹性。4～5d后肿胀周围坚实，并有捻发音，中央部有波动，局部增温。穿刺时，可排出血液。有时可见局部淋巴结肿大和体温升高等全身症状。

血肿感染可形成脓肿，注意鉴别。

（三）治疗

治疗重点应从制止溢血、防止感染和排除积血着手。可于患部涂碘酊，在最初24h，局部用冷却疗法（冰囊、雪囊或冷敷），同时装压迫绷带。经4～5d后，可穿刺或切开血肿，排除积血或凝血块和挫灭组织，如发现继续出血，可行结扎止血，清理创腔后，再行缝合创口或开放疗法。

三、淋巴外渗

淋巴外渗（lympho-extravasation）是在钝性外力作用下，由于淋巴管断裂，致使淋巴液聚积于组织内的一种非开放性损伤。其原因是钝性外力在动物体上强行滑擦，致使皮肤或筋膜与其下部组织发生分离，淋巴管发生断裂。淋巴外渗常发生于淋巴管较丰富的皮下结缔组织，而筋膜下或肌间则较少。

（一）症状

淋巴外渗在临床上发生缓慢，一般于伤后3～4d出现肿胀，并逐渐增大，有明显的界限，呈明显的波动感，皮肤不紧张，炎症反应轻微。穿刺液为橙黄色稍透明的液体，或其内混有少量的血液。时间较久，析出纤维素块，如囊壁有结缔组织增生，则呈明显的坚实感。

（二）治疗

首先使动物安静，有利于淋巴管断端的闭塞。较小的淋巴外渗可不必切开，于波动明显部位，用注射器抽出淋巴液，然后注入95%酒精或酒精福尔马林液（95%酒精100ml，福尔马林1ml，碘酊数滴，混合备用）10～30ml，停留片刻后，将其抽出，以期淋巴液凝固堵塞淋巴管断端，而达制止淋巴液流出的目的。应用一次无效时，可行第二次注入。

较大的淋巴外渗，可进行切开，排出淋巴液及纤维素，用酒精福尔马林液冲洗，并将浸有上述药液的纱布填塞于腔内，作假缝合。当淋巴管完全闭塞后，可按创伤治疗。

治疗时应当注意，长时间的冷敷能使皮肤发生坏死；温热、刺激剂和按摩疗法，均可促进淋巴液流出和破坏已形成的淋巴栓塞，都不宜应用。

四、断裂

断裂是软组织受到直接或间接外力的突然牵引，超过组织本身的弹性限度，致使组织的连续性遭到破坏，称为断裂。断裂往往是由于软部组织受到牵引的外力过大。犬、猫常见的有肌肉断裂和股断裂，有时也可能见到血管，神经断裂。

（一）症状

断裂发生在不同部位时，可以表现不同的症状。

肌肉断裂 四肢的肌肉断裂常发生于肌膜、腱膜交界处及与骨结合处，肌肉断裂的断端离开并形成明显的缝隙，最初其中充满血液，以后被结缔组织填充。因此，临床上表现为局部肿胀、疼痛和机能障碍、并形成凹陷。

腱断裂 分为不全断裂和完全断裂。常发生于十字韧带、跟腱、肌腱交界处及与骨结合处。主要表现为跛行，他动运动时，关节活动范围增大，腱弛缓，断裂局部有缺损凹陷。

血管断裂 血管最容易发生断裂的是内膜和中膜。外膜有较强的抵抗力，一般不易断裂，此时损伤处扩张，形成真性外伤性血管瘤。当血管壁完全断裂时，血液流出，形成血肿。如果血肿腔与受伤血管的管腔相通，血液能自由地由血管进入血肿腔或返回，形成假性外伤性血管瘤。

神经断裂 损伤的神经所支配的部位，出现完全麻痹症状，神经机能完全丧失，有关肌肉弛缓，病久时出现萎缩。感觉神经断裂时，所支配的区域感觉丧失，针刺无反应。

（二）治疗

肌肉或腱断裂时，可根据断裂的情况，尽可能将其缝合，然后利用卷轴带、夹板绷带或石膏绷带将患肢确实固定。肌肉不全断裂也可施行保守疗法，使病犬安静，利用一切办法使断裂的肌肉或腿呈弛缓状态，以便使断端互相接近，促使自然愈合。血管断裂已形成血管瘤时，可按血肿治疗。较大血管断裂时，可作血管吻合术。

第三节 物理化学损伤

一、温热性热伤

温热性热伤是高温作用于机体所引起的损伤。温热性热伤多由火焰，高温的固体、液体或蒸气等作用于机体所引起的。犬多见于热汤、热油的烫伤。

（一）症状

热伤的程度和症状主要决定于热伤深度和热伤面积，但也与热伤的部位和体质等有关。

热伤深度 是指局部组织被损伤的深浅而言。根据热伤深度有三度分类法（表1－1）。

表 1－1　热伤深度鉴别要点

分度		深度	烧伤表现	愈合过程
一度（红斑）		达表皮层	被毛烧焦，轻度红肿热痛。不起水泡，表面干燥	2～3d 症状消失，以后脱屑，无瘢痕
二度（水泡）	浅二度	达真皮浅层	被毛烧光，局部肿胀，剧痛。水泡大，泡皮薄，基底潮湿、均匀发红	如无感染，2 周左右愈合，不遗留瘢痕
	深二度	达真皮深层	被毛烧光，毛根有解剖结构。局部肿胀，痛觉迟钝。水泡小，泡皮厚，基底潮湿、微红、有小出血点	2～4 周愈合，常有轻度瘢痕
三度（焦痂）		皮肤全层，可包括皮下组织、肌肉、骨等	被毛烧光，毛根无解剖结构。表面呈深褐色或黄褐色，焦痂干燥硬固，炭化，或出现褶皱、凹陷。痛觉消失	2～4 周后焦痂脱落，出现肉芽创面，除小面积由周围上皮生长而愈合外，均形成瘢痕痉挛，须植皮后愈合

第一度热伤：皮肤的表皮层受到损伤，真皮层毛细血管扩张、充血、渗透性增强，因而出现浆液性炎症变化。伤部被毛被烧焦，疼痛不安，难以忍受。

第二度热伤：皮肤表皮层及真皮层的一部分（浅二度）或大部分（深二度）被损伤。此时表皮层坏死，真皮层出现明显的水肿，可见有水泡，其内含有微黄色浆液性渗出物，周围有一圈红色的炎性带。当水泡破裂后可露出真皮，并容易继发感染。小水泡常不破裂，内容物被吸收后形成痂皮。由于疼痛病犬、猫经常尖叫，乱跑。有时舔咬患部。

第三度热伤：皮肤全层及深部组织（筋膜、肌肉、骨等）被损伤。此时组织蛋白凝固，血管栓塞，形成焦痂，呈深褐色干性坏死状态，有时出现皱襞。经 8～9d 后皮肤发生龟裂并逐渐离断，露出红色的创面，极易感染化脓，愈合后遗留瘢痕。

在二三度热伤时，除了局部变化外，常伴有不同程度的全身性症状。由于强烈疼痛。可在热伤当时或伤后 1～2h 内发生疼痛性休克，表现为头颈下垂，对光和声音无反应，脉搏细弱，瞳孔散大，末梢发凉，眼结膜苍白黄染。若病理过程继续发展，在伤后6～48h，由于血浆及血液蛋白大量渗出，造成微循环障碍。从而引起低血容量性休克，此时，血液显著浓稠，红细胞、白细胞增加，血沉缓慢，少尿或无尿。伤后经 48h 以后，血浆逐渐停止渗出并开始吸收。此时由于坏死组织的分解产物及其毒素被机体吸收，又可发生中毒性休克。伤后 10d 左右，由于存留于创面的病原菌发育繁殖，引起严重的化脓性感染，细菌容易侵入血液，进而发生败血症，此时体温升高，脉搏增数，呼吸困难，创面分泌物增多，肉芽组织生长不良，并出现酸中毒、心力衰竭及贫血等症状。

热伤面积　因为热伤面积越大，伤情越重。所以热伤面积的确定，不仅对判断热伤的预后有直接影响，而且对如何正确治疗也有一定的意义。对犬热伤面积的计算，仅能用百分比估计法。

热伤面积的百分比（%）＝热伤面面积（cm^2）/全身体表面积（cm^2）

（二）治疗

凡二度以上热伤面积超过体表面积50%的病犬，应使其无痛处死。对其他热伤应进行及时合理的治疗。

1. *局部疗法* 首先剪除热伤部周围的被毛，用温生理盐水冲洗伤部，拭干后，再用5%～10%高锰酸钾溶液连续涂布2～3次，使伤面形成痂皮，也可用5%鞣酸溶液涂擦，待干后再涂10%硝酸银溶液。

局部涂敷烧伤膏八号：大黄、地榆炭，五倍子、赤石脂、炉甘石（水飞）各50g，冰片5g，香油（或其他植物油）500g，蜂蜡50～60g。先将蜂蜡放在香油内，加热融化至沸腾，候温至50～60℃时，再将上述研为极细末的各药加入油内搅匀，装瓶备用。一般隔1～2d换药一次，如无感染可持续应用至治愈。

热伤的晚期，为了促进干痂脱落和控制感染，可采用呋喃西林软膏、抗生素软膏（杆菌肽500IU、新霉素5mg、硫酸多黏菌素5 000IU、无水羊毛脂和亲水软膏基质适量）或蛋白分解酶软膏（纤维蛋白溶解酶30IU、脱氧核糖核酸酶2万IU，调于软膏基质中）涂敷。

如有绿脓杆菌感染，可使用春雷霉素、磺胺嘧啶银盐（烧伤宁）、甲磺灭脓（氨苄磺胺）或枯矾冰片溶液（枯矾0.75～1g、冰片0.25g，水加至100ml）湿敷。

2. *全身疗法* 为了消除疼痛刺激和预防休克，可肌肉注射氯丙嗪、吗啡等。为了防止脱水，应补充液体，可以通过胃管或经直肠灌入大量的温水，最好其中加入适量的碳酸氢钠。为了维持心脏正常功能，提高血压和改善微循环，可静脉注射氯化钠、葡萄糖溶液、碳酸氢钠溶液，或补充血浆或血清，并给予强心剂。当出现显著的中毒症状时，可先泻血，然后用配型吻合的血液进行输血。为了控制感染，应在伤后两周内应用大剂量的抗生素。

此外，应加强护理，使病犬安静。为防止对自身热伤的咬啮、搔抓和摩擦可用伊丽莎白氏颈圈固定颈部，并用圆筒形石膏夹固定四肢。

二、化学性热伤

化学性热伤是由于具有烧灼作用的化学物质作用于机体引起的损伤。多由强酸（硫酸、硝酸、盐酸、石炭酸、醋酸等）、强碱（苛性钾、苛性钠、生石灰等）、金属（钠、镁等）、磷（手榴弹、磷炸弹等）、有机物（氰化物、溴化物等）直接作用于机体而发生的损伤。

（一）症状

酸类热伤 由酸性化学物质引起的热伤。在氢离子作用下，可使蛋白凝固，形成厚痂，呈致密的干性坏死，故可防止酸类向更深层组织侵蚀。临床上根据焦痂的颜色，大致可以判定酸的种类，黄色为硝酸热伤；黑色或棕褐色为硫酸热伤；白色或灰黄色为盐酸或石炭酸热伤。

热伤程度因酸类强弱、浓度与接触时间而不同，轻者出现剧痛、潮红或水泡，重者形成痂皮或溃烂。

碱性热伤 碱性化学物质对组织破坏力及渗透性强，除直接作用外，还能皂化脂肪组织，吸出细胞内水分，溶解组织蛋白，形成碱性蛋白化合物。因此，碱性热伤能损伤深部组织。其热伤程度比酸性热伤重。

金属及磷热伤 钠与皮肤接触后形成氢氧化钠，可引起碱热伤。镁能引起皮肤溃疡。磷氧化时，形成五氧化二磷，并释放出热能，对皮肤有腐蚀和烧灼作用。五氧化二磷能吸收组织中的水分，形成磷酸酐，再遇较多的水分形成磷酸，溶于水和脂肪，大量吸收进入血液循环时，引起全身性磷中毒。

磷热伤后，患部沾染的磷微粒，在暗室或夜间发绿色荧光。

（二）治疗

化学性热伤时，除对局部进行相应的急救和处置外，应配合使用有效的全身疗法。

临床上常见的化学性热伤其治疗原则，除急救时的局部处理及某些化学药品的全身中毒处理有若干特点外，基本上与温热性热伤相同。

酸类热伤急救时，立即用大量清水冲洗，然后用5%碳酸氢钠溶液中和。石炭酸不易溶于水。因此，用酒精、甘油或蓖麻油局部涂布，再用大量清水冲洗。洗后创面治疗方法与温热化热伤相同。

碱性热伤急救时，首先用水冲洗。生石灰引起的热伤，因用水冲洗可以继续产生热，必须在冲洗前，刷去干石灰。苛性钠热伤时，用5%氯化铵或10%醋酸溶液冲洗中和。

金属及磷热伤可用镊子除去，也可用10%硫酸铜溶液涂于患部，磷即变成黑色的磷化铜，此时可用大量清水冲洗，再用5%碳酸氢钠溶液湿敷，包扎1～2h，以中和磷酸。

三、电击

犬突然触电或被雷击，引起神经性休克，陷于昏迷或立即死亡，称为电击。

（一）病因

电击是因意外触电或被雷击所引起。通常是犬与脱落的高压线、电网或绝缘不良的电线接触时，受到高压电伤害。也有犬咬穿110～220V的交流电绝缘层而发生伤亡的情况。当雷雨天，在空旷的高地上猎犬执行任务，或在大树、电杆、烟囱、高塔的下面，容易遭到雷击。

（二）症状

轻度电击，病犬神志昏迷，立即倒地，运动、感觉和反射机能全部消失，呈现休克状态。同时，由于电流的作用，触电部位发生烧伤。重度电击，病犬倒地瞬息间死亡。即使幸存免于死亡，也常常遗留后遗症。通常表现为截瘫或偏瘫，视觉障碍，头颈向一侧弯曲、抽搐、痉挛、共济失调、肛门弛缓，甚至发生癫痫。诊断时应注意与脑挫伤、蛇咬伤、急性心力衰竭相鉴别。

（三）治疗

电击后应及时采取紧急措施，进行抢救。首先进行人工呼吸或氧气输入，对伴有肺水肿者，可立即切开静脉泻血200ml，以缓解症状。对昏迷的犬，可皮下注射25%尼可刹米溶液2ml，以兴奋呼吸中枢，同时肌肉注射强的松龙。为减轻颅内压，可应用利尿磺胺（速尿）、甘露醇或山梨醇等配合治疗。如局部伴有烧伤可按温热性热伤疗法进行治疗。

四、中暑

中暑又称热衰竭或日射病。

（一）病因

在强烈的日光直射下，长途跋涉，长时间的训练或竞赛，可发生日射病。在密封的室内、运输车厢内、船舱内或大笼内，由于温度过高，湿度过大，通风不良，容易引起热射病。另外，体质肥胖，心脏衰弱；被毛粗厚，汗腺缺乏，长期休闲，缺乏锻炼，劳役过度，饮水不足等，均是中暑的诱因。

（二）分类及症状

1. 按致病因素的不同，分为日射病和热射病　在强烈的日光直射下，引起脑及脑膜充血和脑实质的急性病变，导致中枢神经系统机能严重障碍现象，称为日射病。在高温和高湿度而又通风不良的环境中，新陈代谢旺盛，产热多，散热少，体内积热，引起严重的中枢神经系统机能紊乱现象，称为热射病。日射病与热射病的发生和发展，既有其共性，又有个性。

日射病　由于头部受到强烈日光持续照射，日光中的红外线透过颅骨直接作用于脑膜和脑实质，引起血管扩张、充血；又因日光中的紫外线的光化作用，导致脑神经细胞炎性反应和组织蛋白的分解，从而引起脑脊髓液增多，颅内压增高，影响中枢神经系统调节机能，新陈代谢异常，导致自体中毒，以致心力衰竭，呼吸浅表，陷于窒息。卧地不起，痉挛抽搐，陷于昏迷。

热射病　在潮湿闷热的环境中，因产热多散热少，体内积热，体温升高，新陈代谢旺盛，氧化不全的中间代谢产物大量蓄积，引起酸中毒。由于组织缺氧，碱储下降，脑脊髓液与体液间的渗透压急剧变化，影响中枢神经系统对内脏的调节作用，心、肺代偿机能衰竭，静脉淤血，黏膜发绀，最终导致窒息和心脏麻痹而死亡。

由此看来，日射病与热射病的发生发展过程，彼此之间有内在的联系，往往同时并发，所以，一般称为热衰竭或中暑。

2. 根据临床表现的不同，可将中暑分为痉挛型、衰竭型及热射病型

痉挛型　犬猫表现精神兴奋，狂暴不安，意识异常，目光狞恶，眼球突出，神情恐惧。步态不稳，共济失调，突然倒地，肌肉痉挛和抽搐，有时四肢作游泳样运动。体温升高，心动亢进，呼吸急促，静脉怒张，瞳孔放大。

衰竭型　犬猫表现精神沉郁，四肢无力，步态踉跄，站立不稳，卧地不起，呈昏迷状态。肌肉颤抖，皮肤干燥。心音微弱，脉搏疾速。呼吸浅表无力，肺部可发现湿性啰音。静脉萎陷，瞳孔缩小。

热射病型　犬猫表现体温急剧升高，反复呕吐，突然晕厥倒地，意识丧失，从嗜睡陷

入昏迷，脉搏疾速而微弱。呼吸急促，节律失调，出现陈－施式呼吸。张口伸舌，口吐白沫或血沫。结膜发绀，血液黏稠，呈暗红色，静脉塌陷，终因心脏麻痹而死亡。

（三）诊断

根据发病突然、经过急剧及一般脑症状，结合病史调查，容易确诊。但应注意与脑膜脑炎、脑震荡、急性肺水肿相鉴别。

（四）治疗

治疗原则是防暑降温、镇静安神、强心利尿、缓解酸中毒，采取急救措施。

为了促进降温，将病犬移至凉爽通风处，用冷水浇头或放置冰袋，冷盐水灌肠。肌肉注射氯丙嗪。对昏迷者，可口服或皮下注射洋地黄或安息香酸钠咖啡因，对兴奋狂躁者，可肌肉注射利血平、眠尔通，或用水合氯醛灌肠。对心力衰竭、虚脱者，皮下注射尼可刹米。对伴有发肺水肿者，立即静脉泻血100～300ml，随即静脉注射复方氯化钠溶液或10%葡萄糖溶液500ml。对伴有酸中毒者，可采用洛克氏液（氯化钠8.5g、氯化钙0.2g、氯化钾0.2g、碳酸氢钠0.2g、葡萄糖1g、蒸馏水1 000ml）静脉注射500ml。

五、晕动病

（一）病因

晕动病是由于车、船、飞机不规则颠簸，过度地刺激了内耳前庭，致使前庭神经机能发生紊乱所致。此外，犬看见车、船发生恐惧是促进发病的因素之一。

（二）症状

发病突然，出现流涎和呕吐。经常张口打哈欠，站立不安。一旦车、船停止运行，这些症状就立即消失。

（三）治疗

对有习惯性晕动病的犬，在出发前1h，肌肉注射或口服盐酸氯丙嗪，其效力最少可维持12h，当症状发作时，口服盐酸普鲁米那1mg/kg或本巴比妥钠1～2mg/kg，对消除暂时症状有特效。

第四节 损伤并发症

当临床发生外伤，特别是重大外伤时，犬猫常常由于大出血和疼痛，很容易并发休克和贫血；临床常见的外伤感染、严重组织挫灭产生毒素的吸收、机体抵抗力减弱和营养不良以及治疗不当，往往导致溃疡、瘘管和窦道等晚期并发症，轻者影响机体早期恢复健康，重者甚至导致死亡。故外科临床必须注意外伤并发症的预防和治疗。本节着重叙述早期并发症休克和晚期并发症溃疡、瘘管和窦道。

一、休克

休克（shock）不是一种独立的疾病，而是神经、内分泌、循环、代谢等发生严重障碍时在临床上表现出的征候群。其中以循环血液量锐减，微循环障碍为特征的急性循环不全，是一种组织灌注不良，导致组织缺氧和器官损害的综合征。

在外科临床，休克多见于重剧的外伤和伴有广泛组织损伤的骨折、神经丛或大神经干受到异常刺激、大出血、大面积烧伤、不麻醉进行较大的手术、胸腹腔手术时粗暴的检查、过度牵张肠系膜等。所以，要求外科工作者对休克要有一个基本的认识，并能根据情况，有针对性地加以处理，挽救和保护家畜生命。

（一）休克的病因

临床上常见的休克原因有：

1. 失血与失液　大量失血可引起失血性休克（hemorrhagic shock），见于外伤、消化道溃疡、内脏器官破裂引起的大出血等。失血性休克的发生取决于失血量和出血的速度。慢性出血即使失血量较大，但通过机体代偿可使血容量得以维持，故一般不发生休克。休克往往是在快速、大量（超过总血量20%～30%）失血而又得不到及时补充的情况下发生的。

失液是指大量的体液的丢失。大量体液丢失后导致脱水，可引起血容量减少而发生休克。临床犬猫常发生失液性休克，多见于剧烈呕吐、严重腹泻、肠梗阻等引起的严重脱水，其中低渗性脱水最易发生休克。

2. 创伤　严重创伤可导致创伤性休克（traumatic shock），创伤引起休克与出血和疼痛有关。

3. 烧伤　大面积烧伤常可引起烧伤性休克（burn shock）。烧伤早期，休克发生与创面大量渗出液致血容量减少以及疼痛有关。晚期可因继发感染而发生感染性休克。

4. 感染　严重感染特别是革兰氏阴性细菌感染常可引起感染性休克（infectious shock）。在革兰氏阴性细菌感染引起的休克中，内毒素起着重要作用，故亦称为内毒素性休克（endotoxic shock）或中毒性休克。感染性休克常伴有败血症，故又称为败血症性休克（septic shock）。感染性休克按其血液动力学特点可分为低动力型休克和高动力型休克。

5. 心泵功能障碍　急性心泵功能严重障碍引起心输出量急剧减少所导致的休克，称为心源性休克（cardiogenic shock），常见于大面积急性心肌梗塞、急性心肌炎、严重心律失常及心包填塞等心脏疾患。

6. 过敏　具有过敏体质的动物接受某些药物（如青霉素）、血清制剂（如破伤风抗毒素）等治疗时可引起过敏性休克（anaphylactic shock）。过敏性休克属I型变态反应。当致敏的机体再次接触同一过敏原时，抗原与结合于肥大细胞和嗜碱性粒细胞表面上的IgE结合，并促使细胞合成和释放组织胺等生物活性物质引起血管扩张和微血管通透性增加，从而导致血管容积增加和血容量减少而引起休克。

7. 强烈的神经刺激及损伤　剧烈疼痛、高位脊髓麻醉或损伤，可引起神经源性休克

(neurogenic shock)，其发生与血管运动中枢抑制或交感缩血管纤维功能障碍引起血管扩张，以致血管容积增加有关。

（二）休克的发生机理

1. 休克发生的始动环节　尽管引起休克的原因很多，引起休克的机理也不尽相同，但组织的有效血液灌流量严重减少是休克发病的共同基础。正常的组织有效血液灌流量取决于正常的有效循环血量，而后者则有赖于足够的血容量、正常的血管容积和正常的心泵功能三个基本因素的共同维持。因此，绝大多数休克的原因不外乎是通过以上三个环节引起有效循环血量减少，从而引起组织有效血液灌流量减少而导致休克发生。

(1) 血容量减少　血容量减少引起的休克称为低血容量性休克 (hypovolemic shock)，见于失血、失液、烧伤或创伤等情况。血容量减少导致回心血量减少，从而使心输出量降低和血压下降，因而减压反射抑制，交感神经兴奋，外周血管收缩，结果组织血液灌流量减少。

(2) 血管容积增加　动物体血管全部舒张及充盈，所能容纳的量称为血管容积。动物体的血管容量很大。生理情况下，由于神经体液的调节，血管保持一定的紧张性，大部分毛细血管处于关闭状态，使血管的实际容积大为减少，与全血量处于相对平衡状态，以致在心泵的作用下维持一定的血管内压力，促使血液在血管内不断流动和循环，从而保证了有效循环血量。血管容积增加是指正常时的实际血管容量扩大，是由血管扩张所引起。过敏、感染时，由于组胺等生物活性物质释放，使血管扩张，血管容积增加，导致有效循环血量减少，从而引起微循环淤血和灌流量减少。创伤所引起的剧烈疼痛、脊髓麻醉或损伤等使血管运动中枢抑制或交感缩血管纤维功能障碍，导致血管扩张和血管容积增加，因而引起有效循环血量减少，以致组织血液灌流不足。可见，多种原因可通过血管容积增加这一环节引起休克发生。

(3) 心泵功能障碍　如前文所述，各种心脏疾患可引起心源性休克，其引起休克发生的始动环节是心脏泵血功能障碍，因而引起心输出量急剧减少，导致有效循环血量和组织血液灌流量降低。

了解休克发生的始动环节，对休克的防治具有重要意义。临床上针对休克发生的始动环节进行治疗，可阻断休克的发生和发展，是休克防治的重要原则之一。

2. 休克时微循环的变化及其机制　微循环 (microcirculation) 是指微动脉和微静脉之间微血管中的血液循环，是循环系统中最基层的结构，其基本功能是向组织和细胞运送氧气和营养物质，带走代谢产物，以及调节组织间液、淋巴液和血管内液之间的平衡。可见微循环既是运输物质的管道系统，又是进行血管内外物质交换的场所。流经微循环的血流量又称为微循环灌流量，是微循环的功能得以实现的先决条件，微循环灌流量取决于微循环血管和毛细血管前括约肌的舒缩状态，它们受神经体液所调节。

一般把休克的发展过程分为三个时期：

(1) 微循环缺血期　属休克早期，微循环变化特点是微动脉、后微动脉、毛细血管前括约肌和微静脉痉挛，口径缩小，其中以毛细血管前阻力血管（包括微动脉、后微动脉和毛细血管前括约肌）尤为明显，微血管自律运动增强，血液进入真毛细血管网减少，血流限于通过直捷通路或开放的动－静脉吻合支回流。此时，微循环中开放的毛细血管减少，血流减少，流速减慢，微循环灌流量显著减少，处于明显缺血状态，故称此期为微循环缺血期。

微循环血管持续痉挛主要是由各种休克的原因（如失血、失液、创伤、烧伤、疼痛、内毒素等）通过使有效循环血量减少或直接引起交感－肾上腺髓质系统兴奋和儿茶酚胺大量释放所致。在休克时体内产生的其他体液因子，如血管紧张素、加压素、血栓素、心肌抑制因子、白三烯等也参与了血管收缩的过程。

该期休克的临床表现与交感神经兴奋和微循环的变化特点有关，由于皮肤、肾的血管收缩，微循环缺血，故出现可视黏膜苍白、四肢冰凉、尿量减少；交感神经兴奋可使病畜出冷汗和烦躁不安；交感－肾上腺髓质系统兴奋和儿茶酚胺增多，使心率加快，外周阻力增加，故表现脉搏快速、血压不低但脉压减少。这些临床表现对早期休克的诊断具有重要意义。需要强调的是，该期休克血压一般无明显下降，因此血压下降并不是判断早期休克的指标。

该期的微循环变化特点表明，休克尚属代偿期，如能及时诊断，尽早消除休克的动因，控制病情发展的条件，补充血容量以打断有效循环血量不足这一休克发展的主导环节，可阻止休克向失代偿期发展。

（2）微循环淤血期　如果休克在早期未能得到控制，微循环缺血缺氧持续一定时间后，微循环血管的自律运动首先消失，终末血管床对儿茶酚胺的反应性降低，微动脉、后微动脉、毛细血管前括约肌收缩逐渐减弱，于是血液不再限于通过直捷通路，而是经毛细血管前括约肌大量涌入真毛细血管网，此时微静脉也扩张，但由于血液细胞流变学的改变如红细胞和血小板聚集，白细胞贴壁、嵌塞，血液黏度增加，使毛细血管后阻力增高，因此微循环灌大于流，以致大量血液淤滞在微循环血管内，故休克由微循环缺血期发展为微循环淤血期。由于血管对儿茶酚胺的反应性降低而扩张，微循环中血液淤滞，故早期的代偿反应已不复存在，甚至回心血量越来越少，因此又称此期为失代偿期。微循环淤血在各组织器官之间并非一致，主要见于肝、肠、胰腺，晚期出现于肺、脾、肾上腺，皮肤、肌肉和肾则更迟或一直处于缺血状态。

本期微循环的改变，使休克由代偿进入失代偿，导致病情进行性恶化。由于微循环血管床大量开放，大量血液淤滞在微循环中，造成回心血量锐减，心输出量降低，因而有效循环血量进一步减少，加上此时血管扩张，外周阻力降低，故动脉血压显著下降。动脉血压的降低，一方面使心、脑重要生命器官的血液供应严重不足，另一方面导致微循环灌流量进一步减少，因而组织缺氧、酸中毒愈加严重，如此形成恶性循环，使病情进行性恶化。

由于上述变化，该期休克的主要临床表现是：血压进行性下降，因脑血流减少而出现神志淡漠，因肾血流严重不足而出现少尿甚至无尿，因微循环淤血，血容量严重不足而出现皮肤花斑、发绀，静脉塌陷，脉搏细弱而快速。

（3）微循环衰竭期　属休克晚期。在微循环淤血期即失代偿期，休克的发展已形成恶性循环，病情日趋严重，如持续较长时间则可进入微循环衰竭期。此期由于微循环淤血和灌流量减少更加严重，组织器官长时间严重缺氧而发生损伤和功能障碍，即使采取多种抗休克措施也难以治愈，病死率极高，故又称为难治期或不可逆期。本期的微循环变化特点可概括如下。

①微血管反应性显著下降 该期的微动脉、后微动脉、毛细血管前括约肌、微静脉均发生松弛，甚至麻痹，毛细血管中血流停滞，微循环灌流量严重减少，亦即微循环衰竭。本期血管反应性降低的机理尚未完全清楚，已知严重酸中毒是重要原因之一。

②弥散性血管内凝血（DIC）形成 休克晚期，由于血液流变学的改变、严重缺氧、酸中毒、内毒素以及某些休克动因的作用，常可发生 DIC。DIC 一旦发生，又加重微循环的障碍，从而加速微循环衰竭的发生。

③毛细血管出现无复流现象 无复流现象是微循环衰竭期微循环变化的另一特点，是难治性休克发生的原因之一。无复流现象的发生是白细胞粘着和嵌塞微血管和血管内皮细胞因缺氧发生肿胀而引起微血管阻塞所致。休克患者发生 DIC 时，微血栓堵塞管腔也是无复流现象发生的原因之一。

由于微循环发生上述改变亦即微循环衰竭，使组织灌流量持续性严重减少，引起更为严重的缺氧和酸中毒，加上此时许多体液因子，特别是溶酶体酶、活性氧、细胞因子释放，可导致组织、细胞及重要生命器官发生不可逆性损伤，甚至发生多系统和器官功能衰竭。本期的临床表现除有淤血期的表现外，还可有 DIC 和重要器官衰竭的表现。

综上所述，休克时微循环变化的三个时期，各有其特征而又相互联系。微循环灌流量减少是各期变化的共同点，但其发生的机制不尽相同。在微循环缺血和淤血期，休克是可逆性的，如采取正确的防治措施，休克可被纠正；若微循环变化发展到衰竭期，休克则已从可逆性向不可逆性阶段转化，目前尚难以治疗。因此，了解休克时各阶段的微循环变化及其机制，对休克的防治具有重要意义。

（三）外科休克的特点

外科休克是指外科疾病引起的休克，主要有失血失液性休克、损伤性休克和感染性休克，其中损伤性休克包括创伤性和烧伤性休克。

1. 失血失液性休克 失血失液性休克属低血容量性休克，其原因如前文所述。这里所说的失血失液性休克是指单纯性失血和失液引起的休克，损伤如创伤、烧伤常有失血失液，但它有比单纯的失血失液更为复杂的致休克因素，故其特点不同，于损伤性休克中讨论。

失血失液是否引起休克发生，不但与丢失血液或液体的量有关，而且与丢失的速度密切相关。由于机体对血容量的减少有很强的调节和代偿作用，如果是慢性丢失，即使丢失量较大也不会引起休克，相反，如果是快速丢失，由于机体来不及代偿，则容易引起休克。另外，失液性休克的发生与丢失液体的性质也有关，丢失高渗性液体即低渗性脱水时，由于主要是细胞外液减少，以致血容量显著减少，故较高渗性脱水易引起休克。

2. 损伤性休克 损伤性休克包括创伤性休克和烧伤性休克。损伤引起休克，一般都有血容量减少，例如，严重创伤时肝、脾破裂、血管损伤、挤压伤、大面积撕裂伤等可引起大量的内、外出血；大面积Ⅱ度烧伤时，大量血浆外渗。因此，损伤性休克亦归属于低血容量性休克，其发生发展规律与失血失液性休克相似，多为低排高阻型。然而，损伤性休克的发生，除了失血或失血浆引起血容量减少的原因外，还有其他原因参与，故有其自身的特点和规律。

（1）创伤和烧伤均可引起剧烈的疼痛，刺激交感神经兴奋致使儿茶酚胺增多，引起血管收缩而导致微循环发生缺血性变化，因此创伤或烧伤时，血液或血浆的丢失量常在未达到引起休克的常规丢失量时即可发生休克。如果血容量丧失较严重，上述变化则可加速休克的发生发展。过度剧烈的疼痛，可使心血管中枢抑制，血管扩张，使微循环发生血液淤滞。创伤和烧伤均有组织的严重损伤，组织细胞的破坏可使大量组织因子释放入血，加之组织损伤可使血小板激活使血液处于高凝状态，因而引发微血栓形成，故损伤性休克时DIC发生率高，且发生早，可在微循环淤血期就出现DIC。因此，损伤性休克是最易伴发DIC的休克之一，DIC一旦发生，又会加重微循环障碍，从而促进休克发展。

严重创伤或烧伤常使机体抵抗力降低，伤口或创面也为细菌生长繁殖提供了良好的条件，故常伴有伤口或创面的感染，如果是革兰氏阴性细菌感染，内毒素进入血液，可通过多种途径加重休克过程。当然，严重感染又可引起感染性休克，这不属于损伤性休克的范畴。

（2）创伤的部位或器官不同，常可影响休克的发生发展。例如，胸部伤造成气胸或血胸，使胸内压增高，影响肺的呼吸功能及心脏的功能；头部损伤可使脑功能障碍，如果累及血管运动中枢，可造成血管扩张及血压下降；管形骨骨折，骨髓腔内的脂肪颗粒进入血液，引起脂肪栓塞，可累及肺、脑等重要器官；严重挤压伤时，大量血红蛋白和肌红蛋白进入血流，引起急性肾功能障碍。可见，上述创伤直接引起的病理变化，一方面可促进休克的发生发展，另一方面能引起或促进重要生命器官的功能障碍。因此，损伤性休克往往较为严重，其器官衰竭发生率也高于单纯性失血失液性休克，应在治疗时密切观察和及时防治。

（3）烧伤性休克的发生发展，除了上述与创伤性休克共有的特点外，也还有其他的特点。烧伤性休克发病原因主要是大量血浆从创面渗出，导致血容量减少，但除此以外还可通过以下途径引起血容量减少：①创面水分蒸发增加。据估测，烧伤创面对水分的蒸发压可由正常的0.39～0.66kPa（3～5mmHg）上升到3.9～4.6kPa（30～35mmHg），以致每平方米体表面积每日因蒸发而丧失水分可达4 000ml；②烧伤部位深层的毛细血管极度扩张，通透性增高，甚至发现烧伤区以外的毛细血管通透性也增高，因而大量血浆渗到组织间隙；③有人认为烧伤后组织间隙中的胶原大分子吸附水和钠的能力增强，使大量水和钠进入组织间隙并被胶原大分子吸附，出现组织间液被封闭或隔离现象，亦即第三间隙丢失（third spaceless）。因此，大面积严重烧伤时血容量常严重减少，极易引起休克发生。烧伤时因红细胞膜烧伤受损致变形能力降低而阻塞微血管，甚至发生溶血，释出血红蛋白促进肾功能衰竭。还有人认为烧伤后溶酶体不稳定而释放溶酶体酶，引起细胞损伤并生成组织胺、激肽等血管活性物质，使血管扩张和通透性增加，加重微循环障碍。以上变化均可使休克加重。

总之，严重损伤常因失血或丢失血浆而发生低血容量性休克，具有低血容量性休克的特点，但因它又具有上述病因发病学特点，所以损伤性休克常较单纯性失血失液性休克发病急骤且发展迅速，死亡率高，预后差。此外，损伤性休克的原因一般难以在短时间内消除，原因的持续存在和作用，使休克继续加重，给临床治疗带来很大困难，这也是损伤性休克的重要特点之一。

3. *感染性休克*　感染性休克或称中毒性休克，在外科又称脓毒性休克，包括败血症休克和内毒素性休克。在外科感染性休克多见于腹腔内感染、烧伤和创伤脓毒血症、泌尿系和胆道感染、蜂窝织炎、脓肿等并发的菌血症或败血症；有时亦见于手术、导管置入及输液污染引起的严重感染。感染性休克的发病机制较为复杂，目前尚未完全清楚。一般认为，感染引起休克与细菌释放毒素的作用有关。迄今研究和了解较多的是内毒素与休克的关系。细菌感染时，感染灶的细菌释放大量毒素入血，这些细菌毒素尤其是内毒素作用于血小板、白细胞、血管内皮细胞及补体等，产生一系列体液因子，包括组胺、激肽、5－羟色胺、血栓素 A2（TXA2）、血小板活化因子（PAF）、白三烯（LTs）、前列腺素（PG）、补体成分 C3a、C5a、心肌抑制因子（MDF）、溶酶体酶、自由基、肿瘤坏死因子（TNF）、白介素1（IL－1）等等。这些体液因子通过多方面和多环节作用，而引起休克的发生和发展。

（四）症状及诊断

通常在发生休克的初期，主要表现兴奋状态，这是畜体内调动各种防御力量对机体的直接反应，也称之为休克代偿期。动物表现兴奋不安，血压无变化或稍高，脉搏快而充实，呼吸增加，皮温降低，黏膜发绀，无意识地排尿、排粪。这个过程短则几秒钟即能消失，长者不超过 1h，所以在临床上往往被忽视。

继兴奋之后，动物出现典型沉郁、食欲废绝、不思饮、家畜反应微弱，或对痛觉、视觉、听觉的刺激全无反应，脉搏细而间歇，呼吸浅表不规则，肌肉张力极度下降，反射微弱或消失，此时黏膜苍白、四肢厥冷、瞳孔散大、血压下降、体温降低、全身或局部颤抖、出汗、呆立不动、行走如醉，此时如不抢救，能导致死亡。

待休克完全确立之后，根据临床表现，诊断并不困难。但必须了解，休克的治疗效果取决于早期诊断，待患畜已发展到明显阶段，再去抢救，为时已晚。若能在休克前期或更早地实行预防或治疗，不但能提高治愈率，同时还可以减少经济上的损失。但理论上强调的早期诊断的重要意义，在实际临床要做到很困难，首先从技术上早期诊断要有丰富的临床经验，另外在临床上遇到的病例，往往处于休克的中、后期，病畜已到相当程度，抢救已十分困难了。为此兽医人员必须从思想上认识到任何重病，都不是静止不变的，都有其发生发展的过程，对重症患畜要十分细致，不断观察其变化，对有发生休克可疑的病畜要早期预防，确认已发生休克时，积极采取抢救。

现将临床检查和生理生化学测定指标，作为休克的诊断和不断评价患畜机体对疾病应答反应的能力，作为预防和治疗的依据。

1. 首先了解患畜机体血液循环状况　在临床上除注意结膜和舌的颜色变化之外，要特别注意齿龈和舌边血液灌流情况。通常采用手指压迫齿龈或舌边缘，记载压迫后血流充满时间。在正常情况下血流充满时间是小于 1s，这种办法只作为测定微循环的大致状态。

2. 测定血压　血压测定是诊断休克的重要指标，休克病畜血压一般降低。

3. 测定体温　除某些特殊情况体温增高之外，一般休克时低于正常体温。特别是末梢的变化最为明显。

4. 呼吸次数　在休克时，呼吸次数增加，用以补偿酸中毒和缺氧。

5. 心率　是很敏感的参数，当心率长期处于较高水平时，往往预示预后不良。

6. 心电图检查　心电图可以诊断心律不齐、电解质失衡。酸中毒和休克结合能出现大的 T 波。高血钾症是 T 波突然向上、基底变狭、P 波低平或消失，ST 段下降，QRS 波幅宽增大，PQ 延长。

7. 观察尿量　肾功能是诊断休克的另一个参数，正常犬的尿排出量为 2.2ml/（100g · d），休克时肾灌流量减少，当大量投给液体，尿量能达正常的两倍。

8. 测定有效血容量　血容量的测定，对早期休克诊断很有帮助，也是输液的重要指标。

9. 测定血清钾、钠、氯、二氧化碳结合力和非蛋白氮等对诊断休克有一定价值。

以上的临床观察和生理、生化各种指标的测定，可能帮助诊断休克、确定休克程度和作为合理治疗的依据，所有的参数都需要反复多次，才能得到正确的结论。

（五）休克治疗

休克是一种危急症，治疗人员必须分秒必争，认真抢救。因为各种休克的起因不同，必然各有其特点。败血性休克时微循环阻滞和代谢性酸中毒比其他休克为严重。心源性休克则以心收缩力减退最为突出。创伤性休克时，体内分解特别旺盛，组织破坏严重，加以渗血、溶血、组织内凝血活酶释出，更容易发生播散性血管内凝血。低血容量性休克，血液、体液丢失较重，要求补充血容量等。在治疗上，要抓住主要矛盾，对犬猫等的血液动力学和血液化学的变化作具体分析。低血容量性、创伤性休克，应以补充血容量，增加回心血量为主。中毒性休克，在补充有效循环血量的同时，应注意纠正酸中毒，为了使血液分布从异常向正常转化，要使用解痉扩血管药来解除微循环阻滞。心源性休克则应以增强心肌收缩力防治心律紊乱为主，辅之以补充有效循环血量。

掌握休克的共同性和特殊性，熟悉各种休克矛盾发展的阶段性，正确处理局部和整体的关系，就能使休克得到较为妥善的处理。现将休克治疗方法介绍如下。

1. 消除病因　要根据休克发生的不同原因，给以相应的处置。如为出血性休克，关键是止血，只有止好血才能预防休克的发生，终止其发展，并能巩固休克纠正后的成果。当然在止血的同时也必须迅速地补充血容量。如为中毒性休克，要尽快消除感染源，对化脓灶、脓肿、蜂窝织炎要切开引流。

2. 补充血容量　在贫血和失血的病例，输给全血是必要的，因为全血有携氧能力，补充血量以达到正常血细胞压积水平为度，还不足的血容量，根据需要补给血浆、生理盐水或右旋糖酐等。这样做既可防止携氧能力不足，又能降低血液黏稠度，改善微循环，新鲜全血中含有多种凝血因子，可补充由于休克带来的凝血因子不足。

在休克当中，清蛋白从血管或消化道大量丢失，腹膜炎、大面积烧伤和出血也能丢失大量血浆，补充血浆在兽医临床上是较好的清蛋白来源。右旋糖酐能提高血浆胶体渗透压，是血浆的良好的代用品，它还能产生中等程度的利尿作用，但在手术切口部位或其他损伤区域，会有毛细血管出血的倾向。低分子右旋糖酐在治疗中毒性休克时很有作用，它使微循环内血液黏稠度减低，使凝聚的红细胞分散开，从而改善微循环血管内血液淤滞状态，有疏浚微循环和扩充血容量的效用。

电解质溶液是晶体溶液，注入后不能较长时间停留在血管内维持容量，通过毛细管壁渗透到组织间隙，引起间质水肿。因为休克病畜电解质多有紊乱，补充电解质还是十分重要的。早期休克乳酸钠、复方氯化钠列为首选，因为它比较接近体液离子浓度，性质稳定。但在严重休克时，能使乳酸值升高，一般不采用。

葡萄糖溶液主要提供能量，减少消耗，若大量补充不含电解质的葡萄糖液，会导致血内低渗状态，使细胞水肿，故用量应加以限制。

补充血容量的指标是体内电解质失衡得到改善，表现在病情开始好转，末梢皮温由冷变温，齿龈由紫变红，口腔湿润而有光泽，血压恢复正常，心率减慢，排尿量逐渐增多等。

血压可作为休克进入低血压的一个重要指标，但不应作为唯一的指标。中心静脉压对输液量能有一定指导意义。

3. 改善心脏功能　当静脉灌注适当量液体之后，患畜情况没有好转，中心静脉压反而增高，应该增添直接影响血管和强心的药物。当中心静脉压高、血压低，为心功能不全的表现，采用提高心肌收缩力的药物，β受体兴奋剂如异丙肾上腺素和多巴胺是应选药物。多巴胺除加强心肌收缩力外，并能轻度收缩皮肤和肌肉血管，还具有使肾血管扩张的作用，在抗休克中有其独特的功效。

洋地黄能增强心肌收缩，缓慢心率，在休克的早期很少需要洋地黄支持，于长期休克和心肌有损伤时使用。

大剂量的皮质类固醇，能促进心肌收缩，降低周围血管阻力，有改善微循环的作用，并有中和内毒素作用，较多用于中毒性休克。

中心静脉压高，血压正常，心率正常，是容量血管（小静脉）过度收缩的结果，用α受体阻断药如氯丙嗪，可解除小动脉和小静脉的收缩，纠正微循环障碍，改善组织缺氧，从而使休克好转，适用于中毒性休克、出血性休克。使用血管扩张剂，要同时进行血容量的补充。

4. 调节代谢障碍　休克发展到一定阶段，纠正酸中毒十分重要，纠正代谢性酸中毒可增强心肌收缩力；恢复血管对异丙肾上腺素、多巴胺等的反应性；除去产生弥散性血管内凝血的条件。从根本上改变酸中毒主要是改善微循环的血流障碍，所以应合理地恢复组织的血液灌注，解除细胞缺氧，恢复氧代谢，使积聚的乳酸迅速转化。

轻度的酸中毒给予生理盐水，中度酸中毒则须用碱性药物，如碳酸氢钠、乳酸钠等，严重的酸中毒或肝受损伤时，不得使用乳酸钠。

患畜的补钾问题，要参考血清钾的测定数值，并结合临床表现，如肌无力、心动过速、肠管蠕动弛缓而定，因为血钾的测定只能说明细胞外液的数字，对细胞内液钾的情况的了解必须结合临床症状。对休克尚未解除的患畜，而同时又无尿的，多数钾量偏高，不要造成人工的高血钾症。

外伤性休克常合并有感染，因此在休克前期或早期，一般常给广谱抗生素。如果同时应用皮质激素时，抗生素要加大用量。

休克病畜要加强管理，指定专人护理，使家畜保持安静，要注意保温，但也不能过热，保持通风良好，给予充分饮水。输液时使液体保持同体温相同的温度。

二、溃疡

皮肤（或黏膜）上经久不愈合的病理性肉芽创称为溃疡（ulcer）。从病理学上来看，溃疡是有细胞分解物、细菌，有时有脓样腐败性分泌物的坏死病灶，并常为慢性感染。溃疡与一般创口不同之处是愈合迟缓，上皮和瘢痕组织形成不良。

（一）病因

发生溃疡的原因有多种：即血液循环、淋巴循环和物质代谢的紊乱；由于中枢神经系统和外周神经的损伤或疾病所引起的神经营养紊乱；某些传染病、外科感染和炎症的刺激；维生素不足和内分泌的紊乱；伴有机体抵抗力降低和组织再生能力降低的机体衰竭、严重消瘦及糖尿病等；异物、机械性损伤、分泌物及排泄物的刺激；防腐消毒药的选择和使用不当；急性和慢性中毒和某些肿瘤等。

溃疡与正常愈合过程伤口的主要不同点是创口的营养状态。如果局部神经营养紊乱和血液循环、物质代谢受到破坏，降低了局部组织的抵抗力和再生能力，此时任何创口都可以变成溃疡。反之如果对溃疡消除病因并进行合理治疗，则溃疡即可迅速地生长出肉芽组织和上皮组织而治愈。

（二）分类、症状及治疗

临床上常见的有下述几种溃疡。

1. 单纯性溃疡　溃疡表面被覆蔷薇红色、颗粒均匀的健康肉芽。肉芽表面覆有少量黏稠黄白色的脓性分泌物，干涸后则形成痂皮。溃疡周围皮肤及皮下组织肿胀，缺乏疼痛感。

溃疡周围的上皮形成比较缓慢，新形成的幼嫩上皮呈淡红色或淡紫色。上皮有时也在溃疡面的不同部位上增殖而形成上皮突起，然后与边缘上皮带汇合。与此同时肉芽组织则逐渐成熟并形成瘢痕而治愈。当溃疡内的肉芽组织和上皮组织的再生能力恢复时，则任何溃疡都能变成单纯性溃疡。

治疗的着眼点是精心的保护肉芽，防止其损伤，促进其正常发育和上皮形成，因此，在处理溃疡面时必须细致，防止粗暴。禁止使用对细胞有强烈破坏作用的防腐剂。为了加速上皮的形成，可使用加2%～4%水杨酸的锌软膏、鱼肝油软膏等。

2. 炎症性溃疡　临床上较常见。是由于长期受到机械性、理化性物质的刺激及生理性分泌物和排泄物的作用，以及脓汁和腐败性液体潴留的结果。溃疡呈明显的炎性浸润。肉芽组织呈鲜红色，有时因脂肪变性而呈微黄色。表面被覆大量脓性分泌物，周围肿胀，触诊疼痛。

治疗时，首先应除去病因，局部禁止使用有刺激性的防腐剂。如有脓汁潴留时应切开创囊排净脓汁。溃疡周围可用青霉素盐酸普鲁卡因溶液封闭。为了防止从溃疡面吸收毒素亦可用浸有20%硫酸镁或硫酸钠溶液的纱布覆于创面。

3. 坏疽性溃疡　见于冻伤、湿性坏疽及不正确的烧烙之后。组织的进行性坏死和很快的形成溃疡是坏疽性溃疡的特征。溃疡表面被覆软化污秽无构造的组织分解物，并有腐败性液体浸润。常伴发明显的全身症状。

此溃疡应采取全身和局部并重的综合性治疗措施。全身治疗的目的在于防止中毒和败血症的发生。局部治疗在于早期剪除坏死组织，促进肉芽生长。

4. 水肿性溃疡　常发生于心脏衰弱的病畜及局部静脉血液循环被破坏的部位。肉芽苍白脆弱呈淡灰白色，且有明显的水肿。溃疡周围组织水肿，无上皮形成。

治疗主要应消除病因。局部可涂鱼肝油、植物油或包扎血液绷带、鱼肝油绷带等。禁止使用刺激性较强的防腐剂。应用强心剂调节心脏机能活动并改善病畜的饲养管理。

5. *蕈状溃疡*　常发生于四肢末端有活动肌腱通过部位的创伤。其特征是局部出现高出于皮肤表面、大小不同、凸凹不平的蕈状突起，其外形恰如散布的真菌故称蕈状溃疡。肉芽常呈紫红色，被覆少量脓性分泌物且容易出血。上皮生长缓慢，周围组织呈炎性浸润。

治疗时，如赘生的蕈状肉芽组织超出于皮肤表面很高，可剪除或切除，亦可充分搔刮后进行烧烙止血。亦可用硝酸银棒、苛性钾、苛性钠、20%硝酸银溶液烧灼腐蚀。有人使用盐酸普鲁卡因溶液在溃疡周围封闭，配合紫外线局部照射取得了较好的治疗效果。近年来有人使用 CO_2 激光聚焦烧灼和气化赘生的肉芽取得了较为满意的治疗效果。

6. *褥疮及褥疮性溃疡*　褥疮是局部受到长时间的压迫后所引起的因血液循环障碍而发生的皮肤坏疽。常见于畜体的突出部位。

褥疮后坏死的皮肤即暴露在空气中，水分被蒸发，腐败细菌不易大量繁殖，最后变得干涸皱缩，呈棕黑色。坏死区与健康组织之间因炎性反应带而出现明显的界限。由于皮下组织的化脓性溶解遂沿褥疮的边缘出现肉芽组织。坏死的组织逐渐剥离最后呈现褥疮性溃疡。表面被覆少量黏稠黄白色的脓汁。上皮组织和瘢痕的形成都很缓慢。

平时应尽量预防褥疮的发生。已形成褥疮时，可每日涂擦3%～5%龙胆紫酒精或3%煌绿溶液。夏天应当多晒太阳，应用紫外线和红外线照射可大大缩短治愈的时间。

7. *神经营养性溃疡*　溃疡愈合非常缓慢，可拖延一年至数年。肉芽苍白或发绀见不到颗粒。溃疡周围轻度肿胀，无疼痛的感觉，不见上皮形成。

条件允许时可进行溃疡切除术，术后按新鲜手术创处理。亦可使用盐酸普鲁卡因周围封闭，配合使用组织疗法或自家血液疗法。

8. *胼胝性溃疡*　不合理使用能引起肉芽组织和上皮组织坏死的药品、不合理的长期使用创伤引流，以及患部经常受到摩擦和活动而缺乏必要的安静（如肛门周围的创伤），均能引起胼胝性溃疡的发生。其特征是肉芽组织血管微细，苍白、平滑无颗粒，并过早地变为厚而致密的纤维性瘢痕组织。不见上皮组织的形成。

条件许可时，切除胼胝以后按新鲜手术创处理。亦可对溃疡面进行搔刮，涂松节油并配合使用组织疗法。

三、窦道和瘘

窦道（sinus）和瘘（fistula）都是狭窄不易愈合的病理管道，其表面被覆上皮或肉芽组织。窦道和瘘不同的地方是前者可发生于机体的任何部位，借助于管道使深在组织（结缔组织、骨或肌肉组织等）的脓窦与体表相通，其管道一般呈盲管状。而后者可借助于管道使体腔与体表相通或使空腔器官互相交通，其管道是两边开口。

（一）窦道

窦道常为后天性的，见于臀部、颈部、股部、胫部、肩胛和前臂部等。

1. *病因*　引起窦道的病因有：

异物 常随同致伤物体一起进入体内，或手术时将其遗忘于创内的如被毛、金属丝、结扎线、棉球及纱布等。

化脓坏死性炎症 当脓肿、蜂窝织炎、开放性化脓性骨折、腱及韧带的坏死、骨坏疽及化脓性骨髓炎等。创伤深部脓汁不能顺利排出，而有大量脓汁潴留的脓窦，或长期不正确的使用引流等都容易形成窦道。

2. 症状 从体表的窦道口不断地排出脓汁。当窦道口过小，位置又高，脓汁大量潴留于窦道底部时，常于自动或他动运动时，因肌肉的压迫而使脓汁的排出量增加。窦道口下方的被毛和皮肤上常附有干涸的脓痂。由于脓汁的长期浸渍而形成皮肤炎，被毛脱落。

窦道内脓汁的性状和数量等，因致病菌的种类和坏死组织的情况不同而异。当深部存在脓窦且有较多的坏死组织，并处于急性炎症过程时，脓汁量大而较为稀薄并常混有组织碎块和血液。病程拖长，窦道壁已形成瘢痕，且窦道深部坏死组织很少时，则脓汁少而黏稠。

窦道壁的构造、方向和长度因病程的长短和致病因素的不同而有差异。新发生的窦道，管壁肉芽组织未形成瘢痕，管口常有肉芽组织赘生。陈旧的窦道因肉芽组织瘢痕化而变得狭窄而平滑。一般因子弹和弹片所引起的窦道细长而弯曲。

窦道在急性炎症期，局部炎症症状明显。当化脓坏死过程严重，窦道深部有大量脓汁潴留时，可出现明显的全身症状。陈旧性窦道一般全身症状不明显。

3. 诊断 除对窦道口的状态、排脓的特点及脓汁的性状进行细致的检查外，还要对窦道的方向、深度、有无异物等进行探诊。探诊时可用灭菌金属探针、硬质胶管，有时可用消毒过的手指进行。探诊时必须小心细致，如发现异物时应进一步确定其存在部位、与周围组织的关系、异物的性质、大小和形状等。探诊时必须确实保定，防止病畜骚动。要严防感染的扩散和人为的窦道发生。必要时亦可进行 X 射线诊断。

4. 治疗 窦道治疗的主要着眼点是消除病因和病理性管壁，通畅引流以利愈合。

(1) 对疖、脓肿、蜂窝织炎自溃或切开后形成的窦道，可灌注 10% 碘仿醚、3% 双氧水等以减少脓汁的分泌和促进组织再生。

(2) 当窦道内有异物、结扎线和组织坏死块时，必须用手术方法将其除去。在手术前最好向窦道内注入除红色、黄色以外的防腐液，使窦道管壁着色或向窦道内插入探针以利于手术的进行。

(3) 当窦道口过小、管道弯曲，由于排脓困难而潴留脓汁时，可扩开窦道口，根据情况造反对孔或作辅助切口，导入引流物以利于脓汁的排出。

(4) 窦道管壁有不良肉芽或形成瘢痕组织者，可用腐蚀剂腐蚀，或用锐匙刮净或用手术方法切除窦道。

(5) 当窦道内无异物和坏死组织块，脓汁很少且窦道壁的肉芽组织比较良好时，可填塞铋碘蜡泥膏（次硝酸铋 10.0ml；碘仿 20.0ml；石蜡 20.0ml）。

（二）瘘

先天性瘘是由于胚胎期间畸形发育的结果，如脐瘘、膀胱瘘及直肠 - 阴道瘘等。此时瘘管壁上常被覆上皮组织。后天性瘘较为多见，是由于腺体器官及空腔器官的创伤或手术之后发生的。在家畜常见的有胃瘘、肠瘘、食道瘘、颊瘘、腮腺瘘及乳腺瘘等。

1. 分类及症状　可分为以下两种：

排泄性瘘　其特征是经过瘘的管道向外排泄空腔器官的内容物（尿、饲料、食糜及粪等）。除创伤外，也见于食道切开、尿道切开、瘤胃切开、肠管切开等手术化脓感染之后。

分泌性瘘　其特征是经过瘘的管道分泌腺体器官的分泌物（唾液、乳汁等）。常见于腮腺部及乳房创伤之后。当动物采食或挤乳时，有大量唾液和乳汁呈滴状或线状从瘘管射出是腮腺瘘和乳腺瘘的特征。

2. 治疗

（1）对肠瘘、胃瘘、食道瘘、尿道瘘等排泄性瘘管必须采用手术疗法。其要领是，用纱布堵塞瘘管口，扩大切开创口，剥离粘连的周围组织，找出通向空腔器官的内口，除去堵塞物，检查内口的状态，根据情况对内口进行修整手术、部分切除术或全部切除术，密闭缝合，修整周围组织，缝合。手术中一定要尽可能防止污染新创面，以争取第一期愈合。

（2）对腮腺瘘等分泌性瘘，可向管内灌注20%碘酊、10%硝酸银溶液等。或先向瘘内滴入甘油数滴，然后撒布高锰酸钾粉少许，用棉球轻轻按摩，用其烧灼作用以破坏瘘的管壁。一次不愈合者可重复应用。上述方法无效时，对腮腺瘘可先向管内用注射器在高压下灌注溶解的石蜡，后装着胶绷带。亦可先注入5%～10%的甲醛溶液或20%的硝酸银溶液5～10ml，数日后当腮腺已发生坏死时进行腮腺摘除术。

四、坏死与坏疽

坏死（necrosis）是指生物体局部组织或细胞失去活性。坏疽（gangrene）是组织坏死后受到外界环境影响和不同程度的腐败菌感染而产生的形态学变化。

（一）病因

引起坏死和坏疽的主要原因如下。

1. 外伤　严重的组织挫灭、局部的动脉损伤等。

2. 持续性的压迫　如褥疮、鞍伤、绷带的压迫、嵌顿性疝、肠捻转等。

3. 物理、化学性因素　见于烧伤、冻伤、腐蚀性药品及电击、放射线、超声波等引起的损伤。

4. 细菌及毒物性因素　多见于坏死杆菌感染、毒蛇咬伤等。

5. 其他　血管病变引起的栓塞、中毒及神经机能障碍等。

（二）症状与分类

1. 凝固性坏死　坏死部组织发生凝固、硬化，表面上覆盖一层灰白或黄色的蛋白凝固物。见于肌肉的蜡样变性、肾梗塞等。

2. 液化性坏死　坏死部肿胀、软化，随后发生溶解。多见于热伤、化脓灶等。

3. 干性坏疽　多见于机械性局部压迫，药品腐蚀等。坏死组织初期表现苍白，水分渐渐失去后，颜色变成褐色至暗黑色，表面干裂，呈皮革样外观。

4. 湿性坏疽　多见于坏死部腐败菌的感染。初期局部组织脱毛、浮肿、暗紫色或暗黑色，表面湿润，覆盖有恶臭的分泌物（表1-2）。

表1-2 干性坏疽与湿性坏疽的区别

	干性坏疽	湿性坏疽
原因	外伤、物理、化学损伤、压迫等	褥疮、细菌感染、血管、神经疾病等
皮肤颜色变化	初期苍白、继而呈黑褐色	表面污秽不洁，呈灰白、黑褐色
容积	变小	多数为先肿胀后缩小
硬度	初期软、干化后变硬	软而多汁
分界线	与健康部界线明显	与健康组织分界线不明显
周围的皮肤	正常	伴发蜂窝织炎、浮肿
疼痛	疼痛不明显	初期疼痛显著
愈后	坏死部组织脱落后，组织渐渐愈合	坏部易向四周蔓延，愈后慎重

（三）治疗

首先应查明病因，并及时的去除。

1. 局部进行剪毛、清洗、消毒，防止湿性坏疽进一步恶化。使用蛋白分解酶除去坏死组织，等待生出健康的肉芽。还可以用硝酸银或烧烙阻止坏死恶化，或者用外科手术摘除坏死组织。

2. 对湿性坏疽应切除其患部（切除尾部、四肢下端），应用解毒剂进行化学疗法。注意保持营养状态。

复习题

1. 创伤愈合的不同类型过程。
2. 掌握创伤处理的步骤。
3. 窦道与瘘管的区别。
4. 溃疡的病因。

第二章 外科感染

第一节 概述

一、外科感染的概念

外科感染是动物有机体与侵入体内的致病微生物相互作用所产生的局部和全身反应。它是有机体对致病微生物的侵入、生长和繁殖造成损害的一种反应性病理过程，也是有机体与致病微生物感染与抗感染斗争的结果。

外科感染是一个复杂的病理过程。侵入体内的病原菌根据其致病力的强弱、侵入门户以及有机体局部和全身的状态而出现不同的结果。

病原菌感染的途径有：外源性感染——致病菌通过皮肤或黏膜面的伤口侵入有机体某部，随循环带至其他组织或器官内的感染过程；隐性感染——是侵入有机体内的致病菌当时未被消灭而隐藏存活于某部（腹膜粘连部位、形成瘢痕的溃疡病灶和脓肿内、组织坏死部位、作结扎和缝合的缝合线上、形成包囊的异物等），当有机体全身和局部的防卫能力降低时则发生此种感染。

如外科感染是由一种病原菌引起的则称单一感染；由多种病原菌引起的则称为混合感染。在原发性病原微生物感染后，经过若干时间又并发其他病原菌的感染，则称为继发性感染；被原发性病原菌反复感染时则称再感染。

外科感染与其他感染的不同点是：绝大部分的外科感染是由外伤所引起；外科感染一般均有明显的局部症状；常为混合感染；损伤的组织或器官常发生化脓和坏死过程，治疗后局部常形成瘢痕组织。

外科感染常见的致病菌有好气菌、厌氧菌和兼气菌。但常见的化脓性致病菌多为好气菌。它们常存在于动物的皮肤和黏膜表面，也存在于犬、猫舍、用具和其他物体上。这些细菌有的是在碱性环境中易于生长、繁殖，如大肠杆菌（pH 7.0～7.6 以上）；另外也有些细菌是喜好在酸性环境中生长繁殖的，如化脓性链球菌（pH 6.0）。

外科感染时常见的化脓性致病菌有：葡萄球菌、链球菌、大肠杆菌、绿脓杆菌等。

二、外科感染发生发展的基本因素

在外科感染的发生发展的过程中，存在着两种相互制约的因素：即有机体的防卫机能和促进外科感染发生发展的基本因素。此两种过程始终贯穿着感染和抗感染、扩散和反扩散的相互作用。由于不同动物个体的内在条件和外界因素不同而出现相异的结局，有的主要出现局部感染症状，有的则局部和全身的感染症状都很严重。

（一）有机体的防卫机能

在动物的皮肤表面，被毛、皮脂腺和汗腺的排泄管内，在消化道、呼吸道、泌尿生殖器及泪管的黏膜上，经常有各种微生物（包括致病能力很强的病原微生物）存在。在正常的情况下，这些微生物并不呈现任何有害作用，这是因为有机体具有很好的防卫机能，足以防止其发生感染。

1. *皮肤、黏膜及淋巴结的屏障作用* 皮肤表面被覆角质层及致密的复层鳞状上皮，pH 5.2～5.8。黏膜的上皮也由排列致密的细胞和少量的间质组成，表面常分泌酸性物质，某些黏膜表面还具有排出异物能力的纤毛，因此，在正常的情况下皮肤及黏膜不仅具有阻止致病菌侵入机体的能力，而且还分泌溶菌酶、抑菌酶等杀死细菌或抑制细菌生长繁殖的抗菌性物质。淋巴结和淋巴滤泡可固定细菌，阻止它们向深部组织扩散或将其消灭。

2. *血管及血脑的屏障作用* 血管的屏障是由血管内皮细胞及血管壁的特殊结构所构成。它可以一定程度地阻止进入血液内的致病菌进入组织中。血脑屏障则由脑内毛细血管壁、软脑膜及脉络丛等构成。该屏障可以阻止致病菌及外毒素等从血液进入脑脊液及脑组织。

3. *体液中的杀菌因素* 血液和组织液等体液中含有补体等杀菌物质。它们或单独对致病菌呈现抑菌或杀菌作用，或同吞噬细胞、抗体等联合起来杀死细菌。

4. *吞噬细胞的吞噬作用* 网状内皮系统细胞和血液中的嗜中性白细胞等均属机体内的吞噬细胞，它们可以吞噬侵入体内的致病菌和微小的异物并进行溶解和消化。

5. *炎症反应和肉芽组织* 炎症反应是有机体与侵入体内的致病因素相互作用而产生的全身反应的局部表现。当致病菌侵入机体后局部很快发生炎症充血，以提高局部的防卫机能。充血发展成为淤血后，便有血浆成分的渗出和白细胞的游出。炎症区域的网状内皮细胞也明显增生。这些变化都能有利于防止致病菌的扩散和毒素的吸收，又有利于消灭致病菌和清除坏死组织。当炎症进入后期或慢性阶段，肉芽组织则逐渐增生，在炎症和周围健康组织之间构成防卫性屏障，从而更好地阻止致病菌的扩散并参与损伤组织的修复，使炎症局限化。肉芽组织是由新生的成纤维细胞和毛细血管所组成的一种幼稚结缔组织。它的里面常有许多炎性细胞浸润和渗出液并表现明显的充血。渗出的细胞和增生的巨噬细胞主要在肉芽组织的表层。通过它们的吞噬分解和消化作用，使肉芽组织具有明显的消除致病菌的作用。

6. *透明质酸* 透明质酸是细胞间质的组成成分，而细胞间质是由基质和纤维成分所组成。结缔组织的基质是无色透明的胶质物质。基质有黏性，故在正常情况下能阻止致病菌沿着结缔组织间隙扩散。透明质酸参与组织和器官的防卫机能，它能对许多致病菌所分泌的透明质酸酶有抑制作用。

（二）促使外科感染发展的因素

1. *致病微生物* 在外科感染的发生发展过程中，致病菌是重要的因素，其中细菌的数量和毒力尤为重要。细菌的数量越多，毒力越大，发生感染的机会亦越大。

2. *局部条件* 外科感染的发生与局部环境条件有很大关系。皮肤黏膜破损可使病菌入侵组织，局部组织缺血缺氧或伤口存在异物、坏死组织、血肿和渗出液均有利于细菌的生长繁殖。

进入体内的致病菌，在条件适宜的情况下，经过一定的时间即可大量生长繁殖以增强其毒害作用，进而突破机体组织的防卫屏障，随之即表现出感染的临床症状。而感染发展的速度又依外伤的部位、外伤组织和器官的特性、创伤的安静是否遭到破坏、肉芽组织是否健康和完整、致病菌的数量和毒力、是单一感染或是混合感染、有机体有无维生素缺乏症和内分泌系统机能紊乱，以及病畜神经系统机能状态而有很大的不同。这些因素都在外科感染的发生和发展上起着一定的作用。

三、外科感染的病程演变

外科感染的演变是动态的过程。致病菌、机体抵抗力以及治疗措施三方面的消长决定了在不同时期感染可以向不同的方向发展。外科感染发生后受致病菌毒力、局部和全身抵抗力及治疗措施等影响，可有三种结局：

1. *局限化、吸收或形成脓肿* 当动物机体的抵抗力占优势，感染局限化，有的自行吸收，有的形成脓肿。小的脓肿也可自行吸收，较大的脓肿在破溃或经手术切开引流后，转为恢复过程，病灶逐渐形成肉芽组织、瘢痕而愈合。

2. *转为慢性感染* 当动物机体的抵抗力与致病菌致病力处于相持状态，感染病灶局限化，形成溃疡、瘘、窦道或硬结，由瘢痕组织包围，不易愈合。此病灶内仍有致病菌，一旦机体抵抗力降低时，感染可重新发作。

3. *感染扩散* 在致病菌毒力超过机体的抵抗力的情况下，感染不能局限，可迅速向四周扩散，或经淋巴、血液循环引起严重的全身感染。

四、外科感染诊断与防治

（一）外科感染诊断

一般根据临床表现可做出正确诊断，必要时可进行一些辅助检查。

1. *局部症状* 红、肿、热、痛和机能障碍是化脓性感染的五个典型症状，但这些症状并不一定全部出现，而随着病程迟早、病变范围及位置深浅而异。病变范围小或位置深的，局部症状不明显。深部感染可仅有疼痛及压痛、表面组织水肿等。

2. *全身症状* 轻重不一，感染轻微的可无全身症状，感染较重的有发热、心跳和呼吸加快、精神沉郁、食欲减退等症状。感染较为严重的、病程较长时可继发感染性休克、器官衰竭等。感染严重的甚至出现败血症。

3. 实验室检查　一般均有白细胞计数增加和核左移，但某些感染，特别是革兰氏阴性杆菌的感染时，白细胞计数增加不明显，甚至减少；免疫功能低下的患畜，也可表现类似情况。B超、X线检查和CT检查等，有助于诊断深部脓肿或体腔内脓肿，如肝脓肿、脓胸、脑脓肿等。感染部位的脓汁应做细菌培养及药敏试验，有助于正确选用抗生素。怀疑全身感染，可做血液细菌培养检查，包括需氧培养及厌氧培养，以明确诊断。

（二）防治原则

对外科感染的预防和治疗不能局限于应用抗生素及单一的外科手术（包括切除病灶及引流脓肿），而是要有一个整体概念，即要消除外源性因素、切断感染源，同时要及早预防和注意营养支持，充分调动机体的防御功能，提高畜体免疫力等，对控制和预防家畜外科感染具有积极的临床意义。

（三）治疗措施

1. 局部治疗　治疗化脓灶的目的是使化脓感染局限化，减少组织坏死，减少毒素的吸收。

(1) 休息和患部制动　使病畜充分安静，以减少疼痛刺激和恢复病畜的体力。同时限制病畜活动，避免刺激患部，在进行细致的外科处理后，根据情况决定是否包扎。

(2) 外部用药　有改善血液循环、消肿、加速感染灶局限化，以及促进肉芽组织生长的作用，适用于浅在感染。如鱼石脂软膏用于疖等较小的感染，50%硫酸镁溶液湿敷用于蜂窝织炎。

(3) 物理疗法　有改善局部血液循环，增强局部抵抗力，促进炎症吸收及感染病灶局限化的作用，除用热敷或湿热敷外，微波、频谱、超短波及红外线治疗对急性局部感染灶的早期有较好疗效。

(4) 手术治疗　包括脓肿切开术和感染病灶的切除。急性外科感染形成脓肿应及时手术切开。局部炎症反应剧烈，迅速扩展，或全身中毒症状严重，虽未形成脓肿，也应尽早局部切开减压，引流渗出物，以减轻局部和全身症状，阻止感染继续扩散。若脓肿虽已破溃，但排脓不畅，则应人工引流，只有引流通畅，病灶才能较快愈合。

2. 全身治疗

(1) 抗菌药物　合理适当应用抗菌药物是治疗外科感染的重要措施。

用药原则：尽早分离、鉴定病原菌并做药敏试验，尽可能测定联合药敏。预防用药的剂量应占正常使用抗菌药物总量的30%～40%，以防止产生耐药性和继发感染。联合应用抗菌素必须有明确的适应症和指征。值得注意的是抗生素疗法并不能取代其他治疗方法，因此对严重外科感染必须采取综合性治疗措施。

药物选择：①葡萄球菌　轻度感染选用青霉素、复方磺胺甲基异戊唑（SMZ-TMP）或红霉素、麦迪霉素等大环内酯类抗生素；重症感染选用苯唑青霉素或头孢唑啉钠与氨基糖苷类抗生素合用。其他抗生素不能控制的葡萄球菌感染可选用万古霉素。②溶血性链球菌　首选青霉素，其他可选用红霉素、头孢唑啉等。③大肠杆菌及其他肠道革兰氏阴性菌　选用氨基糖苷类抗生素、喹诺酮类或头孢唑啉等。④绿脓杆菌　首选药物哌拉西林，另外环丙沙星、头孢他啶及头孢哌酮对绿脓杆菌亦有效。上述药物常与丁胺卡那霉素或妥布霉素合用。⑤类杆菌及其他梭状芽孢杆菌　甲硝唑以其有效、价廉为首选，此外可选用大剂量青霉素或哌拉西林、氯霉素、氯林可霉素等。

给药方法：对轻症和较局限的感染，一般可肌肉注射。但对严重感染，应静脉给药，除个别的抗菌药物外，分次静脉注射法较好，与静脉滴注相比，它产生的血清内和组织内的药物浓度较高。

停药时间，一般认为在全身情况和局部感染灶好转后3～4d，即可停药。但严重全身感染停药不能过早，以免感染复发。

(2) 支持治疗　病畜严重感染导致脱水和酸碱平衡紊乱，应及时补充水、电解质及碳酸氢钠。化脓性感染易出现低钙血症，给予钙制剂，并可调节交感神经系统和某些内分泌系统的机能活动。应用葡萄糖疗法可补充糖原以增强肝脏的解毒机能和改善循环。注意饲养管理，对病畜饲给营养丰富的饲料和补给大量维生素（特别是维生素A、维生素B、维生素C）以提高机体抗病能力。

(3) 对症疗法　根据病畜的具体情况进行必要的对症治疗，如强心、利尿、解毒、解热、镇痛及改善胃肠道的功能等。

第二节　外科局部感染

一、毛囊炎

(一) 病因病理

毛囊炎是由致病微生物引起的皮肤毛囊的炎症。根据毛囊的发病范围，临床上小动物的单纯性散在性毛囊炎如果治疗不及时，炎症扩散会造成疖、痈和脓皮病。

(二) 临床症状

单纯性散在性毛囊炎在临床上十分常见，主要发生在口唇周围、背部、四肢内侧和腹下部，一般并不会对犬、猫造成大的影响。临床上毛囊炎的主要原因是毛囊口被堵塞（包括不洁物或者皮肤分泌物）、毛囊内蠕形螨寄生，毛囊内细菌繁殖、内分泌失调等，毛囊口局部发生不大的脓疱。毛囊炎的主要致病菌是中间型葡萄球菌。

(三) 治疗

根据诊断结果用药。可以采取皮肤消毒，涂擦抗生素软膏，应用杀螨虫和细菌药物，调节激素平衡等治疗措施，一般疗效较好。

二、疖

疖（furuncle）是细菌经毛囊和汗腺侵入引起单个毛囊及其所属的皮脂腺的急性化脓性感染。若仅限于毛囊的感染称毛囊炎；同时或连续发生在患犬全身各部位的疖称为疖病。

(一) 病因病理

疖的直接病因是由于皮肤受到摩擦、刺激或长期处于潮湿的环境中；同时局部受到污染时，被毛不洁，毛囊及其所属的皮脂腺排泄障碍也是诱发本病的原因之一，此外某些维生素缺乏、气候炎热和机体对感染的抵抗力下降均能促使疖的发生，常继发为疖病。多为感染金黄色葡萄球菌或白色葡萄球菌而引起。

当毛囊及其所属皮脂腺发生炎性浸润后，在病灶中央部形成由已坏死的毛囊、皮脂腺及其临近的组织与崩解的白细胞和大量的葡萄球菌构成的疖心，并逐渐形成小脓肿。

(二) 临床症状

当局部发生疖时，最初局部出现温热而又剧烈疼痛的圆形肿胀结节，界限明显，呈坚实样硬度，此时犬多表现为瘙痒难受，到处摩擦患部，或用爪抓搔，严重时引起出血或局部抓伤。继而病灶顶端出现明显的小脓疱，中心部有被毛竖立。以后逐步形成小脓肿，波动明显并突出于皮肤表面。如果发生在皮肤厚的部位，病初肿胀不显著，触诊有剧痛，以后逐渐增大，但不突出于皮肤表面；而是在毛囊周围的组织形成炎性浸润，并迅速向周围及深部蔓延，很快也形成小脓肿。

病程经数日后，病灶区的脓肿可自行破溃，流出乳汁样微黄白色脓汁，局部形成小的溃疡，炎症随之消退，其后表面被覆肉芽组织或痂皮而愈合。疖常无全身症状，但发生疖病时，常出现体温升高、食欲减退等全身症状。疖多发生于头颈部、四肢，其次见于背部腰部及臀部等处。

(三) 治疗

对处于早期浅表的炎性结节可外涂 2.5% 碘酊、鱼石脂软膏等，已有脓液形成的，局部消毒切开后按化脓创处理；对浸润期的疖，可用青霉素盐酸普鲁卡因溶液注射于病灶的周围封闭，亦可涂擦鱼石脂软膏、5% 碘软膏等或理疗。疖病的治疗必须局部和全身疗法并重，全身给予抗生素，同时注意犬舍或犬床的卫生，消除引起疖病发生的各种因素。

三、痈

痈 (carbuncle) 是由致病菌同时侵入多个相邻的毛囊、皮脂腺或汗腺所引起的急性化脓性感染。有时痈为许多个疖或疖病发展而来，实际上是疖和疖病的扩大。其发病范围已侵害皮下的深筋膜。

(一) 病因病理

痈的致病菌主要是葡萄球菌，其次是链球菌，有时则是葡萄球菌和链球菌的混合感染。它们侵及单个或若干并列的皮脂腺，或最初只侵及一个皮脂腺而发生疖，继而感染向下蔓延至深筋膜形成多头疖。由于感染的继续发展而形成了很大的痈。

（二）临床症状

痈的初期在患部形成一个迅速增大有剧烈疼痛的化脓性炎性浸润，此时局部皮肤紧张、坚硬、界限不清；继而在病灶中央区出现多个脓点，破溃后呈蜂窝状；以后病灶中央部皮肤、皮下组织坏死脱落，在其自行破溃或手术切开后形成大的脓腔。痈深层的炎症范围超过外表脓灶区。除局部疼痛外，犬猫常有寒战、高热等全身症状。痈常伴有淋巴管炎、淋巴结炎和静脉炎。病情严重者可引起全身化脓性感染，血常规检查白细胞数明显增多。

（三）治疗

应注重局部和全身治疗相结合。痈的初期，全身应用抗菌药物，如青霉素、红霉素类药物。患部制动、适当休息和补充营养。局部配合使用50%硫酸镁，也可用金黄膏等外敷。病灶周围用普鲁卡因封闭疗法可获得较好的疗效。如局部水肿的范围大，并出现全身症状时，可行局部十字切开。术后应用开放疗法。

四、脓肿

在任何组织或器官内形成外有脓肿膜包裹，内有脓汁潴留的局限性脓腔时称为脓肿（abscess）。它是致病菌感染后所引起的局限性炎症过程，如果在解剖腔内（胸膜腔、喉囊、关节腔、鼻窦）有脓汁潴留时则称之为蓄脓。如关节蓄脓、上颌窦蓄脓、胸膜腔蓄脓等。

（一）病因病理

病因：大多数脓肿是由感染引起的，最常继发于急性化脓性感染的后期。致病菌侵入的主要途径是皮肤或伤口。引起脓肿的致病菌主要是葡萄球菌，其次是化脓性链球菌、大肠杆菌、绿脓杆菌和腐败菌。犬的脓肿绝大部分是感染了金黄色葡萄球菌的结果。

除感染因素外，犬发生脓肿另外一个主要原因，是注射时不遵守无菌操作规程而引起的注射部位脓肿。其次静脉注射各种刺激性的化学药品，也是一个需要注意的问题。此外，也有的是由于血液或淋巴将致病菌由原发病灶转移至某一新的组织或器官内所形成的转移性脓肿。

病理：在致病菌的作用下，机体则出现一系列的应答性反应。化脓感染初期，首先在炎性病灶的局部呈现酸度增高、血管壁扩张、血管壁的渗透性增高等反应。而后伴有以嗜中性白细胞为主的渗出。由于病灶体液循环障碍及炎性细胞浸润，使局部组织代谢紊乱，导致细胞大量坏死和有毒产物及毒素的积聚，后者又加重了细胞的坏死。嗜中性白细胞分泌的蛋白分解酶可促进坏死组织细胞溶解，随后在炎症病灶的中央形成充满脓汁的腔洞。腔洞的周围有肉芽组织构成的脓肿膜，随着脓肿膜的形成，标志着脓肿的成熟。

脓肿内的脓汁由脓清、脓球和坏死分解的组织细胞三部分组成。脓清一般不含纤维素，因此不易凝固。脓球的组成随病程的进展而有明显不同，一般是由多种细胞组成，以分叶核白细胞为最多，其分叶核白细胞的核和原生质发生种种变性变化；其次是淋巴细胞、嗜酸性白细胞、嗜碱性白细胞、单核细胞及巨噬细胞；有的还含有少量红细胞。组织分解产物包括组织细胞的分解碎片、坏死组织碎块、骨碎粒、软骨碎片等。病灶的周围形成的脓肿膜是脓肿与健康组织的分界线，它具有限制脓肿扩散和减少机体从脓肿病灶吸收有毒产物的作用。脓肿膜由两层细胞组成，内层为坏死的组织细胞，外层是具有吞噬能力的间叶细胞，当脓液排出后脓肿膜就成为肉芽组织，最后逐渐成为瘢痕组织而使脓肿愈合。

（二）分类与症状

1. 分类

（1）根据脓肿发生的部位可分为浅在性脓肿和深在性脓肿　浅在性脓肿常发生于皮下结缔组织、筋膜下及表层肌肉组织内；深在性脓肿常发生于深层肌肉、肌间、骨膜下及内脏器官。

（2）根据脓肿的经过可分为急性脓肿和慢性脓肿　急性脓肿经过迅速，一般3～5d即可形成，局部呈现急性炎症反应，慢性脓肿发生发展缓慢，缺乏或仅有轻微的炎症反应。

2. 症状

（1）浅在急性脓肿　初期局部肿胀，无明显的界限。触诊局温增高、坚实有疼痛反应。以后肿胀的界限逐渐清晰，最后形成坚实样的分界线；在肿胀的中央部开始软化并出现波动，并可自溃排脓。但常因皮肤溃口过小，脓汁不易排尽。浅在慢性脓肿：一般发生缓慢，虽有明显的肿胀和波动感，但缺乏温热和疼痛反应或反应轻微。

（2）深在急性脓肿　由于部位较深，加之被覆组织较厚，局部增温不易触及。常出现皮肤及皮下结缔组织的炎性水肿，触诊时有疼痛反应并常有指压痕。在压痛和水肿明显处穿刺，抽出脓汁即可确诊。

当较大的深在性脓肿未能及时治疗，脓肿膜可发生坏死，最后在脓汁的压力下可穿破皮肤自行破溃；亦可向深部发展，压迫或侵入邻近的组织和器官，引起感染扩散，呈现较明显的全身症状，严重时还可能引起败血症。

内脏器官的脓肿常常是转移性脓肿或败血症的结果。

（三）诊断

浅在性脓肿诊断多无困难，深在脓肿可经诊断穿刺和超声波检查后确诊。后者不但可确诊脓肿是否存在，还可确定脓肿的部位和大小。当肿胀尚未成熟或脓腔内脓汁过于黏稠，时常不能排出脓汁，但在后一种情况下，针孔内常有干涸黏稠的脓汁或脓块附着。根据脓汁的性状并结合细菌学检查，可进一步确定脓肿的病原菌。

脓肿诊断需要与外伤性血肿、淋巴外渗、挫伤和某些疝相区别。

（四）治疗

1. 消炎、止痛及促进炎症产物消散吸收　当局部肿胀正处于急性炎性细胞浸润阶段，可局部涂擦樟脑软膏，或用冷疗法（如复方醋酸铅溶液，鱼石脂酒精、栀子酒精等冷敷），以抑制炎性渗出并具有消肿止痛的功效。当炎性渗出停止后，可用温热疗法、短波透热疗法、超短波疗法以促进炎症产物的消散吸收。局部治疗的同时，可根据病畜的情况适当配合抗生素、磺胺类药物等进行对症治疗。

2. 促进脓肿的成熟 当局部炎症产物已无消散吸收的可能时，局部可用鱼石脂软膏、鱼石脂樟脑软膏、超短波疗法、温热疗法等以促进脓肿的成熟。待局部出现明显的波动时，应立即进行手术治疗。

3. 手术疗法 脓肿形成后其脓汁常不能自行消散吸收，因此，只有当脓肿自溃排脓或手术排脓后经过适当地处理才能治愈。

脓肿时常用的手术疗法有：

(1) 脓汁抽出法 适用于关节部脓肿膜形成良好的小脓肿。其方法是利用注射器将脓肿腔内的脓汁抽出，然后用生理盐水反复冲洗脓腔，抽净腔中的液体，最后灌注混有青霉素的溶液。

(2) 脓肿切开法 脓肿成熟出现波动后立即切开。切口应选择波动最明显且容易排脓的部位。按手术常规对局部进行剪毛消毒后再根据情况作局部或全身麻醉。切开前为了防止脓肿内压力过大脓汁向外喷射，可先用粗针头将脓汁排出一部分。切开时一定要防止外科刀损伤对侧的脓肿膜。切口要有一定的长度并作纵向切口，以保证在治疗过程中脓汁能顺利地排出。深在性脓肿切开时除进行确实麻醉外，最好进行分层切开，并对出血的血管进行仔细的结扎或钳压止血，以防引起脓肿的致病菌进入血液循环，而被带至其他组织或器官发生转移性脓肿。脓肿切开后，脓汁要尽力排尽，但切忌用力压挤脓肿壁（特别是脓汁多而切口过小），或用棉纱等用力擦拭脓肿膜里面的肉芽组织，这样就有可能损伤脓肿腔内的肉芽性防卫面而使感染扩散。如果一个切口不能彻底排空脓汁时，亦可根据情况作必要的辅助切口。对浅在性脓肿可用防腐液或生理盐水反复清洗脓腔。最后用脱脂纱布轻轻吸出残留在腔内的液体。切开后的脓肿创口可按化脓创进行外科处理。

(3) 脓肿摘除法 常用于治疗脓肿膜完整的浅在性小脓肿。此时需注意勿刺破脓肿膜，预防新鲜手术创被脓汁污染。

五、蜂窝织炎

蜂窝织炎（phlegmon）是疏松结缔组织发生的急性弥漫性化脓性感染。犬、猫常发生于臀部、大腿等部位的皮下、筋膜下及肌肉间疏松结缔组织内，其特征是脓性渗出物浸润，迅速扩散，常伴有全身症状。

(一) 病因病理

病因：引起蜂窝织炎的致病菌主要是溶血性链球菌，其次为金黄色葡萄球菌，亦可为大肠杆菌及厌氧菌等。一般多由皮肤或黏膜的微小创口的原发病灶感染引起；也可因邻近组织的化脓性感染扩散或通过血液循环和淋巴道的转移。偶见于继发某些传染病以及误注或漏入皮下疏松结缔组织内刺激性强的化学制剂。犬、猫由于相互抓咬最易发生原发性感染。

病理：蜂窝织炎的发生发展，主要是由机体的防御机能、局部解剖学特点或致病菌的种类、毒力和数量所决定的。当机体营养不良，某些维生素缺乏，特别是患有犬瘟热、细小病毒等传染病或局部发生淤血、肿胀等情况下，机体防御机能显著下降，此时，皮肤或黏膜发生创伤时常常引起化脓感染，或创内存有大量凝血块、坏死组织、异物或治疗不当等，破坏肉芽防卫面，使感染向周围蔓延扩散而发生蜂窝织炎。在蜂窝织炎的发生和发展上，致病菌特别是链球菌产生的透明质酸酶和链激酶，能加速结缔组织基质和纤维蛋白的溶解，有助于致病菌和毒素向周围组织扩散，而导致化脓性感染沿着疏松结缔组织的间隙向周围扩散。

蜂窝织炎的初期，在感染的疏松结缔组织内首先发生急性浆液性渗出，由于渗出液大量积聚而出现水肿。渗出液最初透明，后因白细胞，特别是嗜中性白细胞渗出的增加而逐渐变为浑浊。白细胞（主要是嗜中性白细胞）游走至发炎组织后不断死亡、崩解，释放出蛋白溶解酶；同时致病菌和局部坏死组织细胞崩解时，也释放出组织蛋白酶等溶解酶，它们共同溶解坏死的发炎组织，最后就形成化脓性浸润。化脓性浸润约经两天即可转变为化脓灶，以后化脓浸润的疏松结缔组织呈弥漫性化脓性溶解或形成蜂窝织炎性脓肿。甚至导致急性败血症而造成死亡。

（二）分类与症状

1. 分类

(1) 按蜂窝织炎发生部位的深浅可分为浅在性蜂窝织炎（皮下、黏膜下蜂窝织炎）和深在性蜂窝织炎（筋膜下、肌间、软骨周围、腹膜下蜂窝织炎）。

(2) 按蜂窝织炎的病理变化可分浆液性、化脓性、厌氧性和腐败性蜂窝织炎，如化脓性蜂窝织炎伴发皮肤、筋膜和腱的坏死时则称为化脓坏死性蜂窝织炎；在临床上也常见到化脓菌和腐败菌混合感染而引起的化脓腐败性蜂窝织炎。

(3) 按蜂窝织炎发生的部位可分关节周围蜂窝织炎、食管周围蜂窝织炎、淋巴结周围蜂窝织炎、股部蜂窝织炎、直肠周围蜂窝织炎等。

2. 症状

发生蜂窝织炎时病程发展迅速。局部症状主要表现为大面积肿胀，局部增温，疼痛剧烈和机能障碍。全身症状主要表现为犬精神沉郁，体温升高，食欲不振并出现各系统的机能紊乱。

(1) 皮下蜂窝织炎　常发于四肢（特别是后肢），病初局部出现弥漫性渐进性肿胀。触诊时热痛反应非常明显。初期肿胀呈捏粉状，指压痕，后则转变为稍有坚实感。局部皮肤紧张，无可动性。

(2) 筋膜下蜂窝织炎　常发生于前肢的前臂筋膜下，后肢的小腿筋膜下和阔筋膜下的疏松结缔组织中。其临床特征是患部热痛反应剧烈；机能障碍明显。患部组织呈坚实性炎性浸润。

(3) 肌间蜂窝织炎　常继发于开放性骨折、化脓性骨髓炎、关节炎及腱鞘炎之后。有些是由于皮下或筋膜下蜂窝织炎蔓延的结果。感染可沿肌间和肌群间大动脉及大神经干的径路蔓延。首先是肌外膜、然后是肌间组织，最后是肌纤维。先发生炎性水肿，继而形成脓性浸润并逐渐发展成为化脓性溶解。患部肌肉肿胀、肥厚、坚实、界限不清，机能障碍明显，触诊和他动运动时疼痛剧烈。表层筋膜因组织内压增高而高度紧张，皮肤可动性受到很大的限制。发生肌间蜂窝织炎时全身症状明显，体温升高，精神沉郁，食欲不振。局部已形成脓肿时，切开后可流出灰色、常带血样的脓汁。有时由化脓性溶解可引起关节周围炎、血栓性血管炎和神经炎。

当颈静脉注射刺激性强的药物时，若漏入到颈部皮下或颈深筋膜下，能引起筋膜下的蜂窝织炎。注射后经1～2d局部出现明显的渐进性的肿胀，有热痛反应，但无明显的全身症状。当并发化脓性或腐败性感染时，则经过3～4d后局部即出现化脓性浸润，继而出现化脓灶。若未及时切开则可自行破溃而流出微黄白色较稀薄的脓汁。它能继发化脓性血栓性颈静脉炎。犬常因不断摩擦患部造成颈静脉血栓的脱落而引起大出血。

（三）治疗

早期较浅表的蜂窝织炎以局部治疗为主，部位深、发展迅速、全身症状明显者应尽早全身应用抗生素和磺胺药物等。

蜂窝织炎治疗应遵循减少炎性渗出、抑制感染扩散、减轻组织内压、改善全身状况、增强机体抗病力并采取局部和全身疗法并举的治疗原则。

1. *局部疗法*

（1）*控制炎症发展，促进炎症产物消散吸收*　最初24～48h以内，当炎症继续扩散，组织尚未出现化脓性溶解时，为了减少炎性渗出可用冷敷，涂以醋调制的醋酸铅散。当炎性渗出已基本平息，为了促进炎症产物的消散吸收可用上述溶液温敷。局部治疗常用50%硫酸镁湿敷，也可用20%鱼石脂软膏或雄黄散外敷。有条件的地方可做超短波治疗。

（2）*手术切开*　蜂窝织炎一旦形成化脓性坏死，应早期做广泛切开，切除坏死组织并尽快引流。手术切开时应根据实际情况做局部或全身麻醉。浅在性蜂窝织炎应充分切开皮肤、筋膜、腱膜及肌肉组织等。为了保证渗出液的顺利排出，切口必须有足够的长度和深度，作好纱布引流。必要时应造反对口。四肢应作多处切口，最好是纵切或斜切。伤口止血后可用中性盐类高渗溶液作引流液以利于组织内渗出液外流。亦可用2%过氧化氢液冲洗和湿敷创面。

如经上述治疗后体温暂时下降复而升高，肿胀加剧，全身症状恶化，则说明可能有新的病灶形成，或存有脓窦及异物，或引流纱布干固堵塞因而影响排脓，或引流不当所致。此时应迅速扩大创口，消除脓窦，摘除异物，更换引流纱布，保证渗出液或脓汁能顺利排出。待局部肿胀明显消退，体温恢复正常，局部创口可按化脓创处理。

2. *全身疗法*　早期应用抗生素疗法、磺胺疗法及盐酸普鲁卡因封闭疗法；对犬要加强营养。

六、淋巴管炎和淋巴结炎

（一）淋巴管炎（lymphangitis）

由于致病菌及其有毒活性产物进入淋巴管内而引起的急性炎症称淋巴管炎。常为进行性化脓性感染的并发症。多数是由溶血性链球菌从破损的皮肤或感染性病灶蔓延到淋巴管所致。病变淋巴管壁和周围组织充血、水肿，管壁增厚，管腔内有细菌、凝固的淋巴液和脱落的细胞。

（二）淋巴结炎（lymphadenitis）

是其他感染性病灶或损伤处沾染了化脓菌，沿淋巴管侵入淋巴结所致的急性炎症过程。患病的淋巴结肿胀，触诊疼痛，若炎症累及淋巴结周围组织，患部表皮常有发红和水肿，甚至形成脓肿，局部有波动感。浅在性化脓性淋巴结炎常自溃而形成瘘管或窦道，深在性淋巴管炎可伴发蜂窝织炎。多见于颈部、腹股沟部等处。治疗主要是对原发病灶处理和抗炎治疗，已形成脓肿时，应作切开引流。

第三节　厌气性和腐败性感染

一、厌气性感染

厌气性感染是一种严重的外科感染，一旦发生，预后多为慎重或不良。因此在临床上必须预防厌气性感染的发生。

（一）病因

引起厌气性感染的致病菌主要有产气荚膜杆菌（*bacillus perfringens*）、恶性水肿杆菌（*bacillus oedematis maligni*）、溶组织杆菌（*bacillus histolyticus*）、水肿杆菌（*bacillus oedematiens*）及腐败弧菌（*vibrio septicus*）等。

这些致病菌均属革兰氏阳性菌，这些致病菌都能形成芽孢，并需在不同程度的缺氧条件下才能生长繁殖。在生长繁殖过程中产气荚膜杆菌能产生大量气体，而恶性水肿杆菌能产生少量气体，其他均不产生气体。混合感染要比单一感染严重。

1. *缺氧的条件*　所有厌气性感染的致病菌均在缺氧的条件下容易生长繁殖。因此，由犬、猫相互撕咬所引起的盲管创、深刺创、有死腔的创伤，创伤切开和坏死组织切除不彻底、紧密的棉纱填塞、创伤的密闭缝合等，就成为厌气性感染发生的有利条件。在混合感染时，特别是需氧菌和厌氧菌混合感染时，因需氧菌消耗了氧，这就给厌氧菌的生长繁殖创造了有利条件。

2. *软组织，尤其是肌肉组织的大量挫灭*　厌气性感染主要发生在软组织，特别是肌肉组织内。肌肉组织含有丰富的葡萄糖及蛋白质，当它们挫灭坏死而丧失血液供应时，厌氧菌则易于生长繁殖，并容易感染。

3. *局部解剖学的特点*　臂部、肩胛部、颈部等肌肉层较厚部位，外面又有致密的深筋膜覆盖，因此当这些部位发生较严重的损伤时，即容易造成缺氧的条件，再加上大量的肌肉组织挫灭，这就给厌氧菌的生长繁殖创造了极为有利的条件。

4. *常被厌氧菌污染的部位（肛门附近和阴囊周围及后肢）发生损伤，及创内留有被土壤菌污染的异物时容易发生厌气性感染*

5. *有机体的防卫机能下降*　大失血、过劳、营养不良、维生素不足及慢性传染病所致的全身性衰竭，是容易发生厌气性感染的内因。

（二）分类

临床上常将厌气性感染分为厌气性脓肿、厌气性（气性）坏疽、厌气性（气性）蜂窝织炎、恶性水肿及厌气性败血症。其中常见的是厌气性坏疽及厌气性蜂窝织炎。

厌气性感染和急性化脓性感染的主要区别是：前者是以组织坏死为主要特征，而后者则主要是出现炎症反应。厌气性感染时局部的典型症状是组织（主要是肌肉组织）的坏死及腐败性分解、水肿和气体的形成（大部分厌气性感染）、血管栓塞造成局部血液循环障碍和淋巴循环障碍。局部肌肉呈煮肉样，切割时无弹性，不收缩，几乎不出血。血管栓塞是厌气性感染的一个重要的病理解剖学症状，血栓是由于毒素对脉管壁的影响（结果可发生脉管壁的坏死）以及血液易于凝固等原因所引起。

水肿的组织开始有热感，疼痛剧烈，但以后局部变凉，疼痛的感觉也降低甚至消失，这可能是由于神经纤维及其末梢发生坏死的结果。

厌气性（气性）坏疽时，初期局部出现疼痛性肿胀，并迅速向外扩散，以后触诊肿胀部则出现气性捻发音。从创口流出少量红褐色或不洁带黄灰色的液体。肌肉呈煮肉样，失去其固有的结构，最后由于坏死溶解而呈黑褐色。病畜出现严重的全身紊乱。

（三）症状

初期创伤周围突然发生剧烈的疼痛，体温升高，脉搏加快，脉弱。肿胀迅速蔓延，渗出物内含有气泡，出现捻发音。水肿是由于腐败性感染的炎症区内大静脉发生栓塞性静脉炎，有时继发腐败性分解，血液循环受到严重破坏的结果。创面高度水肿，呈黄绿色，肌肉似煮肉样，分泌液呈红褐色，有时混有气泡，具有坏疽恶臭的腐败液。创内的坏死组织变为绿灰色或黑褐色。肉芽组织发绀且不平整，因毛细血管脆弱，接触肉芽组织时，容易出血。有时因动脉壁受到腐败性溶解而发生大出血。腐败性感染时常伴发筋膜和腱膜的坏死以及腱鞘和关节囊的溶解。

腐败性感染时，由于病犬经感染灶吸收了大量腐败分解有毒产物和各种毒素，因而体温显著升高，并出现严重的全身性紊乱。

（四）治疗

病灶应广泛切开，以利于空气的流通，尽可能地切除坏死组织，用氧化剂、氯制剂及酸性防腐液处理感染病灶。

1. 手术治疗是最基本的治疗方法。一经确诊为厌气性感染后，对患部应立即进行广泛而深的切开，一直达到健康组织部分。尽可能地切除坏死组织，除去被污染的异物，消除脓窦，切开筋膜及腱膜。手术的目的就是降低组织内压，消除静脉淤血，改善血液循环，排出毒素并造成一个不利于厌气性致病菌生长繁殖的条件。

2. 用大量的3%过氧化氢溶液或0.5%高锰酸钾溶液等氧化剂，中性盐类高渗溶液及酸性防腐液冲洗创口。引流用0.1%雷佛奴尔溶液，过氧化氢溶液。创内撒布碘仿磺胺粉（1∶9），抗生素粉或磺胺类药剂。

3. 创口不缝合，进行开放疗法。

4. 全身应用大量的抗生素、磺胺类药物、抗菌增效剂及其他防治败血症的有效疗法和对症疗法。为防酸中毒可选用5%碳酸氢钠溶液。强心时，用安钠咖、强尔心等。

（五）预防

厌气性感染常能造成严重的后果，因此必须重视该病的预防工作。其要点是手术时必须严格地遵守无菌操作规程。凡有可能被厌气菌污染的敷料和器械必须严格消毒。术野和手也要做好消毒工作。对深的刺创必须进行细致的外科处理，必要时应扩开创口，通畅引流，尽可能地切除坏死组织并用上述的氧化剂冲洗创口。此外应对犬猫进行精心护理以提高有机体的抗病能力。

二、腐败性感染

腐败性感染的特点是局部坏死，发生腐败性分解，组织变成黏泥样无构造的恶臭物。表面被浆液性血样污秽物（有时呈褐绿色）所浸润，并流出初呈灰红色后变为巧克力色发恶臭的腐败性渗出物。

（一）病因

引起本病的致病菌主要有变形杆菌（*bacillus proteus*）、产芽孢杆菌（*bacillus sporogenes*）、腐败杆菌（*bacillus putrificus*）、大肠杆菌（*bacillus coli*）及某些球菌等。葡萄球菌、链球菌及上述的厌氧菌常与之发生混合感染。内源性腐败性感染可见于肠管损伤、直肠炎及肠管陷入疝轮而被嵌闭时。外源性腐败性感染常发生于创内含有坏死组织，深创囊或有可阻断空气流通的弯曲管道的创伤。

（二）症状

初期，创伤周围出现水肿和剧痛。水肿是由于腐败性感染的炎症区内大静脉发生栓塞性静脉炎，有时继发腐败性分解，因而血液循环受到严重破坏的结果。创伤表面分泌液呈红褐色，有时混有气泡，具有坏疽性恶臭。创内的坏死组织变为灰绿色或黑褐色，肉芽组织发绀且不平整。因毛细血管脆弱故接触肉芽组织时，容易出血。有时因动脉壁受到腐败性溶解而发生大出血。腐败性感染时常伴发筋膜和腱膜的坏死以及腱鞘和关节囊的溶解。

腐败性感染时，由于机体经感染灶吸收了大量腐败分解有毒产物和各种毒素，因而体温显著升高，并出现严重的全身性紊乱。

（三）治疗及预防

病灶应广泛切开，以利于空气的流通，尽可能地切除坏死组织，用氧化剂、氯制剂及酸性防腐液处理感染病灶。

腐败性感染的预防在于早期合理扩创，切除坏死组织，切开创囊，通畅引流，保证脓汁和分解产物能顺利排出，并保证空气能自由地进入创内。

第四节　全身化脓性感染

全身化脓性感染又称为急性全身感染，包括败血症和脓血症等多种情况。败血症（septicemia）是指致病菌（主要是化脓菌）侵入血液循环，持续存在，迅速繁殖，产生大量毒素及组织分解产物而引起的严重的全身性感染；脓血症（pyemia）是指局部化脓病灶的细菌栓子或脱落的感染血栓，间歇进入血液循环，并在机体其他组织或器官形成转移性脓肿。败血症和脓血症同时存在者，又称为脓毒败血症（pyosepticemia）。

菌血症和毒血症并不是全身感染。菌血症（bacteremia）是少量致病菌侵入血液循环内，迅速即被机体的防御系统所消除，不引起或仅引起短暂而轻微的全身反应。毒血症（toximia）则是由于大量的毒素进入血液循环所致，可引起剧烈的全身反应。毒素可来自细菌、严重损伤或感染后组织破坏分解的产物；致病菌留居在局部感染病灶处，并不侵入血液循环。所以，全身化脓性感染仅包括败血症、脓血症和脓毒败血症。

临床上，败血症、脓血症、毒血症等有时难以区分开，多呈混合型。如败血症本身已包含毒血症，脓毒败血症既包含败血症，又包含脓血症。因而，目前临床上把急性全身性感染多统称为败血症。近年来，有人主张将严重的化脓性感染引起明显全身反应，有显著中毒症状的称为脓毒症（sepsis）。

一般说来，全身化脓性感染都是继发的，它是开放性损伤、局部炎症和化脓性感染过程以及术后的一种最严重的并发症，如不及时治疗，机体常因发生感染性休克而死亡。

（一）病因病理

局部感染治疗不及时或处理不当，如脓肿引流不及时或引流不畅、清创不彻底等；致病菌繁殖快、毒力大；病犬抵抗力降低等均可引起全身化脓性感染。此外，免疫机能低下的病犬，还可并发内源性感染尤其是肠源性感染，肠道细菌及内毒素进入血液循环，导致本病发生。也有因大面积烧伤、泌尿系统感染、子宫感染、腹膜炎和某些传染病等也能引起败血症。

临床上多种致病菌均可引起全身化脓性感染，如金黄色葡萄球菌、溶血性链球菌、大肠杆菌、绿脓杆菌和厌氧性病原菌等。有时呈单一感染，有时是数种致病菌混合感染。其中革兰氏阴性杆菌引起败血症更为常见。

当机体内存在有化脓性、厌氧性、腐败性感染或混合性感染时，则构成发生全身化脓性感染的基础。但是，有的只发生疖、痈和脓肿等局部感染，而有的则发生蜂窝织炎，甚至有时局部感染较严重，亦不致引起全身化脓性感染。这一方面决定于机体的防卫机能，而另一方面也取决于致病菌的毒力。

有机体的防卫机能在全身化脓性感染的发生上具有极其重要的意义。在机体的免疫机能降低时，病原菌在感染灶内可大量生长繁殖。如局部化脓病灶处理不当或止血不良等，感染病灶的细菌通过栓子或被感染的血栓进入血液循环而被带到各种不同的器官和组织内，在它们遇到生长繁殖有利条件时，即在这些器官和组织内形成转移性脓肿。若犬体抵抗力高度下降，病程进一步发展，感染病灶的局部代谢和分解产物及致病菌本身，可以随着血液及淋巴流入体内，大量致病菌和各种毒素可使病犬心脏、血管系统、神经系统、实质器官呈现毒害作用，导致一系列的机能障碍，最后发生败血症。

实践证明，如果败血病灶成为细菌毒素大量生长繁殖和制造的场所，即使机体有较强的抵抗力，也往往容易发生败血症。因此治疗败血症应从原发败血病灶着手。

（二）症状

脓血症：当细菌栓子或被感染的血栓进入血液循环和各组织和器官，在条件适宜时，其细菌即生长繁殖，产生大量毒素和坏死组织，并在这些组织和器官内形成转移性脓肿。局部出现脓肿前，除破坏局部组织或器官功能，还出现全身性症状，如体温升高、呈弛张热、精神沉郁、食欲下降或废绝、呼吸加快、心跳快而弱等。一旦形成脓肿时，则全身症状有所改善。如机体抵抗力下降或不及时治疗，则长期高热，全身症状加重，可导致动物死亡。如果肝脏发生转移性脓肿，眼结膜可出现高度黄染；如肾脏发生转移性脓肿则出现血尿。肠壁发生转移性脓肿时可出现剧烈的腹泻。呼气带有腐臭味并有大量的脓性鼻漏，是肺内发生转移性脓肿的特征。当犬出现痉挛时可能是脑组织内发生了转移性脓肿，尿的比重降低，并出现病理产物，血液出现明显的变化。

血液检查，可见到血沉加快，白细胞数增加，核左移，嗜中性白细胞中的幼稚型白细胞占优势。在血检时如见到淋巴细胞及单核细胞增加时，常为康复的标志。但如红细胞及血红素显著减少，而白细胞中的幼稚型嗜中性白细胞占优势，此时淋巴细胞增加往往是病情恶化的象征。在检查败血病灶创面的按压标本的脓汁象时，在严重的病例，则见不到巨噬细胞及溶菌现象，但脓汁内却有大量的细菌出现。此乃病情严重的表现。如脓汁象内出现静止游走细胞和巨噬细胞，则表明有机体尚有较强的抵抗力和反应能力。

败血症：原发性和继发性败血病灶的大量坏死组织、脓汁以及致病菌毒素进入血液循环后引起全身中毒症状。病犬体温明显增高，一般呈稽留热，恶寒战栗，四肢发凉，脉搏细数，动物常躺卧，起立困难，运步时步态蹒跚，有时能见到中毒性腹泻，有时出汗。随病程发展，可出现感染性休克或神经系统症状，犬表现食欲废绝，结膜黄染，呼吸困难，脉搏细弱，病畜烦躁不安或嗜睡，尿量减少并含有蛋白或无尿，皮肤黏膜有时有出血点，血液学指标明显异常，死前体温突然下降。最终因器官衰竭而死亡。

（三）诊断

在原发感染灶的基础上出现上述临床症状，诊断败血症常不困难。但临床表现不典型或原发病灶隐蔽时，诊断可发生困难或延误诊断。因此，对一些临床表现如畏寒、发热、贫血、脉搏细数、皮肤黏膜有淤血点、精神改变等，不能用原发病来解释时，即应提高警惕，密切观察和进一步检查，以免漏诊败血症。

确诊败血症可通过血液细菌培养。但已接受抗菌药物治疗的病犬，往往影响到血液细菌培养的结果。对细菌培养阳性者应做药敏试验，以指导抗生素的选用。同时，配合开展血液电解质、血气分析、血尿常规检查以及反应重要器官功能的监测，对诊治败血症具有积极的临床意义。

（四）治疗

全身化脓性感染是严重的全身性病理过程。因此必须早期采取综合性治疗措施。

1. *局部感染病灶的处理*　必须从原发和继发的败血病灶着手，以消除传染和中毒的来源。为此必须彻底清除所有的坏死组织，切开创囊、流注性脓肿和脓窦，摘除异物，排除脓汁，畅通引流，用刺激性较小的防腐消毒剂彻底冲洗败血病灶。然后局部按化脓性感染创进行处理。创围用混有青霉素的盐酸普鲁卡因溶液封闭。

2. *全身疗法*　为了抑制感染的发展可早期应用抗生素疗法。根据病畜的具体情况可以大剂量地使用青霉素、链霉素或四环素等。在兽医临床上使用磺胺增效剂可取得良好的治疗效果。常用的是三甲氧苄氨嘧啶（TMP）。注射剂有：增效磺胺嘧啶注射液，增效磺胺甲氧嗪注射液，增效磺胺－5－甲氧嘧啶注射液。恩诺沙星作为广谱抗菌药，已被广泛应用。为了增强机体的抗病能力，维持循环血容量和中和毒素，可进行输血和补液。为了防治酸中毒可应用碳酸氢钠疗法。应当补给维生素和大量给予饮水。为了增强肝脏的解毒机能和增强机体的抗病能力可应用葡萄糖疗法。

3. *对症疗法*　目的在于改善和恢复全身化脓性感染时，受损害的系统和器官的机能障碍。当心脏衰弱时可应用强心剂，肾机能紊乱时可应用乌洛托品，败血性腹泻时静脉内注射氯化钙。

复习题

1. 影响外科感染发展的基本因素有哪些？
2. 脓肿与血肿、淋巴外渗的鉴别诊断。
3. 蜂窝织炎的治疗方法。

第三章 肿瘤

第一节 概述

一、肿瘤的概念

肿瘤（tumor）是动物机体中正常组织细胞，在不同的始动与促进因素长期作用下，产生的细胞增生与异常分化而形成的病理性新生物。这种异常增殖的新细胞群或新生物即称为肿瘤。其特征是生长迅速，分化能力低，在形态、代谢和机能等方面都处于比较幼稚的状态。它与受累组织的生理需要无关，无规律生长，丧失正常细胞功能，破坏原器官结构，有的转移到其他部位，危及生命。肿瘤与“组织再殖”或“炎性增殖”时的组织增殖现象有本质上的区别。当致瘤因素停止作用之后，该新生物仍可继续生长。

肿瘤组织还具有特殊的代谢过程，比正常的组织增殖快，耗损动物体内大量的营养，同时还产生某些有害物质，损害机体。特别是恶性肿瘤对机体影响很大，后期多数导致恶病质。所以，肿瘤是全身疾病的局部表现。它的生长有赖于机体的血液供应，并且受机体的营养和神经状态的影响。

肿瘤多发生于5岁龄以上的犬，其中波克塞犬发病率较高。

二、肿瘤分类和命名

（一）分类

分类的目的在于明确肿瘤性质、组织来源，有助于选择治疗方案并揭示预后。临床上，根据肿瘤对动物的危害程度不同，通常分为良性肿瘤和恶性肿瘤；在病理学诊断中，根据肿瘤的组织来源、形态和性质不同，可区分为上皮组织肿瘤、间叶组织肿瘤、神经组织肿瘤和其他类型肿瘤。

肿瘤的分类方法很多，主要是根据其形态或临床经过分类。

1. 根据组织形态学的特征分类

上皮组织瘤：如乳头状癌、腺瘤、囊瘤、皮肤瘤、绒毛膜上皮瘤、癌瘤。

结缔组织瘤：如黏液瘤、内瘤、纤维瘤、脂肪瘤、软骨瘤、骨瘤、黑色素瘤。

血管组织瘤：如血管癌、淋巴管癌。

肌肉组织瘤：如肌瘤、横纹肌瘤。

神经组织瘤：如神经胶质瘤、神经瘤。

混合性肿瘤：如骨－肉瘤、腺－纤维－软骨－癌瘤。

2. 根据临床经过分类　根据临床经过将肿瘤分为良性和恶性肿瘤。恶性肿瘤包括两种，一种是指从上皮组织生长出来的恶性肿瘤，称为癌；另一种是指从肌肉、骨骼、淋巴管、造血组织或脂肪组织等生长出来的恶性肿瘤，称为肉瘤。如果组织来源不是单一的，既不能称为肉瘤，也不能称为癌，而称为恶性肿瘤。

3. 肿瘤的分类原则与命名是相同的，依据组织来源和性质分类（表3－1）。

表3－1　肿瘤的分类

组织来源	良性肿瘤	恶性肿瘤
上皮组织		
鳞状上皮	乳头状瘤	鳞状细胞癌，基底细胞癌
腺上皮	腺瘤	腺癌
移行上皮	乳头状瘤	移行上皮癌
间叶组织		
纤维结缔组织	纤维瘤	纤维肉瘤
黏液结缔组织	黏液瘤	黏液肉瘤
脂肪组织	脂肪瘤	脂肪肉瘤
骨组织	骨瘤	骨肉瘤
软骨组织	软骨瘤	软骨肉瘤
肌肉组织		
平滑肌	平滑肌瘤	平滑肌肉瘤
横纹肌	横纹肌瘤	横纹肌肉瘤
淋巴造血组织		
淋巴组织	淋巴瘤	恶性淋巴瘤（淋巴肉瘤）
造血组织		白血病，骨髓瘤等
脉管组织	脉管瘤	脉管肉瘤
血管	血管瘤	血管肉瘤
淋巴管	淋巴管瘤	淋巴管肉瘤
间皮组织	间皮细胞瘤	间皮细胞肉瘤
神经组织		
神经节细胞	神经节细胞瘤	神经节细胞肉瘤
室管膜上皮	室管膜瘤	室管膜母细胞瘤
胶质细胞	胶质细胞瘤	多形胶质母细胞瘤，髓母细胞瘤
神经鞘细胞	神经鞘瘤	恶性神经鞘瘤
其他		
黑色素细胞	黑色素瘤	恶性黑色素瘤
三个胚叶组织	畸胎瘤	恶性畸胎瘤
几种组织	混合瘤	恶性混合瘤，癌肉瘤

（二）命名

1. 良性肿瘤的命名　一般称为“瘤”，通常在发生肿瘤的组织的名称之后加上一个瘤（-oma）字。如纤维组织发生的肿瘤，称为纤维瘤（fibroma）；脂肪组织发生的肿瘤，称脂肪瘤（lipoma）等。在一些情况下，良性肿瘤也可根据其生长的形态命名，如发生在皮肤或黏膜上，形似乳头的良性肿瘤，称乳头状瘤（papilloma）。有时，进一步表明乳头状瘤的发生部位，还可加上部位的名称，例如发生于皮肤的乳头状瘤，称皮肤乳头状瘤。此外，由两种组织构成的良性肿瘤，称为混合瘤。

2. 恶性肿瘤的命名　上皮组织的肿瘤，称为“癌”（carcinoma）。为表明癌的发生位置，在癌字的前面可冠以发生器官或组织的名称。如鳞状细胞癌（squamous cell carcinoma）、食道癌（carcinoma of esophagus）等。

来源于间叶组织的肿瘤，统称为“肉瘤（sarcoma）”。在肉瘤前冠以其发生的组织名称，即该组织的肿瘤病名，如淋巴肉瘤（lymphosarcoma）、骨肉瘤（osteosarcoma）等。

来自胚胎细胞未成熟的组织或神经组织的一些恶性肿瘤，通常在发生肿瘤的器官或组织的名称前加上一个“成”字，后面加一个“瘤”字（或在组织名称之后加“母细胞瘤”字样），如成肾细胞瘤（nephroblastoma），又称肾母细胞瘤，成神经细胞瘤（neuroblastoma），又称神经母细胞瘤。

有些恶性肿瘤沿用习惯名称，如鸡马立克氏病（Marek's Disease）、白血病（leukemia）等；部分恶性肿瘤因组织来源和成分复杂或不能肯定。所以既不能称为癌，也不能称为肉瘤，属混合瘤，一般就在传统的名称前加上“恶性”二字。这些肿瘤的实质成分来自三种胚叶，属于特殊类型的肿瘤，如畸胎瘤（teratoma）、恶性黑色素瘤（malignant melanoma）等。

良性肿瘤多呈膨胀性生长，瘤体发展缓慢，外周有结缔组织增生形成的包膜，表面光滑，不发生转移。但位于重要器官的良性肿瘤也可威胁生命。少数肿瘤也可发生恶变。恶性肿瘤临床病理特征，多呈侵袭性生长或发生转移，病程重，发展快，并常有全身症状表现，恶病质是恶性肿瘤的晚期表现。为力求能够较准确地区分良性和恶性的肿瘤，良性肿瘤和恶性肿瘤的临床病理特征鉴别点见表 3－2。

表 3－2　良性肿瘤和恶性肿瘤的鉴别

项目	良性	恶性
1. 生长特性		
（1）生长方式	膨胀性生长居多	侵袭性生长为主
（2）生长速度	缓慢生长	生长较快
（3）边界与包膜	边界清楚，大多有包膜	边界清楚，大多无包膜
（4）质地与色泽	近似正常组织	与正常组织差别较大
（5）侵袭性	一般不侵袭	有侵袭及蔓延现象
（6）转移性	不转移	易转移
（7）复发	完整切除后不复发	易复发
2. 组织学特点		
（1）分化与异型性	分化良好，无明显异型性	分化不良，有异型性
（2）排列	规则	不规则

（续表3-2）

项目	良性	恶性
（3）细胞数量	稀散，较少	丰富，致密
（4）核膜	较薄	增厚
（5）染色质	细腻，少	深染，多
（6）核仁	不增多，不变大	增多，变大
（7）核分裂相	不易见到	能见到
3. 功能代谢	一般代谢正常	异常代谢
4. 对机体影响	一般影响不大	对机体影响大

三、肿瘤的病因

肿瘤的病因迄今尚未完全清楚，根据大量实验研究和临床观察，初步认为与外界环境因素有关，其中主要是化学因素，其次是病毒和放射线。现在已知的病理学说和某些致瘤因子，只能解释不同肿瘤的发生，而不能用一种学说来解释各种肿瘤的病因。仅举几项重点病因如下。

（一）外界因素

1. 物理因子　机械的、紫外线、电离辐射等刺激均可直接或诱发某些肿瘤、白血病与癌。

2. 化学因子　已知用煤焦油反复涂擦可引起兔耳皮肤肿瘤。目前已知的化学致癌物质约一百余种，随着环境污染的日益严重，实验发现3，4－苯并芘，1，2，5，6－二苯蒽等致癌性都很强，局部涂敷能引起鼠的乳头状瘤及至癌变；注射可引起肉瘤。亚硝胺类的二甲基亚硝胺、二乙基亚硝胺可诱发哺乳动物多种组织的各类肿瘤，如胃癌。黄曲霉菌 B_1 毒性最强，能诱发肝癌、胃癌、支气管癌和肾癌等。用有机农药饲喂小鼠可致癌。其他如芳香胺类的联苯胺、乙萘胺、吡啶化合物、砷、铬、镍、锡、石棉等都具有一定的致癌作用。

3. 病毒因子　自 Rous（1910）用鸡肉瘤滤液接种健康鸡发生肉瘤后，到目前已证明有数十种动物肿瘤，如鸡的白血病/肉瘤群，野兔的皮肤乳头状瘤，小鼠、大鼠、豚鼠、猫、狗、牛和猪的白血病也都是病毒所致。

4. 品种因素　肿瘤的发生品种间易感性差异很大。特别在犬中，品系不同，所发肿瘤各不相同，如肥大细胞瘤和皮肤癌常发于波士顿犬；而血管外皮细胞瘤则常发生于拳师犬。

5. 年龄因素　肿瘤发病与年龄有关，一般规律，年龄越大，肿瘤的发病率越高，危害性也越大。这可能由于老龄家畜受某些致癌物质的多次影响、机体免疫功能低下和代谢功能衰退有关。犬的乳腺肿瘤多发于6岁以上的母犬。

6. 性别因素　某些肿瘤的发生与家畜性别有关。犬的肛周腺肿瘤（perianal gland tumor）；猫的白血病（feline leukemia），公猫的发病率高于母猫。

7. 条件因素　畜禽的饲养管理条件与肿瘤发生有一定关系。霉败变质饲料容易致癌，喂饲霉败饲料过多、时间过长，癌瘤发病就高。

8. 环境因素　有的肿瘤常呈地方性流行，这与部分地区特殊的地理因素、气候因素有关系。

9. 多原发性易感因素　多原发性肿瘤是家畜肿瘤发生的一个特殊性，即在一个病畜体上同时发生几种肿瘤。根据国外资料报道犬的肿瘤，仅在两头拳师犬身上分别生长 10 和 9 种不同的肿瘤。

（二）内部因素

在相同外界条件下，有的动物发生肿瘤，有的却不发生，说明外界因素只是致瘤条件，外因必须通过内因起作用。

1. 免疫状态　若免疫功能正常，小的肿瘤可能自消或长期保持稳定，尸体剖检时发现的，生前无症状的肿瘤可能与此有关。在实验性肿瘤中验证体液免疫和细胞免疫这两种机制都存在，但是以细胞免疫为主。在抗原的刺激下，体内出现免疫淋巴细胞，它能释放淋巴毒素和游走抑制因子等，破坏相应的瘤细胞或抑制肿瘤生长。因此，肿瘤组织中若含有大量淋巴细胞是预后良好的标志。如有先天性免疫缺陷或各种因素引起的免疫功能低下，则肿瘤组织就有可能逃避免疫细胞监视，冲破机体的防御系统，从而瘤细胞大量增殖和无限地生长。由此可见机体的免疫状态与肿瘤的发生、扩散和转移有重大关系。

2. 内分泌系统　实验证明性激素平衡紊乱，长期使用过量的激素均可引起肿瘤或对其发生有一定的影响。肾上腺皮质激素、甲状腺素的紊乱，也对癌的发生起一定的作用。

3. 遗传因子　遗传因子与肿瘤发生的关系已有很多实验证明，如同卵双生子的相同器官的肿瘤相当普遍。动物实验证明乳腺癌鼠族进行交配，其后代常出现同样肿瘤。但也有人不认为存在遗传因子，而是环境因素更为重要。

4. 其他因素　神经系统、营养因素、微量元素等也有很大影响。

四、肿瘤的症状

肿瘤症状决定于其性质、发生组织、部位和发展程度。肿瘤早期多无明显临床症状。但如果发生在特定的组织器官上，可能有明显症状出现。

（一）局部症状

1. 部位　由于肿瘤种类不同，肿瘤发生的部位也不一致。犬最常发生于头部、眼、鼻腔、乳房、肛门等部位。

2. 肿块（瘤体）　发生于体表或浅在的肿瘤，肿块是主要症状，常伴有相关静脉扩张、增粗。肿块的硬度、可动性和有无包膜囊因肿瘤种类而不同。位于深在或内脏器官时，不易触及，但可表现功能异常。瘤肿块的生长速度，良性慢，恶性快又可能发生相应的转移灶。

3. 形状　一般多为局限性圆形，也有蕈状、息肉状。乳头状瘤呈花瓣状、绒毛状、树枝状、小片状或小圆球状。

4. 大小　肿瘤最小者肉眼看不见，大者有鸡蛋大乃至人头大。

5. *颜色* 肿瘤表面的颜色决定于血管的多少，皮肤色素的有无。如乳头状瘤有的与皮肤颜色相同，有的呈红色、红紫色或青紫色。黑色素瘤为黑色。

6. *硬度* 决定于构成肿瘤的组织硬度，如骨瘤、软骨瘤最硬，脂肪瘤很软。

7. *疼痛* 肿块的膨胀生长、损伤、破溃、感染时，使神经受刺激或压迫，可有不同程度的疼痛。

8. *溃疡* 体表、消化道的肿瘤，若生长过快，引起供血不足继发坏死，或感染导致溃疡。恶性肿瘤，呈菜花状，肿块表面常有溃疡，并有恶臭和血性分泌物。

9. *出血* 表在肿瘤，易损伤、破溃、出血。消化道肿瘤，可能呕血或便血；泌尿系统肿瘤，可能出现血尿。

10. *功能障碍* 肠道肿瘤可致肠梗阻；如乳头状瘤发生于上部食管，可引起吞咽困难。

（二）全身症状

良性和早期恶性肿瘤，一般无明显全身症状，或有贫血、低热、消瘦、无力等非特异性的全身症状。如肿瘤影响营养摄入或并发出血与感染时，可出现明显的全身症状。恶病质是恶性肿瘤晚期全身衰竭的主要表现，肿瘤发生的部位不同恶病质出现迟早各异。有些部位的肿瘤可能出现相应的功能亢进或低下，继发全身性改变。如颅内肿瘤可引起颅内压增高和定位症状等。

五、肿瘤的诊断

诊断的目的在于确定有无肿瘤及明确其性质，以便拟订治疗方案和预后判断。犬的肿瘤诊断方法包括临床检查、活组织检查、血液和骨髓检查、X 线检查及超声波检查等。

（一）病史调查

病史的调查，主要来自畜主。如发现动物体的非外伤肿块，或动物长期厌食、进行性消瘦等，都有可能提示有关肿瘤发生的线索。同时还要了解动物的年龄、品种、饲养管理、病程及病史等。

（二）体格检查

首先，做系统的常规全身检查，再结合病史进行局部检查。全身检查要注意全身症状有无厌食、发热、易感染、贫血、消瘦等。局部检查必须注意：

1. 肿瘤发生的部位，分析肿瘤组织的来源和性质。

2. 认识肿瘤的性质，包括肿瘤的大小、形状、质地、表面温度、血管分布、有无包膜及活动度等，这对区分良、恶性肿瘤、估计预后都有重要的临床意义。

3. 区域淋巴结和转移灶的检查对判断肿瘤分期、制订治疗方案均有临床价值。

（三）影像学检查

应用 X 线、超声波、各种造影、X 线计算机断层扫描（CT）、核磁共振（MRI）、远红外热像等各种方法所得成像，检查有无肿块及其所在部位，阴影的形态及大小，结合病史、症状及体征，为诊断有无肿瘤及其性质提供依据。

（四）内窥镜检查

应用金属（硬管）或纤维光导（软管）的内窥镜，直接观察空腔脏器、胸腔、腹腔以及纵隔内的肿瘤或其他病理状况。内窥镜还可以取细胞或组织做病理检查；能对小的病变如息肉做摘除治疗；能够向输尿管、胆总管、胰腺管插入导管做X线造影检查。

（五）病理学检查

病理学检查历来是诊断肿瘤最可靠的方法，其方法主要包括如下类型。

1. *病理组织学检查*　对于鉴别真性肿瘤和瘤样变、肿瘤的良性和恶性，确定肿瘤的组织学类型与分化程度，以及恶性肿瘤的扩散与转移等，起着决定性的作用；并可为临床制订治疗方案和判断预后等提供重要依据。病理活组织检查方法有钳取活检、针吸活检、切取或切除活检等，病理组织学诊断是临床的肯定性诊断。

活组织检查　可以识别构成肿瘤的组织，确定肿瘤的种类和性质。常用的采取活组织的方法有以下三种。

①切取活组织法　在无菌条件下切取一小块肿瘤组织，或将肿瘤全部摘除，从肿瘤体切取一小块组织。将切取的病理组织立即放入10%甲醛溶液或70%～80%酒精中固定。然后切片、染色、镜检。也可以进行冷冻切片检查。

②吸取活组织法　穿刺肿瘤或肿瘤附近淋巴结，吸取组织，用于鉴别恶性肿瘤。吸取组织时用灭菌的16号或18号针头刺入瘤体内，接上注射器抽吸，可获得细条状的肿瘤组织，将其取出置入10%甲醛溶液或70%～80%酒精中固定，如被吸取的为液体，则应随即涂片、镜检。

③脱落细胞涂片检查　胸水、腹水、阴道分泌物等可通过涂片、染色、镜检。检查有无脱落的肿瘤细胞。

2. *临床细胞学检查*　是以组织学为基础来观察细胞结构和形态的诊断方法。常用脱落细胞检查法，采取腹水、尿液沉渣或分泌物涂片，或借助穿刺或内窥镜取样涂片，以观察有无肿瘤细胞。

3. *分析和定量细胞学检查法*　利用电子计算机分析和诊断细胞是细胞诊断学的一个新领域。应用流式细胞仪和图像分析系统开展DNA分析，结合肿瘤病理类型来判断肿瘤的程度及推测预后。该技术专用性强、速度快，但准确性不高，可作为肿瘤病理学诊断的辅助方法。

（六）免疫学检查

随着肿瘤免疫学的研究发现，在肿瘤细胞或宿主对肿瘤的反应过程中，可异常表达某些物质，如细胞分化抗原、胚性抗原、激素、酶受体等肿瘤标志物。这些肿瘤标志物在肿瘤和血清中的异常表达为肿瘤的诊断奠定了物质基础。针对肿瘤标志物制备多克隆抗体或单克隆抗体，利用放射免疫、酶联免疫吸附和免疫荧光等技术检测肿瘤标志，目前已应用或试用于医学临床。

（七）酶学检查

近年来，研究揭示肿瘤同工酶的变化趋向胚胎型，当肿瘤组织行态学失去分化时，其胚胎型同工酶活性也随之增加。因此认为胚胎与肿瘤不但在抗原方面具有一致性，而且在酶的生化功能方面也有相似之处；故在肿瘤诊断中采用同工酶和癌胚抗原同时测定，如癌胚抗原（CEA）与γ-谷氨酰转肽酶（γ-GT），甲胎蛋白（AFP）与乳酸脱氢酶（LDH）等。这样，既可提高诊断准确性，又能反应肿瘤损害的部位及恶性程度。

（八）基因诊断

肿瘤的发生发展与正常癌基因的激活和过量表达有密切关系。近年来，细胞癌基因结构与功能的研究取得重大突破，目前已知癌基因是一大类基因族，通常以原癌基因的形式普遍存在于正常动物基因组内。

六、肿瘤的治疗

肿瘤治疗最基本的方法为手术疗法，其次为冷冻疗法和化学疗法。放射线疗法及免疫疗法很少应用。

手术疗法：有摘除法、切除法、结扎法、绞断法及烧烙法。

摘除法：对良性肿瘤可收到良好效果。对恶性肿瘤，如能按手术原则早期施术，也能获得一定的治疗效果，但有的往往发生转移和复发，而达不到根治的目的。较小的肿瘤，可在瘤体的中心部皮肤作一梭形切口，先剥离瘤体周围组织，尽可能连同包膜与瘤体在健康组织内摘除全部瘤体。较大的肿瘤，在肿瘤的根部皮肤上作环形切口，充分剥离周围组织直至瘤根，彻底摘除瘤体，勿使残留，防止瘤细胞向其他部位扩散转移。阴茎、尾根、耳部患有肿瘤时，可将其一并切除。

切除法：适用于根蒂小、皮肤被瘤细胞侵害并发生溃疡与坏死的肿瘤，于肿瘤根部同皮肤一起切除，充分止血后，创口进行压迫缝合。

结扎法：适用于表在的良性肿瘤，特别是肿瘤体基部细而长时，效果较好。如对皮肤和口腔，阴道黏膜上的乳头状瘤，可用缝合线、马尾毛或胶皮筋等，结扎在肿瘤基部。由于肿瘤断绝血液供应，得不到营养，致使肿瘤体发生坏死而自行脱落。肿瘤基部较粗且短时，可在两处或三处将结扎线穿过基部进行结扎。在结扎线上浸白砒溶液，可增加对组织的腐蚀性，能促进其早日脱落。

绞断法：适应症与结扎相同。是用绞断器于肿瘤基部绞断，或用铋刀去势钳切断肿瘤。

烧烙法：有茎和无茎的肿瘤均可应用，用火烙铁或电烧烙器在肿瘤基部进行熔断或挖除。

冷冻疗法：对肿瘤冷冻多用液氮作制冷剂。冷冻时，可选用接触冷冻、插入冷冻、喷射冷冻、倾注冷冻、浸泡冷冻等方法。对肿瘤治疗，特别是治疗恶性肿瘤，要求将肿瘤细胞彻底破坏，因此必须采用快速冷冻配合缓慢复温的方法，其冷冻探杆顶端温度应达到-160℃以下，而肿瘤边缘部的温度亦不超过-40℃，冷冻时间为3min，每个部位至少须用两个冰冻解冻周期。

一般认为肿瘤细胞比正常细胞对冷冻敏感，上皮肿瘤比中胚层肿瘤细胞敏感，鳞癌细胞比基底癌细胞敏感，黑色素癌细胞对低温最敏感。肿瘤含有丰富的血管，常对冷冻效果有影响，所以首先阻断肿瘤血液供应，能大大加快冷冻的速度。

化学疗法：应用化学药物对肿瘤进行局部或全身治疗，有一定的效果。

腐蚀剂疗法：选用硝酸银、浓硫酸、氢氧化钠或氢氧化钾等腐蚀剂，对肿瘤进行灼烧，破坏肿瘤组织，引起化学烧伤后形成痂皮而治愈，但有时刺激肿瘤组织生长或扩散。

鸭胆子疗法：对乳头状瘤治疗有效。取鸭胆子去壳皮，破开实仁，用手指挤压出油，将油涂于肿瘤根部，每天2～3次，经7～9d后肿瘤干枯脱落，上皮形成良好。为了提高疗效，加速肿瘤坏死和脱落，可先在肿瘤根部用手术刀环状切开皮肤表层，然后涂药。

尿素疗法：皮肤疣状瘤可用50%尿素溶液适量，注射于根部，使其自然脱落。

植物类抗癌药物：从各种植物中提取的抗癌药物，如秋仙碱、长春新碱、喜树碱等，能破坏细胞核，导致细胞完全毁灭。用量适当可治疗恶性肿瘤。

细胞毒素类药物：如氯乙胺类、乙烯亚胺类及磺酸甲酯类等，能抑制肿瘤细胞内某些酶，使细胞分裂繁殖停止，甚至细胞核破碎，导致瘤细胞死亡，从而达到破坏肿瘤的目的。应用较广的是环磷酰胺（癌得星），毒性较低，适用于治疗恶性淋巴癌、黑色素瘤等。还有噻替派（TSPA）、癌抑散（A139）、马利兰N－甲酰溶肉瘤素等，对恶性肿瘤均有一定疗效。

抗代谢药物：如甲氨喋呤、6－硫基嘌呤等，可影响核酸代谢，阻碍核糖核酸合成，使肿瘤细胞分裂停止，生长受到抑制。

放射性疗法：放射线对组织细胞作用的特点是对生长越旺盛和越幼稚的组织细胞其作用也越大，肿瘤细胞受到放射线的照射后被破坏致死，不再复生。正常组织虽也难免受损害，但仍能保持并恢复其生活、生长和繁殖的能力。

目前应用的放射线元素有镭、^{60}钴、^{32}磷、^{131}碘、^{90}锶等。由于恶性肿瘤细胞对放射线的敏感性较高，所以对恶性肿瘤有较好的效果，治疗犬的腺瘤、黑色素瘤、淋巴肉瘤等时，特别是当手术后并用本疗法，更为适宜。

免疫疗法：根据肿瘤在抗原组成上与正常组织不同，机体对此可产生免疫反应的原理，可应用免疫学方法制止肿瘤的生长。

第二节　犬猫常见的肿瘤

一、皮肤的肿瘤

（一）传染性口腔乳头状瘤

乳头状瘤又称为疣，发生在犬口腔黏膜或皮肤上的良性肿瘤，猫较少发生。

乳头状瘤由乳突状病毒科的小型双链RNA病毒感染引发，病原有宿主特异性，直接接触传染，污染物和昆虫可传播病毒。

1. 症状　潜伏期4～6周，主要感染幼犬的口腔。瘤体发生在唇、颊、齿龈或舌下、咽等黏膜，初期在局部出现白色隆起，逐渐变为粗糙的呈灰白色小突起状或菜花状肿瘤，呈多发性。严重的病例，舌、口腔和咽部可被肿瘤覆盖，影响采食。当出现坏死或继发感染时可引起口腔恶臭，流涎。

2. 诊断　根据临床症状及流行病学特点，可诊断本病。

3. 治疗　传染性乳突状瘤有自愈性，一般多为4～21周。若病程长并有咀嚼障碍时，可进行手术切除，并烧烙创口，但在肿瘤生长阶段，可导致复发和刺激生长。应在成熟期或消退期时切除。对于发病犬、猫进行隔离。

附：皮肤乳头状瘤，肿瘤形态与口腔乳突状瘤相似，多发于面、颈和四肢部。口腔乳头状瘤病毒注入皮肤后不会引起皮肤发生病理变化。

（二）口腔鳞状上皮癌

口腔鳞状上皮癌起源于口腔上皮，穿过生长层并侵入下面的结缔组织。

1. 症状　对老龄的犬、猫危害较大。猫最常见于嘴唇、牙龈和舌头。而犬的鳞状细胞癌常发部位是齿龈和上腭。各部位的肿瘤都表现为非常坚硬的、侵袭性的白色团块，表面往往出现溃烂。切面颜色较淡，犬和猫的鳞状细胞癌有时出现在下颌内。肿瘤引起下颌的扩大与变形，在X射线检查时，易和骨细胞内瘤混淆。鳞状细胞癌也发生于猫的食道，对食道造成阻塞。

2. 治疗　猫口腔内发生鳞状细胞癌时，不管肿瘤发生部位与分化程度如何，预后不良。手术切除后，由于局部复发并常伴有所在区域淋巴结转移或肺转移，大多数将在3个月内死亡。

犬鳞状细胞癌，由于经常在局部复发或转移到同侧的咽后和颈浅淋巴结或肺，预后应慎重。齿龈发生鳞状细胞癌时不容易发生转移，但发病部位会出现严重的糜烂与溃疡。试用长春新碱治疗，无效可实行安乐死。

（三）鼻腔腺癌与鼻窦癌

鼻腔腺癌起源于鼻上皮，有很大的破坏性和侵袭性；鼻窦癌起源于鼻腔和额窦的柱状上皮细胞，犬、猫均可发生。

1. 症状　鼻腔腺癌一般呈红色、粗糙、出血的肿块，填塞于鼻腔，引起脓性带血的鼻漏。X线检查鼻腔内有占位性高密度阴影。组织学检查见肿瘤组织由柱状上皮细胞组成，细胞排成侵袭性索状，一些细胞形成黏液分泌腺，随着肿瘤的生长，邻近的鼻腔正常结构受到破坏。

鼻窦癌多是单侧发生，发病侧损伤广泛，鼻甲骨几乎完全被破坏。鼻腔有时包括额窦被一种苍白、灰褐色的、易脆的组织所堵塞，导致临床上呼吸时的鼾音、单侧黏液性脓性鼻腔分泌物和叩诊浊音症状。在许多病例中，肿瘤引起了上额骨和前额骨明显的扭曲。

2. 治疗　如果做出早期诊断，采取大范围的外科切除，化疗、放射治疗或几种方法同时进行，则预后较好。但对大多数病例，发现时已是晚期。预后不良。

（四）耳壳肿瘤

耳壳常发生鳞状上皮癌，猫易发。

1. 症状　耳壳肿瘤常发生于耳尖部或耳缘处。常同时发生在耳壳的内外侧皮肤上，呈久不愈合的增生性病变，发展缓慢。病变表面溃烂，侵及皮下组织。病理检查见病变切面呈粉红色或略带灰色，病变由较大的多边形细胞组成，细胞形态类似于鳞状上皮细胞。这些细胞常聚集成片状或索状侵入真皮及皮下组织，细胞丛中央含有蛋白。病变可向局部淋巴结转移。

2. 诊断　发生在猫耳尖部或耳缘处的增生性病变应疑为肿瘤。应与耳缘皮肤病和日晒性耳壳皮炎鉴别。耳缘皮肤病是耳壳边缘内、外侧皮肤和被毛的角化不全病，病变表现为在耳壳边缘内外侧皮肤上粘有脂质或蜡质样痂皮，患部脱毛，严重者继发局部发炎、溃烂或坏死。

3. 治疗　耳壳切除术。

（五）耳垢腺瘤与耳垢腺癌

耳垢腺瘤与癌多发于中年以上的犬、猫。

1. 症状　多发生于外耳道，呈坚实的结节状，常堵塞耳道，耳分泌物增加并有异味，耳朵周围肿胀或出现脓肿，继发中耳炎。有的可出现歪头、运动失调等症状，要与犬原发性外耳炎引起的增生物及猫内耳炎性息肉相区别。

2. 治疗　耳垢腺瘤均为良性，可手术切除。如果是癌，病理变化只限于耳道，预后良好。

（六）原发性与转移性肺肿瘤

原发性肺肿瘤在犬约占全部肿瘤的0.31%～1.04%，猫剖检结果仅占0.38%。犬发病的平均年龄为10.5岁。无性别、品种间的差别。包括肺实质、胸膜和支气管壁发生的肿瘤，在动物体上都是恶性的。犬以乳头状或腺泡腺癌为最常见，约占83%，猫的鳞状细胞癌比犬更常见，约有1/3病例是在做麻醉前检查或每年做X线普查时发现的。

某些原发性肿瘤，如乳腺癌、骨软骨肉瘤及口腔黑色素瘤，最常转移到肺脏。肺可能是肿瘤转移的惟一部位，或者在其他器官也同时出现转移。

癌包括腺癌、鳞状细胞癌、支气管肺泡癌、退行发育的癌。肉瘤包括淋巴肉瘤和未分化的肉瘤。

1. 症状　原发性肺肿瘤有多种症状，这取决于肿瘤的位置、肿瘤生长速度、有无原发或并发的肺疾病。共同症状包括：咳嗽、食欲减少、体重下降、喘息、呕吐或逆呕、体温升高和跛行。犬常见的多为慢性经过，表现为无痰性咳嗽。猫咳嗽不常见，更常见的是非特异性症状，有食欲减少，体重下降，呼吸困难及呼吸急促。犬、猫出现呼吸急促和呼吸困难表示有较大的肿瘤的危害或胸膜渗出。猫患原发性肺肿瘤后胸膜渗出很常见。跛行可能是由于肥大性骨病所致（猫不常见跛行），或是肿瘤转移到骨骼肌的缘故。胸腔听诊无变化，呼吸音的增加与肺充血程度有关，呼吸低沉是由于肺硬化或胸膜渗出的缘故。肺肿瘤主要发生于终末支气管上皮。多见于右侧肺叶。

对转移性肿瘤，除了咳嗽较少见以外，肺病的临床特征类似于原发性肺肿瘤。症状的严重程度取决于肿瘤的解剖位置及病变是单一性的还是多发性的。

2. 诊断　胸腔透视是很重要的方法，与其他肺病也可能有相似的肺透视图像，设法排除这些疾病可做出初步诊断。确诊则要靠活组织检查。

3. *治疗* 通过外科手术切除肺叶是首选的治疗手段。不能实施手术的或转移性肿瘤可通过化疗得到控制。犬原发性肿瘤，手术后平均存活时间为10～13个月，如果确诊时已出现向淋巴系统转移，其存活时间就会缩短。复发和肿瘤的转移是引起死亡的常见原因。

（七）胸膜、纵隔窦、肋骨肿瘤

胸膜原发性肿瘤为恶性间皮瘤，多发生于胸膜壁层，可采用外科剥离。转移性胸膜肿瘤多为腹腔瘤经横膈膜转移。纵隔窦肿瘤多发于纵隔窦前腹侧及肺门部。肋骨肿瘤多发于2～8岁大型犬种的最后肋骨，肿瘤向胸腔内发育。

1. *症状* 病犬易疲劳，食欲不振，体重减少，干咳或持续性咳嗽，咳血。肿瘤本身向肺内浸润，压迫胸腔产生大量渗出液而引起呼吸急促或困难。肿瘤压迫食道使之狭窄及阻塞的则咽下困难或逆呕。肿瘤压迫静脉系统则出现腹水、胸水或颈部及前肢浮肿。继发感染、肿瘤坏死的病犬，体温升高。

2. *诊断* X线检查：食道造影可发现食道内肿瘤所致的食道变位、狭窄、食道扩张等。肺门部非选择性血管造影可鉴别肺动脉或静脉扩张和肺门淋巴结肿大。心包空气造影，可确定心底部肿瘤。胸膜造影可区别胸腔内肿瘤和胸膜肿瘤。

活体检查或细胞学诊断：穿刺取肿瘤组织或有可能存在肿瘤细胞的胸水、心包液，确认异型细胞。

3. *治疗* 对单在原发性肿瘤施以手术切除，但已转移的禁忌手术。目前，临床使用环磷酰胺、癌得星等具有一定控制作用。为预防继发感染，可结合抗生素及皮质激素疗法。

（八）基底细胞瘤

基底细胞瘤发生于皮肤表皮或皮肤附件的复层鳞状上皮的最基底的细胞层，亦称基底细胞癌（basal-cell carcinoma），为家畜中常见的肿瘤。由皮肤来的基底细胞癌表面多呈结节状或乳头状突起，底部则呈浸润性生长，与周围健康组织分界不清。由皮肤附件来的基底细胞癌呈隆起结节样，肿瘤与周围组织分界清楚，切面有时见到大小不一的囊腔。

基底细胞瘤的生长缓慢，可发生溃疡。镜下癌细胞的形态与原细胞的组织学特征很相似，不形成棘细胞与角化。此癌很少发生转移。

基底细胞瘤以犬和猫比较多发，5%～10%的犬与2%猫的肿瘤为基底细胞瘤，平均发病年龄犬为6岁，猫为10岁。公犬更常发病。

1. *症状* 较小的肿瘤呈圆形或囊体，呈小结节状生长，无蒂，质地硬，灰色，中央缺毛，表皮反光。大的瘤体形成溃疡。一般只侵害皮肤，很少侵至筋膜层。个别瘤中含有黑色素，表面呈棕黑色，外观极似黑色素瘤。肿块易破溃，细胞淡染，高度分裂，变异细胞产生溶酶颗粒，故又称颗粒性基底细胞癌。

2. *治疗* 可用手术疗法。应用激光刀切除瘤体，疼痛轻，不用局麻也可耐受。选择在离肿瘤1cm范围切除。手术不出血，不缝合，手术时间短，愈合创面不留疤痕。手术切除不适宜的可用冷冻和放射疗法。5－氟脲嘧啶和环磷酰胺等化疗对治疗基底细胞癌有效。

复发率低于10%，且很少转移，预后良好。肿瘤的溃疡面可用5－FU软膏，每日涂两次。

（九）皮脂腺瘤

在犬，皮脂腺瘤多属良性。猫多发生皮脂腺腺瘤，尤其老年犬、猫多发，犬平均年龄为9岁，无性别和品种间差异。有些品种比较多发。肿瘤常生长在躯干的背部和侧面、腿部、头部和颈部，为实体瘤。有些动物呈多发性，常被误认为疣，直径0.5～3cm，有时具有肉茎，表面少毛。色灰白至黑，很少形成溃疡。有时瘤组织中可能含有基底细胞，因而易被误认为基底细胞瘤。可分为以下四种。

1. *皮脂腺结节增生*　切面呈黄色、分叶状，腺体大，其小叶完全成熟，环绕中央皮脂腺管周围。

2. *腺瘤*　瘤体坚实、界限分明、可任意移动、常常无毛、有时溃疡，其分叶比皮脂腺增生少。

3. *皮脂腺上皮瘤*　肉眼和组织学变化与基底细胞瘤相似，黑色素沉着明显，应与黑色素瘤区别开来。

4. *皮脂腺腺癌*　具有侵袭性、界限不明显、常破溃、不常发生于头部。腺癌由分叶或细胞索构成。其细胞核浓染，核仁明显，胞浆嗜碱性，且有浸入附近组织的有丝分裂象。

治疗与预后

皮脂腺增生、腺瘤与上皮瘤皆属良性，全切除或冷冻疗法均可治愈。约20%皮脂腺腺癌会再发，需做大范围的切除。约50%腺癌开始发现其直径为2cm或小于2cm，以后可转移到局部淋巴结和肺。可疑者不能全切除，可行放射疗法。

（十）鳞状细胞癌

鳞状细胞癌发生于表皮的棘状层，常发生于6岁以上的犬，发病率3%～20%，无品种和性别差异。是猫第二种常见的皮肤肿瘤，占猫肿瘤的9%～25%，发生于6～9岁老年猫。

本病与长期暴露于强烈的日光下照晒有关。某些化学性刺激如甲（基）胆蒽和苯并芘可引发此种肿瘤。其他刺激如接触碳氢化合物如石蜡、柏油等或机械性损伤、烧伤、冻伤，慢性炎症等也可诱发本病。

1. *症状与诊断*　常单个发生。基底部宽，表现呈菜花样或火山口状。多发生于头部，尤其耳、唇、鼻及眼睑等部位；犬的爪和腹部；犬、猫的乳房等。常侵害骨骼、转移到区域淋巴结。肺脏转移一般已属晚期。组织学检查可见癌细胞呈圆形、核固缩，且有分裂、胞浆嗜酸性。有明显的细胞间隙。分化完好的癌细胞产生大量的角蛋白或“角化珠”，也称“上皮珠”。鳞状细胞癌常被误认为慢性创伤而进行清创术或将其缝合。

2. *治疗*　早期可做大范围的瘤体切除。但切除后2～4年约有一半再发。也可在早期采用放射疗法或做辅助疗法，防止再发。

肤色较浅的犬涂擦对氨基苯甲酸，皮肤染色或将犬关在屋内以防阳光照射。

（十一）黑色素瘤

黑色素瘤发生于皮肤、黏膜和眼，且黏膜最常罹病。皮肤黑色素瘤多为良性。发病率犬占皮肤肿瘤的6%～8%，猫占皮肤肿瘤的2%。常见于7～14岁的公犬，尤其肤色很重的犬种如可卡犬、波士顿㹴、苏格兰犬等品种犬更常发生。猫无品种和性别之差异。

1. 症状与诊断　良性黑色素瘤按其起源可分表皮下和真皮黑色素瘤。前者最初为一黑色素斑块，渐而发展成硬实小结节，后者表面平滑、无毛、突起、周界明显和有色素沉着。恶性黑色素瘤一般瘤体较大、棕黑色或灰色，如肿块溃破，可浸润邻近组织。因细胞不能合成正常黑色素蛋白质使黑色素退色，故需经特殊染色方可辨别。

黑色素瘤主要发生于直肠、阴囊、会阴部、口腔、眼或趾部。瘤体孤立或成串发生，呈黑色、灰黑色结节状隆起，大小不等，切开后流出墨汁样液体。

当黑色素瘤恶性变化时，称为黑色素肉瘤。这种瘤具有恶性肿瘤的特点，生长快，瘤体大小和形状不一。发生于体表的瘤体与皮下组织紧密粘连，不能移动，易形成溃疡，且易转移到肺、肝、脾和淋巴结，常导致贫血和恶病质。

2. 治疗与预后　黑色素细胞瘤可做大范围的切除，配合放射疗法。免疫疗法或化学疗法常用药物有氮烯咪胺、卡氮芥等，可抑制细胞的生长。恶性肿瘤预后不良。

（十二）乳头状瘤

乳头状瘤属良性上皮瘤，是最常见的表皮组织肿瘤之一。某些病例是由乳多空病毒科的RNA病毒所引起。非传染性乳头状瘤为实体瘤好发于老年犬，约占皮肤肿瘤的1%～2.5%，猫少发。无性别差异。乳头状瘤有宽的基础、有蒂、表面呈菜花样突起，一旦瘤体长大易受损伤而破溃、出血。犬常发生在口腔、头部、眼睑、指（趾）部和生殖道等。乳头状瘤表面覆盖一层上皮细胞，其细胞不向真皮浸润。

多数瘤在1～2个月后会自行消退，可不进行治疗。也可采用手术切除、冷冻疗法或电干燥疗法等治疗。切除几个瘤后可引起其他瘤的消退。应用身体肿瘤疫苗也可获不同程度的疗效。

（十三）皮肤肥大细胞瘤

皮肤肥大细胞瘤对于犬来说影响最大，因为它占了皮肤肿瘤总数10%。猫少发生。在犬，各种年龄的犬均可发生（平均8～10岁），其发生率有明显的品种差异性。

1. 症状　肥大细胞瘤可发生于任何部位的皮肤和内脏器官，但后肢上部和会阴、包皮处最常见。肿瘤体积变化很大，可单个或成群分布。从生长缓慢、柔软、松弛的肿瘤至生长迅速、坚硬、多结节的团块状，有的可侵入皮肤引起溃疡。其切面通常呈黄褐色或绿色，也可由于出血而呈斑状。肥大细胞瘤无包膜，但是生长缓慢的肿瘤比生长迅速的肿瘤界限更清晰。在猫肥大细胞瘤通常很小（直径通常小于0.5cm），但是数量很多，散布于整个皮肤。

2. 诊断　根据症状不能确诊。用针头吸取物和按压制片进行瑞氏染色及进行细胞学检查。肥大细胞瘤无包膜，当真皮结缔组织被大量肥大细胞所侵袭，在这些肥大细胞之间，散着数量不等的嗜酸性多形核粒细胞。在犬，肥大细胞的分化程度差别很大，肿瘤被分为3个级别，有丝分裂象很少见。分化不好的肿瘤含有紧密排列的细胞，这些细胞有大而不规则的核，胞浆稀少，有丝分裂象多。

猫肥大细胞瘤有不同的形态。它们含有分化良好的、均匀而紧密排列的肥大细胞。

3. 治疗　在犬，对生长缓慢、分化良好的肥大细胞瘤进行手术切除，实施肿瘤组织和3cm以上的健康组织一起切除，切除后80%以上的患犬可痊愈。分化较差的肿瘤有明显的局部复发和转移至局部淋巴结的倾向，预后应谨慎。手术切除后，可结合放疗和化疗治疗。由于肿瘤经常发生扩散，因此，对猫肥大细胞瘤的预后应谨慎。

二、结缔组织的肿瘤

（一）齿龈瘤

齿龈瘤为牙周韧带的一种肿瘤，其组织结构含细胞成分相对较少，由成熟结缔组织构成的排列规则的肿块。

肿瘤可出现在任何年龄的犬，但老龄犬多见。英国斗牛犬可能有一定发病因素。齿龈瘤有三种组织结构纤维瘤性齿龈瘤，骨化纤维瘤和棘皮性齿龈瘤。

1. 症状　多发于6岁以上犬。初期无明显症状，但被毛、食物残渣可在肿瘤与齿之间积聚产生刺激和口臭。严重者可出现溃疡、出血。纤维瘤性齿龈瘤和骨化性纤维瘤可以是单发或多发，一般无浸润性但可扩大并影响牙齿。棘皮性齿龈瘤破坏性较大，可侵入周围组织甚至骨骼。

2. 治疗　纤维瘤性瘤和骨化纤维瘤，不严重时可用电烧烙术处理，术后用0.2%洗必泰冲洗或2%碘甘油涂抹。每日1～两次。若犬、猫出现功能障碍，可用外科手术彻底切除。瘤体做组织检查，以确定预后和瘤组织的性质。棘皮性齿龈瘤应完全切除。为防止复发，手术中应除去所有的被皮及软组织与骨骼。静注长春新碱0.02～0.05mg/kg，7～10d，每天一次。

（二）嗜酸性肉芽瘤

嗜酸性肉芽瘤生长在口唇上，任何年龄猫均可发病，但幼年猫发生的较少。犬少发生。

目前对本病病因尚不清楚，通过局部组织压片和病理组织切片检查，除发现革兰氏阳性细菌外，在分离培养后，还见有变形杆菌、金黄色葡萄球菌和溶血性链球菌等。

研究者通过多数病例观察，认为是一种自身变态反应。猫有像“锉刀”样舌体，而且十分灵活，经常摩擦上唇，可能成为诱发此病的重要因素。

1. 症状　初期在上唇正中部位产生凹陷，病灶小而平滑，逐渐患部口唇变得肥厚红润，其糜烂面沿上唇逐渐扩大，直至浸润到口唇周围组织。严重病变可发展到整个口唇部，呈木构状，齿龈露出，流涎，造成进食困难。病变也可能出现在身体其他部位，如四肢和会阴等处。

2. 治疗　局部可用1%龙胆紫水溶液涂擦，给予大剂量维生素E，每只猫剂量为50～100mg，每天分两次口服。还可用肾上腺皮质激素类药（如地塞米松等）。溃疡面用5%硝酸银腐蚀后，再涂擦抗生素软膏（如新霉素软膏等）；小病灶可用外科切除治疗。继发感染时，应用青霉素、卡那霉素等进行治疗。

（三）纤维瘤与纤维肉瘤

是结缔组织发生的一种良性肿瘤，它由结缔组织细胞和它所产生的胶原纤维所构成。纤维瘤分硬性、软性纤维瘤和息肉。纤维瘤恶变可成为纤维肉瘤。纤维肉瘤约占犬皮肤肿瘤的9%～14%，是犬口腔第二种常见肿瘤。发生在1～12岁的犬，平均年龄6岁。无品种性别的差异，但多见于中型和大型品种犬，公犬多于母犬。亦见于猫，RNA型C肉瘤病毒是引起猫纤维肉瘤的病因之一。

1. *症状* 硬性纤维瘤：由胶原纤维以及各种方向所分布的致密结缔组织束构成，并含有极小量的细胞，常发生于皮下和阴道壁。生长缓慢，质地较硬，与周围组织的界限明显，体积不大，呈圆形小结节状。组织学检查，是由密集的、成熟的宽大成纤维细胞束和胶原纤维组成，在梭形或卵圆形细胞核里，染色质较小。

对于发生于皮肤上的纤维瘤，界限清楚，紧连于被覆表皮，其上的被毛通常脱落。质地可能坚硬或柔软，其切面呈白色或黄色，为纤维性表面。良性肿瘤生长十分迅速，瘤体体积较大。

软性纤维瘤：由不太密集的结缔组织组成，并含有丰富血管，比硬性纤维瘤生长速度快，体积较大，质地较软。瘤细胞通常呈星状，里面杂有脂肪组织。

息肉：黏膜的纤维瘤称为息肉。公犬常发生于阴茎龟头上，呈扁平状，柔软，易出血，常诱发贫血和恶病质。

纤维肉瘤：纤维肉瘤质地坚实，大小不一，形状不规整，边界不清，可长期生长而不扩展。临床上常误诊为感染性损伤，尤其发生于爪部更易引起误诊。纤维肉瘤内血管丰富，因而当切除和活检时，易出血是其特征。溃疡、感染和水肿往往是纤维肉瘤进一步发展的后遗症。

2. *诊断* 根据症状及组织学检查可确诊。组织学所见多是多形态的间质细胞瘤，由纤维母细胞和组织细胞构成。纤维瘤由呈螺环和大波浪状的成熟的胶原纤维束组成。

3. *治疗* 治疗应早期手术切除，肿瘤周缘应切除4cm，切除彻底或将病肢截除则预后较好。

（四）肌瘤

肌瘤包括横纹肌瘤和平滑肌瘤。横纹肌瘤犬、猫少见，平滑肌瘤和平滑肌肉瘤都可发生于犬、猫等宠物，但以犬为最多发；犬也常发生横纹肌肉瘤。

1. *症状* 横纹肌瘤不论良性或恶性，几乎可发生于身体每个含有肌肉组织的器官，横纹肌瘤有单发或多发、外观细小或巨大、扁平或圆形。横纹肌瘤形成较慢，有弥漫性、浸润性生长的趋势，与周围组织无明显的界限，可增殖至相当大。肿瘤的性质确定靠组织学检查，需切开肿瘤采取活组织检查。肉瘤的特征为细胞的多形性和有横纹纤维。多数细胞是多面的，伴有各种形状的核，还可见到多形核巨细胞。

平滑肌瘤是一种良性肿瘤，在各种动物中均可见到，其组织来源主要为平滑肌组织，故凡有此种组织的部位如子宫、阴道、外阴、胃、肠壁和脉管壁，都能发生平滑肌瘤；在无平滑肌组织的地方，如脉管的周围，幼稚细胞可发生这种肿瘤。平滑肌瘤表面光滑，其质度的硬度取决于结缔组织的数量。子宫以外的平滑肌瘤一般体积不大，多呈结节样。发生于体腔器官壁的有浆膜和黏膜覆盖，可动，能阻塞器官的内腔，有被膜，和邻近组织有明显的界线，如胃肠壁的平滑肌瘤，质地坚硬，切面呈灰白色或淡红色。

镜下，平滑肌瘤通常包含两种成分，一般以平滑肌细胞为主，同时有一些纤维组织。平滑肌瘤细胞呈长梭形，胞浆丰富，胞核呈梭形，两端钝，不见间变，极少出现核分裂象，细胞有纵行的肌原纤维，染色为深粉红色。瘤细胞常以"米"状纵横交错排列，或呈漩涡状分布。纤维组织在平滑肌瘤中多少不定。

2. *治疗*　平滑肌瘤常用疗法是外科手术切除，在切除的同时应进行活检。对于横纹肌瘤由于肿瘤已侵入周围组织，手术治疗困难。择期的截肢手术常预后良好。

本病常能转移至肺、肝、脾、肾、淋巴结或其他组织。

（五）脂肪瘤、脂肪肉瘤

脂肪瘤是家畜常见的间叶性皮肤肿瘤，是由脂肪细胞与成脂细胞组成的良性肿瘤。它与正常的脂肪组织的区别在于：瘤内有少量不均匀的间质（血管及结缔组织）而将其分隔成大小不等的小叶。当有多量的结缔组织时，称纤维脂肪瘤，当有多量毛细血管，并且生长活跃，如内皮细胞增多，形成小管腔或不形成管腔时，则称血管脂肪瘤。

常见于犬，成年母犬常单发。脂肪瘤占犬皮肤肿瘤的5%～7%，猫占其皮肤肿瘤的6%。犬长发于第三眼睑、胸、肩、肘关节内侧、腹、背、阴门和腹侧壁等处。在腹胁部的哑铃样脂肪瘤有时候可能一部分位于皮下另一部分位于腹膜下，两个"头"通过肌的裂缝茎状相连。脂肪肉瘤在宠物中也有发生，但不如脂肪瘤多见。和脂肪瘤一样，其来源也为脂肪组织。脂肪肉瘤无完整包膜，质地柔软，也可略呈坚硬，外形多呈结节样或分叶状，黄或灰白色，瘤组织中常有出血与坏死。在镜下，脂肪肉瘤的瘤细胞有已分化与未分化两个类型。前者似脂肪细胞，但核大且有异型性；后者细胞呈多形态，有圆形、椭圆形与菱形，胞核异型性明显，胞浆内常有脂质空泡。

脂肪肉瘤与浸润性脂肪瘤较少发生。没有年龄、品种及性别的差异。

1. *症状*　单纯的脂肪瘤生长慢、光滑、可移动、质地软并有包膜。常位于胸或腹侧壁皮下，无临床症状，较少见于大网膜、肠系膜以及肠壁等处。一般生长缓慢，大小不一，病初直径为2cm，6年后显著增大可至40cm。质轻，有假性波动，容易扯碎，出血较少，呈球状、结节状或不规则的分叶状，周围有一层薄的纤维包膜，内有很多纤维素纵横形成许多间隔。常有较细的根蒂，移动性大，老的脂肪瘤变为脂肪囊肿，可钙化甚至骨化。如感染则脂肪迅速发生坏死或腐败。镜检时除脂肪瘤有一纤维囊外，与正常脂肪组织难以区分。

2. *诊断*　采用无菌穿刺抽吸法。

3. *治疗*　对实体性的脂肪瘤，最好进行手术切除。胸内或腹内的脂肪瘤的切除手术只要在分离时勿伤及重要器官组织，严格遵守无菌操作及术后做好有效的抗感染和防止并发症，都能取得良好的治疗效果。

三、骨的肿瘤

(一) 骨瘤

骨瘤为最常见的良性结缔组织肿瘤，由骨性组织形成，起源于骨，常见于头颅骨或下颌骨的内侧或外侧表面与四肢，呈局限性骨肥大，局部硬固肿胀，它的来源通常认为是外生性骨疣，或者来自骨膜或骨内膜的成骨细胞。此外，还可从软骨瘤而来。

外生骨疣是突起在骨表面上的局限性块状物，外伤性外生骨疣是固定的一类；在骨膜或骨以及沿齿槽缘受到外伤后，当过多的骨痂形成时，它们可发生在骨折的部位上。

1. *病因* 常见的为外伤、炎症和营养障碍的慢性过程所致的骨瘤。此外对动物进行电离放射处理（如^{226}Ra、^{239}Pu、^{90}Sr、^{228}Tn等），可以致发骨肿瘤。DNA 病毒和 RNA 病毒可诱发动物的骨肿瘤。某些化学因子如 20－甲基胆蒽、氧化铍、锌铍硅酸盐等，可以使动物的骨骼系统发生肿瘤。一些异物如金属嵌插物、子弹、弹片和移植骨也可致发骨肿瘤。骨骼屡遭机械性损害常致发骨肿瘤，但这种骨肿瘤常为良性，如动物外科临床常见的外生性骨赘和环骨瘤等。但在某些情况下，机械刺激频繁而持久，也可以使良性转为恶性。而目前，为了研究骨肿瘤的生长，常在动物体上人工接种骨肿瘤细胞，因而人工接种也成为骨瘤发生的一个诱因。

2. *病理* 骨肿瘤因其来源不同，可分为原发骨肿瘤和继发骨肿瘤两种。原发性骨肿瘤起源于骨系统本身，多属良性，一般预后良好。但病期长，如发生在四肢关节附近，可引起顽固性跛行。恶性骨瘤，病期短，预后不良，死亡率高。身体中其他组织或器官的恶性肿瘤细胞，可通过血液循环或淋巴瘤转移到骨组织中，逐渐发展成骨组织中的转移瘤或称继发骨肿瘤，预后不良。动物骨肿瘤转移至其他组织器官的情况很少见。据资料统计 200 例犬的骨肿瘤病例中，仅有 16 例发生转移。其中肺转移 5 例，肾 4 例，脾 3 例，心 2 例，膀胱 1 例，肾上腺 1 例。

3. *临床特征* 肿瘤多呈圆形，坚硬同骨，向表面或向内面突出。如果突出部压迫重要器官、组织、神经或血管，可引起机能障碍；否则不显临床症状。如瘤体过大，不论发生在任何部位，都会产生一定的顽固性功能障碍。当骨瘤发生在上颌骨和下颌骨时，通常有一个狭窄的基部附着，易用骨锯切除，有再发趋势可重复进行多次手术。

4. *诊断* 浅表骨肿瘤，一般凭临床检查就可以初步确诊。有的则需结合临床、X 线和病理三个步骤进行检查和综合分析，才能做出正确诊断。骨瘤质地坚硬，镜下瘤细胞为分化成熟的骨细胞和形成的骨小梁，小梁无固定排列，可互相联结而成网状。小梁间为结缔组织。一些瘤组织中可见骨髓腔，其中有骨髓细胞。X 线检查，呈现孤立的致密团块生长在正常骨内，并突出至表面。活检与组织学检查可确诊。

5. *治疗* 骨肿瘤的治疗同其他肿瘤疗法。

如部位允许，可选择手术切除疗法。还可使用放射治疗、化疗和免疫疗法，在我国，还可以配合中草药治疗。

治疗方案的选择，可根据动物本身的经济价值和设备条件来决定。采用综合治疗的方法当然更好。

在宠物和珍稀动物的四肢部发生恶性骨肿瘤时，可以考虑截肢术，以保存优良品种及观赏价值。有人将患犬桡骨近端部位的原发性骨肿瘤病灶截除一段骨体，然后取尸体同处骨体进行取代移植，获得成功。如骨肉瘤已转移至肺，则术后预后不良。

骨瘤极少有恶性变化。无症状者只需严密观察，不必治疗。因压迫邻近器官而引起症状者，可手术切除，切除时最好包括肿瘤周围少许正常骨组织为宜。

良性骨瘤为骨锯切除后，使用压迫绷带固定能促进骨组织生长和愈合。有些病例则有再发的倾向，但不如切除前易发。可重复地进行几次手术，可使骨瘤完全消失。

（二）骨肉瘤

骨肉瘤是一种来自成骨细胞的恶性肿瘤，又称骨原性肉瘤，由梭形细胞基质增殖，而直接形成骨样或未成熟骨。骨原性有双重意义："由骨演变而来"和"生成骨组织"，多见于猫和犬，在犬的骨肿瘤中骨肉瘤占80%，一般发生于巨型和大型品种犬，如圣伯纳犬、大型丹麦犬、金黄色猎犬、爱尔兰赛特犬、杜伯曼犬、德国牧羊犬等。巨型品种母犬发病多于公犬，大型品种公犬发病多于母犬。德国牧羊犬的发病率最高。犬发病年龄在1～15岁之间，平均7.5岁，猫1～20岁，平均10岁。80%病例的肿瘤发生在四肢长骨上，其发生顺序为桡骨远端、肱骨近端、胫骨近端或远端、股骨近端或远端，以前两者为多发。在长骨的病灶主要位于干骺端。猫多发于扁平骨，后肢比前肢多发。

1. 症状

（1）主要临床症状是跛行。患部多位于长骨的干骺端，早期触诊凉感，随肿胀增大变为热感，压痛。肿胀持续增大，关节活动受限，患肢免负体重，肌肉萎缩，可继发病理性骨折。

（2）发生在肋骨、颌骨上的肿瘤主要表现为局部硬固肿胀，发生在鼻骨上的肿瘤引起单侧或双侧脓性、血性鼻漏，发生在椎体的肿瘤可引起外周神经麻痹。

（3）病初全身反应不明显，待患部症状严重或继发肿瘤转移后全身症状恶化，表现消瘦、沉郁、发热、厌食等。常见的被转移器官有局部淋巴结、肺脏和肾脏。

（4）X射线检查，可见病变一般起源于髓腔，骨质以浸润性破坏为主，兼有不规则增生，少数病例以骨质增生为主。骨膜呈浸润性骨化，新生骨呈放射状突入周围软组织，界限不清。软组织肿胀。胸部X射线检查有时可见到转移的结节样肺肿瘤。

（5）组织学检查，肿瘤细胞为多形型，可产生成熟或不成熟的骨针、软骨、纤维状组织。镜检，骨肉瘤的瘤细胞为梭形的成骨细胞，也有呈多角形或其他形态的，胞核肥大，核染色质深染，多见分裂象。常见一些单核或多核的瘤巨细胞。

骨肉瘤瘤细胞有形成骨样组织或骨组织的特点，其形成过程按膜内骨化的形式进行，即由肉瘤性成骨细胞直接形成骨样组织或骨组织。此外，骨肉瘤中还可发现软骨与破骨细胞。分化较好的骨肉瘤，质地比较坚硬，颜色灰白，有较多量的肿瘤性骨组织，肿瘤由骨干向外生长，侵入软组织，肿瘤性骨组织与骨干长轴相垂直。骨髓腔为肿瘤所破坏或侵占。分化较差的骨肉瘤，肿瘤中骨质甚少，甚至不形成骨组织，故其质度柔软，均细，且常有出血与坏死。

2. 生物学特性　80%的犬在诊断后的8个月内死亡。呈局限性病理变化，在早期转移和扩延到肺。而发生在颅部的肿瘤呈局限性病理变化，肺转移的发生频率较低。

3. *诊断* 依靠X射线检查和组织活检确诊。X线检查注意骨的边缘、皮质、肿瘤的基质与骨膜反应。应与其他骨肿瘤、急性骨髓炎、肥大性骨病鉴别。

4. *治疗* 骨肉瘤预后不良。发生在四肢的病程短，可在一月内死亡。局灶性病变发现及时者，可手术截除患肢，手术前化疗3～8周。但术前应做胸部X线检查观察有无肺脏转移。但一般术后8个月常因肿瘤复发或转移到其他组织而死亡。

（三）软骨瘤

软骨瘤是一种良性骨肿瘤。文献上指出犬、猫和绵羊有这种肿瘤，软骨瘤起源于软骨。

而软骨肉瘤是一种恶性肿瘤，也是从软骨直接形成的，主要组织成分为肿瘤性软骨细胞，而不是骨性细胞。约占犬肿瘤的10%，是犬的第二位常发的骨恶性肿瘤，猫也偶有发生但不常见。犬的发生年龄为1～12岁，平均6岁，猫发生年龄为2～15岁，平均9岁，常见大型品种犬如德国牧羊犬和拳师犬，无性别差异。分为原发性和继发性软骨肉瘤两种，多发于扁平骨如肋骨、鼻中骨和骨盆骨等，也见于腰椎部分。发生顺序为：犬：鼻腔、肋骨、骨盆骨。猫：肩胛骨、椎骨、胫骨、下颌骨。

1. *症状* 软骨瘤一般多见于长骨，多侵害肋骨、髋骨和胸骨等部位。肿瘤常与骨组织相连。软骨瘤为大小不一的单个肿瘤。瘤体大致可分基底与冠部两个部分。基部宽狭不定，与骨组织相连，切面为疏松海绵骨；冠部表层为纤维组织，表层以下为软骨层，其成分为透明软骨，靠近纤维性包膜的多为幼稚型软骨细胞，而靠近肿瘤基部的则为分化成熟的细胞，其体积也较大。

软骨肉瘤与受害骨的位置有关，鼻腔软骨肉瘤时打喷嚏，一侧或双侧有血性分泌物，有时鼻骨被破坏后形成鼻阻塞。肋骨软骨肉瘤相对症状轻些，但向胸腔内突入会导致肺膨胀不全。该病病程缓慢，可发生血源性转移，发生频率比骨肉瘤低。一般呈局部发生。肺部转移率小10%。X线检查与骨肉瘤很相似。

2. *治疗* 无症状或肿胀轻者，无需处理，平时注意观察。如疼痛明显或影响功能者，可手术治疗。对于软骨肉瘤必须手术治疗，但术后数年可能会再发。

（四）多发性骨髓瘤

多发性骨髓瘤是一种由成熟与幼稚的浆细胞增生导致的肿瘤性疾病。由于骨髓与其他器官的肿瘤性浸润及免疫球蛋白生成过多而不同的临床症状。犬、猫少发。平均发病年龄为犬5.5～9.2岁，猫8.3～9.3岁。

1. *症状* 主要症状为精神委顿与失重等症状。如跛行、骨痛、无力及病理性骨折。还见有贫血、异常出血，可触诊到肿块。猫伴有黏膜苍白、发烧与慢性感染。神经性异常包括半瘫或麻痹，主要是因神经被肿瘤压迫所致。X线检查显示全身性长骨、肋骨、脊椎、头骨等有多发性或孤立性的骨质溶解或全身性骨质疏松。

2. *诊断* 血液检查发现正红细胞性、正血色性贫血。骨髓穿刺常见到成熟与幼稚的浆细胞。血清总蛋白显著升高，蛋白电泳显示β和γ球蛋白升高。

3. *治疗与预后* 发病后如不加治疗存活期短。治疗包括用抗生素控制感染、补液疗法纠正失水，并控制多血钙症。化疗犬平均存活期超过12个月，猫存活期为6.2

个月。

四、血管瘤和血管肉瘤

血管瘤是一种良性肿瘤，生长缓慢，很少发生恶变，没有转移。可发生于全身各处如皮肤、皮下及深层软组织，也见于舌、鼻腔、肝脏和骨骼，多发生于四肢或脾脏、胸部、会阴部。血管瘤由扩张的血窦构成，表面并无完整包膜，可呈浸润性生长。瘤体大小差异颇大，切开瘤组织可见大小不等的血窦，其间有薄的间隔好像海绵，切面暗红有血液渗出。大小不等的窦腔中充满血液，质地比较松软。血管处于扩张状态的血管瘤，其呈现的海绵状结构中常充满血液。脾脏的血管瘤是局限性的，切面暗红黑色，流出红黑色的血液。

组织学检查，镜下，血管瘤的特征为大量内皮细胞呈实性堆聚，或形成数量与体积不同的血管管腔，腔内充斥红细胞，肿瘤是由低而扁平的内皮细胞衬里的薄壁血管构成的海绵状团块组成。这种扁平状或梭状的内皮细胞，胞浆很少，胞核椭圆形或梭形，无异型性。瘤组织中一般有多少不定的纤维组织将堆积的瘤细胞分隔为巢状。

根据血管瘤的不同结构特点，一般可分为以下几个类型：

(1) *毛细血管瘤* 由血管内皮细胞围绕形成无数的小血管，若干小血管形成许多小团块，团块间常由纤维组织分隔成小叶，各小叶大小比较一致。内皮细胞不见间变，形成的血管腔小，腔内有些血液。肿瘤间质一般无炎症细胞或增生细胞。此点可与炎症引起增生的毛细血管相区别。

(2) *海绵状血管瘤* 由瘤细胞形成大的血管，管腔大，腔壁厚薄不一致，腔内充满血液，瘤组织呈海绵样。

(3) *混合性血管瘤* 指具有毛细血管瘤与海绵状血管瘤两种结构的血管瘤。

血管肉瘤是起源于血管内皮细胞的一种恶性血管瘤。常发生于皮肤内，也可见于脾脏和肝脏。脾脏内的血管内皮肉瘤直径可达15～20cm，由于梗塞而有大面积的凝血块。肉眼检查，肿瘤呈暗红色或灰红色，无完整包膜，切面呈灰白色，并常有出血灶。组织学检查，除梗塞和坏死区外，还有大量未成熟的内皮细胞，并形成许多明显的血管槽。镜下，瘤细胞为圆形、椭圆形或梭形，核圆形或梭形、深染，细胞大小常很不一致。核分裂象多见。瘤细胞多排列为索状或巢样。血管内皮细胞瘤的瘤细胞巢位于嗜艮纤维膜内。此点可与瘤细胞巢位于嗜艮纤维膜之外的血管外皮瘤相区别。

血管肉瘤不常发生。与品种有关，如大丹犬、拳师犬和德国牧羊犬较易发生。发病年龄3～16岁，平均6或7岁；常发部位为长骨的上1/3和下1/3即肱骨近侧端与肋骨，在骨盆骨、胸骨、上颌骨也有发生。

1. *症状* 为疼痛、跛行、功能丧失与骨的破坏。X线检查所见骨高度溶解，有斑状“虫蛀”现象，保留有限的髓腔并涉及相当大的骨面。肿瘤区通常有病理性骨折。软组织肿胀甚少，轻微骨膜反应。很难与原发性骨肿瘤相区别。该肿瘤在出现临床症状前病情进展迅速，且骨破坏范围甚大，也转移至远侧部位，故即使做病肢切除术也不能延长宠物之生命。预后不良。

2. *治疗* 肿瘤发育迅速，可发生早期转移，如果在未转移前就做脾切除，可望治愈。

在手术前应仔细检查腹腔器官，并做胸部X线摄片检查，以了解转移情况。

五、免疫器官的肿瘤

（一）恶性淋巴瘤

恶性淋巴瘤又称淋巴母细胞瘤、淋巴肉瘤、淋巴细胞瘤、淋巴性白血病，伪白血病等。其特征是淋巴组织发生肿瘤性增殖。所有品种犬都有发生，无性别差异，发病年龄为2～14岁。发病率较高。

恶性淋巴瘤的临床体征是浅表淋巴结发生无痛性肿胀。病犬衰弱，不活泼，有时呕吐、腹泻或便秘，有时有渴感和多尿，常发生咳嗽和呼吸困难，病的后期，病犬呈恶病质，有脓性鼻液，黏膜苍白黄染，眼球突出，瞬膜下垂。从发病到死亡，大约1.5～6个月左右。

病理解剖学检查可见浅表或体内淋巴结呈对称性肿大，灰褐色，坚实或柔软，脾高度肿大，边缘钝圆，被膜紧张。肝肿大，表面散在灰色的小结节，胆囊壁增厚。另外，胸腔、心包腔、腹腔积水。

组织学检查，淋巴结、脾、肝和其他器官都含有结节状或弥漫性浸润的肿瘤性淋巴细胞。

血液学检查常有贫血和血小板减少症。多数犬出现非特异性嗜中性粒细胞增多症。偶见真正的白血症。血液涂片出现大量成淋巴细胞，骨髓穿刺检查可见淋巴细胞大量增生。

恶性淋巴瘤的治疗尚无有效的方法，但连续使用皮质激素类（强的松、地塞米松等）、烷化剂（环磷酰胺、苯丁酸氯芥）和叶酸颉颃剂（如氨甲喋呤），对缓解恶性淋巴癌的症状有一定的效果，具体程序是先服用强的松，直到淋巴结恢复到接近正常为止，接着按此量减半，并加用环磷酰胺。也可使用苯丁酸氯芥。最后每10d分4次给予氨甲喋呤。

上述药物过量时，会引起中毒，发生紫癜和乏力，此时应停药10～14d，然后根据病情决定是否继续服药。

（二）脾脏肿瘤

脾脏肿瘤可分为原发性和转移性两种。原发性肿瘤是指自发于脾脏组织的肿瘤。转移性肿瘤较为少见。

1. *症状*　病犬初期一般无症状，随着脾脏肿大和血象变化的出现，病犬通常表现为腹胀、腹痛和贫血症状。血管瘤和血管肉瘤病犬一般表现为：全身无力，腹部扩张，可视黏膜发绀，呼吸迫促。心动过速，严重时出现脾脏或血管破裂，失血量过大则出现低血容量性休克，甚至死亡。脾脏肥大细胞瘤病犬可表现为：腹胀，不安，呕吐，血便，严重时因胃穿孔或十二指肠溃疡出现突发性虚脱。

2. *诊断*　病犬触诊可触及腹部肿块或肿大的脾脏，腹部膨胀。放射线和超声检查：可见明显的脾脏肿大或脾肿块。

3. *治疗*　肥大细胞瘤和淋巴组织瘤可适当考虑化学药物疗法，肥大细胞瘤治疗一般单独应用泼尼松或泼尼松龙，也可应用长春新碱和阿霉素的联合治疗方案。肥大细胞瘤治疗过程中，应同时应用抗组胺药物疗法。

六、脑肿瘤

犬最常见的脑肿瘤有脑膜肿瘤，星形细胞瘤以及未分化的细胞肉瘤。下列肿瘤也常见：原发性网状细胞增生症、垂体腺瘤、脉络丛乳头瘤。在家养动物中，5 岁以上的拳师犬、英国斗牛犬的脑肿瘤发生率最高，常见的为胶质细胞瘤。短头品种的犬还常见到垂体腺瘤。

1. 症状　大多数脑膜肿瘤发生在 8 岁以上的犬，位于颅腔内，常发部位是大脑镰、大脑半球的凸面和大脑的腹侧面，特别在大脑中部颅裂区为多发部位。有的肿瘤位于眼球后方视神经鞘的空隙中。根据肿瘤生长的不同部位，临床表现：行为或精神状态改变，对外界冷淡，定向障碍，过度兴奋，具有攻击性，盲目运动，眼球震颤，前庭性斜眼，失明，癫痫等；运动共济失调，运步广踏、转圈、低头、摔倒、打滚、角弓反张。

脑肿瘤破坏、压迫脑组织，阻碍脑血液循环和脑脊液流动，引起脑水肿。脑肿瘤还可能形成脑疝，甚至脑组织从枕骨大孔向外脱出。原发性脑肿瘤常生长缓慢，临床症状逐渐表现出来。当引起脑血管出血、梗塞和糜烂时才出现严重的神经症状。继发性肿瘤临床症状出现较早，发展也快。

2. 诊断　根据临床症状、年龄、品种及抽取脑脊液分析。如果肿瘤位于组织深部，脑脊液分析无诊断意义。当病理变化波及脑脊液时，脑脊液中的嗜中性白细胞明显增加，蛋白质含量明显增多。中枢神经系统原发性肿瘤，在脑脊液中很少见到肿瘤细胞。同时可做脑室造影术的放射学诊断。

3. 治疗　早期脑肿瘤定位困难，国外有手术摘除颅内肿瘤报道，预后不良。

七、消化器官的肿瘤

（一）胃肠道腺瘤和胃肠道腺癌

胃肠道腺瘤又称息肉。常见于犬，可发生于胃肠道任何部位，但更常发生于胃的幽门部，十二指肠、直肠的后段。

1. 症状　胃或十二指肠瘤，临床上表现为进食后几小时出现呕吐。发生于直肠后段的肿瘤，引起排便费力和排出混有血液的粪便。通过口服钡餐进行 X 射线检查，或者腹腔探查，可做出诊断。腺瘤通常呈现小的、坚硬的、蒂状肿瘤，该肿瘤通过一条狭窄的根蒂连接到黏膜上。肿瘤的切面颜色较淡，质地较硬，肿瘤外周包绕着许多既小又细的乳头样结构。

发生腺癌部位的临床症状与胃肠道腺瘤相似。但腺癌很少是局限性的，受损器官壁层往往出现不规则的增厚区域，如果发生在胃，整个胃壁都可能增厚。覆盖腺癌区域的黏膜发生溃疡并出现继发感染，肿瘤区域硬度一致，切面呈灰白色，肌肉组织被肿瘤所替代。发生于大肠或小肠的腺癌，呈环纹状生长，从黏膜开始，逐渐浸润肌肉层，占据在浆膜和黏膜之间，有时隆起于黏膜表面。形成溃疡，边缘肥厚呈脐状，可引起肠管阻塞。未发生溃疡的肿块，切面坚实，呈灰色。组织学检查，这种癌是由大量纤维质环绕的不规则、成形不完全的腺体构成。这种腺癌具有侵袭性，可转移到附近淋巴结，有时也可转移到腹腔的浆膜面上，出现无数的细小结节。早期切除肿瘤可治愈。

2. *诊断* 根据上述发生部位及组织学变化即可确诊，腺瘤的中央为致密结缔组织，外部被形成分支状突态或腺泡样结构高柱状上皮细胞包绕。而腺癌在分化程度上有很大变化，直肠癌的分化程度较高，胃癌分化程度低，分化程度较高的肿瘤是由致密的纤维状基质和不规则形态的囊状腺泡构成。腺泡腔内含有黏液样分泌物。即使是分化良好的腺癌，也是呈侵袭性生长，以致整个壁层能够见到肿瘤样结构。发生在胃的分化较差的肿瘤，可见到整个胃的壁层被体积较大的上皮弥散性浸润，上皮细胞一般不形成镜下可见的腺体样结构。

3. *治疗* 早期手术切除，可取得较好预后，后期治疗特别直肠癌，预后不良。

（二）肝脏肿瘤

肝脏肿瘤可分原发性肿瘤和继发性肿瘤两种。肝脏肿瘤占所有肿瘤的0.6%～1.3%。根据其起源于上皮细胞，可分肝细胞腺癌、胆管细胞腺癌、肝细胞癌、胆管细胞癌（胆道癌）、类癌瘤等；根据其起源于间质又分血管肉瘤、纤维肉瘤、骨外骨肉瘤及平滑肌肉瘤等。肝细胞癌是最为常见的肝脏肿瘤。据病理剖检统计大约占原发性瘤的47.7%。

1. *原因* 除了猫白血病毒引起淋巴增殖性肿瘤外，犬、猫肝脏肿瘤的病因学还不清楚。

2. *症状与诊断* 症状与慢性炎症性肝胆疾病的征候相似，如胆管肝炎和肝硬化。偶尔因肿瘤破裂出血而发生急性贫血。临床特征为食欲减退、失重、腹下垂、呕吐等。还有较为少见的症状有腹水、下痢、黄疸与呼吸困难。最为明显的症状就是触诊腹部有肿块（约占80%）。

可借助肝功能检查、组织学检查和X线检查进行诊断。血检一半以上病例有贫血、肝功能异常。可用剖腹探查术作诊断与治疗。

犬常发肝癌，往往在剖检时才被发现。瘤体外形有的为巨块型，呈单独的巨大肿块，可以侵占大部分肝脏，有薄而明显的包膜，与周围的界限明显，质地柔软，突出于肝脏表面。切面为灰黄色，有不规则的暗红色出血区。有的为结节型，肝脏组织内散在许多小结节。组织学检查，癌细胞紧密排列，不像正常肝细胞那样呈索状排列，并缺少中央静脉，门脉沟和胆管。肝癌细胞可在肝内转移，产生大量较小的圆形肿块，肝外转移较少见。

3. *诊断* 根据肝内肿瘤的部位和程度，有不同的征候，原发性肿瘤比继发肿瘤的生化和放射学变化更典型。

诊断依据：根据临床征候；血清丙氨酸转氨酶和血清碱性磷酸酶增加；低蛋白血症；低糖血症；再生性或非再生性贫血；镜检可看到肿瘤细胞；放射学检查可见胃被肝挤向背后侧，可见肺转移；B超可帮助确诊。

4. *治疗* 手术疗法可用于生长慢的肝细胞腺瘤和癌瘤（局限于一个肝叶）。但本病预后差，转移率高。总的手术效果不佳。化疗用于原发性淋巴肉瘤可能延长生命。支持疗法与其他慢性肝病类似。

患病犬、猫应定期做胸部和腹部放射学摄片，以监测肿瘤再生和转移。每2～3个月施行血液学、血清化学、肝功和尿分析，以监视肝衰竭和其他并发症。

继发性肿瘤（转移至肝的肿瘤）比原发性肿瘤约高出2.6倍。肝作为重要内脏器官之一，常发生经门脉循环或全身循环系统的瘤转移。

临床特征以肝外原发性肿瘤所引起的症状为主要表现，一般继发性肝脏肿瘤临床表现常较轻。肝肿大少见，肝功能异常不一，病程发展缓慢。诊断的关键在于查清原发肿瘤。转移至肝的肿瘤治疗原则应针对原发性肿瘤。

胆管癌起源于胆管的上皮细胞。多为单个的大肿块，呈圆形，不分叶，包膜不全。切面坚实，呈灰白色。组织学检查，癌细胞形成不完全，胆管模糊不清，其内含有黏液蛋白。胆管癌常发生肝外转移，可扩散到附近淋巴结和腹腔其他器官，尚无有效疗法。

（三）胰腺肿瘤

胰腺是多种家畜肿瘤好发的部位，胰腺的外分泌部和内分泌部都有肿瘤病例报道。以犬和猫比较多见。老龄犬多发。

1. 外分泌部肿瘤

腺瘤：通常肿瘤为结节状，有包膜。瘤细胞与正常腺细胞无大区别，无异型性，可排列为腺泡样或腺管样。

腺癌：肿瘤外观为结节样或团块样，但无完整包膜，并有向周围浸润现象，因此易发生转移。癌细胞形态视分化程度而定。有立方状、低柱状或多角形等不同形态，胞浆中常有多少不等的伊红染色的酶原样颗粒，见核分裂象。癌细胞可呈管状排列，有时可见管内有乳头状突起结构。排列为实性团块者分化性较差。

2. 内分泌部肿瘤

胰岛腺瘤（胰腺泡细胞癌）：可发生于胰腺的任何部位。肿瘤外观呈结节状或其他形态，通常有较完整的包膜，边界清楚，切面均质，质地硬实。镜检胰岛腺瘤细胞为立方状、柱状或多角形，核圆或椭圆，罕见核分裂象。胞浆嗜酸性，染色较淡。瘤细胞排列为条索状或腺泡样。在有些病例，瘤细胞可被纤维组织等间质分隔为若干小叶。胰腺细胞癌可发生于胰腺的任何部位。在腺实质内形成小而坚实的白色结节。组织学检查，结节内有排列不规则的多边形细胞构成的腺泡。胰腺癌常发生广泛的转移，首先转移到肝脏，然后转移到肠系膜、大网膜和腹膜上，有大量小的灰色结节。在未转移之前就做胰脏切除，可以治愈。

胰岛细胞瘤：属于良性肿瘤，但对胰岛细胞功能有影响。由于胰岛素分泌过多，病犬出现低血糖的体征，如运动失调、精神不振、惊厥、昏迷等症状。组织学检查，胰岛细胞群在腺体内形成团块。这种肿瘤如果早期做胰脏部分切除，可望治愈，手术时应避免伤及通向十二指肠的胰管。

胰岛细胞癌：癌细胞类似于胰岛腺瘤瘤细胞，但间变明显，表现为大小和形态不一，有丝分裂象多见。细胞密集排列，可有浸润现象和发生转移。由于胰岛组织是一种内分泌腺，因此，胰岛肿瘤一旦发生，可不同程度地伴同出现血糖调节紊乱症状。

治疗　做胰脏切除术或胰脏部分切除术。也可化疗。

（四）肛周腺瘤

肛周腺是变形的皮脂腺，除犬外，其他动物极少有此种腺体。它是局限地围绕着肛门周围。肛周腺瘤多见于年龄大的犬，母犬极为罕见。肛周腺瘤居犬常发肿瘤第三位，仅次于肥大细胞瘤和乳腺瘤。肛周腺瘤最多发生于8～12岁的雄性犬，可能与雄性激素的作用有关。某些品种显然比较多发。母犬的肛周腺瘤多为恶性。公犬也有恶性，也可能与其他肿瘤共存发生混合瘤。

1. *症状* 肛周腺瘤具有实体性，多发性，充血性和高出皮肤表面的特征。如遭磨损，易继发感染或形成溃疡、瘘管及脓肿。大多数为良性，很少转移，组织学检查可确诊。

2. *治疗* 外科切除、冷冻外科处理、化学疗法和放射疗法均有效。单纯外科切除易复发。因可能与雄性激素的作用有关，建议配合去势。

八、泌尿生殖器官的肿瘤

（一）卵巢肿瘤

犬、猫卵巢肿瘤发病率较低，其中以原发性肿瘤多见，分别占犬、猫全部肿瘤的0.8%～1.2%和0.2%～0.4%。常见有卵巢腺瘤、腺癌、粒层细胞瘤、足细胞瘤、无性细胞瘤、畸胎瘤等。

1. *卵巢颗粒细胞瘤* 卵巢颗粒细胞瘤是卵巢内最为常见的瘤，常见于中老龄母犬。这类肿瘤来源于卵巢的卵泡细胞。肿瘤细胞可以分泌雌激素，使患犬持续发情或假妊娠。

（1）症状 颗粒细胞瘤在被诊断之前就生长得非常大，其外观呈球状，瘤体为大而多叶的淡灰黄色有包囊和可移动的团块。它们一般只侵袭一侧卵巢，如果肿瘤破裂，可在腹腔内发生肿瘤细胞移植，形成大量葡萄状肿块。切面坚实，分叶，有出血斑，有时有大的囊状物。临床上表现持续出现发情前期或发情的特征，并吸引雄性，在这一异常的发情周期中，可能不出现排卵，发情期延长，使机体消瘦。

（2）诊断 根据症状如母犬出现发情症状超过21d，发情前期和发情期持续时间超过40d可怀疑本病。猫则较难与正常的频繁发情区别，组织学分析肿瘤被大量的纤维组织分隔成滤泡结构，细胞呈辐射状排列。细胞胞浆丰富，细胞核位于中内，呈球形。

（3）治疗 卵巢颗粒细胞瘤一般为良性肿瘤，通过外科手术可治愈。并配合化疗如环磷酰胺进行治疗。

2. *卵巢腺瘤和腺癌* 卵巢腺瘤和腺癌常见于犬，也发生于猫。它们是非功能性的瘤，并不引起行为的改变，通常表现为进行性的腹部膨大。

（1）症状 此肿瘤和其他卵巢肿瘤相比，它们在被发觉前就长得很大，且一般表现为单侧肿瘤，由大量的大小不一的紧紧包裹在一起的囊状物组成。这些囊肿内充满了清亮的、浅黄色的液体并被一层有白色组织的包膜包裹，组织有规律地排列成乳头状。

腺瘤外包有一层厚而完全的纤维膜，界限清楚，而腺癌一般个体较大，且向包膜呈侵袭性，因而腺癌可与肠道或肾脏的浆膜粘连。腺瘤和腺癌上都有广泛的出血区域。

（2）诊断 根据症状可进一步做B超诊断，液体外有一层包膜包裹。肿瘤被薄层纤维间隔彼此分开，腺瘤囊壁上会有一层分化良好的立方体上皮细胞，而在腺癌中囊壁上皮分化程度低，这些细胞在腔内围绕形成小玫瑰花状。

（3）治疗 在诊断之前腺瘤往往长得很大，但手术完全切除后即可痊愈。而卵巢癌的切除效果则必须长期监视。有的恶性肿瘤由于粘连在周围组织上，因此不易彻底切除，所以常会发生局部复发和转移。最常见的转移方式是腹腔内转移，可见在腹膜的壁层和脏层有大量、白色、坚实的肿瘤结节出现，也可通过血液转移到肝脏和肺脏。

(二) 子宫肿瘤

犬、猫子宫肿瘤较为少见，分别占全部肿瘤的0.3%～0.5%和0.2%～0.4%。犬、猫均可发生上皮性肿瘤（腺瘤与腺癌）或间质细胞性肿瘤（纤维瘤、纤维肉瘤、平滑肌瘤、平滑肌肉瘤、脂肪瘤与淋巴肉瘤），其中以平滑肌瘤最为常见。

1. 症状　无明显临床症状，往往是在腹壁触诊或做B超检查时发现，较严重的患犬表现阴门持续滴血或子宫积水。腺瘤个体非常大，通常是单一的，突出于子宫腔内。腺瘤界限清楚，有柄，有膜包裹，切面淡黄色，有大小不一的囊肿存在，囊腔充满清亮的淡黄色液体。在子宫或阴道中腺癌呈扁平状，界限不清，并侵袭周围组织造成黏膜溃疡。切面均质，致密，呈灰白色。

2. 诊断　腹腔触诊有肿瘤时，进一步做B超检查可确诊。组织学特点：大多数生殖道腺瘤是由非常致密的成熟胶原基质所组成，内有大量分化良好的腺泡结构，上面衬有单层内皮细胞，且细胞常有分泌物。腺癌则由呈弥散性侵袭的大量紧密堆积在一起形成不规则形状的腺泡所组成。其中的细胞呈乳头状生长突出于腔内。

3. 治疗　母犬可以通过子宫卵巢切除获得痊愈，甚至在组织学上判定为恶性肿瘤的也可以痊愈。

(三) 阴道与前庭肿瘤

阴道与前庭肿瘤是母犬生殖器官第二常见肿瘤。占生殖道肿瘤（除乳房肿瘤）的64%，但母猫阴道肿瘤则不多见。母犬阴道肿瘤最常见平滑肌瘤和传播性性病肿瘤。其他肿瘤有纤维瘤、纤维肉瘤、神经纤维瘤、网状细胞肉瘤、鳞状细胞癌以及淋巴肉瘤等。

1. 临床特征　会阴部臌起，从阴户脱出肿瘤组织、无尿或频尿。腔内肿瘤可感染。形成多血性或脓性阴道分泌物。

2. 诊断　早期诊断是基于阴道或直肠的触诊（摸到肿瘤块）。确诊靠组织活检、病理细胞鉴别。

3. 治疗　可采用手术切除治疗，但需作外阴切开术以便充分暴露阴道。传播性性病肿瘤需配合放射疗法或化疗。

(四) 乳腺肿瘤

乳腺肿瘤在犬、猫中以犬最为多发，而以母犬最为多见，约占总肿瘤数的25%、占生殖系统肿瘤的82%，好发于10～11岁母犬，2岁以下犬少发。纯种犬发病率高。仅有少数乳腺肿瘤发生于公犬。据*jabara*（1969）报道的22只公犬良性和恶性乳腺肿瘤病例，平均年龄为10.7岁。

猫的乳腺肿瘤大约占常见肿瘤的第三位，仅次于皮肤肿瘤及血管淋巴恶性瘤。猫的乳房肿瘤常发生于老龄经去势的或未阉过的母猫，而少见于去势的公猫。未经去势的母猫，其乳癌发生率，比经去势的高7倍之多，因而猫与犬一样，早期做卵巢切除术，可减少乳癌的发生。猫乳癌好发年龄为10岁左右，无品种的明显差异。肿瘤可发生在任何一处乳腺，但比较多发的是前面的乳腺。

犬乳房肿瘤根据组织学变化，乳腺瘤可分为以下四类：

腺瘤：腺上皮呈稀疏的良性生长。

腺癌：由腺上皮构成，生长迅速，常转移到肺。

良性混合性乳腺瘤：是最常见的一种，含肿瘤性上皮和实质组织，生长缓慢，经一定时间后，可能转化为恶性。

恶性混合性乳腺瘤：眼观上与良性混合性乳腺瘤相似，但有迅速增大的倾向。在组织学上，上皮或实质成分都有恶性生长的表现，常侵害淋巴管和血管，而发生退行性发育和转移。对乳腺瘤都应视为有癌变的可能性，故在治疗时，应作乳腺和卵巢全切除，并摘除相应的淋巴结。

乳腺癌 最常见的恶性肿瘤之一。乳腺癌的病因尚不清楚。由于乳腺是多种内分泌激素的靶器官，其中雌酮及雌二醇代谢紊乱与本病的发生有直接关系。营养过剩、环境因素及日常饲喂方式等与乳腺癌的发病也有一定关系。

由于每侧后面的3对乳腺具有共同的淋巴系统，同时都灌流到鼠蹊淋巴结，而前面的两对乳腺另有共同的淋巴系统，并灌流到腋淋巴结，因此，乳腺癌容易转移到肺。

1. 病因 激素对肿瘤的发生及形成起重要作用。早期卵巢切除可大大减少本病的发生，而使用外源性孕激素可引起肿瘤发生。研究发现乳腺细胞中有雌激素和孕酮受体，推测这些有可能是诱发肿瘤的因子。另外，在猫已发现C型病毒，但犬则未发现。

2. 症状 肿瘤所侵害母犬的乳腺，以第四及第五对为最多，大约占65%，第一对乳腺较少发生肿瘤。公犬同样侵害第四对和第五对乳腺为主。早期表现是患侧乳房出现无痛、单发的小肿块，肿块质硬、表面不光滑、与周围组织分界清楚、在乳房内不易被推动。随着肿瘤增大，可引起乳房局部隆起。肿瘤大多为圆形或椭圆形，边界清楚，活动度大，生长缓慢。

3. 临床特征 乳腺出现坚硬、有界限的结节状肿块，大小不一，小的肿块直径仅几毫米，大的可达10～20mm。混合瘤可更大。也可发生损伤、溃疡或感染等。注意腋窝淋巴或腹股沟淋巴结是否已有转移灶。可向肺转移。

4. 诊断 主要是临床表现和体格检查。步骤先是问诊，同诊断常规，其次是视诊，主要观察瘤的大小、性状及患犬的营养状态。视诊时要注意乳房体积的变化。乳头有无内陷，乳癌时有内陷，乳房皮肤的变化，乳癌的乳区皮肤变紫红色且皮肤常呈皱陷。触诊，注意肿块的位置、硬度、有无粘连。活组织检查时，如怀疑为癌肿时，应早期切取活组织进行病理检查。针吸活检是一种简便的活检法，用粗针（口径为0.7～0.9mm）刺入活瘤中心，抽吸肿瘤组织浆涂片检查，做组织细胞学鉴定，诊断准确率约为98%。

按病理学分类，犬的乳腺肿瘤可分为腺瘤、导管乳头状瘤、鳞状细胞乳头状瘤、管内癌、小叶性癌和鳞状细胞癌。据报道，犬的乳腺肿瘤中的管内癌，几乎都有转移性，而小叶性癌和鳞状细胞癌则仅有个别发生转移。

区域淋巴结的增大情况和肺部X线摄片是重要的诊断依据。因为乳癌细胞常转移到肺，而很少转移到骨。因而，对犬可以不必进行骨的X线摄片。但有资料介绍，犬的乳癌是可以转移到骨的，而且以肱骨为主。

5. 治疗　目前治疗的主要方法仍是早期施行根治性手术。尚未转移时疗效确实、可靠。手术方法可分为单个肿瘤摘除术、连同乳腺切除术、整个半边5个乳腺全切除术、肿瘤乳腺与转移淋巴灶切除术。腋窝淋巴结只是当发现有明显的增大或经针吸活检认定含有肿瘤细胞时，才需要切除。但腹股沟淋巴结，按常规都要进行切除，因为该淋巴结与乳腺组织有密切的解剖学联系。在进行乳房切除术的同时，附带实施卵巢切除术，有助于延缓术后肿瘤细胞的转移。

术后存活率问题有不同的报道，良性肿瘤术后存活时间可达两年多，而母犬乳癌的乳房切除术后由于术后复发和转移，据报道56只手术犬术后48%死亡或处死。术后存活时间为4～8个月。美国资料为4～10.7个月。

手术后，能配合放射、化学药物以及中草药等综合疗法最为理想。

(五) 交配传播的性肿瘤

交配传播的性肿瘤是侵害犬的外生殖器和其他黏膜的一种自发性肿瘤。又称接触传染性淋巴肉瘤（contagious lymphosrcoma）。呈世界性分布，150年前已有文献报道过。犬密集的地区发病率较高，许多病例不限于有性活动的犬。在气候温和的地区常见暴发。

1. 病因　交配传播的性肿瘤是自发的同种异体移植物。皮下注射细胞容易实验移植。通过性或群体接触，脱落的肿瘤细胞能由带肿瘤动物传至新的宿主。在自然传播中，肿瘤细胞侵入黏膜小的擦伤即可引起。细胞的来源不明。肿瘤细胞有59±5个染色体，这与犬正常染色体数（78对）有明显不同。

2. 发病机理

(1) 生物学特性特征是肿瘤在前几周生长快速，后来肿瘤生长减慢，在6个月内可能自然消退。转移不常见，但实际的传播发生率不清楚。局部淋巴结是最常发生的部位。已报道的其他部位是脑、眼、睾丸、胸腔和腹腔器官。转移易发生在无免疫应答的犬身上。

(2) 免疫系统在肿瘤的生长和转移中起重要作用。已经证明有肿瘤的犬有体液抗体，并与肿瘤的退化有关。退化后抗体持续存在，抗体为IgG类。细胞免疫应答也已被证实，在交配传播的性肿瘤最后退化的犬已证明有对交配传播的性肿瘤强烈的成淋巴细胞生成应答。在成淋巴细胞生成应答弱的犬转移的发生率较高。

3. 临床特征　肿瘤通常为分叶、菜花状、无蒂的团块；偶尔呈乳头状或有蒂。外露的表面松脆，生长早期呈红色，后期呈淡红色或灰色。常有出血和坏死。

最常见的部位为外生殖器，如包皮或阴茎、外阴、前庭或阴道。也可位于生殖器以外的器官，如唇、口腔，鼻腔，少数在皮肤，据报道是肿瘤细胞移植到咬伤部位的结果。临床征候与受侵器官和部位有关。有时大的肿瘤造成机械性不适。有浆液出血性生殖道排出物。因肿瘤坏死则有恶臭。病犬常舔病变部位。

4. 诊断

(1) 存在典型的分叶、菜花状、出血的肿块。

(2) 细胞性吸取物或压片涂片是可靠、价廉的诊断方法。样品用Diff-Quik或别的血液学染料染色。涂片上分布着大的圆形、卵圆形细胞，细胞大小比较一致。每一个细胞都有大的圆形的核和明显的核仁，细胞的胞浆中等量，含数量和大小不一的空泡。有些常见肿瘤分裂象。

(3) 病理组织学诊断不能将交配传播的性肿瘤与别的肿瘤区分开，如组织细胞瘤、淋巴肉瘤、无颗粒的（间变的）肥大细胞瘤。

(4) 染色体组型是最准确的诊断试验，因为这种肿瘤细胞的染色体是59 ±5 对，是很有特征的。

5. 鉴别诊断　在发现肿块以前，浆液出血性排出物可能与下列情况混淆：发情、尿道炎、膀胱炎、前列腺炎。必须排除生殖道黏膜的其他肿瘤，特别是鳞状细胞癌。

6. 治疗

(1) 外科切除可能能治愈，但手术后常见复发。有人提出，肿瘤细胞有可能移植到切口部位，因而造成复发。

(2) 根据肿块的大小和部位，冷冻外科可以取得一定的效果。

(3) 放射疗法，单独或与外科手术结合，能够治愈。

(4) 化学疗法在治疗交配传播的性肿瘤中的成功率是很高的。它对转移性病例特别有效。长春新碱剂量为0.025mg/kg（最大剂量为1mg），静脉注射，1周1次。治疗的长短取决于退化的速度；通常治疗3～6周即可。第一次治疗两周内应见到肿瘤明显消退。长春新碱治疗的副作用少见，但可能有恶心，呕吐，一时性白细胞减少和可恢复的外周神经病。

(5) 据报道，实验性移植的肿瘤几个月后能自然退化。退化可能与免疫应答有关。自发性肿瘤自然恢复的比率不明。

7. 患畜监护

(1) 在肿瘤退化以前，限制与其他犬接触。

(2) 化疗时，注意动物是否呕吐。治疗期间，定期检查白细胞数是否减少。

(3) 监测复发，特别是在仅做外科切除后。

(4) 原发性肿瘤治疗后迟至5年曾见到转移。可进行定期体格检查和放射学摄片检查。

（六）肾脏腺瘤

犬最严重的两种肾原发性肿瘤是肾细胞癌（肾腺瘤）和胚胎性肾胚细胞瘤（肾母细胞瘤 Nvephroblas-toma，维尔姆斯瘤 wilms tumor）。肾转移性肿瘤比原发性肿瘤多见。骨肉瘤、血管肉瘤、淋巴肉瘤、肥大细胞瘤和恶性黑色素瘤常转移至肾。在猫，肾腺瘤和肾原发性淋巴肉瘤是最重要的肿瘤类型。肾原发性肿瘤占猫肿瘤的2.5%。

1. 病因　犬肾原发性肿瘤的原因尚未阐明。猫肾原发性淋巴肉瘤与猫白血病病毒感染有关。

2. 发病机理

(1) 犬约15%～17%的肾原发性肿瘤是良性的。腺瘤、变移细胞的乳头状瘤、脂肪瘤、血管瘤、纤维瘤和错构瘤已有报道。

(2) 肾细胞癌发生在中年和较老年的犬。雄性犬比雌性犬常见。右肾和左肾发生肿瘤的机率似乎相等。常转移到肺。其次的转移部位有对侧肾、皮肤、淋巴结、肝、脾、心、脑、骨和眼。肾细胞癌可能为囊状，侵害肾盂、输尿管和邻近的血管。

(3) 胚胎性肾胚细胞瘤（胚胎性肾瘤、肾胚细胞瘤、维尔姆斯氏瘤）是一种混合瘤，由后肾胚细胞瘤、基质、不同分化阶段的上皮衍生物组成；发生于幼犬。

在一个临床报告中，60%有肾胚细胞瘤的犬都小于1岁，65%有转移。可能有间充质组织，如肌肉、软骨、骨或脂肪。

（4）猫肾脏最常见的原发性肿瘤为淋巴肉瘤。肾脏受侵常和消化道或多中心型淋巴肉瘤伴发。只有1/4～1/3有肾淋巴肉瘤的猫呈猫白血病病毒阳性。肾淋巴肉瘤也发生于犬。

3. 临床征候　征候通常无特异性，包括食欲不振，进行性体重下降，腹部膨胀和疼痛。肾腺癌常为单侧性肿块，呈白色或黄色，圆形，虽然没有可见的包膜，但与正常的肾实质界限明显。切面有一些深红色条纹。组织学检查，瘤细胞形成不完全的小管，其中含有不等量的纤维结缔组织。腺癌转移发生很早，在做出诊断时，对侧肾就有可能发生肿瘤。当转移到尿道、膀胱上时，则发生移行细胞癌，其基部有宽广的肉茎、瘤体表面有溃疡，易破碎，切面呈灰黄色、致密，常有红斑。组织学检查，瘤细胞形成腺泡，或杂有鳞状细胞变形区。移行细胞癌早期就转移到附近淋巴结，与泌尿系统有关的不常见的征候有血尿，多尿和烦渴。有肾细胞癌和肺转移的犬发生肥大性骨病的病例已有报道。

4. 诊断

（1）体检可触到肿大的肾脏。

（2）放射学摄片，放射学和B超检查可见密度稍高阴影和反射波。

（3）实验室检查。血象：贫血或红细胞增多（血细胞压积大于60%）；生化检查：血液尿素氮和肌酸酐不同程度升高；尿液分析：沉淀中有肿瘤细胞（少见）。

（4）组织的病理组织学检查：确定诊断必须做病理组织学检查；肿大肾穿刺吸取物的细胞学评价可能具有诊断意义（如果存在表明淋巴肉瘤细胞的话）；多数病例需要做楔状活组织检查。

5. 鉴别诊断

（1）其他原因的肾巨大，如肾盂积水，囊肿。

（2）其他原因的腹膜后或前腹部肿瘤，特别是肾上腺与胰腺的肿瘤，卵巢的肿瘤或肉芽肿，腹膜后的血管肉瘤。

（3）其他原因的红细胞增多。

6. 治疗

（1）肾肿瘤可以进行肾输尿管切除术（淋巴肉瘤除外）。外科手术前要取得胸部放射片以评价肺的转移情况。外科手术前通过排泄性尿路造影检查评价对侧肾的机能。手术建议包括：操作时尽快结扎肾动脉和肾静脉，完全摘除肾和输尿管，尽可能地摘除肾周脂肪，切除局部淋巴结和淋巴管。对切下的全部组织做组织学检查。

（2）淋巴肉瘤可化疗。

（七）睾丸肿瘤

犬睾丸肿瘤比其他家畜多发，除皮肤肿瘤，它是第二种常见肿瘤，好发于老年犬。有些品种如拳师犬、吉娃娃犬、波美拉尼亚犬、贵妇犬等易发。雄性激素和雌性激素的平衡失调为本病的诱因。

猫睾丸肿瘤较少发生。睾丸肿瘤中足细胞瘤、精原细胞瘤和间质细胞瘤最常见。另还可见睾丸纤维肉瘤、血管瘤、粒层细胞瘤、性腺胚细胞瘤及未分化的肉瘤。单侧睾丸肿瘤多发。

睾丸足细胞瘤起源于精小管。瘤在睾丸内呈分叶的淡灰黄色油脂样肿块，并可扩展到整个睾丸。切面分叶明显，含柔软的红色区。组织学检查，肿瘤是由无数充满足细胞的精小管组成。足细胞瘤很少发生转移。去势可治愈。患足细胞瘤的犬，对侧未受侵害的睾丸常发生萎缩，引起犬的雌性化体征。

精母细胞瘤起源于精小管或管上皮。睾丸实质内有小而坚实的灰白色圆形小结节。组织学检查，肿瘤细胞聚集成团，精上皮细胞有明显的核仁。肿瘤细胞破坏精小管，并侵入睾丸的间质中。精母细胞瘤虽有癌变的可能，但主要在腺体内发育，很少发生转移。去势可以治愈。通常乳房增大，两侧对称性脱毛，初期见于生殖器周围，以后扩展到股内侧和腹部，并逐渐向股外侧、颈胸，荐部以至全身蔓延，最后仅剩有脊背部一条有被毛，其他部位呈无毛状态。同时出现皮肤色素沉着，股内侧和腹部更为明显。包皮增长，未发生肿瘤的另一侧睾丸萎缩。前列腺也会由于鳞状化而增大。

间质细胞瘤成年犬十分常见。多为直径不到1cm的坚实结节。呈棕色，可致睾丸大小或形状发生改变。切面散在淡棕红色出血区。组织学检查，由肿瘤细胞形成的细胞层散在许多出血区。这种肿瘤发育缓慢，多不发生转移。去势可以治愈。

1. 诊断　触诊睾丸的肿块。由于雌激素的产生，公犬出现雌性化（包皮下垂、吸引别的公犬等）。本肿瘤很少发生转移。B超及CT检查有助于确诊。禁忌做活组织检查。

2. 治疗　以睾丸摘除术为好，术后辅以放疗及化疗等综合性治疗。放射治疗，根据病理结果，精原细胞瘤对放疗特别敏感，其他肿瘤敏感性较低。化学治疗精原细胞最有效，其他肿瘤亦有效。

（八）前列腺肿瘤

前列腺肿瘤犬较为常见，以腺癌、良性间质瘤（平滑肌瘤、纤维瘤）、肉瘤和继发性瘤为主。

1. 症状　前列腺肿瘤的临床症状与其他前列腺疾病的症状相似，发病后可出现消瘦、烦渴、多尿、腰区疼痛和体温升高，如果肿瘤侵害尿道，可能会出现排尿困难或尿道阻塞。前列腺癌可转移入局部淋巴结、腰椎和骨盆。在疾病后期可转移入较远部位如肺，但不常见。在做出诊断以前常常已经出现转移。犬的尿道阻塞提示可能发生前列腺肿瘤，同样，已经去势的犬如果出现前列腺肥大，也很可能是肿瘤所致。

2. 诊断　B超及CT检查有助于诊断，通过活组织检查确诊。

3. 治疗　对本病没有有效的治疗措施，可试行手术摘除前列腺辅以放射和化学治疗，用阿霉素和顺铂等。预后不良。

（九）阴茎和包皮肿瘤

阴茎和包皮肿瘤发病率甚低，大约为0.2%。常为上皮瘤（乳头状瘤、鳞状上皮细胞癌）、纤维乳头状瘤（纤维瘤）、传播性性病肿瘤及其他间质性肿瘤（纤维肉瘤、淋巴肉瘤、血管瘤/肉瘤）等。猫的病例从未见报道。

1. 临床特征　乳头状瘤或传播性性病肿瘤看上去有蒂或其底宽，且常溃疡或出血。鳞状细胞癌则常出现疣样或颗粒状肿块，其分泌物有恶臭味。

2. 诊断　体检时仔细观察包皮与阴茎可做出初步诊断。确诊靠细胞学检查。

3. 治疗　肿瘤应做广泛的切除。推荐使用电烙止血，配合化疗和放射疗法。

复习题

1. 肿瘤的分类。
2. 良性肿瘤与恶性肿瘤的鉴别诊断。
3. 肿瘤的病因。

第四章　风湿病

风湿病（rheumatism）是一种常反复发作的急性或慢性非化脓性炎症，以胶原纤维发生纤维素样变性为特征。病变主要累及全身结缔组织。骨骼肌、心肌、关节囊和蹄是最常见的发病部位，其中骨骼肌和关节囊的发病部位常有对称性和游走性，且疼痛和机能障碍随运动而减轻。胶原纤维发生纤维变性主要是由于在变态反应中产生的大量氨基已糖所引起，如果氨基已糖能被体内精蛋白所中和，则不会发生纤维变性或变性表现得不明显。本病在我国各地均有发生，但以东北、华北、西北等地发病率较高。各种宠物均可发生。

（一）病因

风湿病的发病原因迄今尚未完全阐明。

近年来研究表明，风湿病是一种变态反应性疾病，并与溶血性链球菌（医学已证明为A型溶血性链球菌）感染有关。已知溶血性链球菌感染后所引起的病理过程有两种。一种表现为化脓性感染，另一种则表现为延期性非化脓性并发病，即变态反应性疾病。风湿病属于后一种类型，并得到了临床、流行病学及免疫学方面的支持。

1. 风湿病的流行季节及分布地区　常与溶血性链球菌所致的疾病，如咽炎、喉炎、急性扁桃腺炎等上呼吸道感染的流行与分布有关。风湿病多发生在冬春寒冷季节。在我国北部天气比较寒冷，溶血性链球菌感染的机会较多。而在链球菌感染流行后，常继而出现风湿病发病率的增高，二者在流行病学上甚为一致，因而此病在北方较南方为多见。抗生素药物的广泛应用，不仅能预防和治疗呼吸道感染，而且能明显地减少风湿病的发生和复发。

2. 风湿病的鼻咽部细菌培养　可获得A型溶血性链球菌。A型溶血性链球菌胞壁的成分中，M－蛋白和C－多糖具有特异的抗原性；其产生的一些酶，亦具有抗原性，并能破坏相应的底物，如链球菌溶血素O（能分解血红蛋白）、链激酶（能激活血中纤维蛋白溶酶原，使之变为纤维蛋白溶酶，分解纤维蛋白）、链球菌透明质酸酶（能分解透明质酸）、链道酶（能分解DNA）及链球菌烟酰胺腺嘌呤二核苷酸酶等。在链球菌感染时，初次接触抗原后7～10d，机体即有抗体形成。至今，临床上仍以检测抗链球菌溶血素O作为风湿病的诊断指标之一。

3. 链球菌感染后　10d内应用青霉素可以预防急性风湿病的发生。

4. 动物试验　提供了有力的证据。把大量的链球菌抗原包括蛋白、碳水化合物及黏肽注入家兔体内后，可产生风湿病征象和病变。

5. 风湿病发病机制　虽然与A型溶血性链球菌感染有密切关系，但并非是A型溶血性链球菌直接感染所引起。因为风湿病的发生并不是在链球菌感染的当时（风湿病并不是发生在链球菌感染时），而是在感染后的2～3周左右发作；病例的血液培养与病变组织中也均未找到过溶血性链球菌。目前一般认为风湿病是一种由链球菌感染引起的变态反应或过敏反应。在链球菌感染后，其毒素和代谢产物成为抗原，机体对此产生相应的抗体，抗原和抗体在结缔组织中结合，使之发生了无菌性炎症。

目前，许多人提出了自身免疫学说，证据是在大多数风湿病患者体内可检测出对心内膜和平滑肌（如血管壁）等起反应的自身抗体。链球菌与组织成分之间存在交叉反应，即M－蛋白与心肌抗原之间（抗M－蛋白抗体可与心肌内膜起反应导致风湿性心肌炎）、链球菌多糖与心肌糖蛋白之间、链球菌透明质酸酶与软骨的蛋白多糖复合物之间，均存在交叉免疫反应，因此风湿病又称为自身免疫性疾病（autoimmune disease）。

动物的风湿性疾病含义广泛，在兽医临床上除风湿病外，还包括以四肢跛行症状为主的类风湿性关节炎。它常发生于人，也见于各种动物。类风湿性关节炎是一种动物自身免疫性疾病，其主要病变在关节，但机体的其他系统也会受到一定的损害。表现为关节肿胀、僵硬，最后发生畸形，甚至出现关节粘连。类风湿的特点是在体内能查出类风湿因子。类风湿因子是免疫球蛋白IgGFc端的抗体，它与自身的IgG相结合，故它是一种自身抗体。类风湿因子和IgG形成的免疫复合物是造成关节局部和关节外病变的重要因素之一，其导致的基本病变是关节滑膜炎和关节外其他组织内的血管炎。

目前对动物风湿病的病因和病理发生研究得还很不够。至于A型溶血性链球菌对动物的致病作用与对人体的致病作用是否完全相同，还有待进一步研究。

此外，根据动物试验结果证明，不仅溶血性链球菌，而且他种抗原（细菌蛋白质、异种血清、经肠道吸收的蛋白质）及某些半抗原性物质也有可能引起风湿性疾病。有人通过给家兔大量注射马血清曾成功地引起肌肉风湿病。但以后又有人证明这不仅可以引起肌肉风湿病，而且还可以引起关节风湿病、结节性关节周围炎、神经周围纤维织炎和皮下纤维织炎等。

经临床实践还证明，风、寒、潮湿、过劳等因素在风湿病的发生上起着重要的作用。如畜舍潮湿、阴冷，大汗后受冷雨浇淋，受贼风特别是穿堂风的侵袭，夜卧于寒湿之地或露宿于风雪之中，以及管理使役不当等都是引发风湿病的诱因。

近年来也有人注意到病毒感染与风湿病的关系。如将柯萨奇B_4病毒经静脉注给狒狒后，可产生类似风湿性心瓣膜病变；如将链球菌同时和柯萨奇病毒感染小白鼠，可使心肌炎发病率增高，病变加重。在风湿病瓣膜病变中活体检查时也有发现病毒抗原者。因而提出风湿病可能伴发病毒感染。但是用青霉素预防风湿热（风湿病的急性期）复发确实有显著疗效，这一点很难用病毒学说解释。也有人提出可能是链球菌的产物能提高对这些病毒的感受性，但却没有足够的证据。

（二）病理

风湿病是全身性结缔组织的炎症，按照发病过程可以分为三期。

1. 变性渗出期　结缔组织中胶原纤维肿胀、分裂，形成黏液样和纤维素样变性和坏死，病灶周围有淋巴细胞、浆细胞、嗜酸性粒细胞、中性粒细胞等炎性细胞浸润，并有浆液渗出。结缔组织基质内蛋白多糖（主要为氨基葡萄糖）增多。此期可持续1～2个月，以后逐渐恢复或进入第二、三期。

2. 增殖期 本期的特点是在上述病变的基础上出现风湿性肉芽肿或阿孝夫小体（Aschoff body），亦称为风湿小体，这是风湿病特征性病变，是病理上确诊风湿病的依据，而且是风湿活动的指标。小体中央纤维素样坏死，其边缘有淋巴细胞和浆细胞浸润，并有风湿细胞。风湿细胞呈圆形、椭圆形或多角形，胞浆丰富呈嗜碱性，核大，呈圆形、空泡状，具有明显的核仁，有时出现双核或多核，形成巨细胞。小体内尚有少量淋巴细胞和中性粒细胞。到后期，风湿细胞变成梭形，形状如成纤维细胞，而进入硬化期。此期持续约3～4个月。

3. 硬化期（瘢痕期） 小体中央的变性坏死物质逐渐被吸收，渗出的炎性细胞减少，纤维组织增生，在肉芽肿部位形成瘢痕组织。此期持续约2～3个月。

由于本病常反复发作，上述三期的发展过程可以交错存在，历时约需4～6个月。第一期及第二期中常伴有浆液的渗出与炎性细胞的浸润，这种渗出性病变在很大程度上决定着临床上各种显著症状的产生。在关节和心包的病理变化以渗出为主，而瘢痕的形成则主要见于心内膜和心肌，特别是心瓣膜。

（三）分类及症状

风湿病的主要症状是发病的肌群、关节及蹄的疼痛和机能障碍。疼痛表现时轻时重，部位多固定但也有转移的。风湿病有活动型的、静止型的，也有复发型的。根据其病程及侵害器官的不同可出现不同的症状。临床上犬常见的分类方法和症状如下。

1. 肌肉风湿病 多见于颈部、背部及腰部肌肉群。侵害全身肌肉的比较罕见。

风湿病主要发生于活动性较大的肌肉、关节及四肢，特别背腰肌群、肩臂肌群、臀部肌群、股后肌群、颈部肌群等。其特征是突然发生浆液性或纤维素性炎症，由于患病肌肉疼痛、运动不协调，步态强拘不灵活，跛行明显。由于患病肌肉不同，可出现支跛、悬跛或混合跛。跛行能随运动量增加和时间延长其症状减轻。触诊患病肌肉疼痛明显，肌肉紧张，犬主拥抱犬时有惊叫。肌肉风湿病具有游走性，一个肌群好转时而另一个肌群又发病。

急性风湿性肌肉炎时，出现明显全身症状，如精神沉郁、食欲下降、体温升高、心跳加快、血沉稍快、白细胞数稍增。急性肌肉风湿病的病程较短，一般经数日或1～2周即好转，但易复发。

当急性风湿病转为慢性时，全身症状不明显。病肌弹性降低、僵硬、萎缩，跛行程度虽能减轻，运步仍出现强拘。病犬容易疲劳，风湿病对水杨酸制剂敏感。

2. 关节风湿病 最常发生于活动性较大的关节，如肩关节、肘关节、髋关节和膝关节等。脊椎关节（颈、腰部）也有发生。对称关节常同时发病，有游走性。

关节风湿病以关节疼痛、肿胀为特征，急性病例可发生关节内膜充血、肿胀，滑膜液分泌增多，呈淡黄红色混浊。患病关节外形粗大，温热，疼痛，经常倒卧，起立困难，运动时跛行显著。慢性病例，关节滑膜及周围组织增生、肥厚，关节肿大，轮廓不清，活动范围变小，运动时关节强拘。被动运动时可听到哔叭音。

3. 心脏风湿病（风湿性心肌炎） 主要表现为心内膜炎的症状。听诊时第一心音及第二心音增强，有时出现期外收缩性杂音。

（四）诊断

到目前为止风湿病没有特异性诊断方法，兽医临床上主要靠病史和临床症状，如突发性肌肉疼痛、运动失调、步态强拘不灵活；随运动量增加症状有些减轻；风湿性肌炎常有游走性和复发性；对水杨酸制剂敏感等特点加以诊断。一般不难诊断。

水杨酸钠皮内反应试验：用新配制的0.1%水杨酸钠5ml，分数点注入颈部皮内。注射前和注射后30min、60min分别检查白细胞总数。如果白细胞总数有一次比注射前减少五分之一，即可判定为风湿病阳性。

血常规检查：风湿病动物血红蛋白含量增多，淋巴细胞减少，嗜酸性白细胞减少（病初），单核白细胞增多，血沉加快。

纸上电泳法检查：风湿病动物血清蛋白含量百分比的变化规律为清蛋白降低最显著，β-球蛋白次之；γ-球蛋白增高最显著，α-球蛋白次之。清蛋白与球蛋白的比值变小。

目前，在临床上对风湿病的诊断已广泛应用对血清中对溶血性链球菌的各种抗体与血清非特异性生化成分进行测定，主要有以下几种。

1. 红细胞沉降率（ESR） 这是一项较古老但却是鉴别炎性及非炎性疾病的最简单、廉价的实验室指标。

2. C反应蛋白（CRP） 是一种急性时的C反应蛋白。在风湿病活动期、感染、炎症、高烧、恶性肿瘤、手术、放射病时CRP水平迅速升高，病情好转时迅速降至正常，若再次升高可作为风湿病复发的预兆。急性风湿48～72h CRP水平可达峰值，一个月后，多变为阴性。

3. 抗核抗体（ANA） 是针对细胞核任何成分所产生的抗体。由于细胞核包括许多成分，因此抗核抗体也有许多种类。可用间接免疫荧光法测定。

4. 血清抗链球菌溶血素O的测定 抗“O”高于500IU为增高。此试验可证明有链球菌的前驱感染，这是具有代表性的反应。但抗“O”阳性并不能说明肯定患有风湿病。

5. 其他 如抗中性粒细胞胞浆抗体、抗核糖体抗体、抗心磷脂抗体、抗透明质酸酶及抗链球菌激酶等的测定，在风湿病实验室检查中也较常用。

以上实验室检验指标仅作为兽医临床的参考。

至于类风湿性关节炎的诊断，除根据临床症状及X线摄影检查外，还可作类风湿因子检查，以便进一步确诊。

在临床上风湿病除注意与骨质软化症进行鉴别诊断外，还要注意与肌炎、多发性关节炎、神经炎，颈和腰部的损伤等疾病作鉴别诊断。

（五）治疗

风湿病治疗原则是消除病因、解热镇痛、消除炎症、祛风除湿和加强饲养管理等。肌肉风湿病常用以下药物治疗。

1. 解热镇痛及抗风湿药在这类药物中以水杨酸类药物的抗风湿作用最强 这类药物包括水杨酸、水杨酸钠及阿司匹林等。临床经验证明，应用大剂量的水杨酸制剂治疗风湿病，特别是治疗急性肌肉风湿病疗效较好，但对慢性风湿病疗效较差。水杨酸钠，犬为

0.2～0.3g，猫为0.1～0.3g，口服；如静脉注射，犬为0.1～0.5g；阿司匹林（乙酰水杨酸），犬为0.01～0.04g，每日2次，猫为40mg/kg，每日1次，口服；保泰松及羟保泰松，后者是前者的衍生物，其优点是抗风湿作用较保泰松略强，副作用小。羟保泰松的作用与氨基比林相似，但抗炎及抗风湿作用较强，解热作用较差，临床上常用于风湿症的治疗。其用法和剂量是：保泰松片剂（每片0.1g），口服，犬20mg/kg，每日2次，3天后用量减半。也可将水杨酸钠与乌洛托品、樟脑磺酸钠、葡萄糖酸钙联合应用。

2. *皮质激素类药* 这类药物能抑制许多细胞的基本反应，因此有显著的消炎和抗变态反应的作用。同时还能缓解组织对内外环境各种刺激的反应性，改变细胞膜的通透性。临床上常用的有：氢化可的松注射液、地塞米松注射液、醋酸泼尼松（强的松）、氢化泼尼松（强的松龙）注射液等。它们都能明显地改善风湿性关节炎的症状，但容易复发。氢化泼尼松（强的松龙）混悬液，犬、猫为10～40mg/kg，隔4～5日1次；醋酸可的松针剂，犬每日0.05～0.2g，分2次；氢化可的松针剂，犬为0.01g，每天1次；地塞米松，犬为5～10mg/kg，每日1次。

3. *应用抗生素控制链球菌感染* 风湿病急性发作期，无论是否证实机体有链球菌感染，均需使用抗生素。首选青霉素，肌肉注射每日2～3次，一般应用10～14d。不主张使用磺胺类抗菌药物，因为磺胺类药物虽然能抑制链球菌的生长，却不能预防急性风湿病的发生。

4. *应用碳酸氢钠、水杨酸钠和自家血液疗法* 其方法是，每日静脉注射5%碳酸氢钠溶液20ml/kg，10%水杨酸钠溶液20ml/kg；自家血液的注射量为第一天1～2ml，第三天2～4ml，第五天4～6ml，第七天6～8ml。七天为一疗程。每个疗程要间隔一周，可连用两个疗程。该方法对急性肌肉风湿病疗效显著，对慢性风湿病可以减轻症状，但是效果不佳。

5. *中兽医疗法* 应用针灸治疗风湿病有一定的治疗效果。可根据病情的不同采用白针、火针、水针或电针；根据不同的发病部位，可选用不同的穴位。中药方面常用的方剂有通经活络散和独活寄生散。醋酒灸法（火鞍法）适用于腰背风湿病，但对瘦弱、衰老或怀孕的犬应禁用此法。

6. *应用物理疗法* 物理疗法对风湿病，特别是对慢性经过者有较好的治疗效果。局部温热疗法：将酒精加热至40℃左右，或将麸皮与醋按4∶3的比例混合炒热装于布袋内进行患部热敷，每日1～2次，连用6～7d。亦可使用热石蜡及热泥疗法等。在光疗法中可使用红外线（热线灯）局部照射，每次20～30min，每日1～2次，至明显好转为止。此外可采用中波透热疗法、中波透热水杨酸离子透入疗法、短波透热疗法、超短波电场疗法、周频谱疗法及多元频谱疗法等对慢性经过的风湿病均有较好的治疗效果。

7. *激光疗法* 近年来应用激光治疗动物风湿病已取得较好的治疗效果，一般常用的是6～8mW的He-Ne激光作局部或穴位照射，每次治疗时间为20～30min，每日一次，连用10～14d为一个疗程，必要时可间隔7～14d进行第二个疗程的治疗。

8. *局部涂擦刺激剂* 急性期可涂擦水杨酸甲酯软膏（水杨酸甲酯15.0ml、松节油5.0ml、薄荷脑7.0ml、白凡士林15.0ml）或水杨酸甲酯莨菪油擦剂（水杨酸甲酯25.0ml、樟脑油25.0ml、莨菪油25.0ml）等。慢性期可涂擦樟脑碘酊合剂（10%樟脑酒精、5%碘酊各等份）。

9. *其他疗法* 据报道，对关节风湿病，静脉注射黄色素生理盐水溶液（黄色素 0.01ml、生理盐水 10.0ml）或肌肉注射脑下垂体前叶激素（ACTH）50～100IU，具有良好效果。

加强护理 在进行治疗的同时，必须加强护理，保持安静，将病犬放在温暖和通风良好的圈舍里，并铺以垫草。

复习题

1. 风湿的特征。
2. 风湿的鉴别诊断。
3. 风湿的治疗。

第五章　眼病

第一节　眼的解剖生理

眼由眼球及其附属组织构成，是视觉器官，其功能由下列5种结构完成（图5－1，图5－2）。

感光结构：由视网膜内视锥（又名圆锥）细胞及视杆（又名圆柱）细胞接受外界光刺激，经由视神经、视束而达大脑枕叶视觉中枢，产生视觉。

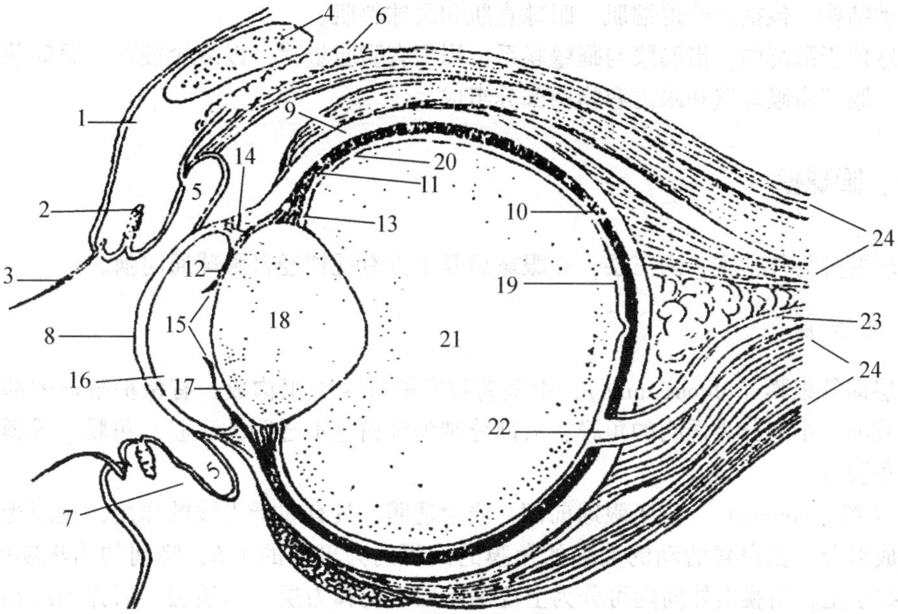

图5－1　眼球的构造（纵切）

1. 上眼睑　2. 睑板腺　3. 睫毛　4. 眶上突　5. 结膜穹窿　6. 泪腺　7. 下眼睑　8. 角膜　9. 巩膜　10. 血管膜　11. 睫状体　12. 虹膜　13. 晶状体悬韧带　14. 睫状肌　15. 瞳孔　16. 眼前房　17. 眼后房　18. 晶状体　19. 视网膜视部　20. 视网膜睫状部　21. 玻璃体　22. 视神经乳头　23. 视神经　24. 眼球肌

屈光结构：包括角膜、眼房液、晶状体及玻璃体，使外界物像聚焦在视网膜上。

营养结构：包括进入眼内的血管、葡萄膜及眼房液。

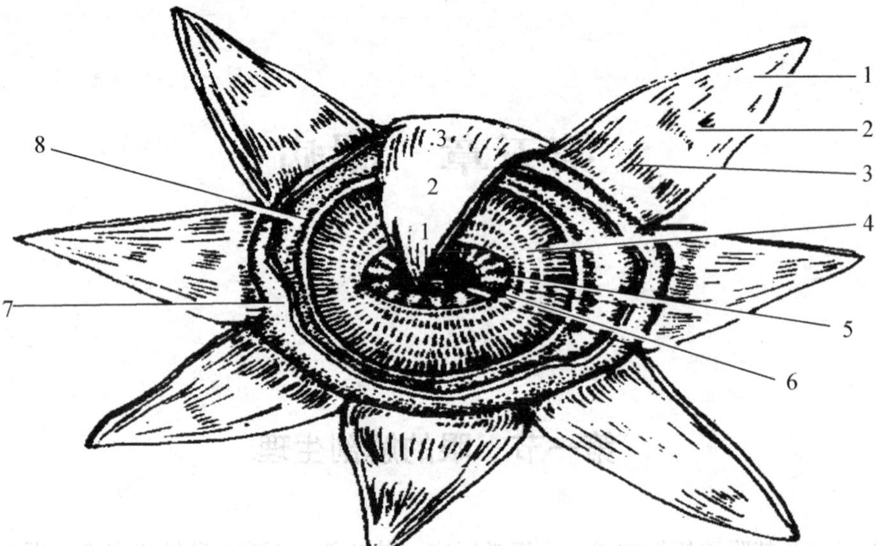

图5－2 眼球的构造（已切开纤维膜）

1. 角膜 2. 角膜缘 3. 巩膜 4. 瞳孔括约肌 5. 瞳孔开大肌 6. 瞳孔 7. 血管膜 8. 睫状体

保护结构：包括眼睑、结膜、泪器、角膜、巩膜和眼眶。

运动结构：包括眼球退缩肌、眼球直肌和眼球斜肌。

眼球位于眶窝内，借筋膜与眶壁联系，周围有脂肪垫衬，以减少震荡。眼球前方有眼睑保护。眼球由眼球壁和眼内容物两部分组成。

一、眼球壁

眼球壁分为外、中、内三层，在眼球后及下方有视神经自眼球通向脑。

（一）外层

外层即纤维膜（fibrous tunic），由坚韧致密的纤维组织构成，有保护眼球内部组织的作用。其前面小部分为透明的角膜，大部分则为乳白色不透明的巩膜，角膜、巩膜的移行处叫做角膜缘。

1. 角膜（cornea） 位于眼球前部，质地透明，具有屈折光线的作用，是屈光间质的重要组成部分。在白昼活动的犬猫的角膜的面积约为巩膜的1/5，晚间约为巩膜的1/3～1/2。组织学上，角膜由外向内可分为上皮细胞层、前弹力层、基质层、后弹力层和内皮细胞层五层。角膜最表面的上皮细胞层的再生力强。狗角膜中央厚、边缘薄；猫变化大。狗和猫角膜厚度最厚不超过1.0mm。

角膜的营养：角膜本身无血管，其营养主要来自角膜缘毛细血管网和眼房液。角膜缘毛细血管网是由表面的结膜后动脉和深部的睫状前动脉分支组成。通过血管网的扩散作用，将营养和抗体输送到角膜组织。代谢所需的氧，80%来自空气，15%来自角膜缘毛细血管网，5%来自眼房液。

角膜的神经：来自三叉神经眼支的分支，由四周进入基质层，穿过前弹力层密布于上皮细胞间。所以角膜知觉特别敏锐，任何微小刺激或损伤皆能引起疼痛、流泪和眼睑痉挛等症状。

角膜的透明性：角膜的透明，主要取决于角膜本身无血管，胶原纤维排列整齐，含水量和屈折率恒定，同时还有赖于上皮和内皮细胞的结构完整和功能健全。

2. 巩膜（sclera）　质地坚韧，不透明，呈乳白色。它是由致密相互交错的纤维所组成，但其表面的巩膜组织则由疏松的结缔组织和弹性组织所构成。巩膜的厚度各处不同，视神经周围最厚，各直肌附着处较薄，最薄部分是视神经通过处。

巩膜的血液供应，在眼直肌附着点以后由睫状后短动脉和睫状后长动脉的分支供应；在眼直肌附着点以前则由睫状前动脉供应。表层巩膜组织富有血管，但深层巩膜的血管和神经皆较少，代谢缓慢。

3. 角膜缘（limbus of cornea）　角膜缘是角膜与巩膜的移行区，角膜镶在巩膜的内后方，并逐渐过渡到巩膜组织内。角膜缘毛细血管网即位于此处。

巩膜静脉丛（又名 Schlemm 氏管）　Schlemm 氏管是围绕前房角的不规则的环状结构，外侧和后方被巩膜围绕，内侧与小梁网邻近。管壁仅由一层内皮细胞所构成，外侧壁有许多集液管与巩膜内的静脉网沟通。

小梁网（trabecular meshwork）　为前房角周围的网状结构，介于 Schlemm 氏管与前房之间。它以胶原纤维为核心，其外面围以弹力纤维和内皮细胞。小梁相互交错，形成富有间隙的海绵状结构，具有筛网的作用，房水中的微粒多被滞留于此，很少能进入 Schlemm 氏管。

（二）中层

中层即葡萄膜（uvea），又名色素膜（tunica pigmentosa）或称血管膜（vascular tunic），具有丰富的血管和色素，有营养视网膜外层、晶体和玻璃体以及遮光的作用。由前向后可分为虹膜、睫状体和脉络膜三部分。

1. 虹膜（iris）　位于角膜和晶状体之间，是葡萄膜的最前部。虹膜中央有一孔叫做瞳孔（pupil），光线透过角膜经过瞳孔才进入眼内。虹膜表面有高低不平的隐窝和辐射状的隆起皱襞，形成清晰的虹膜纹理。发炎时，因有渗出物与细胞浸润，致使虹膜组织肿胀和纹理不清。虹膜内有排列成环状和辐射状的两种平滑肌纤维。环状肌（瞳孔括约肌）收缩时瞳孔缩小，辐射肌（瞳孔开大肌）收缩时瞳孔散大。环状肌受到眼神经的副交感神经纤维支配，而辐射肌则受交感神经支配。瞳孔能随光线强弱而收缩或散大，就是由于这些肌肉的作用。瞳孔受光刺激而收缩的功能称为瞳孔反射（pupil reflex）或对光反应（response to light），它是互感性的。虹膜组织内密布三叉神经纤维网，故感觉很敏锐。组织学上，虹膜由前到后可分为 5 层，即内皮细胞层，前界膜、基质层、后界膜以及后上皮层。

2. 睫状体（ciliary body）　睫状体前接虹膜根部，后移行为脉络膜，是葡萄膜的中间部分，外侧与巩膜邻接，内侧环绕晶状体赤道部，面向后房及玻璃体。睫状体前厚后薄，横切面呈一尖端向后，底向前的三角形。前 1/3 肥厚部称睫状冠（corona ciliaris），其内表面有数十个纵行放射状突起，称睫状突（ciliary processes），它有调节晶状体屈光度的作用，睫状突表面的睫状上皮细胞具有分泌房水的功能，后2/3薄而平的部分叫睫状环（orbiculus ciliaris），它以锯齿缘（ora serrata）为界，移行于脉络膜。从睫状体至晶状体赤道部有纤细的晶状体悬韧带（又名睫状小带 zonula ciliaris 或 zinn’s band）与晶状体相连。

睫状肌受睫状短神经的副交感神经纤维支配，收缩时使晶状体悬韧带松弛，晶状体借其本身的弹性导致凸度增加，从而加强屈光力，起调节作用；同时促进房水流通。睫状突一旦遭受病理性破坏，可引起眼球萎缩。

组织学上睫状体由外向内分5层，即睫状肌、血管层、Burch 氏膜、上皮层与内界膜。

3. 脉络膜（choroid） 为葡萄膜的最后部分。约占血管膜的3/5。前起锯齿缘与睫状环相接，后止于视神经周围，介于巩膜与视网膜之间。含有丰富的血管和色素细胞，有营养视网膜外层的功能。眼球后壁的脉络膜内面有一片青绿色三角区，带有金属样光泽，叫做照膜，它能将进入眼中并已透过视网膜的光线反射回来以加强视网膜的作用。脉络膜的血液供应，主要来自睫状后短动脉，脉络膜周边部则由睫状后长动脉的返回支供给。神经纤维来自睫状后短神经，其纤维末端与色素细胞和平滑肌接触，但无感觉神经纤维，故无痛觉。

（三）内层

内层即视网膜（retina），为眼球壁的最内层，分为视部（固有网膜）和盲部（睫状体和虹膜部）。视网膜是眼的感光装置，它由大量各种各样的感光成分、神经细胞和支持细胞构成。其感光成分是视锥细胞和视杆细胞。在光照亮度很弱时，只有视杆细胞有感光作用，而在光照亮度很强时，视锥细胞却是主要的感光部分。因此，视杆细胞是晚间的感光装置，而视锥细胞则是白昼的感光装置。

视部占视网膜的大部分，在葡萄膜内面，由色素层和固有视网膜构成。色素层与脉络膜附着较紧，与固有视网膜易于分开。固有视网膜在活体呈透明淡粉红色，死后浑浊变成灰白色。在视网膜后的稍下方为视神经通过的部分，叫做视神经乳头。犬的视神经乳头位于绿毡之下，偏靠鼻侧，略呈肾形或蚕豆形，常呈淡粉色。周围有3束主要的血管分支，1束向背侧延伸，另两束分别向颞侧和鼻侧的下方延伸。视神经乳头为视网膜之视神经纤维集中成束处，向后穿出巩膜筛板再折向后方。转折处略成低陷，属生理状凹陷，低于周围作杯状，又称生理杯，视神经处仅有视神经纤维，没有感光结构，生理上此处不能感光成像，称为盲点。视网膜中央动脉由此分支，呈放射状分布于视网膜。在眼球后端的视网膜中央区（area centralis retina）集中了大量圆锥细胞，是感光最敏锐的地方，相当于人眼视网膜黄斑部，此部位的视功能即临床上所指的视力。

盲部 被覆在睫状体和虹膜的内面，没有感光作用。

犬的视力不很发达，其睫状体调节力差。但有较大的双眼视野，视觉区较宽。犬的视觉最大特征是色盲，其视网膜上视杆细胞占绝大多数，视锥细胞数量极少，对色觉敏感度低，区别彩色能力很差。其暗视力十分发达，对光敏感度强，远近感觉差，测距性差，视网膜上无黄斑，视力仅20～30m。

组织学上，视网膜由外向内分为10层：即色素上皮层、杆细胞和锥体细胞层、外界膜、外颗粒层、外丛状层、内颗粒层、内丛状层、节细胞层、神经纤维层以及内界膜。

二、眼球内容物

在眼球内充满透明的内容物，使眼球具有一定的张力，以维持眼球的正常形态，并保证了光线的通过和屈折。这些内容物包括房水、晶状体和玻璃体，它们和角膜共同组成眼球透明的屈光间质。

（一）房水（aqueous humour）

房水又叫眼房液，是透明的液体，由睫状体的无色素上皮以主动分泌的形式生成，充满眼前房和眼后房内。眼房液不断地流动，以运送营养及代谢产物，它有营养角膜、晶状体、玻璃体等的功能，同时也是维持和影响眼内压的主要因素。房水中蛋白质少，抗体少，而维生素C、乳酸等含量高于血液，并含有透明质酸。碳酸酐酶抑制剂可减少房水生成。

晶状体和角膜之间的空隙叫做眼房，分为前房和后房两部分，前房（anterior chamber）是角膜后面、虹膜和晶状体前面之间的空隙，充满着房水，其周围以前房角为界。后房（posterior chamber）是虹膜后面、睫状体和晶状体赤道之间的环形间隙。

前房角（angle of anterior chamber）由角膜和巩膜、虹膜和睫状体的移行部分组成，此处有细致的网状结构，称为小梁网，为房水排出的主要通路。当前房角阻塞时，可导致眼内压的升高。

房水的流出途径　房水由睫状突产生后，先进入后房，经瞳孔进入前房，再经前房角小梁网、Schlemm氏管和房水静脉，最后经睫状前静脉而进入血液循环（图5－3，图5－4）。当这种正常的循环通路被破坏时，眼房液就积聚于眼内，引起眼内压增高。

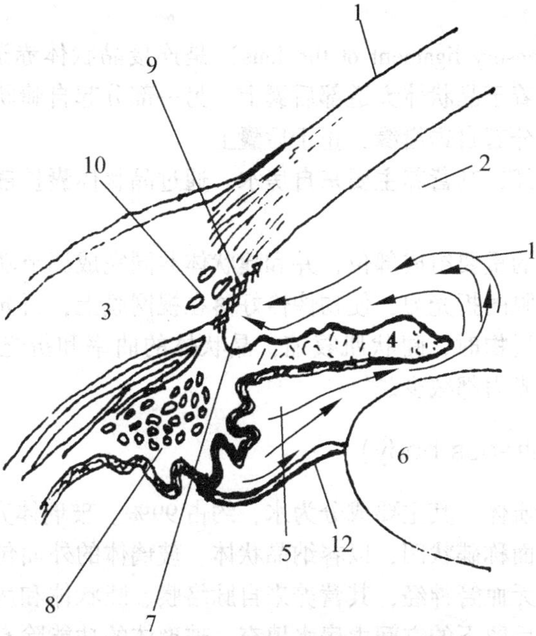

图5－3　前后房解剖及房水循环途径

1. 角膜　2. 前房　3. 巩膜　4. 虹膜　5. 后房　6. 晶状体　7. 前房角　8. 睫状体　9. 小梁网　10. 巩膜静脉丛　11. 房水流向　12. 晶状体悬韧带

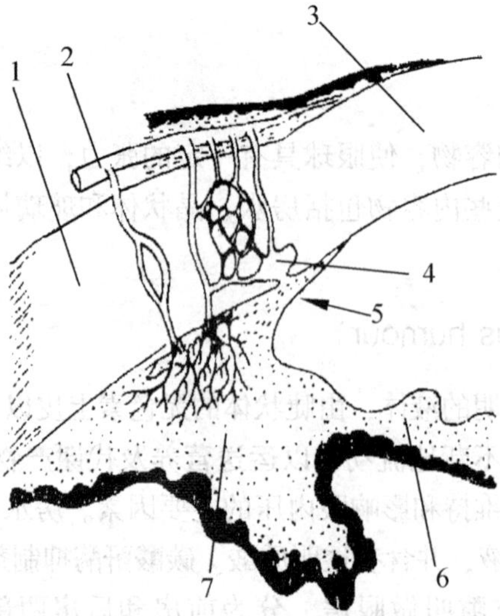

图 5－4 房水出路

1. 巩膜 2. 睫状前静脉 3. 角膜 4. Schlemm 氏管 5. 小梁网 6. 虹膜 7. 睫状体

（二）晶状体（lens）

晶状体位于虹膜、瞳孔之后，玻璃体碟状凹内，借晶状体悬韧带与睫状体联系以固定其位置。晶状体为富有弹性的透明体，形如双凸透镜，前面的凸度较小，后面的凸度较大。前面与后面交接处称为赤道部。前曲面和后曲面的顶点分别称为前极和后极。

晶状体由晶状体囊和晶状体纤维所组成。晶状体囊是一层透明且具有高度弹性的薄膜，可分为前囊和后囊。

晶状体韧带（suspensory ligament of the lens）是连接晶状体赤道部和睫状体的组织。一部分起自睫状突，附着于晶状体赤道部后囊上，另一部分起自睫状环，附着于晶状体赤道部前囊上。还有一部分起自锯齿缘，止于后囊上。

晶状体无血管和神经，其营养主要来自房水，通过晶状体囊扩散和渗透作用，吸取营养，排出代谢产物。

晶状体是屈光间质的重要组成部位，并和睫状体共同完成调节功能。犬猫的眼在看不同距离物体时，能改变眼的折光力，使物像恰好落在视网膜上，折光是借改变晶状体的曲率半径来完成的。当看近物时，睫状肌收缩，晶状体的曲率和折光力都增大。当看远物时，晶状体的曲率和折光力都减少。

（三）玻璃体（vitreous body）

玻璃体为透明的胶质体，其主要成分为水，约占99%。玻璃体充满在晶状体后面的眼球腔内，其前面有一凹面称碟状凹，以容纳晶状体。玻璃体的外面包被一层很薄的透明膜称为玻璃体膜。玻璃体无血管神经，其营养来自脉络膜、睫状体和房水，本身代谢作用极低，无再生能力，损失后留下的空间由房水填充。玻璃体的功能除有屈光作用外，主要是支撑视网膜的内面，使之与色素上皮层紧贴。玻璃体若脱失，其支撑作用大为减弱，易导致视网膜脱离。

三、眼附属器的解剖生理

眼附属器包括眼睑、结膜、泪器、眼外肌和眼眶。

（一）眼睑（eye lids）

眼睑分上眼睑和下眼睑，覆盖眼球前面，有保护眼球，防止外伤和干燥的功能。两眼睑之间的间隙叫睑裂（palpebral fissure）。上、下眼睑连接处称眦部（canthus）。外侧称外眦（outer canthus），呈锐角；内侧叫做内眦（inner canthus），呈钝圆形。眼睑的游离边缘叫做睑缘。在眼内眦部有一半月状结膜褶，褶内有一弯曲的透明软骨称第三眼睑（通称瞬膜 nictitating membrane）。眼睑有两种横纹肌，一是眼轮匝肌，由面神经支配，司眼睑的闭合。另一是上睑提肌，由动眼神经支配，司上睑提起。近睑缘外有一排腺体叫睑板腺，又叫 Meibom 氏腺，其导管开口于睑缘，分泌脂性物，可湿润睑缘。眼睑组织分为 5 层，由外向内分别为皮肤、皮下疏松结缔组织、肌层、纤维层（睑板）和睑结膜。眼睑皮下注射即是将药液注射在皮下结缔组织内。

（二）结膜（conjunctiva）

结膜是一层薄而透明的黏膜，覆盖在眼睑后面和眼球前面。按其不同的解剖部位分为睑结膜（palpebral c.）、球结膜（bulbar c.）和穹窿结膜（fornical c.）。睑结膜和球结膜的折转处形成结膜囊（conjunctival sac）。

副泪腺（Harder 氏腺）只有相当少的犬猫才有，但其他犬猫有分泌浆液的瞬膜腺，其和泪腺的分泌物共同形成泪液，协助保持眼睑和角膜的润滑。

在上、下眼睑均有胶原性结缔组织构成的睑板，可维持眼睑的外形，上、下睑板内均含有高度发达的睑板腺，开口于眼睑缘，是变态的皮脂腺，分泌的油脂状物可滑润眼睑与结膜，防止外界液体进入结膜囊，猫的睑板腺最发达。

结膜的血管来自眼睑动脉弓和睫状前动脉。静脉大致与动脉伴行。来自睫状前动脉的分支叫做结膜前动脉，分布于角膜缘附近的球结膜，并和结膜后动脉吻合。结膜的感觉受三叉神经支配。

（三）泪器

泪器包括泪腺和泪道。泪腺位于眼眶上方的泪腺窝内，为一扁平椭圆形腺体，有 12～16 条很小的排泄管，开口于上眼睑结膜。泪腺分泌泪液，湿润眼球表面，大量的泪液有冲除细小异物的作用，泪液中的溶菌酶有杀菌作用。犬的泪液 61.7% 由泪腺分泌，第三眼睑腺分泌 35.2%，其他 3.1% 由睑板腺及黏液细胞产生。

泪道（lacrimal passages）包括泪点、泪小管、泪囊和鼻泪管。泪点（lacrimal puncta）上下各一。泪小管（lacrimal canaliculi）接连泪点与泪囊。泪囊（lacrimal sac）呈漏斗状，位于泪骨的泪囊窝内。其顶端闭合成一盲端，两泪小管从盲端下方侧面与泪囊相通。泪囊的下端与鼻泪管相通。鼻泪管（naso-lacrimal duct）位于鼻腔外侧壁的额窦内，向下开口于鼻腔的下鼻道。约有 50% 的犬有两个鼻泪管开口。长吻犬的鼻泪管较直；短吻犬的鼻泪管有折转，易发生堵塞。

（四）眼外肌

眼外肌是使眼球运动的肌肉，附着在眼球周围，有眼球直肌（4 条）、眼球斜肌（2 条）和眼球退缩肌（1 条）。眼球直肌起始于视神经孔周围，包围在眼球退缩肌的外周，向前以腱质抵于巩膜，分上直、下直、内直和外直肌。眼球直肌的作用是使眼球环绕眼的横轴或垂直轴运动。眼球斜肌分为上斜和下斜肌；眼球上斜肌起始于筛孔附近，沿眼球内直肌的内侧前走，抵于巩膜表面。眼球下斜肌起始于泪骨眶面、泪囊窝后方的小凹陷内，向外斜走，靠近眼球外直肌抵于巩膜上。眼球斜肌的作用是使眼球沿眼轴转动。眼球退缩肌包围在视神经周围，起始于视神经孔周缘，向前固着于巩膜周围，可牵引眼球向后。

除了外直肌受外展神经、上斜肌受滑车神经支配外，其余皆受动眼神经支配。

除上述七条肌肉外，眼睑部尚有眼轮匝肌和上睑提肌。

（五）眼眶（orbit）

眼眶系一空腔，由上、下、内、外四壁构成，底向前、尖朝后。眼眶四壁除外侧壁较坚固外，其他三壁骨质菲薄，并与副鼻窦相邻，故一侧副鼻窦有病变时，可累及同侧的眶内组织。

四、眼的血液供应和神经支配

（一）血液供应及淋巴

眼球及其附属器的血液供应，除眼睑浅组织和泪囊一部分是来自颈外动脉系统的面动脉外，几乎全是由颈内动脉系统的眼动脉供应。

静脉有 3 个回流途径：

1. 视网膜中央静脉（central retinal vein）　和同名动脉伴行，或经眼上静脉或直接回流至海绵窦（cavernous venous sinus）。

2. 涡静脉（vortex vein）　共 4～6 条，收集虹膜和睫状体的部分血液以及全部脉络膜的血液，均在眼球赤道部后方四条直肌之间，穿出巩膜，经眼上静脉、眼下静脉而进入海绵窦。

3. 睫状前静脉（anterior ciliary vein）　收集虹膜、睫状体和巩膜的血液，经眼上、下静脉而进入海绵窦。眼下静脉通过眶下裂与翼状静脉丛（pterygoid venous plexus）相通。

淋巴：眼球有前、后淋巴管，在睫状体境界部相交通。

（二）神经支配

1. 眼球的神经支配　眼球是受睫状神经支配，该神经含有感觉、交感和副交感纤维。

2. 眼附属器的神经支配　眼的神经包括运动神经和感觉神经。

运动神经包括：

（1）动眼神经（ocular motor nerve）支配上睑提肌、上直肌、下直肌、内直肌、下斜肌、瞳孔括约肌和睫状肌。

（2）滑车神经（trochlear nerve）支配上斜肌。

（3）外展神经（abducent nerve）支配外直肌。

（4）面神经（facial nerve）支配睑轮匝肌。

感觉神经包括：

（5）眼神经（ophthalmic nerve）为三叉神经第一支，支配眼睑、结膜、泪腺和泪囊。

（6）上颌神经（maxillary nerve）为三叉神经第二支，支配下睑、泪囊、鼻泪管。

五、眼的感光作用

犬猫对外界物体的形状、光亮、色彩、大小、方向和距离的感觉，主要依靠视分析器，将进入眼内的光线借特殊的屈光装置，使焦点集合在视网膜上。实际上无论是人还是犬猫只能感受到电磁波光谱中极小一部分（波长在380～760nm之间）的光线。

眼的屈光装置有二：首先靠眼的调节，晶状体将外来的平行光线屈光聚在视网膜上，形成真实的倒像。其次是瞳孔反射，外来光线都需要经角膜、眼前房，再通过瞳孔而射入，如果角膜失去透明性，即使后面的组织都正常，也不能感光。瞳孔好比照相机上的光圈，可以改变大小。当强光射来时就收缩，以限制进入眼内的光线量，因而带有保护性的机能。除光线外其他刺激如疼痛、激怒、惊恐等引起中枢神经系统的强烈兴奋时或交感神经系统发生兴奋时，瞳孔均可散大。犬猫窒息或临死前眼神经中枢麻痹，瞳孔可极度散大。

第二节 眼的检查法

给犬猫等检查眼病，除应询问了解平时的习性及病史外，还要进行视诊、触诊与眼科器械的检查来观察确定眼的各部分功能是否正常。

一、常规检查

眼的常规检查，可用自然光或人工照明（常用手电筒），先查健眼，再查患眼，两侧进行对照。检查时，应养成先右后左，从外到内的检查习惯，以避免记录混淆或遗漏。

1. 眼眶　检查眼眶时应注意有无炎症、肿瘤和外伤等。

2. 眼睑　应注意有无先天性异常、眼睑位置和皮肤的变化。观察眼裂大小，有无眼裂闭合不全，上眼睑是否下垂，有无上下眼睑内翻、外翻、倒睫、睫毛乱生等情况。最后应观察眼睑有无红肿、外伤、溃疡、瘘管、皮疹、短痕、脓肿等。

3. 泪器　包括泪腺、泪点、泪管、泪囊和鼻泪管五个部分。检查时应注意泪阜的色彩，有无肿胀、泪点与小泪管有无闭塞、狭窄，是否通畅。观察泪囊部有无红肿、压痛、瘘管、肿块等。

鼻泪管开口于鼻道和口腔内，常由于鼻腔病变而被阻塞，引起泪溢。为了测验泪管是否通畅，可用有色溶液（如1%～2%荧光素或2%红汞水溶液）滴于结膜囊内，同时将棉花球塞进同侧鼻腔内，1～2min后，如棉球染色，则说明泪管通畅，如不染色，则应进一步冲洗或探通泪管。

泪腺分泌泪液机能的检查，可用消毒滤纸（长35mm、宽5mm），将其一端折成直角，夹持于内下方的结膜囊内，另一端垂挂于下眼睑外部。一分钟内，如果滤纸浸湿10～25mm，说明泪腺分泌机能正常，如果浸湿时间过短，说明分泌过多，时间过长，则说明分泌过少。

4. 结膜　为了对结膜进行详尽检查，首先应将上眼睑翻转，暴露睑结膜、结膜穹窿部和球结膜，检查时注意其颜色、光滑度，有无异物、肿胀、外伤、溃疡、肿块、滤泡、分泌物等情况。

5. 眼球　注意眼球的大小，是否有萎缩或膨大，其位置有无突出或内陷现象。

6. 角膜　角膜的病变常以示意图来表示部位，分为周边部和中央部，前者可进一步以钟点位置加以表达。

聚光灯检查法：常用聚光灯以不同角度照射角膜各部，注意有无混浊、角膜翳、新生血管、缺损、溃疡、瘘管以及角膜穹窿程度的变化。聚光灯检查可以配合放大镜检查，可使病变看得更清楚，可发现细小的病变和异物。

角膜镜检查法：为了查明角膜最小弯曲度与平滑度，可用角膜镜检查。角膜镜的圆盘直径约为20cm，上面有黑白相间的圆圈，圆盘中央有一小圆孔，孔内装有一块6个屈光度的凸透镜，盘侧有手持把柄。检查时，最好在自然光下进行，病犬被检眼朝向暗面，检查者坐在犬的对面，一手拿圆盘放在自己眼前，另一手开张病犬眼裂，距离患眼25cm左右，通过圆盘中央小孔观察角膜各部位所映照的同心环影像有无变化。同心环形态规则，表示角膜表面完整透明，弯曲度正常。同心环呈梨形，表示圆锥形角膜；同心环线条出现中断，表示角膜有混浊或异物。

角膜染色法：用以了解角膜有无上皮缺损、溃疡或瘘管。在角膜表面滴一滴2%荧光素，然后用生理盐水冲洗，病变处就被染成绿色。

角膜瘘管试验：怀疑有角膜瘘管时，可于表面滴2%荧光素后，不加冲洗，即用一手拇指和食指分开眼裂，同时轻轻压迫眼球，观察角膜表面，如发现有一绿色流水线条不断激流，则瘘管就在流水线条的顶端。

7. 巩膜　注意巩膜血管的变化。如巩膜表面充血，常为脉络膜炎、睫状体炎等。

8. 眼前房　检查眼前房应注意其深浅及眼房液是否混浊。当角膜扁平、白内障、虹膜前粘连及闭角型青光眼时，眼前房一般较浅；而在圆锥形角膜、虹膜后粘连、单纯性青光眼时，眼前房一般较深。

正常眼房液无色而透明，当眼内发生炎症或外伤时，则变为混浊。轻度混浊，需用裂隙灯检查；混浊严重时，角膜后面可见有沉淀物，眼房液内出现棉絮状纤维素性渗出物或胶冻样渗出物以及脓样积液或积血。

9. 虹膜　检查虹膜时，应与健侧进行比较，注意其颜色、位置、纹理、有无虹膜缺损、瞳孔残膜、根部断离、虹膜囊肿、肿瘤、异物、新生血管等。

正常虹膜纹理清晰可见，但可因炎症充血肿胀而变为模糊。虹膜萎缩时色泽变淡，组织疏松，纹理不清。

10. 瞳孔 要注意其大小、位置、形状以及对光的反应等。

睫孔缩小，可为先天性、药物性或病理性。

瞳孔扩大，可以是药物性、外伤性的，或者因交感神经兴奋、动眼神经麻痹、视神经及中枢神经疾患所致。

瞳孔反应的检查，在临床上具有重要意义。当发生眼部疾病、视神经疾病、中枢神经系统疾病及中毒疾病时，均可能出现瞳孔反应的改变。检查时用灯光对着瞳孔照射，注意其对光反应的速度和程度。如反应迟钝或反应消失，则属于病态。

11. 晶状体 检查前应用阿托品点眼，使瞳孔散大后，再检查晶状体有无混浊、色素、位置是否正常。

晶状体表面有色素附着，是虹膜、睫状体炎症的后果。晶状体失去其透明性而出现混浊时，称为白内障。晶状体的正常位置发生改变时，称为晶状体脱位。

通过裂隙灯检查，可更精确而细致地观察晶状体上述的病变。

12. 玻璃体和眼底 检查玻璃体和眼底必须利用检眼镜。检眼镜是由反射镜和回转圆板组成。圆板上装有许多小透光镜，若旋转该圆板，则各通光镜交换对向反射镜镜孔。各小透光镜都记有（+）、（－）（图5－5）。（+）号多用于检查晶状体和玻璃体。（－）号用于检查眼底。检查前先在被检眼滴入1%硫酸阿托品溶液进行散瞳。检查者右手持检眼镜，打开光源后使其抵于眼前。当光线射入患眼时，检查者的眼应立即靠近镜孔，转动镜上的圆板，直至清晰地看到眼底为止。

眼底检查的顺序，通常是先找到视神经乳头，观察其大小、形状、颜色，边缘是否整齐，有无凹陷或隆起，然后再观察绿毡和黑毡。

正常视神经乳头表面平坦，呈圆形或三角形，直径1.5mm，颜色为蔷薇色，边缘整齐，界线清楚。在乳头边缘有色素沉着。

绿毡位于眼底的上方，约占眼底面积的1/2，近三角形，多为青绿色或黄绿色。

黑毡位于眼底的下方，呈黑褐色或黑色。

犬的眼底（图5－6）：犬的视神经乳头略呈蚕豆状，偏靠鼻侧。绿毡一般终止于视神经乳头上缘水平处，根据犬猫的年龄、品种和毛色不同，绿毡呈现黄色（金黄色、杂色被毛）、绿色（黑色被毛）、灰绿色（红色被毛）等各种颜色。黑毡部的颜色也与被毛颜色有关，呈黑色、淡红色或褐色不等。三束动静脉血管自视盘中央几乎呈120°角向三个方向延伸，其中一束向上、向颞侧延伸，其他两束向黑毡部延伸。

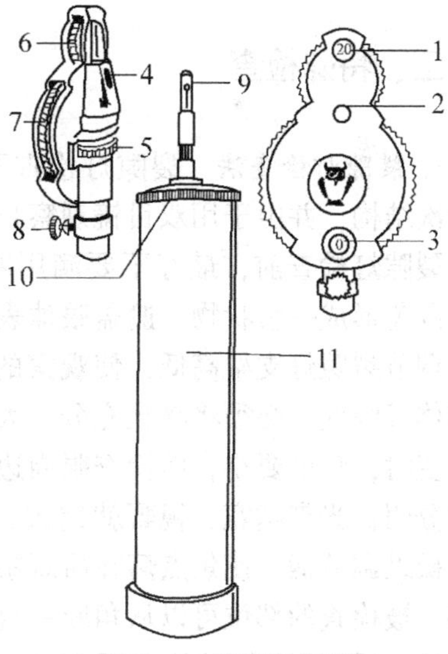

图5－5 直接检眼镜

1. 屈光度副盘镜片读数观察孔 2. 窥视孔 3. 屈光度镜片读数观察孔 4. 平面反射 5. 光斑转换盘 6. 屈光镜片副盘 7. 屈光镜片主盘 8. 固定螺丝 9. 光源 10. 开关 11. 镜柄

猫的眼底（图5－7）：猫的视神经乳头几乎为圆形，颜色多为乳白色或淡粉色，由于毛色不同，绿毡的颜色为黄色、淡黄色、黄绿色或天青色不等。黑毡部面积较小，颜色为蓝色，黑褐色不等。血管分布不像犬那样有规律。较大的血管一般为3～4束，视网膜中央区位于视盘的颞侧，周围血管较多。

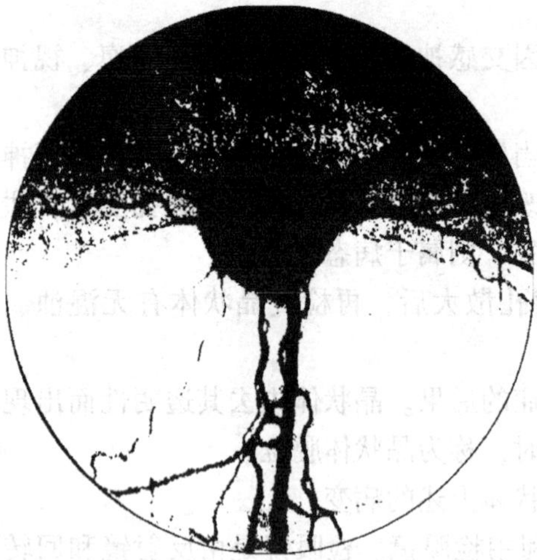

图 5－6　犬的眼底

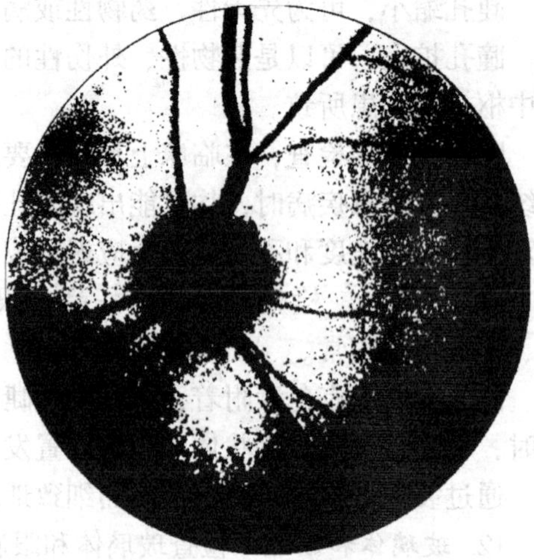

图 5－7　猫的眼底

检查视网膜时，应注意有无出血、渗出、隆起和脱离，特别要注意血管的粗细、弯曲度、动静脉血管直径的比例、动脉血管壁的反光程度。视网膜有 2～5 条主静脉，管腔略粗，呈暗红色或紫色。动脉有 5～9 条，管腔稍细，呈鲜红色，比较明亮，所有动脉支间均无吻合，属于终末动脉结构。

二、特殊检查

1. *裂隙灯检查法*　裂隙灯检查不仅可以观察眼部的表浅病变，还可辨别眼深部组织的层次结构，并由于用双目镜观察目标，更增强了立体感和观察结果的精确性。

裂隙灯检查前，最好不要滴用麻醉药，以免导致角膜上皮干燥、脱落；也不要用眼膏，以免形成一膜状物，遮盖眼球表面，影响观察。检查应在暗室内进行，确实保定犬头部，调节裂隙灯支架高低，使观察的目标处于光照的视野内。如需检查晶状体周边部分，玻璃体或眼底，必须将瞳孔充分散大，光源投射方向一般与眼球成 30°～60°角；检查眼深部病变时，角度要小，而检查眼周边部病变时，角度要大些。光线越窄，切面越细，层次就愈分明；光带越宽，视野就越大，局部照明度也增强，但层次结构没有细裂隙光带清楚，操纵调节柄，使焦点落在所观察的目标上，这时目标就清晰可辨，随着焦点自前向后推移、被检查的部位可以从角膜一直到眼底，但在不加辅助镜的情况下，通常只能观察到玻璃体的后 1/3，如需检查后部玻璃体或眼底，需加前置镜或三面镜，检查房角需加房角镜。

2. *眼内压测定法*　犬的正常眼内压为 2.0～3.3kPa（15～25mmHg），猫的眼压为 1.8～3.4kPa（14～26mmHg），当青光眼时，眼内压力高，因此，内压的测定对诊断青光眼有着重要意义。

指压法：检查时用两手的食指并列地放在上眼睑的皮肤上，隔着眼睑对眼球交替轻压，凭着食指尖感觉来判断眼球的紧张度，大致估计眼内压的高低。检查时应同时与健眼作比较。

Schiotz 氏眼压计测定法：其原理是根据压陷角膜的重量及角膜被压陷的程度（由眼压计指针所指出的读数表示），反映眼内压的高低。一般说来，眼内压越高，要使角膜压陷到一定深度，则所需砝码的重量也越大。

测定方法是将病犬横卧保定、眼内滴入1%可卡因溶液麻醉，用左手拨开上、下眼睑，并将眼睑固定在上、下眶缘，避免对眼球施加任何压力。右手持眼压计垂直向下，使底盘轻轻地放在角膜中央，迅速读出指针的刻度指数，立即撤去眼压计，连续测定3次，取其平均值。用分数式表示砝码重量和测量的读数（即砝码重量/刻度指数），再利用换算表或眼压曲线，记录眼内压的实际kPa值，如用5.5g砝码测量、刻度指数为5，经换算大约为2.23kPa（mmHg）。

3. 细菌学检查法　主要用于确定某些眼病感染的细菌种类，以便采用敏感性抗生素进行治疗。

结膜囊分泌物的检查：用白金耳、棉棒或探针采取结膜囊内的脓汁或泪液，涂于玻片上，在空气中干燥5～10min，经过3次酒精灯火焰固定。一部分玻片用美蓝或复红染色，另一部分用革兰氏染色法染色，冲洗、干燥后，用油镜检查。

必要时，将采集的病料在液体或固体培养基上接种，或进行实验动物接种进行培养，再作涂片、镜检。

结膜刮削物的检查：用2%普鲁卡因溶液注射于上眼睑皮下，再以拇指和食指展开睑器，将上眼睑外翻。如有大量分泌物时，应拭干，然后用玻片或盖玻片的边缘于结膜上皮进行表层刮削并涂片，染色后镜检。

4. 荧光素法　荧光素是兽医眼科上最常用的染料，它的水溶液能滞留在角膜溃疡部，能在溃疡处出现着色的荧光素，因而可测出角膜溃疡的所在，也可用于检查鼻泪管系统的畅通性能。静脉内注射荧光素钠2～3ml就可检验血液－眼房液屏障状态。前部葡萄膜炎时，荧光素迅速地进入眼房并在瞳孔缘周围出现一弥漫的强荧光或一荧光素晕（fluorescent halo）。在注射后5s，用眼底照相机进行摄影，可用以检查视网膜血管的病变。

近十几年来，国外已将B超、视网膜电图、CT和核磁共振成像用于犬猫眼病的诊断。

第三节　眼科用药和治疗技术

一、眼科用药

1. 洗眼液（eye's lotions）　2%～4%硼酸溶液，0.9%生理食盐水及0.5%～1%明矾溶液。

2. 收敛药和腐蚀药（astringents and corrosives）　0.5%～2%硫酸锌溶液、0.5%～2%硝酸银溶液、2%～10%蛋白银溶液、1%～2%硫酸铜溶液、1%～2%黄降汞眼膏以及硝酸银棒和硫酸铜棒。

3. 磺胺与抗生素（sulfa drugs and antibiotics）　3%～5%磺胺嘧啶溶液、10%～30%乙酰磺胺钠（sodium sulfacetamide）溶液、4%磺胺异恶唑（sulfisoxazole）溶液以及10%

乙酰磺胺钠眼膏、0.5%氯霉素溶液、0.5%～1%新霉素溶液、0.5%～1%金霉素溶液、3%庆大霉素溶液、1%卡那霉素溶液、甲哌利福霉素眼药水（利福平眼药水）。

抗生素眼膏：氯霉素-多黏菌素（chloromycetin-polymyxin）眼膏、新霉素-多黏菌素眼膏、3%庆大霉素（gentamycin）眼膏、1%～2%四环素、红霉素、金霉素眼膏。

4. 皮质类固醇类（corticosteroids） 这类药除可局部使用和结膜下注射外，还可与抗生素联合一起使用。0.1%氟甲龙（fluorometholone）液、0.1%～0.2%氢化可的松液或0.1%～1%强的松龙（prednisolone）液滴眼。结膜下注射时，可选用：每毫升含4mg的地塞米松（dexamethasone），每毫升含20mg、40mg或80mg的甲强龙（methylprednisolone），每毫升含25mg的强的松龙或每毫升含10mg的去炎松（triamcinolone）。

皮质类固醇与抗生素的联合使用：例如，新霉素、多黏菌素与0.1%二氟美松（flumethasone）；10%乙酰磺胺钠与0.2%强的松龙；氯霉素与0.2%强的松龙；12.5mg氯霉素与25mg氢化可的松；1.5%新霉素与0.5%氢化可的松以及新霉素、多黏菌素、杆菌肽（bacitracin）和氢化可的松，青霉素和氟美松磷酸钠（地塞米松dexamethasone）合用等。

5. 散瞳药（mydriatics） 0.5%～3%硫酸阿托品溶液或1%硫酸阿托品眼膏，2%和5%后马托品溶液，0.5%～2%盐酸环戊通（cyclopentolate hydrochloride）溶液，0.25%东莨菪碱（scopolamine）溶液等。

6. 缩瞳药（miotics） 1%～6%毛果芸香碱（pilocarpine）溶液或1%～3%眼膏，0.25%～0.5%毒扁豆碱（physostigmine）溶液或眼膏，1%乙酰胆碱溶液，1%～6%毛果芸香碱与1%肾上腺素溶液等。

7. 麻醉药（anesthetic agents） 作表面麻醉的药有：0.5%～2%盐酸可卡因溶液、0.5%盐酸丁卡因（tetracaine HCl）溶液、0.5%盐酸丙美卡因（proparacaine HCl）溶液以及0.4%丁氧鲁卡因（benoxinate）。

二、治疗技术

1. 洗眼 给犬猫的患眼治疗前，必须用2%硼酸溶液或生理盐水洗眼，以便随后的用药能渗透眼组织内，加强疗效。可以利用人用的洗眼壶，将上述溶液盛入壶内，冲洗患眼。也可以利用不带针头的注射器冲洗患眼。

2. 点眼 冲洗患眼后，立即选用恰当的眼药水或眼药软膏点眼。为此，可用点眼管（或不带针头的注射器）吸取眼药水滴于患眼的结膜囊内，再用手轻轻按摩患眼。锌管装的眼软膏可直接挤点于患眼的结膜囊内，亦可用眼科专用的细玻棒蘸上眼药软膏，涂于结膜囊内。用眼药软膏后给患眼按摩的时间应稍延长。

3. 结膜下注射 确实保定犬猫的头部，将药液注射于结膜下。针头由眼外眦眼睑结膜处刺入并使之与眼球方向平行。注完药液后应压迫注射点。

4. 球后麻醉 又称为眼神经传导麻醉，多用于眼球手术（如眼球摘除术）。操作时应注意不要误伤眼球。若注射正确，会出现眼球突出的症状。

5. 眼睑下灌流法（subpalpebral irrigation method） 国外有马和小犬猫用的眼睑下灌流装置出售。也可以自行制作：将一根聚乙烯管（外径1.7～2.0mm）放在小火焰上加热，使管头向外卷曲成一凸缘，然后，将其浸在冷消毒液内。用一个14号针头插入眼眶上外侧皮下4～8cm并伸延到结膜穹窿部。将上述的聚乙烯管涂以眼膏（氯霉素－多黏菌素眼膏）以便易于通过并减少皮下感染。管子经针头到达结膜穹窿后，拔去针头，并将管子固定。马用的聚乙烯管应当有足够的长度，以便能固定在肩部。应将马头固定，并利用市售的微滴静脉注射装置（a microdrip intravenous unit）或电池为动力的小滚轴泵（a small battery-powered roller pump）持续供药（图5－8）。

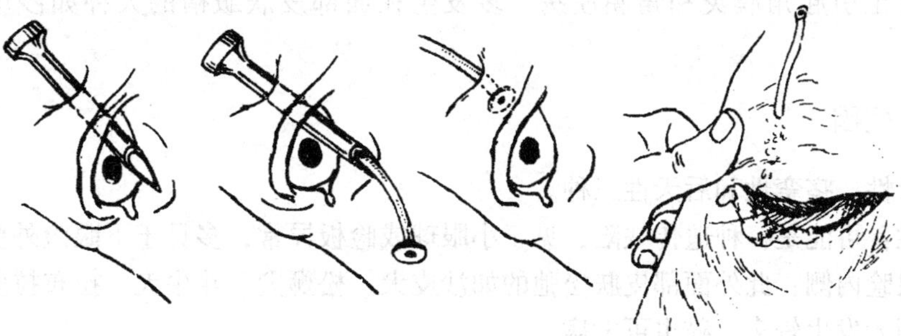

图5－8　眼睑下灌流法

第四节　眼睑疾病

一、麦粒肿

麦粒肿（hordeolum）是由葡萄球菌感染引起的睑腺组织的急性化脓性炎症，睫毛囊所属的皮脂腺发生感染的称为外麦粒肿（外睑腺炎），睑板腺发生急性化脓性炎症称为内麦粒肿（内睑腺炎）。

（一）病因

多由金黄色葡萄球菌所致。

（二）症状

眼睑缘的皮肤或睑结膜呈局限性红肿，触之有硬结及压痛，一般在4～7d后，脓肿成熟，出现黄白色脓头，可自溃流脓，严重者可引起眼睑蜂窝织炎。

（三）治疗

麦粒肿初期可应用热敷，使用抗生素眼药水或眼药膏，如伴有淋巴结肿大，体温升高时可加用抗生素，脓肿成熟时必须切开排脓。但在脓肿尚未形成之前，切不可过早切开或任意用力挤压，以免感染扩散导致眶蜂窝织炎或败血症。

脓肿成熟时必须切开排脓。脓肿明显时，可用粗静脉注射针或刀尖将其刺破，轻轻挤压，排出脓汁和进行冲洗。术后用抗生素眼药水滴眼，并全身配合应用抗生素。

二、眼睑内翻

眼睑内翻（entropion）是指眼睑缘向眼球方向内卷。此病有一边或两边眼睑内翻，可以一侧或两侧眼发病。内翻后，睑缘的睫毛对角膜和结膜有很大的刺激性，可引起流泪与结膜炎，甚至引起角膜炎和角膜溃疡。多发生在面部皮肤皱褶的犬种如沙皮狗、松狮犬等。

（一）病因

有先天性、痉挛性和后天性三种。

先天性：可能是一种遗传缺陷，见于小眼球或睑板异常，多见于下眼睑外侧、上眼睑内侧和下眼睑内侧；此外面部皮肤松弛的如沙皮犬、松狮犬、斗牛犬、拉布拉多猎犬等品种和运动型犬发生较多。猫也可发病。

痉挛性：见于某些急性或疼痛性眼病，如角膜擦伤、眼内异物、结膜炎、角膜炎、倒睫及睫毛异生等继发眼轮匝肌痉挛而使睑内翻。常发生于一侧性眼睑。眼睑的撕裂创使睑部眼轮匝肌痉挛性收缩时可发生痉挛性眼睑内翻。

后天性：主要是由于睑结膜、睑板瘢痕性收缩所致。

（二）症状

常见一侧或两侧睑内翻由于睫毛甚至睑缘皮肤刺激结膜和角膜以及眼球引起眼睑痉挛、流泪、结膜充血、角膜浅层有新生血管形成，发生结膜炎、角膜炎，如不及时进行手术治疗，可出现角膜血管增生、色素沉着及角膜溃疡。

（三）治疗

目的是保持眼睑边缘于正常位置，先天性以手术矫正为主，一般以4～6月龄手术最为理想。

对于年轻犬（小于6月龄），因其头部还未达到成年犬的构型，发生暂时性眼睑内翻时，可在全身或局部麻醉下，将眼睑皮肤折成皱襞，用不吸收缝线做2～3个褥式缝合，使睑缘位置恢复正常。以后在适当的时候拆除缝线。也可用金属的创伤夹来保持皮肤皱襞，夹子保持数日后方除去，使该组织受到足够的刺激来保持眼睑于正常位置。也可用细针头在眼睑边缘皮肤与结膜之间注射一定量灭菌液体石蜡，使眼睑肿胀，而将眼睑拉至正常位置。在肿胀逐渐消失后，眼睑将恢复正常。

对痉挛性的眼睑内翻，可对患眼表面麻醉或阻滞耳睑神经，观察眼睑是否能恢复到正常位置。若确定为痉挛性眼睑内翻，应先确定和清除引起眼睑内翻的痉挛性因素，应治疗引起内翻的原发性眼病，病因去除后，病情有所好转。为减轻眼缘内翻程度和消除睫毛对眼球的持续刺激，可临时施第三眼睑瓣遮盖术，或将睑裂外1/3处做暂时缝合，以减轻睑缘的内翻程度，2～3周拆除缝线。如无效，需行内翻成形术。同时应积极治疗结膜炎和角膜炎，给予镇痛剂，在结膜下注射0.5%普鲁卡因青霉素溶液。

手术治疗：术部剃毛消毒，在局部麻醉后，在离眼睑边缘0.6～0.8cm处作切口，切去圆形或椭圆形皮片，去除皮片的数量应使睑缘能够覆盖到附近的角膜缘为度。然后作水平纽扣状缝合，矫正眼睑至正常位置。严重的应施行与眼睑患部同长的横长椭圆皮肤切片，剪除一条眼轮匝肌，以肠线作结节缝合或水平纽扣状缝合使创缘紧密靠拢，7d 后拆线。手术中不应损伤结膜（图 5－9）。

改良霍尔茨－塞勒斯氏（holtz-celus）成形术：用镊子距睑缘提起皮肤，并用直 2～4mm 止血钳或弯止血钳将其夹住。钳夹的长度与内翻的睑缘相等，钳夹的宽度依内翻矫正的程度而定（钳夹时眼睑应有一定的外翻状态）。用力钳夹皮肤或用持针钳钳压止血钳 30s 至 1min。这样在去除止血钳后仍可使皮肤皱起，便于切除，也可减少出血。用镊子镊住皱褶的皮肤，沿压痕将其剪除，使皮肤切口呈月牙形或椭圆形。最后用 4/0 或 7/0 丝线结节缝合皮肤创缘。缝合要紧密，保持针距。术后前几天因肿胀，眼睑有轻度外翻，患眼可应用抗生素眼膏或药水，每日 3～4 次，颈部套上颈枷，防止抓伤。术后 10～14d 拆线。

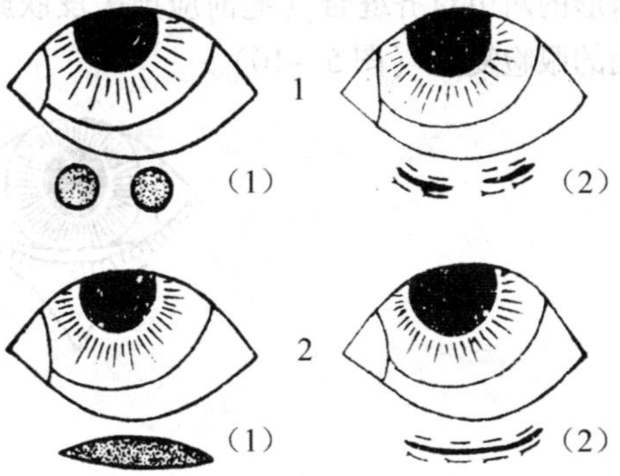

图 5－9 眼睑内翻矫正手术

1. 圆形皮片切除法 2. 椭圆形皮片切除法

（1）切除皮片 （2）水平纽扣状缝合皮片

三、眼睑外翻

眼睑外翻（ectropion）是眼睑缘离开眼球向外翻转的异常状态，常见于下眼睑。常见于圣伯纳犬、美国考卡犬、纽芬兰犬、巴赛特猎犬、哈巴狗等。猫也常见。

（一）病因

本病可能是先天性的遗传性缺陷（犬）或继发于眼睑的损伤，慢性眼睑炎、眼睑溃疡，或眼睑手术时切去皮肤过多，皮肤形成瘢痕收缩所引起。老龄犬肌肉紧张力丧失，眼睑皮肤松弛、麻痹均可引起眼睑外翻。在眼睑皮肤紧张而眶内容物又充盈的情况下眶部眼轮匝肌痉挛可发生痉挛性眼睑外翻。

（二）症状

眼睑缘离开眼球表面，呈不同程度的向外翻转，结膜因暴露而充血、潮红、肿胀、流泪，结膜内有渗出液积聚。病程长的结膜变得粗糙及肥厚，也可因眼睑闭合不全而发生色素性结膜炎、角膜炎。

（三）治疗

多数眼睑外翻的犬无需手术治疗，可使用各种眼药膏以保护角膜。仅那些已患有角膜炎或结膜炎，且药物治疗无效者，可施行手术疗法。

手术：有两种方法。

一是在下眼睑皮肤作“V”形切口，然后向上推移“V”形两臂间的皮瓣，将其缝成“Y”形，使下睑组织上推以矫正外翻，又称沃顿－琼斯氏（warton-jones）睑成形术。

二是在外眼眦手术，先用两把镊子折叠下睑，估计需要切除多少下睑皮肤组织，然后在外眦将睑板及睑结膜作一三角形切除，尖端朝向穹窿部，分离欲牵引的皮肤瓣，再将三角形的两边对齐缝合（缝前应剪去皮肤瓣上带睫毛的睑缘），然后缝合三角形创口，使外翻的眼睑复位（图5－10）。

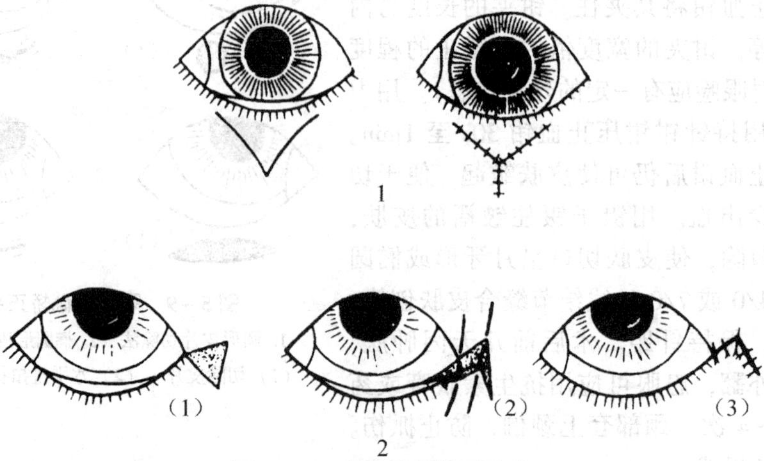

图5－10　眼睑外翻矫正手术

1. “V”形切口，“Y”形缝合法　2. 三角形切口缝合法　（1）三角形切口，分离皮肤瓣　（2）剪去下方皮肤瓣上带睫毛的睑缘，对齐切口　（3）缝合切口，矫正外翻眼睑

四、眼睑炎

指眼睑皮肤，尤其是睑缘部的急性或慢性炎症。以眼睑边缘红肿和皮肤肥厚为特征。眼睑炎可单独发生，但常伴有结膜炎和睑板腺炎。

（一）病因

眼睑或睑缘受到机械性（如外伤）或化学性（如酸、碱烧伤）等因素的刺激，睑缘皮脂腺和睑板腺分泌旺盛，合并感染后引起。感染源包括细菌（主要是葡萄球菌和链球菌）、真菌（主要是犬小孢子菌、石膏样小孢子菌和毛癣菌）和寄生虫（犬主要是蠕螨和疥螨感染，猫主要是疥螨感染）。脓皮病、脂溢性皮炎或过敏反应在眼部常表现为慢性眼睑炎。

（二）症状

临床上多见细菌感染，急性期，睑缘及周围眼睑充血、肿胀、皮肤肥厚，发痒，流泪。在眼睑边缘积蓄着干涸的脓性结痂，去痂后可露出溃疡面。炎症通常波及结膜和睑板腺，眼睑结膜充血、水肿，在睑缘结膜面可能有小米粒大小的灰黄色脓点，从内眼角流出脓性分泌物。转为慢性后，睑缘糜烂或溃疡，睫毛脱落。随着病程延长，睑缘增厚变形，外翻或外旋，睫毛乱生，发现泪溢。真菌或寄生虫感染时，睑缘及眼睑除充血、肿胀外，表现脱毛和鳞屑增多。寄生虫感染或过敏反应还引起眼睑剧烈瘙痒，常造成局部擦伤或抓伤。

（三）治疗

每天用3%硼酸或3%碳酸氢钠溶液洗涤眼睑缘，除去脓痂，并涂布四环素、黄降汞、泼尼松龙或金霉素等眼膏，每天2～3次，为缓解瘙痒，可使用2%丁卡因及1：3 000硝酸汞甲酚软膏。严重病例可肌注青霉素。真菌感染时可内服灰黄霉素25～60mg/kg体重，每天1次，连用6周。如鉴定为疥螨引起的眼睑炎，可用10%硫磺软膏，使用硫磺软膏等外用药前，需先用无刺激性的硼酸软膏或磺胺软膏保护角膜。

五、霰粒肿

霰粒肿是由于睑板腺排泄器官发生阻塞，腺内滞留的分泌物刺激周围组织，而形成的慢性炎症性肉芽肿。

（一）病因

睑板腺排泄器官发生阻塞，腺内滞留的分泌物刺激周围组织引起。

（二）症状

在眼睑皮下可以摸到一个或几个大小不等的圆形肿块，与皮肤不粘连，有明显的活动性。翻转眼睑，与肿块相应的睑结膜呈现紫红色。

（三）治疗

小霰粒肿可自行吸收，不必治疗。较大的霰粒肿应施行切开刮除术。

第五节 结膜和角膜疾病

一、结膜炎

结膜炎（conjunctivitis）是指眼结膜受外界刺激和感染而引起的炎症，是最常见的一种眼病，临床上以畏光、流泪、结膜潮红、肿胀、疼痛和眼分泌物增多为特征。犬、猫均常发生本病。有卡他性、化脓性、滤泡性、伪膜性及水泡性结膜炎等型。

（一）病因

结膜对各种刺激敏感，常由于外来的或内在的轻微刺激而引起炎症，可分为下列原因。

1. 机械性因素 结膜外伤、各种异物落入结膜囊内或粘在结膜面上；眼睑位置改变（如内翻、外翻、睫毛倒生等）、灰尘、昆虫、吸吮线虫等。

2. 化学性因素　如各种化学药品或农药误入眼内。

3. 温热性因素　如热伤。

4. 光学性因素　眼睛未加保护，遭受夏季日光的长期直射、紫外线或X射线照射等。

5. 传染性因素　如犬瘟热、腺病毒、猫鼻气管炎、犬钩端螺旋体、猫衣原体和支原体感染等。

6. 免疫介导性因素　如过敏、嗜酸细胞性结膜等。

7. 继发性因素　本病常继发于邻近组织的疾病（如上颌窦炎、泪囊炎、角膜炎等），眼感觉神经（三叉神经）麻痹也可引起结膜炎。

（二）症状

结膜炎的共同症状是羞明、流泪、结膜充血、结膜浮肿、眼睑痉挛、渗出物及白细胞浸润。

卡他性结膜炎：临床上最为常见，为多种结膜炎的早期症状。结膜潮红，肿胀，充血，眼内角流出多量浆液或浆液黏液性分泌物。有急性和慢性两种类型。

急性型：轻时结膜及穹窿部稍肿胀，呈鲜红色，分泌物较少，初似水，继则变为黏液性。重度时，眼睑肿胀、并伴有热痛、羞明、充血明显，甚至见出血斑。炎症可波及球结膜，有时角膜面也见轻微的浑浊。若炎症侵及结膜下时，则结膜高度肿胀，疼痛剧烈。

慢性型：常由急性转来，症状往往不明显，羞明很轻或见不到。充血轻微，结膜呈暗赤色、黄红色或黄色。经久病例，结膜变厚呈丝绒状，有少量分泌物。

化脓性结膜炎：因感染化脓菌或在某种传染病（特别是犬瘟热）经过中发生，也可以是卡他性结膜炎的并发症。一般症状都较重，常由眼内流出多量纯脓性分泌物，上、下眼睑常被粘在一起。化脓性结膜炎常波及角膜而形成溃疡，且常带有传染性。

滤泡性结膜炎：主要见于猫衣原体感染，也可见于其他因素引起的慢性结膜炎。开始为球结膜水肿、充血和有浆液黏液性分泌物，几天后其分泌物变为黏液脓性。在炎症期，主要表现为第三眼睑内出现大小不等的鲜红色或暗红色颗粒（淋巴滤泡），偶尔在穹窿结膜处见有淋巴滤泡。先是一眼发病，5～7d后另一眼也发病。猫滤泡性结膜炎发病急，但2～3周后则可康复。不过，亦有猫转为慢性或严重结膜炎，甚或发生睑球粘连。

（三）治疗

1. 除去病因　应设法将病因除去。若是症候性结膜炎，则应以治疗原发病为主。

2. 遮断光线　将犬、猫放入光线较暗处或包扎眼绷带，当分泌物量多时，以不装眼绷带为宜。

3. 清洗患眼　用3%硼酸或1%明矾溶液清洗患眼。

4. 对症疗法

卡他性结膜炎　急性卡他性结膜炎结膜充血、肿胀明显时，可用冷敷疗法，分泌物变为黏液性并增多时改用热敷。此外急性结膜炎时可用0.5%盐酸普鲁卡因液溶解氨苄青霉素5万～10万IU加入地塞米松磷酸钠注射液做眼睑皮下注射，上下眼睑皮下各注射0.5～1ml，也可做球结膜注射。选用广谱抗生素眼药水点眼，配合应用醋酸氢化可的松眼药水效果更好。应用2%硼酸溶液或生理盐水，直接或通过鼻泪管冲洗结膜囊，洗出异物，同时选用青霉素、0.5%链霉素、0.5%红霉素、0.5%金霉素、1%新霉素、1%氯霉素、多黏霉索或杆菌肽等眼膏，涂于结膜面，每天3～4次。疼痛剧烈时，用2%可卡因溶液或狄奥宁眼膏点眼。转为慢性经过时，应用0.5%～2%硫酸锌、1%～2%间苯二酚、0.5%～1%明矾、2%～5%蛋白银溶液等或2%黄降汞眼膏，每天点眼2～3次。疑为病毒感染，可使用疱疹净眼药水或吗啉胍眼药水，每日5～6次，同时可皮下注射聚肌胞注射液。配合使用普鲁碘胺注射液，增加疗效。

过敏性结膜炎 患眼需要冷敷和滴入0.5%可的松眼药水。

化脓性结膜炎 与卡他性结膜炎的疗法基本相同。但顽固性化脓性结膜炎，应选用碘仿粉或1%碘仿软膏涂布，同时用普鲁卡因青霉素溶液（青霉素10万IU，0.5%普鲁卡因1ml）于眼底封闭，可收到良好效果，患眼剧痒时，可口服苯海拉明1～4mg/kg或肌肉注射含脱羟肾上腺素的培拉组啶（每毫升含盐酸脱羟肾上腺素2mg、盐酸麦拉比立伦25mg、亚硫酸氢钠0.2%）、0.5%石炭酸0.2ml/kg。

滤泡性结膜炎 可试用硝酸银棒反复腐蚀结膜的滤泡，也可用烧烙疗法破坏滤泡。

某些病例可能与机体的全身营养或维生素缺乏有关，因此，应改善犬猫的营养并给予维生素。

二、角膜炎

角膜炎（keratitis）是指角膜因受微生物、外伤、化学及物理性因素影响而发生的炎症。为犬、猫常见疾病，临床上常见为外伤性、浅表性、慢性浅表性、间质性和溃疡性角膜炎等。

（一）病因

表层性角膜炎 是由外伤、异物、化学性刺激及细菌感染等引起。

深层性角膜炎 多由表层炎症波及引起，或并发于各种传染病（如传染性杆炎、犬瘟热、流感、猫鼻气管炎等及眼的寄生虫病等）以及温热性、化学药物等原因引起。

溃疡性角膜炎 常为角膜外伤后，细菌（葡萄球菌、链球菌、绿脓杆菌等）继发感染所致。此外也可继发于结膜炎等邻近组织病变的蔓延，如巩膜炎、眼肿瘤、眼真菌病等。

干性角膜炎 泪腺的原发病或泪小管、鼻泪管阻塞时，由于泪液不足或排出障碍所致。维生素A缺乏亦可引起角膜上皮干燥。

（二）症状

角膜炎的共同症状是羞明、流泪、疼痛、眼睑闭合、角膜浑浊、角膜缺损或溃疡。轻的角膜炎常不容易直接发现，只有在阳光斜照下可见到角膜表面粗糙不平。

外伤性角膜炎角膜可见有伤痕，浅创、深创或贯通创，有时可见到异物残留，如有铁质异物残留则在角膜创周围可见带铁锈色的晕环。如穿孔则流出血清色液体或虹膜突出于创外。化学性因素引起的，轻的角膜上皮被破坏形成银灰色浑浊。深层受伤则出现溃疡，更严重的可发生坏疽，呈明显的灰白色。

慢性浅表性角膜炎又称变性血管翳，一般双眼发病，开始在角膜缘或角膜其他部位上皮下增生、血管形成，伴有色素沉着，呈“肉色”血管翳，并向中心进展，逐渐遮住整个角膜，最终导致失明。

各种角膜炎共有症状是角膜面上形成不透明的白色瘢痕即角膜浑浊或角膜翳。角膜浑浊是角膜水肿和细胞浸润的结果（如多形核白细胞、单核细胞和浆细胞等），致使角膜表层或深层变暗而浑浊。浑浊可能为局限性或弥漫性，也有呈乳白色或橙黄色。新的角膜浑浊有炎症症状，界限不明显，表面粗糙隆起。陈旧的角膜浑浊没有炎症症状，境界明显。深层浑浊时，由侧面视诊，可见到在浑浊的表面被有薄的透明层；浅层浑浊则见不到薄的透明层，多呈蓝色云雾状。

间质性角膜炎　其深在性角膜浑浊用高渗溶液清洗无变化，呈毛玻璃样。通常角膜浑浊为弥漫性，也有局灶性浑浊。角膜深层血管增生，血管短，角膜周边形成环状血管带，呈毛刷状。病变发展时角膜浅层亦出现血管。

溃疡性角膜炎　的角膜溃疡有浅在性和深在性角膜溃疡两种。由于角膜外伤或角膜上皮抵抗力降低，致使细菌侵入时可见角膜表层或深层不规则的缺损，角膜的一部分或数处呈暗灰色或灰黄色浸润，后即形成脓肿，脓肿破溃后便形成溃疡。浅表层角膜溃疡疼痛明显，深在性则疼痛轻微。伴发前色素层炎，而发生后弹力层和角膜穿孔。荧光色素检验阳性。穿孔后眼房水流出，由于眼前房内压力降低，虹膜前移，常与角膜或后移与晶状体粘连，从而丧失视力。

干性角膜炎　球结膜及角膜上皮干燥，失去光泽，弹性减退，出现基质浸润，继则角膜上皮剥脱。形成溃疡及前房积脓。

犬传染性肝炎恢复期，常见单侧性间质性角膜炎和水肿，呈蓝白色角膜翳。

（三）治疗

角膜炎的治疗原则是除去病因，消炎镇痛。促进吸收，预防感染。

为消除炎症，可先用3%硼酸溶液或灭菌生理盐水冲洗患眼。

表层性角膜炎：为了促进角膜混浊的吸收，可向患眼吹入等份的甘汞和乳糖。还可应用眼球组织或脏器组织浸出液5～10ml，皮下注射，每天或隔日一次，连用5～7次为一疗程，对混浊消散有良好效果。中药成药如拨云散、决明散、明目散等对慢性角膜炎有一定疗效。

深层性角膜炎：为防止虹膜粘连或当有前色素层炎时可滴入1%硫酸阿托品。也可用1%利多卡因或0.5%普鲁卡因1ml加入5万IU氨苄青霉素，再加入0.5ml氢化可的松或地塞米松磷酸钠2.5mg做球结膜下或眼底注射或做上、下睑皮下注射。也可用自家血点眼或做眼睑皮下注射。并用21－磷酸泼尼松龙新毒素、1%氯霉素、5%碘仿、5%碘化钾或10%磺乙酰胺眼膏等涂于眼内。

溃疡性结膜炎：应用0.02%升汞，0.03%氰化汞、3%重碳酸钠或苯甲烃胺溶液等冲洗消毒结膜囊和角膜表面，每天2～3次。同时可根据感染病原菌的种类，选择使用抗生素和磺胺类眼膏涂布。1%三七液煮沸灭菌，冷却后点眼，对角膜创伤的愈合有促进作用，且能使角膜浑浊减退。用5%氯化钠溶液每日3～5次点眼，有利于角膜和结膜水肿的消退。

角膜穿孔时，应严密消毒防止感染。对于直径小于2～3mm的角膜破裂，可用眼科无损伤缝针和可吸收缝线进行缝合。对新发的虹膜脱出病例，可将虹膜还纳展平；脱出久的病例，可用灭菌的虹膜剪剪去脱出部，再用第三眼睑覆盖固定予以保护；溃疡较深或后弹力膜膨出时，可用附近的球结膜作成结膜瓣，覆盖固定在溃疡处，这时移植物既可起生物绷带的作用，又有完整的血液供应。经验证明，虹膜一旦脱出，即使治愈，也严重影响视力。若不能控制感染，就应行眼球摘除术。

干性角膜炎：可肌肉或皮下注射渥姆钠定溶液1～4ml或灭菌乳0.5～1ml，同时口服维生素A、维生素B、维生素C、维生素D，可收到一定效果。

征候性、传染病性角膜炎，应注意治疗原发病。

如为猫鼻气管疱疹病毒性角膜溃疡，可使用0.5%疱疹净眼膏或3%阿糖腺苷眼膏，每日6次。如为病毒性因素引起，可在以上治疗的同时使用聚肌胞注射液，每天8次，同时使用丁胺卡那霉素皮下注射。对于因蛋白酶或胶原酶所致深在性角膜溃疡，可应用20%半胱氨酸溶液滴眼，每日7次。如角膜显露或泪腺分泌减少可滴用人工泪（0.5%～1%甲基纤维素），每日数次，以防止角膜干燥。顽固性角膜溃疡者，可施行结膜瓣、第三眼睑瓣遮盖术，保护角膜2～4周。出现兔眼时，应施行永久性内或外侧睑闭合术。

附：结膜瓣遮盖术、第三眼睑瓣遮盖术

1. 部分结膜瓣遮盖术　适用于靠近角膜缘的角膜损伤。

用开睑器将上、下眼睑撑开或施外眼眦切开术。在靠近角膜缘结膜上做一弧形切口，并用钝头剪向穹窿结膜方向分离结膜宽约1～1.5cm。将分离的结膜瓣轻轻向眼中央牵拉，使其完全覆盖在角膜病变部。然后，用7/0或8/0无损伤缝线分别缝合到角膜缘和角膜上，前者缝线应穿过巩膜，后者缝线穿过角膜基质1/2或更深些，否则角膜缝线难以固定。

2. 全部结膜瓣遮盖术　适用于角膜中央损害或大的角膜溃疡。

于角膜缘的结膜上做一环形（360°）切口或用一细注射针头围绕角膜缘后界注入1∶1 000肾上腺素溶液于球结膜下，形成一连串的水泡，使结膜与巩膜分离开。然后用剪沿此水泡圈剪开结膜，并环形钝性分离结膜下组织直至上、下结膜瓣能松弛地对合遮住角膜为止。一般结膜分离距角膜缘1～1.5cm即可。最后用5/0无损伤缝线结节缝合合拢的结膜瓣。

术后患眼涂抗生素和皮质类固醇眼药膏，应用颈枷，防止自我损伤结膜瓣。有多量分泌物或疼痛明显时，可拆除缝线。一般术后2～3周拆线。结膜瓣可逐渐退缩，亦有部分结膜粘附在角膜或角膜缘上，拆线后7～10d可自行脱离。如结膜不能分离，可将其切除。

3. 第三眼睑瓣遮盖术　适用于经药物治疗无效的某些暴露性角膜炎和特异性角膜溃疡，防止角膜干燥和暴露，促进其愈合。也可用于因面神经损伤、眼轮匝肌功能减退、兔眼、眼撕裂、严重睑、球结膜水肿及眼后肿胀继发眼球不全脱位等，起到“绷带”的支持作用。

动物应镇静和局部麻醉，包括第三眼睑和膜表面麻醉和上眼睑浸润麻醉。患眼冲洗干净以无齿镊夹持第三眼睑，并将其轻轻提起。在第三眼睑一端做纽扣状缝合。先由内向外，再由外向内穿透第三眼睑（其缝线尽量远离第三眼睑缘，防止收紧时撕裂）。两线末端再分别从上眼睑外侧结膜穹窿穿出。套上一乳胶管，暂不打结。然后，按同样方法做第二道纽扣状缝合，最后收紧缝线，打结，使第三眼睑遮盖眼球前部。术后，涂布抗生素眼药膏，外用眼绷带和用颈枷，防止自我损伤。每日检查第三眼睑瓣，如发现患眼疼痛，有少量分泌物，应拆除缝线。根据角膜恢复情况，第三眼睑瓣可保留2～3周。

三、瞬膜腺突出

瞬膜腺突出（protrusion of the nictitating gland）又称樱桃眼（cherry eye），多发于小型犬，如北京犬、西施犬、沙皮犬、哈巴犬以及以上各种犬的杂交后代，性别不限，年龄为两月龄至1岁半，个别有两岁的。缅甸猫也有发病的报道。

（一）病因

病因较为复杂，可能有遗传易感性，多数犬在没有明显促发条件下自然发病，有人怀疑腺体与眶周筋膜或其他眶组织的联系存在解剖学缺陷。发生该病的犬多以饲喂高蛋白、高能量犬猫性饲料为主，如多喂牛肉、牛肝，有的喂以卤鸭肉、卤鸭肝，个别病例发现在饲喂猪油渣（新鲜）后2～3d即发病，尚未查知有明显的生物性、物理性、化学性的原因。

（二）症状

呈散发性，未见明显传染性，病程短的在一周左右长成0.6cm×0.8cm的增生物，病程长的拖延达一年左右方进行治疗。

本病发生在两个部位，多数增生物位于内侧眼角，增生物长有薄的纤维膜状带与第三眼睑相连。有的发生在下眼睑结膜的正中央，纤维膜状带与下眼睑结膜相连（图5－11），增生物为粉红色椭圆形肿物，外有包膜，呈游离状，大小（0.8～1）cm×0.8cm，厚度为（0.3～0.4）cm，多为单侧性，也有先发生于一侧，间隔3～7d另一侧也同样发生而成为双侧性。有的病例在一侧手术切除后的3～5d，另一侧也同样发生。

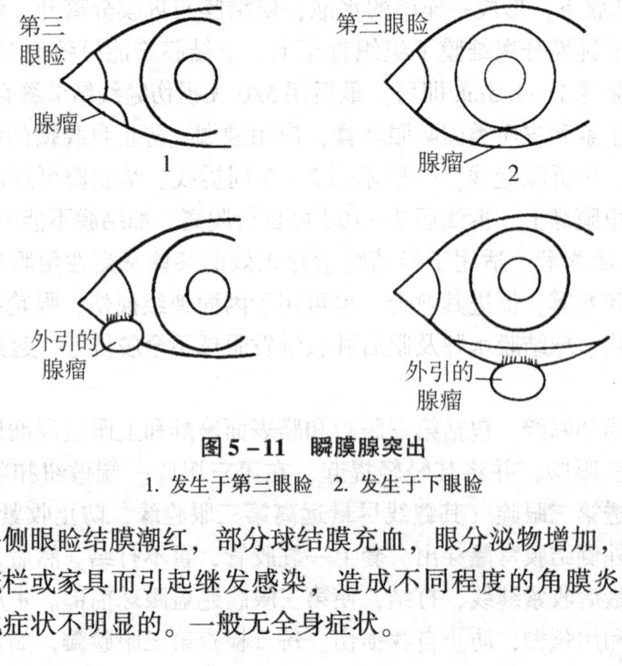

图5－11　瞬膜腺突出

1. 发生于第三眼睑　2. 发生于下眼睑

发生该病的一侧眼睑结膜潮红，部分球结膜充血，眼分泌物增加，有的流泪，病犬不安，常因眼揉触笼栏或家具而引起继发感染，造成不同程度的角膜炎症、损伤，甚至化脓。也有眼部其他症状不明显的。一般无全身症状。

（三）治疗

以外科手术切除增生物。先以噻胺酮复合麻醉剂作浅麻醉。

以加有青霉素溶液的注射用水（每10ml加青霉素10万IU）冲洗眼结膜，再以组织钳夹住增生物包膜外引使充分暴露，以小型弯止血钳钳夹蒂部，再以小剪刀或外科刀剪除或切除。手术中尽量不损伤结膜及瞬膜，再以青霉素水溶液冲洗创口，3～5min后去除夹钳，以灭菌干棉球压迫局部止血。也可剪除增生物后立即烧烙止血，但要用湿灭菌纱布保护眼球，以免灼伤。以青霉素40万IU肌注抗感染。术后也可用氯霉素眼药水点眼2～3d。

四、吸吮线虫病

吸吮线虫病（the laziasis）主要见于马、牛和犬。

（一）病因

犬为丽嫩吸吮线虫（The lazia callipaeda），出现于结膜和第三眼睑下，也有的出现于泪管里。

（二）症状

病初患眼羞明、流泪。眼睑浮肿并闭合，结膜潮红肿胀，患眼有痒感，食欲减退，性情变得暴躁。由眼内角流出脓性分泌物（化脓性结膜炎）。角膜浑浊，先自角膜中央开始，再向周围扩散，致整个角膜均浑浊。一般呈乳青色或白色，后则变为浅黄或淡红色。角膜周围新生血管致密呈明显的红环瘢，角膜中心呈白色脓疱样向前突出。此时若不治疗，角膜便开始化脓并形成溃疡。某些病例由于溃疡逐渐净化，溃疡面常为角膜翳所覆盖。化脓剧烈时，可发生角膜穿孔。病程约为30～50d。

检查结膜囊，特别是第三眼睑后间隙和溃疡底，寻找寄生虫。也可作泪液的蠕虫学检查。有时多次他动地开闭眼睑后，常可在角膜面上发现虫体。天亮前检查患眼，也可在角膜面上发现虫体。

（三）治疗

行患眼表面麻醉，用眼科镊拉开第三眼睑，用浸以硼酸液的小棉棒插入结膜囊腔、第三眼睑后间隙擦去虫体。也可用0.5%～3%含氯石灰水冲洗患眼，以便将虫体冲出，然后滴入抗生素。10%敌百虫或3%己二酸哌嗪点眼，均有杀死虫体的作用。

五、鼻泪管阻塞

鼻泪管阻塞（obstruction of nasolacrimal duct）常见于犬，一侧或两侧发病。临床上以溢泪和眼内眦有脓性分泌物附着为特征。

（一）病因

可分为先天性和后天性两类。

先天性：先天性泪点缺如、狭窄、移位或结膜皱褶覆盖泪点、泪小管或鼻泪管闭锁及眼睑异常（睑内翻），均可引起本病。

后天性：常与结膜炎、泪道炎及外伤有关。上呼吸道感染、上颌牙齿疾病可继发鼻泪道炎症。由于泪道长期慢性炎症的刺激，使泪道上皮细胞肿胀、组织增生、瘢痕形成，引起泪道狭窄或阻塞。另外，某些小型观赏犬如贵妇犬、西施犬等头部垂毛也会刺激或阻塞泪道，引起泪溢。

（二）症状

先天性泪点缺如时，在眼内眦找不到下泪点或上泪点。除上泪点及其泪小管阻塞，其他部位的阻塞均表现出溢泪、内眼眦有脓性分泌物附着，在淡色被毛的犬猫，面部被毛可能红染。其下方皮肤因受泪液长期浸渍，可发生脱毛和湿疹。

（三）诊断

根据临床症状和病史，可做出初步诊断。仔细寻找患眼内眦睑缘处泪点，尤其下泪点。若无异常，可进一步检查。

荧光素染色试验：动物头抬起，将1%荧光素溶液滴满结膜囊内。然后将头放低，观察外鼻孔，如有染液排出（鼻孔内应明显可见），则为鼻泪道通畅。但此法并不十分可靠，因有30%正常犬排入咽后部，故可能得出阴性结果。

鼻泪管冲洗试验：宠物患眼滴入数滴局麻药后，将4～6号钝头圆针或泪道导管经上泪点插入泪小管，缓慢注入生理盐水。如液体从下泪点、鼻腔排出或犬、猫有吞咽、逆呕或喷嚏等动作，证实鼻泪道通畅。

鼻泪管造影：经泪点注入造影剂并行X线摄影，对证实鼻泪管有无阻塞很有价值。

（四）治疗

对于继发于其他眼病者，必须先治疗原发病。为排除鼻泪管内可能存在的异物或炎性产物，应进行鼻泪管冲洗术。犬在泪点插入冲洗针头，深度在1cm左右，接注射器，用普鲁卡因青霉素溶液反复冲洗至鼻泪管通畅。如犬骚动剧烈，应进行全身麻醉，防止意外损伤。

对先天性泪点缺如，可施行泪点重建术。在上泪点插入针头，注入冲洗液，可在内眼眦下睑缘内侧出现局限性隆起，在隆起最高点用眼科镊夹住，提起，剪掉一小块圆形或卵圆形结膜。术后结膜囊内滴氯霉素滴眼液和醋酸氢化可的松滴眼液。

先天性鼻泪管闭锁必须手术造口。浸润麻醉或全身麻醉，在距眼内眦0.1～0.2cm的下眼睑游离缘找到下泪点，插入25号不锈钢丝，直接朝向内侧0.6～0.8cm，然后向下向前朝鼻泪管方向推进，直到鼻前庭。用手可触摸到黏膜下的钢丝前端，将黏膜切开0.5～1cm，用弯止血钳夹住钢丝前端向外牵拉，直至组织内留下1～2cm长钢丝为止。剪断钢丝，使切口外留下1cm长，再用肠线将外露的钢丝缝在黏膜组织上，打结固定。当肠线被吸收后，钢丝脱落，从而形成永久性管口。

对于顽固性鼻泪管狭窄，可用单丝尼龙线穿过鼻泪管，尼龙线上再套入口径适合的前端为斜面的聚乙烯管，两端分别固定在眼内眦皮肤和鼻孔侧方皮肤上，保留2～4周。

靠近鼻孔，并且根部较细的肿瘤可用勒断器勒除之，随后烧烙止血。也可用结扎法，使肿瘤自行脱落。若肿瘤位置较深在，可于鼻背部适当位置作圆锯术，摘除肿瘤。有时可作鼻道皮肤“S”形切口，取出肿瘤而不必作圆锯术。

第六节 眼底疾病

一、视网膜炎

视网膜炎的基本表现为视网膜组织水肿、渗出和出血等变化，从而引起不同程度的视力减退。由于视网膜外层的血液供应来自脉络膜，因此，多继发于脉络膜炎，引起脉络膜视网膜炎。

（一）病因

与葡萄膜炎的病因相同。但多见于体内感染性病灶引起的过敏性反应。

（二）症状

一般眼症状不明显，只是视力逐渐减退，直至失明。急性和亚急性期瞳孔缩小，转为慢性时，瞳孔反而散大。视网膜炎的后期，可继发视网膜剥脱、萎缩和白内障、青光眼等。

（三）诊断

检查眼底时，视网膜水肿、失去固有的透明性。初期视网膜血管下出现大量黄白色或青灰色的渗出性病灶，引起该部视网膜不同程度的隆起或脱离。渗出部位的静脉常有出血，静脉小分支扩张变成弯曲状。玻璃体可因血液的侵入而发混浊。后期由于渗出物的压力和血管自身收缩、闭塞而看不见血管。在病灶表面有灰白色、淡黄色或淡黄红色小丘。陈旧者常伴有黄白色的胆固醇结晶沉着。视神经乳头初期往往增大，轮廓不清，后期出现萎缩。

（四）治疗

首先应使病犬安静，放于暗窝，消除原发病。具体方法可参见葡萄膜炎。

二、猫牛磺酸缺乏性视网膜变性

猫牛磺酸缺乏性视网膜变性（feline taurine deficiency retinal degeneration）是一种只发生在猫的视网膜病，此病曾被称为猫中央视网膜变性。

（一）病因

由于猫利用半胱氨酸合成内源性牛磺酸的能力有限，当食物中缺乏牛磺酸或其前体——酪蛋白时即可发病。视网膜锥体外段的发育停滞，继而迅速发生变性，视网膜中央部首先出现病变。杆体细胞也可能发生变性，但发展较慢。

（二）症状与诊断

在疾病早期，猫的视力正常，体检时偶可发现病变；在发病晚期，视力减退直至完全失明。检眼镜检查，视网膜病变具有两侧性和对称性，早期病变是在中央部视盘的颞侧出现轮廓清晰、反射程度高的卵圆形病变，继而在视盘的鼻侧也出现病变。这两个部位的病变最终在视盘背侧汇合成水平的条纹状病变（图 5－12）。病至晚期，整个视网膜变性。在发病期，视网膜电图检查，可见锥体反应异常。对于眼部无明显炎症反应而表现视力渐进性下降的猫，应怀疑患有本病。

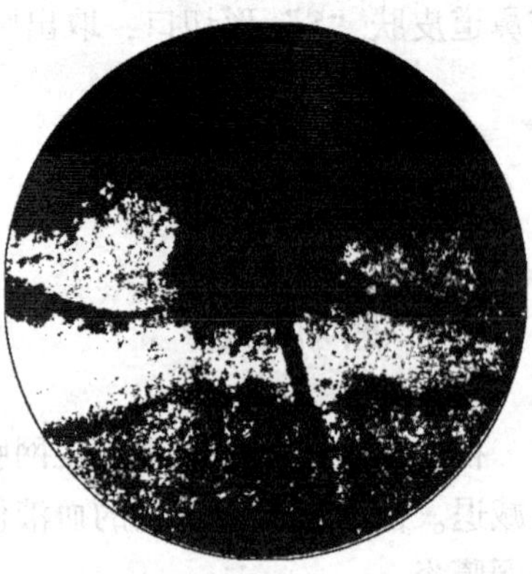

图 5－12　猫牛磺酸缺乏性视网膜变性，两侧病变（淡色区）已在视盘两侧和背侧融合

（三）治疗

在疾病早期给予牛磺酸，可使病变停止发展甚至缩小；在晚期病例，牛磺酸虽可使病变停止发展，但已形成的病变不能逆转。口投牛磺酸 250mg/kg，每日 1～2 次，连用 3～4 周，疗效可靠。

为了防止复发，可饲喂含牛磺酸水平较高的商品猫粮。

三、视神经炎

视神经炎是一种十分严重的眼病，常导致双眼突然失明。犬较多发生。

1. 病因　多数病例为自发或原因不明。比较清楚的病因是损伤和感染，可见于眼球突出、球后脓肿或肿瘤等占位性疾病、犬瘟热病毒或猫传染性腹膜炎病毒感染、弓形体病、芽生菌病、隐球菌病等。尤其临床上常见的外伤性眼球脱出导致的视神经损伤、视神经撕脱、虹膜炎、脉络膜视网膜炎常可继发引起视神经炎。

2. 症状　急性双眼失明是本病的典型特征，临床表现为眼睛睁大、凝视、瞳孔散大、固定、丧失对光反应。眼底检查有时可见视乳头充血、肿胀、边缘模糊不清，视乳头周围视网膜剥离。通常不累及眼的其他结构。如为眼球突出导致的视神经损伤继发引起的，可见到脱出眼球后下方视神经的损伤或撕脱性损伤症状。且伴有眼球脱出后的眼球充血、出血、水肿、损伤的症状。

3. 诊断　做细致的全身检查，尤其是其他脑神经和外周神经机能状态的检查有助于本病的诊断。脑脊液的病理学、微生物学和血清学的检验可能提供确定病因的依据。

4. 治疗　迅速减轻或消除炎症，防止视神经变性和视力的不可逆性损害。可口服强的松 1～3mg/kg 体重。每天 2 次，连用 3 周。配合应用复合维生素 B 和广谱抗生素。若在发病后两周内能进行治疗，视力恢复的可能性较大，常在给药后 24～48h 内视力得到改善。若 3 周后没有改善，则预后不良，给药应逐渐减少至完全停止。配合给予血管扩张剂。

第七节　晶状体和眼房疾病

一、白内障

晶状体或晶状体前囊的混浊称为白内障。犬、猫均可发生。特别是 8 岁以上的犬，其晶状体都有不同程度的混浊。

临床上白内障分为真性和假性两种，真性白内障是晶状体固有物质及其囊的混浊，假性白内障是晶状体外表覆盖着不透明的物质，如纤维素、后粘连时虹膜的色素等。

（一）病因

先天性白内障　先天性白内障因晶体及其囊膜先天发育不全所致。常与遗传有关。已知大部分犬白内障属遗传性。并已查明各种品种犬的遗传方式。

外伤性白内障　由于各种机械性损伤致晶状体营养发生障碍而引起，如晶状体前囊的损伤，悬韧带断裂、晶状体移位、挫伤和震荡等。放射线长期照射也可引起白内障。

征候性白内障　多继发于虹膜睫状体炎、青光眼、视网膜炎、白血病或糖尿病等。

老龄性白内障　系晶状体的退行性变化，多见于 8～12 岁的老龄犬。

幼龄性白内障　多见于遗传性缺欠或代谢障碍（维生素缺乏症、佝偻病）。

此外前色素层炎、视网膜炎、青光眼、萘中毒、铊、长期使用皮质类固醇等均可引起本病。

（二）症状

因白内障发病时间不同，其临床症状表现不一。

初发期和未成熟期：晶体及其囊膜发生轻度病变，呈局灶性浑浊或逐步扩散，晶体皮质吸收水分而膨胀，某些晶体皮质仍有透明区，有眼底反射，视力不受影响或仅受到某些影响，临床上难发现。需用检眼镜或手电筒方能查出。

成熟期：因晶状体全部浑浊，所有皮质肿胀，无清晰区可见。眼底反射消失，临床上发现一眼或两眼瞳孔呈灰白色（白瞳症），视力减退，前房变浅，检眼镜检查，看不见眼底，伴有前色素层炎。宠物活动减少，行走不稳，在熟悉环境内也碰撞物体。此期适宜进行白内障手术。

过熟期：则晶状体液体消失，晶状体缩小、囊膜皱缩，皮质液化分解，晶体核下沉。患眼失明，前房变深，晶体前囊皱缩。可继发青光眼。严重的导致悬韧带断裂，晶体不全脱位或全脱位。

（三）治疗

晶状体一旦混浊就不能被吸收，只好进行晶状体摘除术。

1. *动物选择*　术前应详细检查患眼，观察阿托品点眼前、后瞳孔的变化，因瞳孔对光反应正常不能排除视网膜疾病。对光反射慢或不完全可能是视网膜变性（尤其玩具犬和微型犬）的征候。使用散瞳药后，瞳孔散大不良或不全，常是前色素层炎的指征。只要有前色素层炎症状，应禁用常规白内障手术。眼底检查对手术的选择很重要。应用散瞳药后检查眼底，有些宠物可通过小的透明晶体看到眼底。任何有视网膜变性或进行性视网膜萎缩者，禁施白内障摘除术。

检查眼压和视力，对决定是否手术也很重要。眼压低提示患前色素层炎；眼压高禁止手术；视力丧失才可做白内障摘除术，但并非视力丧失均由白内障引起，故多数宠物眼科医生只有证实视力丧失不能代偿时才予以手术治疗。一般来说，白内障必须达到成熟期方是手术的最佳时期。

2. 术前用药　术前1～2d，滴用1%阿托品溶液，每日3～4次，使瞳孔充分散大，有助于白内障摘除，术前24h全身应用皮质类固醇（如强的松龙2mg/kg），可明显减少术后炎症的发生；术前（或术中）应用阿司匹林（10～25mg/kg）可镇痛消炎。

麻醉：结膜囊内滴入1%丁卡因溶液，然后在球后、眼轮匝肌下，眼睑缘以及球结膜下分别注射2%普鲁卡因溶液麻醉。

3. 手术方法　动物全身麻醉，行仰卧保定，头向一面倾斜。

开睑：用开睑器撑开眼睑，切开眼眦，充分暴露眼球，并在上直肌附着处和第三眼睑各做一根牵引线，有助固定和暴露眼球。

做一以角膜缘为蒂的结膜瓣：便于保护创口和防止感染发生。在眼球9～3时位置、距角膜缘5～6mm切开结膜，分离至角膜缘（见到“蓝色带”即可）。

切开眼球壁：在角膜巩膜处或靠近角膜缘（无结膜瓣），作半周（160°～190°）切口。先作一小的切口，用手术刀尖（或剪）与虹膜平行刺入。如能顺利进入眼前房，再扩大切口。然后，在切口两端各安置一根预置线。

摘除晶体：用宽头有齿镊经前房伸至下角膜缘，紧贴晶体前囊膜，张开镊头将其夹住提起，并轻轻旋摆，撕断赤道处的囊膜，将晶体前囊膜大部分取出。再用晶体匙和晶体圈匙分别在6时和12时位压迫角膜下缘和切口上缘，使晶体皮和核完整地脱出。

冲洗前房：用灭菌生理盐水冲洗前房，除去残留的皮质。用虹膜回复器整复虹膜。

闭合创口：用5/0可吸收线结节缝合创口，针距1.15mm左右，缝线需包埋在结膜下。

经一端切口注入灭菌空气或生理盐水，恢复前房。最后连续缝合结膜。术后向眼内滴入醋酸可的松青霉素溶液（每毫升含可的松10mg、青霉素1 000IU），装眼绷带。以后每日向眼内滴入上述溶液3次，术后3～4d内肌肉注射青霉素和链霉素各200万IU。每日更换眼绷带。7d拆去结膜创口上的缝线。为了预防粘连，可滴入1%硫酸阿托品溶液。

术后处理，每天点眼药膏，并观察伤口有无裂开或感染，10d后拆线。

二、黑内障

玻璃体混浊称为黑内障。母犬多发。

（一）病因

黑内障是由视网膜和脉络膜的炎性渗出物，或因玻璃体实质的退行性变性产物所引起，退行性变性混浊是原纤维皱缩或结合成小块，或分泌胆固醇结晶引起营养障碍发生的。

（二）症状

玻璃体内有炎性渗出物时，在裂隙灯下，可见到大量游离飘浮的灰白色颗粒状或细絮状混浊物，眼底则模糊不清。玻璃体变性时，可见玻璃体内有弥漫的白点状或细小多边形闪烁性结晶物，即胆固醇结晶，犹如夜空中的满天星斗。若玻璃体液化时，则结晶物随眼球运动而翻腾不息。

通常一眼瞳孔散大，瞳孔对光反应减弱，视力减退，甚至失明。

检查时应注意鉴别是玻璃体混浊，还是晶状体混浊或眼房液混浊。玻璃体混浊有飘动性，并且混浊物向眼球运动相反方向移动，晶状体混浊无可动性，眼房液混浊物的移动方向与眼球活动方向一致。

（三）治疗

应以治疗原发病为主，并结合应用下述方法，促进混浊的吸收。

肌肉注射α-糜皮蛋白酶5mg，透明质酸酶1 500IU或安妥碘2mg，均一次注射，每天1次，7～14d为一疗程。结膜下注射2%狄奥宁0.5ml或1%妥拉苏林0.5ml，每周两次。也可应用碘化钾离子透入疗法，每天1次，7～10d为一疗程。

三、晶状体脱位

晶状体悬韧带（小带）部分或完全断裂，致使晶状体从玻璃体的碟状凹脱离，称为晶状体脱位（lens luxation）。半脱位时，晶状体虽位置异常，但仍有部分小带附着，晶状体仍位于碟状凹内；完全脱位时，晶状体完全失去小带的固定，从碟状凹移位。

（一）病因

原发性晶状体脱位是遗传因素所致，已报道有6种犬（杰克·罗赛尔㹴，猎狐，迷你猎狐，锡利哈姆，西藏㹴和边境柯利牧羊犬）可发生原发性晶状体脱位，但确切的遗传机制还不清楚。继发性晶状脱位比原发性晶状脱位多发，可继发于下列疾病。

青光眼：眼球增大使晶状体小带受到物理性牵张，引起断裂。

眼内炎症：与慢性炎症有关的蛋白水解及氧化性损害使小带断裂。

损伤与肿瘤：眼的钝性损伤和眼内肿瘤可破坏小带，使晶状体脱位。

（二）症状与诊断

患眼流泪，畏光疼痛，球结膜充血。当眼或头部运动时，虹膜震颤（iridodonesis）。瞳孔对光反射抑制。大多数病例角膜发生不同程度的浑浊。当浑浊局限在角膜中央时，可能在该部位见到移位至眼前房的晶状体前极。在某些病例，整个晶状体牢固地粘附在角膜上。在瞳孔散大的情况下，可见到银灰色的晶状体边缘，并可见晶状体囊上仍然附着的小带（zonules）。在暗室用伍德灯（Wood's lamp）检查，晶状体显绿色荧光，边缘清楚，有助于诊断。眼底检查时，无晶状体区反射增强。随着时间推移，移位的晶状体发生浑浊，无论其位置如何，容易分辨。如果角膜浑浊妨碍眼部检查，超声波检查有助于诊断。

（三）治疗

用药物控制因晶状体脱位引起的色素层炎（见虹膜炎治疗）。如眼内压升高，可用噻吗心安点眼或口服乙酰唑胺，3～5mg/kg，每日3次。

对于晶状体已完全脱位的病例，可施行手术摘除，术前术后用药物控制炎症。

四、青光眼

青光眼（glaucoma）由于眼后房液排出受阻，导致眼内压增高，进而损害视网膜和视神经乳头，引起视力障碍，临床上称为青光眼或绿内障，主要侵害硬毛犬和西班牙长耳犬，可发生于一眼或两眼。

犬的正常眼内压维持在2.0～3.6kPa（15～25mmHg）。正常犬眼压为同一犬两眼眼压差异不超过0.667kPa。影响眼压的因素很多，但眼压的稳定主要是靠房水量保持相对恒定，即房水的产生和排出保持动态平衡，不致眼压过高或过低。房水的产生有主动和被动两种。前者是由睫状突上皮及其复合酶系统产生；后者则通过滤过、超滤、渗透及扩散作用而产生。房水先进入后房，经瞳孔入前房，再经前房角的小梁网和集液管，最后进入巩膜间静脉丛，入全身循环。若房水通道任何一部分受阻，均会导致眼压升高。

（一）病因

根据发病原因，青光眼可分为先天性、原发性和继发性三类。

先天性青光眼　系胚胎时房角发育异常，如房角膜组织残留，小梁结构发育不良，巩膜静脉窦位置异常及其发育不全等，致使眼房液排出受阻，引起眼内压升高。犬原发性青光眼与遗传有关，但其遗传类型多数不明，提示可能属多基因遗传，可受环境或多因子的影响。猫罕见，但波斯猫和泰国猫较易发生；晶体增厚、虹膜与晶体相贴、瞳孔散大、内皮增生等使前房变浅、房角窄，妨碍房水排泄，也可引起眼压升高。

原发性青光眼　根据眼内压升高时房角的开闭情况，分为开角型和闭角型两种：

开角型青光眼的发生与局部解剖学因素有关。当眼球前房浅、房角窄、虹膜膨隆向前、晶状体前后径相对较大，角膜直径小于正常时，由于虹膜与晶状体的接触面较大。增加了眼房液流经瞳孔的阻力，使后房压力高于前房，虹膜根部向前推移，因此加重了房角的变窄程度，从而形成一种生理性瞳孔阻滞。

闭角型青光眼是由于滤帘、巩膜静脉窦、巩膜静脉丛等前房角引流系统本身的异常，造成眼房液排出障碍而引起眼内压升高。

原发性青光眼的诱发因素，主要有两种学说，一种认为是中枢神经功能紊乱，如大脑皮质兴奋、抑制失调，间脑眼内压调节中枢障碍等。另一种认为是血管运动神经紊乱所致。

继发性青光眼　多由于虹膜睫状体炎、晶状体脱位刺激睫状体，使眼房液分泌量增多而引起；瞳孔阻滞、房角阻塞或巩膜静脉丛遭受破坏时，眼房液排出障碍，均可导致眼内压升高。

此外嗜视神经毒素的中毒，维生素A缺乏，近亲繁殖、急性失血、性激素代谢紊乱和碘不足，可能与青光眼的发生有一定关系。

（二）症状

本病可突然发生，也可逐渐形成。早期症状轻微。表现泪溢、轻度眼睑痉挛、结膜充血。瞳孔有反射，视力未受影响，眼轻微或无疼痛。眼压中度升高（4～5.2kPa），看上去眼“似乎变硬”。视网膜及视神经乳头无损害。随着病情发展眼内压增高，眼球增大，视力大为减弱，虹膜及晶体向前突出，从侧面观察可见到角膜向前突出，眼前房缩小，瞳孔散大，失去对光反射能力。滴入缩瞳剂（毛果芸香碱溶液）时，瞳孔仍保持散大，或者收缩缓慢，但晶体没有变化。在暗室或阳光下常可见患眼表现为绿色或淡青绿色。最初角膜可能是透明的，后则变为毛玻璃状，并比正常的角膜要凸出些。

晚期眼球显著增大突出，眼压明显升高（>5.2kPa），指压眼球坚硬。瞳孔散大固定，光反射消失，散瞳药不敏感，缩瞳药无效。角膜水肿、浑浊，晶体悬韧带变性或断裂，引起晶体全脱位或不全脱位。视神经乳头萎缩、凹陷，视网膜变性，视力完全丧失。较晚期病例的视神经乳头呈苍白色。两眼失明时，两耳会转向倾听，运步蹒跚，乱走，甚至撞墙。

（三）预后

预后不良。

（四）治疗

目前尚无特效的疗法。可试用下述措施：

高渗疗法：通过使血液渗透压升高，以减少眼房液，从而降低眼内压。为此，可静脉内注射40%～50%葡萄糖溶液100～200ml，或静脉内滴注20%甘露醇（1～2g/kg体重）。3～5min注完，也可口服50%甘油（1～2g/kg）。用药后15～30min产生降压作用，维持4～6h。必要时8h后重复使用。应限制饮水，并尽可能给予无盐的食物。

应用碳酸酐酶抑制剂　这类药物可抑制房水的产生和促进房水的排泄，从而降低眼压。口服二氯苯磺胺1～2mg/kg、乙酰唑胺（醋唑磺胺，醋氮酰铵）5～8mg/kg、甲醋唑胺为2～4mg/kg或氯噻嗪10～20mg/kg，每天2～3次。症状控制后可逐渐减量。另有一种长效的乙酰唑胺可延长降压时间达22～30h，但长期服用效果可逐渐减低，而停药一阶段后再用则又恢复其效力。应用槟榔抗青光眼药水滴眼，每10min滴一次，共6次，再改为每半小时1次，共3次，然后，再按病情，每2h一次，以控制眼内压。

用β-受体阻滞剂噻吗心安（timolol）点眼，可减少房水生成，20min后即可使眼压降低，对青光眼治疗有一定效果。

应用缩瞳剂　可开放已闭塞的房角，改善房水循环，使眼压降低。可用0.1%氟磷酸二异丙脂、1%皮鲁卡品或溴化德美卡灵（溴化邻苯基三甲胺）、1%～2%硝酸毛果芸香碱溶液滴眼，或与1%肾上腺素溶液混合滴眼。最初每小时1次，瞳孔缩小后减到每日3～4次。也可用0.5%毒扁豆碱溶液滴于结膜囊内，10～15min开始缩瞳，30～50min作用最强，3.5h后作用消失。一般主张先用全身性降压药，再滴缩瞳剂，其缩瞳作用更好。

手术治疗　用药48 h后不能降低眼压，可考虑使用手术以便房水得以排泄。

虹膜嵌顿术：手术目的是把虹膜嵌入巩膜切口两侧，建立新的房水眼外引流途径，使房水流入球结膜下间隙，而减少眼压。

开睑和固定眼球：用开睑器撑开眼睑，做上直肌牵引线，使眼球下转。

做结膜瓣：在眼12点方位、距角膜缘10mm处，用弯钝头剪平行于角膜缘剪开球结膜，长约12～18mm。切除筋膜囊，并沿巩膜面分离至角膜缘。

切开角膜缘：用尖刀沿角膜缘垂直穿入，做一长约8～10mm的切口。并沿其切口后界切除巩膜，以扩大其切口，有助房水的排出。

取出虹膜：当角膜缘和巩膜被切开后，房水可自行流出，虹膜亦会脱出切口处。如不脱出，可用钝头虹膜钩从切口进入钩住瞳孔背缘，轻轻拉出创外。

虹膜嵌顿：虹膜引出后，用有齿虹膜镊各夹持脱出的虹膜一侧，并将其提起，轻轻做放射形撕开，形成两股虹膜柱。然后，将每股虹膜柱翻转，使色素上皮朝上，分别铺平在切口缘两端。为防止虹膜断端退回前房，可用6/0铬制胶原缝线分别将其缝合在巩膜上。

清洗前房：如前房有血液和纤维素，可用平衡生理溶液（一种等渗电解质溶液）冲洗或用止血钳取出。为减少出血和纤维素沉积，冲洗液中加入稀释过的肾上腺素溶液（1∶1 000）和肝素溶液（1～2IU/ml）。

缝合结膜瓣：用6/0铬制胶原缝线连续闭合球结膜瓣。

术后，局部和全身应用抗生素，连用1～2周，防止感染和发生虹膜睫状体炎。如炎症严重，可配合使用皮质类固醇类药。局部交替滴用10%新福林和2%毛果芸香碱溶液，保持瞳孔活动，防止发生术后粘连。若因炎症瞳孔不能恢复正常状态，可滴1%阿托品溶液。

第八节　眼球疾病

一、眼球脱出

眼球脱出多因动物打斗引起挫伤，或挤压眼眶，耳根部引起。犬、猫均可发生，其中短头品种犬如北京犬、西施犬等因眼眶较大更易发生。

（一）症状

眼球脱位轻度的，眼球外鼓于眼睑外不能自行缩回，严重的整个眼球脱出悬挂于睑外，球结膜血管充血，时间较长的可见突出的眼球发紫，有的眼球前房积血。伴有球结膜、角膜的损伤。

眼球脱位会出现以下严重病理变化，因涡静脉和睫状静脉被眼睑闭塞，引起静脉淤滞和充血性青光眼；严重的暴露性角膜炎和角膜坏死；引起虹膜炎、脉络膜视网膜炎、视网膜脱离、晶体脱位及视神经撕脱等。

（二）治疗

轻度脱位的，经麻醉后，用青霉素生理盐水冲洗，或用淡霉伏诺尔溶液洗净用湿纱布衬托粿合复位。也可用7/0丝线水平纽扣状分别缝上、下眼睑，然后以缝线牵引提拉上下眼睑，再以湿灭菌纱布轻轻压迫眼球使其复位。眼睑施以假缝合。也可进行手术复位。宠物全身麻醉，从眼外眦至眶韧带做外眦切开术，以扩大睑裂，便于眼球复位。用湿的灭菌纱布轻轻压迫眼球，使其退回至眼眶内。随后做第三眼睑瓣遮盖术以保护角膜和加强眼睑缝合。然后上下眼睑对合做睑板固定术。做几针水平纽扣状缝合。打结前，缝线可穿上乳胶管，以免缝线压迫睑缘。最后，闭合眼外眦切口。有眼球结膜或角膜创伤的，可适当加以处理。

术后全身应用广谱抗生素。眼睑内滴阿托品、皮质类固醇类和抗生素眼药膏和药水。眼睑的假缝合5～7d拆线，如肿胀明显，未减退的可延至10～15d拆线。术后常伴发斜视。多数犬、猫在术后3～4个月可相对恢复到正常的视轴。也有的见有角膜干燥和视神经萎缩等后遗症。伴有角膜损伤、角膜炎的可按病情配合治疗。如眼球脱出过久，眼内容物已挤出或内容物严重破坏，视神经撕脱或损伤严重无法恢复视力，脱出眼球创伤严重，因眼球炎导致眼球及眶位内已感染化脓的，不宜做手术复位。严重者需行眼球摘除术。

二、眼球摘除术

眼球摘除术适用于严重穿孔、眼球脱出、眼内肿瘤、难以治疗的青光眼、眼内炎和全眼球炎等。

眼球摘除术有经结膜眼球摘除和经眼睑眼球摘除两种，常用经结膜眼球摘除术。

犬、猫全身麻醉或镇静，配合眼球周围浸润麻醉或眼底封闭。眶周围皮肤及眼睑剃毛、消毒，眼球表面及结膜穹窿用消毒溶液彻底冲洗干净。

用开睑器开张眼睑。为扩大睑裂，可切开眼外眦皮肤1～2cm。用组织钳夹持角膜缘，并在其外侧球结膜上做环形切口。用弯剪顺巩膜面向眼球赤道分离筋膜囊，暴露4条直肌和上、下斜肌的止端。用剪挑起，尽可能靠近巩膜分别将其剪断。向外牵引眼球，剪断眼退缩肌。接着用弯止血钳沿眼球壁滑向眼后部钳住视神经索，在眼后壁与止血钳间（远离眼后壁）将其剪断。这样，眼球即被摘除。将眼球移去，在钳夹处结扎视神经束。眶内有出血，可结扎或压迫止血。眶内暂时填塞消毒小纱布块。

为防止术后眶内形成囊肿、瘘管，影响创缘愈合，需做第三眼睑和眼睑切除术。先用镊子向外提起第三眼睑，将其包括第三睑腺全部切除。再用剪剪除上、下眼睑。彻底止血后，取出眶内纱布。

最后，闭合眼眶。第一层，上、下眼直肌和内、外直肌及其眶筋膜做对应缝合。也可先放置硅酮假眼减少眶内腔隙，再予缝合、第二层，上、下结膜和筋膜囊对应缝合。第三层，闭合上、下眼睑。

术后护理及治疗 开始因眶内出血、肿胀，切口及鼻孔可流出血清样液体，3～4d后则减少。局部温敷可减轻肿胀和疼痛。全身应用抗生素和皮质类固醇类约3～5d。术后7～10d拆除眼睑上的缝线。

复习题

1. 眼的生理结构。
2. 白内障的发病机理与治疗方法。
3. 青光眼的病因与临床表现。
4. 结膜炎及角膜炎的临床症状及治疗。

第六章　头部疾病

第一节　耳部疾病

一、耳的撕裂创

（一）病因

多由于外伤而引起。打斗、咬架、戏耍、受到挤压以及交通事故时皆可发生。

（二）症状

耳的撕裂创根据创伤的深度和结构，损伤有三种情况：

1. 只损伤表面皮肤部分，软骨组织未受损伤。只有皮肤破裂出血、疼痛。
2. 皮肤和软骨组织同时被损伤。损伤裂口较深，出血和疼痛。
3. 皮肤、软骨组织以及对侧皮肤完全被损伤，耳的全层被破坏，为穿孔性损伤。

（三）治疗

皮肤表面创伤的治疗，首先要整复，把皮瓣对齐，细致缝合能增加美容效果。缝合时创伤边缘及皮瓣的中部要除去死腔，用水平褥式缝合。创口不缝合，在愈合时，皮瓣形成挛缩，不能形成上皮或没有被毛覆盖，出现斑秃，影响美观。

皮肤和软骨损伤：这种类型的创伤不仅皮肤表面创伤而且软骨也失去支撑作用。愈合迟缓，需要纤维组织连接出现才能愈合。这种类型创伤软骨边缘排列不齐，愈合后耳能形成丑相。缝合时，皮肤缝合应用垂直褥式缝合，缝合深部软骨和浅表皮肤。

穿孔创伤：耳穿破或撕裂，这样的创伤边缘，如果不及时治疗，形成永久性缺陷。所以，应该损伤发生后立即缝合。这种耳全层撕裂创的缝合为耳的一侧应用垂直褥式缝合来固定软骨和皮肤，而另一侧，应用简单间断缝合闭合皮肤。也可耳两侧皮肤应用简单间断缝合。

二、外耳炎

外耳炎是指外耳道上皮的炎症。炎症常累及外耳轮和耳廓，也可通过鼓膜影响中耳。本病犬、猫均常发生，且垂耳或外耳道多毛品种犬如可卡犬、拉布拉多猎犬以及小型贵妇犬等品种犬更易发生。根据病程可分为急性、慢性外耳炎。根据病原可分为细菌性、霉菌性和寄生虫性外耳炎。

（一）病因

外耳道中存有水、耳垢、泥土、毛发、谷粒、昆虫等异物，对外耳道皮肤产生刺激，有时造成损伤，外耳道中潜在的细菌、霉菌侵入伤口或毛囊、耵聍腺。引起外耳道的感染。

感染的细菌有变形杆菌、葡萄球菌、链球菌、梭状芽孢杆菌、大肠杆菌等。霉菌有曲霉菌、青霉菌、根霉菌。酵母菌有糠疹癣菌、念珠菌等。病耳常发现糖疹癣菌属，可能是原发感染。

耳螨寄生在耳道皮肤表面，吸吮淋巴液，经常刺激可引起外耳道发炎。炎热、潮湿也增加本病的发病率。耳炎也是过敏性皮炎的一个特征。

在某些情况下，变态反应可致外耳炎。

（二）症状

耳内不洁，疼痛，瘙痒剧烈，病犬耳下垂，经常摇头、摩擦或搔抓耳廓，常引起耳廓皮肤擦破，出血。病久者，耳道皮肤肥厚，发生溃疡，排出黏性分泌物，散发异常臭味。当耳垢和分泌物堵塞外耳道时，听觉减退。

因感染的病体不同，耳垢和分泌物的性状亦有差异。葡萄球菌和糠疹癣感染时，耳垢呈褐黑色鞋油状；酵母菌和变形杆菌感染时，耳垢易碎，呈黄褐色；假单胞菌感染时，为淡黄色水样脓性分泌物，并有臭味；霉菌性外耳炎，形成干燥的鳞片状沉积物，耵聍及耳垢紧紧地粘于皮肤。耳螨引起的外耳炎，耳道内霉菌培养可确诊。

体温间或升高，食欲不振。

（三）诊断

大多数外耳炎易诊断。特异性病因、异物及耳螨等只有用耳镜仔细检查才能识别。耳垢呈黑褐色，类似鞋油，常与葡萄球菌和糠疹癣菌感染有关；耳垢呈黄褐色、易碎，可能系葡萄球菌、酵母菌及变形杆菌感染；黄绿色水样脓性且有臭味的排泄物可能为变形杆菌或假单胞菌感染。确诊病原需进行微生物培养分离。耳镜检查时，发现小点状白色物体蠕动为耳螨感染。

（四）治疗

首先用温生理盐水或耳垢溶解剂（油酸三乙基对苯烯基苯酚多肽冷凝物 10%、氯丁醇 0.5%、丙二醇 89.5%）、0.1%新洁尔灭或雷伏诺尔棉球清洗耳垢及其分泌物。防止清洗液进入中耳，用小镊缠卷湿棉花擦拭清除，大块耳垢或其他异物可用耳匙轻轻刮除。分泌物深者，可用3%双氧水洗耳。最后用干脱脂棉球吸干。然后用氢化可的松新霉素溶液（每毫升含醋酸氢化可的松15mg、硫酸新霉素5mg）、特烈杀溶液（每毫升含噻苯唑40mg、硫酸新霉素3.2mg、地塞米松1mg）等抗生素皮质甾类合剂，滴入耳道内，并轻轻按揉，每天2次，7d为一疗程。如耳道内有溃疡，应涂以收敛剂（乙醇10ml、甘油90ml、水杨酸、硼酸、鞣酸加至饱和）或氧化锌软膏IU。

对霉菌性外耳炎，首先应用泡浸0.2%硝酸苯汞乙醇溶液棉签清洁耳道内沉积物，然后使用制霉菌素软膏（10万IU/g）或麝香草酚酒精溶液（麝香草酚0.6g、70%酒精3ml）等杀霉菌制剂，滴入耳道内，每2d一次，直至鳞痂消失为止。

对寄生虫性外耳炎，应用杀螨剂（酞酸二甲酯24%，棉子油76%），滴入耳道内1～2ml每3～4d一次，或涂布保护收敛剂（间苯二酚5%、氧化锌4%、炉甘石2%、杜松油1%、纯木醋酸0.4%、氢氧化锌8%），每天一次。

慢性外耳炎，炎性分泌物多，药物治疗时间长，亦难根治，可施部分耳道切除并引流。

三、中耳炎

中耳炎是指咽鼓管和鼓室黏膜的炎症。临床上常见卡他性中耳炎和化脓性中耳炎。

（一）病因

多因严重外耳炎引起。最常见病原为葡萄球菌、链球菌、假单胞菌及变形杆菌等。由于异物穿破鼓膜也是中耳炎的致病原因。咽鼓管和鼓室黏膜是鼻咽黏膜的延续，因此，鼻和鼻咽部的急性炎症可以波及到咽鼓管和鼓室。或通过血源性感染中耳。中耳炎可引起内耳炎，结果发生耳聋和平衡失调。

（二）症状

卡他性中耳炎　病犬听力减退，头偏向患侧，有时旋转运动和摇头，体温一般正常，用耳镜检查时，发现鼓膜轻度充血和内陷。如有中耳积液，可见到液面的界线。转为慢性时，室内有粘连，一般无积液现象。

化脓性中耳炎　体温升高，食欲不振，经常横卧。鼓膜穿孔，流脓，并有臭味。耳镜检查可见脓汁溢出的地方有波动性反光。

如果中耳炎并发内耳炎，则发生耳聋及平衡失调。头转圈更明显，并可向同侧跌倒，宠物不能站立、吃食及饮水。眼球颤动，运动失调，发热，精神沉郁及疼痛加剧。耳痛耳聋，有耳漏。严重时炎症侵及面神经和副交感神经，引起面部麻痹，干性角膜炎和鼻黏膜干燥。炎症侵及脑膜后可引起脑脊膜炎或小脑脓肿，可导致死亡。

（三）诊断

严重化脓性外耳炎或外耳道有植物芒刺应怀疑中耳炎。耳镜检查，如发现鼓膜穿孔可证实为中耳炎。如因咽鼓管感染所致，可见鼓膜突起变色。慢性中耳炎，X线检查可发现鼓室内积液及鼓室泡骨硬变。

（四）治疗

卡他性中耳炎　首先应治疗鼻咽部的炎症，然后消除咽鼓管堵塞的各种原因。方法是向鼻内滴入氯霉素麻黄素溶液，耳部温敷，以促进中耳积液的吸收。积液多时，可利用细长注射针进行鼓室穿刺抽液。上述治疗临床症状未改善时，可行鼓室冲洗治疗。动物必须全身麻醉，用37～38℃灭菌生理盐水或其他灭菌溶液，用一根长10cm内径1mm的中耳导管进行冲洗。可将冲洗管经鼓膜孔插入中耳的深部进行冲洗；如鼓膜未破，可先施鼓膜切开术或直接用冲洗管穿破鼓膜，伸入鼓室锤骨后方注入液体冲洗。冲洗时，吸管不可移动，以防撕破鼓膜。冲洗后要经导管吸出冲洗液，反复冲洗至吸出的冲洗液洁净为止。若两周后炎症仍在继续，可再次冲洗。

化脓性中耳炎　主要是消炎、止痛。全身应用抗生素，用药前，应对耳分泌物做细菌培养和药敏试验，变形杆菌和假单胞菌感染时可选用氯霉素和庆大霉素。抗生素治疗至少连用7～10d。如鼓膜已穿孔，应清除脓汁和保证排脓通畅。可用3%过氧化氢溶液滴耳，拭干后用抗生素皮质甾类制剂（每毫升含硫酸新霉素3mg、杆菌肽500IU、硫酸多黏霉素B 1 000IU、醋酸氢化可的松10mg、蓖麻油适量）、0.5%黄连素溶液或10%～30%磺胺醋酸钠溶液滴耳，每天2～3次。

严重慢性中耳炎，上述方法无效时，可施中耳腔刮除治疗。先施外侧耳道切除术和冲洗水平外耳道，用耳匙经鼓膜插入鼓室进行广泛的刮除。其组织碎片用灭菌生理盐水清除掉。术后几周，全身应用抗生素和消炎性皮质类固醇药。如伴有鼓泡骨硬化和骨髓炎性慢性中耳炎，需施行鼓泡骨切除术。

四、聋症

聋症是犬的常见病，多发生于达尔马田犬、斗牛犬、苏格兰大牧羊犬和狐等。

（一）病因

有先天性和后天性聋症。

先天性聋症　是由于柯替氏器（Cortis organ）螺旋神经节和蜗神经核发育不全而引起，可能与遗传有关。

后天性聋症　是由于慢性外耳炎造成两侧外耳道阻塞或化脓性中耳炎破坏了中耳所致。另外，高声噪音可震伤内耳；某些药物，如链霉素、新霉素、卡那霉素、水杨酸盐等，能损害前庭、耳蜗系统和有关的神经中枢；脑膜炎、肠炎、犬瘟热、败血症等疾病病毒或细菌经血流或脑膜侵入内耳，破坏了内耳管听觉结构，从而引起耳聋；老龄犬，由于供血不足，内耳营养缺乏，可致耳聋。

（二）症状

耳聋犬对声音刺激没有反应。当发出声音指令时表现过度吠叫，嗓音变化、慌乱，耳廓无活动。

对后天性聋症，用耳镜检查，X 线摄片检查和神经系统检查，可确定耳聋的病因。

（三）治疗

外耳道内如有堵塞物，应将其清除。由于外伤或细菌、病毒感染引起的中耳和内耳的炎症，应早期进行抗生素治疗。药物过敏中毒引起的耳聋，应立即停药，并给予维生素 B 制剂。

先天性聋症的消灭，可通过选种选配逐渐实现。

第二节 咽喉部疾病

一、咽麻痹

咽麻痹（pharyngeal paralysis）是支配咽部运动的神经（迷走神经的咽支和部分舌咽神经或其中枢）或咽部肌肉本身发生机能障碍所致，其特征为吞咽困难，常发生于犬。

（一）病因

中枢性咽麻痹多由脑病引起，如脑炎、脑脊髓炎、脑干肿瘤、脑挫伤等。某些传染病（如狂犬病）或中毒性疾病（如肉毒梭菌中毒）的经过中，可出现症候性咽麻痹。外周性咽麻痹临床比较少见，起因于支配咽部的神经分支受到机械性损伤或肿瘤、脓肿、血肿的压迫所致。重症肌无力、肌营养障碍、甲状腺功能减退有时也能导致咽部功能部分丧失或全部丧失。

（二）症状

病犬突然失去吞咽能力，食物和唾液从口鼻中流出，咽部有水泡音，触诊咽部时无肌肉收缩反应。如果发生误咽造成异物性肺炎，则有咳嗽及呼吸困难的表现。X 线摄影可见咽部含大量气体，咽明显扩张。

（三）治疗

对神经麻痹引起的咽麻痹无特效疗法。可积极治疗原发病，定时补液，同时加强饲养管理，给予流质食物，把食物放到高处有助于吞咽，也可用胃管补给营养。对重症肌无力患犬，用甲基硫酸新斯的明 0.5mg/kg，口服，每日 3 次。多发性肌炎时，口服泼尼松 1～2mg/kg。

二、咽后脓肿

（一）病因

咽后脓肿（retropharyngeal abscess）主要发生于犬、猫，常因鸡骨、鱼刺、缝针等异物刺破咽部或置留在舌下、咽部软组织而引起局部感染和形成脓肿。

（二）症状

急性发作时，颈前下方（咽部）肿胀、灼热、疼痛、硬实，全身发热，若不及时治疗，软组织可能胀破；慢性咽后脓肿多因药物治疗和局部有效的防御机制而使异物稳定在结缔组织内所致，但由于组织对异物持续产生反应，故咽部积聚多量血清样渗出物，触诊肿胀物硬实或柔软，一般无痛。

（三）诊断

根据临床症状和咽部检查，易于诊断，该部也易发生唾液腺黏液囊肿。若穿刺难以区别，可将其穿刺液作特异的黏多糖染色试验，如糖无染色（PAS）可辨认黏液囊肿中的黏液细丝。另外，X线检查对诊断咽后脓肿有重要意义。

（四）治疗

急性咽后脓肿时，动物镇静后，切开脓肿，冲洗和引流，并用手指探明腔内有无异物和小脓肿，若有，应将异物取出或撕破脓肿膜。若有全身反应，需全身使用抗生素。

慢性脓肿时，切开脓肿，撕破间隔，彻底刮除脓肿壁。如未能找到异物，切口保持开放，腔内填入浸有防腐剂的纱布，促进肉芽组织生成，防止皮肤创缘闭合。每日换药一次，直到肿胀消退、肉芽组织形成及创口收缩为止，一般需2～3周治愈。

三、扁桃体炎

扁桃体炎（tonsillitis）是犬的常见疾病，按其经过分为急性和慢性扁桃腺炎。按其病原分为原发性和继发性扁桃腺炎。短头颅的犬（如中型猎兔犬、英国斗牛犬和波士顿犬等），因软腭过长和肥大常发生扁桃腺炎。

（一）病因

某些物理或化学因素如动物舔食积雪、骤饮冷水等寒冷刺激或异物（针、骨等）刺入造成的损伤可引发本病。当有细菌感染时，则发生化脓性扁桃体炎，溶血性链球菌和葡萄球菌是本病最常见的病原菌。咽炎和其他上呼吸道炎症也能蔓延至扁桃体而发病。肾炎、关节炎等也可并发扁桃体炎。犬瘟热时，可发生一过性扁桃体炎。

（二）症状

急性扁桃腺炎　主要是扁桃腺充血、白细胞浸润和滤泡增生，陷窝上皮脱落，陷窝内迅速产生脓汁，上皮层溃疡坏死和扁桃腺小静脉血栓形成。

最早的症状是体温升高，精神委顿，食欲减退，流涎和吞咽障碍。颌下淋巴结肿胀。常发短而弱的咳嗽。触诊咽部疼痛，病犬经常搔抓耳根。口腔检查时。两侧扁桃体肿大，潮红，并有淡黄色或白色的脓点。

慢性扁桃腺炎　急性扁桃腺炎反复发作可变成慢性，此时陷窝口上纤维组织增生，口径变窄或闭锁，以致陷窝内有脓性或干酪性物质存在。病犬可能有口臭或反射性干咳，全身症状不明显。

扁桃腺炎往往继发于风湿病、关节炎、心脏病或肾炎等。

（三）治疗

治疗包括保守疗法和手术疗法。

1. 保守疗法　急性扁桃腺炎初期，可在颈部冷敷。用盐水、2%碳酸氢钠溶液、2%硼酸溶液，0.8%磺胺醋酰钠溶液，洗涤咽腔，每天3～4次。局部涂碘甘油（1∶30）或鞣酸甘油（1∶30）。同时应配合使用抗生素和磺胺类药物，多数病例，青霉素最有效，连用5～7d。在吞咽困难消失前几日，饲喂柔软可口的食物。不能采食的动物应进行补液。

2. 手术疗法　慢性扁桃体炎反复发作，药物治疗无效、急性扁桃体肿大而引起机械性吞咽困难、呼吸困难等适宜施扁桃体摘除术。

（1）术前准备　动物全身麻醉，行气管内插管，可排除吞咽反射，防止血液和分泌物吸入气管。采用俯卧保定，安置开口器。口腔清洗干净，局部消毒，并浸润肾上腺素溶液于扁桃体组织。拉出舌头，充分暴露扁桃体。

（2）手术方法　有以下三种：

直接切除法：用扁桃体组织钳钳住其隐窝的扁桃体向外牵引（图6－1），暴露深部扁桃体组织，然后用长的弯止血钳夹住其基部，再用长柄弯剪由前向后剪除之。可用结扎、指压、电凝等方法止血。最后用可吸收线闭合所留下的缺陷。

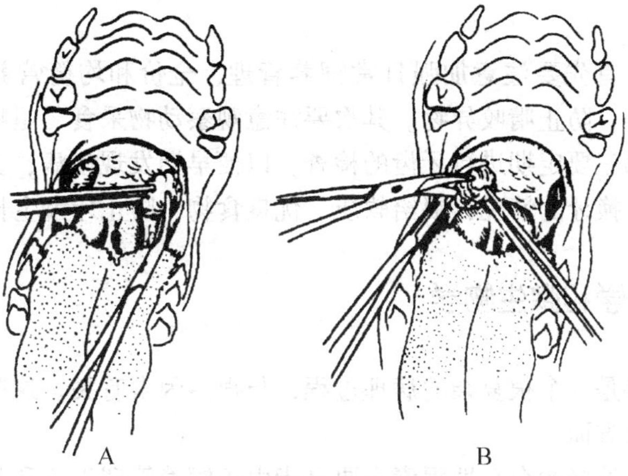

图6－1　扁桃体直接切除法

结扎法：用小弯止血钳钳住扁桃体基部，用4/0或7/0丝线在其基部全部结扎或穿过基部结扎即可，将其切除。

勒除法：先用扁桃体勒除器放在腺体基部，再用组织钳提起扁桃体，勒除器收紧即将其摘除。最后修剪残留部分。

第三节　齿的疾病

一、兽医齿科概述

齿病在宠物临床上是一种常发病。发生齿病后动物往往对食物咀嚼不充分，直接影响食物的消化和营养的吸收，造成营养不良，体力衰弱，进而使机体的抗病力降低，易患各种疾病。所以，牙齿检查应作为临床常规检查的项目之一。

动物齿病的常见症候是咀嚼缓慢且不充分，采食时间长，口腔中残留食物，有口臭、流涎；不敢饮冷水，饮水时歪头；牙齿松动，齿列不正，颊部、舌侧黏膜有损伤或溃疡面；被毛粗乱、无光，消瘦、贫血、换毛推迟；消化不良。

要准确诊断齿病，必须熟悉齿的正常解剖生理，具备口腔微生物知识，应注意调查病史，分析局部病变与全身疾病的关系。在进行齿病诊断时，打开宠物口腔，从上、下唇黏膜和切齿的齿龈开始，进行仔细视诊，再进一步检查颊部、齿龈、舌侧面黏膜有无损伤、溃疡和肿胀，同时注意口腔的气味。最后进行牙齿检查，在光线良好的情况下视诊齿列的状态，牙齿的位置及方向，牙齿的磨灭情况，有无齿裂、齿缺损，轻轻叩打牙冠或咀嚼面，若发现耳朵有抖动，表明叩打的齿有病，若有剧痛，则表现反抗或不安；也可用手触摸牙齿或牙龈，注意牙齿有无松动或其他异常。发现病齿后，用反光镜仔细检查病齿。怀疑有龋齿时，用探针清理牙齿咬面，检查龋蚀深度。怀疑牙根或齿槽患病时，可作 X 线检查。

为了预防齿病，首先要注意加强日常饲养管理，全价和均衡营养，避免饲喂单一食物，如犬粮、猫粮等，防止啃咬异物。其次要注意观察动物采食、咀嚼时的状态及动物营养与粪便的情况。第三要定期进行牙齿的检查，以便早期发现齿病，及时治疗。另外还应特别注意幼畜生牙、换牙的情况，喂给软质、优良食物，防止牙齿生长异常。

二、齿的病理学和微生物学

齿病的发生发展是一个很复杂的病理过程，与很多因素有关。这些因素可以归纳为全身性的和局部性的两方面。

影响齿病发生、发展的全身性因素主要是指由于饲养管理失宜和某些全身性疾病造成牙齿生长发育异常，生理功能改变，抗病能力下降。例如，某些药物中毒、遗传性疾病都对牙齿产生不良的影响。动物患糖尿病时，由于胰岛素缺乏，使机体代谢紊乱，对牙周组织有极大影响，促进深牙周袋的产生，易发生龈炎和龈肥大。牙龈是性激素的靶器官，所以，雌激素缺乏的动物，常出现牙龈萎缩，而黄体激素可使牙龈充血、循环淤滞，易受损伤。维生素 C 缺乏时，因胶原合成障碍、细胞呼吸和毛细血管的完整性受到破坏，造成坏血病，可使牙龈出血、骨质疏松、牙齿松动。维生素 D 过多或过少都可使牙齿发育异常、牙周受损。维生素 A 缺乏，则牙龈肥大、角化过度。长期钙磷代谢失调，对牙齿的发育也有明显不良影响，同时，由于颌骨发育异常，常使上、下颌的牙齿不能正常咬合，而致牙齿磨灭不正。

发生齿病的局部因素也很多。对牙齿机械性损伤、食物在牙齿间隙的滞留，易造成齿裂、齿折等。而发生感染性齿病，主要与口腔微生物有密切关系。所以了解口腔微生物的种类、性质及致病特点对防治齿病，合理用药是很重要的。

哺乳动物口腔微生物的数量和种类是很多的。据研究，至少有 30 种常在微生物寄生在口腔内。特别是在牙齿萌出以后，细菌的种类和数量更是大为增加。

口腔内细菌之所以繁多，是因为口腔是细菌繁殖的良好环境。例如，唾液中有十余种氨基酸和蛋白质，而牙齿与牙周组织的特殊解剖关系，形成了由有氧到无氧的各种氧张力环境。所以，动物口腔是各种细菌寄居密度最大和种类最复杂的部位，各种需氧菌、厌氧菌、兼性厌氧菌在口腔内都可找到寄栖之所。兽医学对动物口腔微生物的研究较少，但已确定与龋齿、牙周病有关的致病菌有：葡萄球菌、溶血链球菌、非溶血链球菌、梭形杆菌、螺旋菌、厌氧链球菌、弧菌、放线菌等。

大量细菌停滞于牙齿表面，同时，混以唾液蛋白、脱落的上皮细胞、细菌代谢产物等，形成牙菌斑，简称菌斑。细菌在菌斑内生长，进行复杂的物质代谢活动。细菌代谢产物和菌体死亡降解的产物，在条件适合时，就会对牙齿和牙周组织产生损害，可能发生牙龈炎、龋齿和牙周炎。

龋齿的发生必须具备两个条件。其一是细菌的存在。临床和实验研究表明，菌斑与龋齿的发生有极密切的关系。致龋菌主要是一些产酸的菌属，如变形性链球菌、乳酸杆菌等。这些细菌必须在菌斑中生长，才能使产生的酸滞留在牙齿局部，导致釉质脱钙而发生龋齿。其二是细菌必须以存留于口腔中的食物提供营养。当牙齿发育异常和磨灭不正时，容易造成食物在口腔中的阻、滞留，为细菌繁殖创造良好条件。细菌在生活过程中产生糖基转移酶，此酶能把食物中的碳水化合物转化为高分子的细胞外糖，这种糖能使细菌粘附于牙齿表面。产酸菌最终代谢产物是有机酸，它使牙齿的无机成分脱钙，脱钙之后，在细菌产生的蛋白溶解酶的作用下，将牙齿中的有机物分解，于是，牙齿组织崩溃，产生龋洞。

细菌和菌斑也是牙周病的始动因素。细菌可以直接侵入并存在于牙周软组织中，甚至可侵入牙骨质。细菌产生的代谢产物，如吲哚、粪臭素、胺类、硫化氢等皆会造成牙周组织炎性细胞浸润和坏死。细菌产生的外毒素也会造成组织变性、炎症和坏死。菌体死亡释放出的内毒素可引起牙周组织代谢紊乱，血管舒缩机能障碍、组织坏死、出血，以及免疫反应。细菌可产生多种溶组织酶，如透明质酸酶、蛋白酶、溶血素等，都会损伤牙周组织，使结缔组织发生病变，造成牙周袋加深、齿槽骨吸收等破坏性病变。

三、齿石

齿石（dental calculus）系由牙菌斑矿化而成、粘附于牙齿表面的钙化团块，常见于犬和猫。根据形成部位分为龈上齿石和龈下齿石，前者位于龈缘上方牙面上，直接可见，通常为黄白色并有一定硬度，后者位于龈沟或牙周袋内，牢固附着于牙面，质地坚硬致密。齿石是牙周病持续和发展的重要原因。

（一）病因

齿石是磷酸钙、硫酸钙等钙盐和有机物以及铁、硫、镁等混合物，这些混合物与黏液、唾液沉积在一起成为硬固的沉积物。在犬的犬齿和上颌臼齿外侧多见。

（二）症状

齿龈潮红，在齿龈缘形成黄白色、黄绿色或灰绿色的沉着物。有时可见舌和颊黏膜损伤，有时由于齿石的压挤，可见齿龈和齿根部的骨膜萎缩。多变成褐色、暗褐色，并可引起齿龈类和齿槽骨膜炎。检查口腔时，可发现齿龈溃疡、流涎，口腔具有恶臭味，在黏膜损伤部有食物积聚。

（三）防治

1. 平时宠物主人，经常用脱脂棉蘸食盐清洗擦拭齿的外侧面。以防齿石生长沉积。特别是喂给犬含糖较多的食物（饼干、糕点等）后应清洗口腔。

2. 平时多给予固形食物或骨块等，也可给予橡胶玩具使其啃咬玩耍，防止齿石生长沉积。

3. 手术凿除齿石，齿石除去后，用0.5%的高锰酸钾溶液仔细清洗口腔。

4. 破溃处涂以碘甘油，必要时全身给予抗生素疗法。

四、龋齿

龋齿（dental caries）是部分牙釉质、牙本质和牙骨质的慢性、进行性破坏，同时伴有牙齿硬组织的缺损，各种动物均可发病。

（一）病因

由于食物中含有酸性物质（如乳酸、醋酸、油酸或蚁酸等）可溶解牙齿组织；或因牙齿表面组织损伤，食物的嵌入并发酵或细菌侵入，导致牙齿组织腐蚀、分解所致。

（二）症状

主要表现是牙齿腐烂，最初是釉质和齿质表面发生变化，以后逐渐向深部发展，当釉质被破坏时，牙齿表面粗糙，称为一度龋齿。随着龋齿的发展，逐渐形成黑褐色空洞（未与齿髓腔相通），称为二度龋齿。再向深发展，龋齿腔与齿髓腔相通时，称为三度龋齿。此时可继发齿髓炎与齿槽脓肿。

犬的龋齿常从釉质开始，常发部位为第一上臼齿齿冠。猫则多见于露出的臼齿根或犬齿。病初容易被忽视。当龋齿破坏范围达到齿质深层或与齿髓腔相通时，病犬表现疼痛，咀嚼无力或困难，饮水缓慢。

（三）治疗

平时应注意吃食、咀嚼和饮水的状态，定期检查牙齿，力争早发现早治疗。

一度龋齿可用20%硝酸银溶液涂擦龋齿面，以阻止其继续向深部发展；二度龋齿应彻底清除病变后，消毒并充填固齿粉；三度龋齿应拔除。

五、齿龈炎

齿龈炎是齿龈的急性或慢性炎症，以充血和肿胀为特征。

（一）病因

主要由齿石、龋齿、异物等损伤性刺激而引起。有时因撕咬致使牙齿松动或齿龈损伤而继发感染。慢性胃炎、营养不良、犬瘟热、尿毒症、维生素C或维生素B、烟酸缺乏、重金属中毒等，均可继发本病。

（二）症状

单纯性齿龈炎的初期，齿龈边缘出血、肿胀，似海绵状，脆弱易出血。并发口炎时，疼痛明显，采食和咀嚼困难，大量流涎。严重病例，形成溃疡，齿龈萎缩，齿根大半露出，牙齿松动。

（三）诊断

根据临床症状，详细检查不难确诊。但要与丙酮苄羟香豆素中毒和血小板减少症相区别。

（四）治疗

清除齿石，治疗龋齿等。局部用温生理盐水清洗，涂搽复方碘甘油或抗生素、磺胺制剂等。病变严重时，使用氨苄青霉素普鲁卡因0.5～1ml和氟美松0.5～2ml肌肉注射，连用3～6d。维生素K_1 0.5～2ml皮下注射，每日1次。复合维生素B 10mg口服，每日3次。注意饲养管理，饲喂牛奶、肉汤、菜汤等无刺激性食物。

六、牙周炎

牙周炎（peridentitis）是牙龈炎的进一步发展，累及牙周较深层组织，是牙周膜的炎症，多为慢性炎症。主要特征是形成牙周袋，并伴有牙齿松动和不同程度的化脓，所以临床上也称齿槽脓溢。X线检查显示齿槽骨缓慢吸收。以上特征可与牙龈炎相鉴别，牙周袋是龈沟加深而形成，大型犬正常的龈沟深约2mm。

（一）病因

齿龈炎、口腔不卫生、齿石、食物阻塞的机械性刺激、菌斑的存在和细菌的侵入使炎症由牙龈向深部组织蔓延是齿周炎的主要原因，在某些短头品种犬，齿形和齿位不正、闭合不全、软腭过长、下颌机能不全、缺乏咀嚼及齿周活动障碍等，可能是本病的病因。不适当饲养和全身疾病，如甲状腺机能亢进、慢性肾炎，钙磷代谢失调和糖尿病等都易继发齿周炎。

(二) 症状

急性期齿龈红肿、变软，转为慢性时，齿龈萎缩、增生。由于炎症的刺激，牙周韧带破坏，使正常的齿沟加深破坏，形成蓄脓的牙周袋，轻压齿龈，牙周有脓汁排出。由于牙周组织的破坏，出现牙齿松动，影响咀嚼。突出的临床症状是口腔恶臭。其他症状包括口腔出血、厌食、不能咀嚼硬质食物、体重减轻等。X 线检查可见牙齿间隙增宽，齿槽骨吸收。

(三) 诊断

根据口臭、牙齿松动、齿龈肿胀、流涎或挤压齿龈排出脓汁等症状可以确诊。

(四) 治疗

消除齿石及食物残渣，注意不要损伤软组织及牙齿釉质层，拔去松动的牙齿和残留的乳齿。齿龈用盐水冲洗，涂碘酊或0.2%氧化锌溶液。甲硝唑与复方新诺明同时口服，效果良好。若齿龈增生肥大，可电烧烙除去过多的组织，术后用0.05%高锰酸钾溶液或0.1%氯化苯甲烃铵溶液灌洗，全身用抗菌素、复合维生素 B、烟酸等，数日内供给流质食物或柔软的食物，直至齿龈痊愈。为防止再发，牙齿及齿龈应当经常检查。定期地消除齿垢堆积物，并应用固体食物饲喂，给予大的骨骼或硬的橡皮玩具，让犬咬啮，以锻炼牙齿和齿龈。

七、齿槽脓肿

齿槽脓肿是牙周膜和齿根周齿槽骨的化脓性炎症。按其病程可分为急性和慢性。

(一) 病因

可因牙齿损伤而引起，或由齿髓炎、化脓性垩质周围炎蔓延所致。

(二) 症状

急性齿槽脓肿 在患病牙齿附近形成齿龈肿胀和齿龈温热，疼痛，有波动，并伴发咀嚼障碍。

慢性齿槽脓肿 常发于上颌第四前臼齿，患病牙齿根部形成局限性脓肿。破馈后脓汁流入口腔，有时蔓延至窦，通常在颌的下方形成瘘管（颌瘘），长期不愈，不断流出恶臭稀薄的脓汁。

(三) 诊断

应注意与慢性牙周病相鉴别，患牙周病时仅从牙周的小囊排出小量脓汁，并伴有牙周膜和垩质脱落，对可疑牙齿进行 X 线摄片可帮助诊断。

（四）治疗

当患病牙齿附近已形成波动性脓肿时，应在其底部穿刺排脓。若发生颌瘘时，应拔除患病牙齿，用锐匙刮除肉芽组织和坏死的骨骼，然后用 0.1% 氯化苯甲烃铵溶液冲洗。并每天肌肉注射青霉素，直至感染被控制为止。术后给予柔软的饮食，用盐水或碳酸氢钠溶液冲洗口腔。

第四节　其他疾病

一、鼻出血

鼻出血（鼻衄）系鼻腔或鼻窦黏膜的血管破裂而发生的出血现象。鼻出血是一种症状，而不是独立的疾病。

（一）病因

鼻腔或副鼻窦黏膜的炎症、坏死、溃疡、肿瘤等，导致黏膜血管破裂，是鼻出血常见的原因。

鼻黏膜遭受某种机械性刺激。如鼻内异物、寄生虫、下颌关节突骨折及颅底骨折等，可造成鼻黏膜损伤，而引起鼻出血。

大循环动脉压异常升高，如心脏病、肺病、肝硬变、肾炎、脑充血等或剧烈活动之后，可助长鼻黏膜破裂，从而发生鼻出血。

鼻出血还可见于具有出血性素质疾病，如出血性紫癜、血友病、维生素 C 及维生素 K 缺乏症或某些中毒性疾病。

（二）症状

鼻出血一般多为鲜红色，不含泡沫或含有几个大气泡，由一侧或两侧鼻孔呈滴状或线状流出。当发生大出血并持续不止时，病犬则呈贫血症状，黏膜苍白，脉膊弱而快，部分肌肉群颤抖，最终因大量失血而死亡。

（三）诊断

鼻出血诊断并不难，但要确定其病因，必须详细地分析病历资料。并借助于鼻喉镜检查鼻腔。此外，应注意与肺和胃出血相鉴别。

肺出血　血色鲜红，由两侧鼻孔流出，含有小气泡，并常伴有咳嗽和气喘，同时在肺和气管听诊有啰音。

胃出血　血液呈污褐色，只有在呕吐动作时两侧鼻孔流出，往往含有食物杂粒，并呈酸性。

（四）治疗

鼻出血时，应使病犬安静休息，并在额、鼻梁上施用冷敷；用浸有止血药液的纱布填塞鼻孔；此外可皮下或肌肉注射0.1%肾上腺素溶液0.1～0.5ml、氯化妥龙溶液1～3ml，或麦角碱溶液等均有疗效；当出血不止，呈明显的贫血现象时，可用10%葡萄糖溶液200～500ml、维生素C 100mg、维生素K 20mg，一次静脉注射，每天2～3次。

二、颌关节炎

颌关节炎（temporomandibular arthritis）主要见于犬，其他动物较少发生。

（一）病因

创伤、打击、关节韧带牵张以及关节内骨折等是引起颌关节炎的主要原因。颌关节附近组织蜂窝织炎的蔓延，脓毒败血症的转移及牙齿疾病、面神经或三叉神经麻痹造成的偏侧咀嚼等也易引起本病的发生。

（二）症状

主要特征是咀嚼障碍和颌关节部肿胀。急性浆液性颌关节炎时，局部肿胀并有轻微波动，触诊及开张口腔时动物疼痛显著，采食时咀嚼缓慢，仅以一侧咀嚼。慢性颌关节炎时，仅有局部肿胀及关节强拘，有时可能因颌关节粘连而表现牙关紧闭，患侧咬肌逐渐萎缩，动物瘦弱。

（三）治疗

急性期以消炎、镇痛、制止渗出、促进吸收、防止感染为原则。病初用冷疗，以后用温热疗法，局部涂擦鱼石脂软膏、消炎软膏等，也可用红外线照射，每日两次，每次25～30min。慢性颌关节炎时，可局部使用强刺激剂，CO_2激光照射，感应电流刺激、离子透入等电疗。对化脓性颌关节炎则应充分排出脓汁，用消毒液洗涤，充分引流。局部和全身应用抗生素疗法。

三、嗜酸细胞性肌炎

嗜酸细胞性肌炎（eosinophilic myositis）是以嗜酸性细胞增多为特征的急性复发性非化脓性炎症。主要侵害咀嚼肌肉，常见于德国牧羊犬。

（一）病因

致病原因不明，可能与变态反应和自身免疫有关。

（二）症状

突然急剧发病，特征为咀嚼肌群肿胀疼痛，翼状肌肿胀显著。病犬不安，体温略高。

眼睑因紧张而闭合不全，结膜水肿，眼球突出，瞬膜突出。拒绝开口，口常呈半开状，采食困难。病程可持续数日至数周，反复多次发作后咀嚼肌明显萎缩。扁桃体发炎，下颌淋巴结肿胀，除咀嚼肌外其他肌肉也有肿胀僵硬感，轻度跛行或运动失调。脊髓反射正常，而姿势性反射有改变。

血液检查，急性期和发作期嗜酸性细胞增多，血清谷草转氨酶、肌酸磷酸激酶、乳酸脱氢酶、血清蛋白及β球蛋白升高。活组织检查，患部肌肉有大量嗜酸性细胞浸润(70%)。临床检查，根据周期性发作和发病部位及品种的特异性，不难诊断。

（三）诊断

根据发病的周期性、品种的特异选择性及侵害部位的特定性，较容易作出明确诊断。另外，病理学检查有助于确诊，急性发作期，患部肌肉肿胀，变软，色暗，有出血和灶状苍白区。局部淋巴结肿大而坚实。血检嗜酸性细胞增多达20%～40%，血清谷草转氨酶、肌酸磷酸激酶、乳酸脱氢酶、血清蛋白及β球蛋白升高。活组织检查，患部肌肉有大量嗜酸性细胞浸润（70%），呈急性炎症性肌炎变化。

根据周期性发病和发病部位以及品种的特异选择性等特点不难诊断。

（四）治疗

病初使用抗组织胺药，如盐酸苯海拉明针剂，犬（5～50mg/kg，1d 2次；氯苯吡胺(扑尔敏）溶液，5～10mg)。同时应用抗生素和皮质类固醇药物。此外加强患犬的护理，如避免活动，给全价营养食物，用胃管投食等。

四、舌下囊肿

舌下囊肿（ranula）是指舌下腺或腺管损伤，唾液积聚其周围组织，引起口腔底部舌下组织的囊性肿胀，是犬、猫唾液黏液囊肿中最易发生的一种，多发生于犬。

（一）病因

最常见的原因是犬在咀嚼时，舌下腺腺体及导管被食物中的骨骼、鱼刺或草籽等刺破，诱发炎症，导致黏液或唾液排出受阻而发病。由于舌下腺一部分与颌下腺紧密相连，共被一结缔组织囊所包裹，共用一输出管开口于口腔，故舌下腺和颌下腺常同时受侵害。

（二）症状

在舌下或颌下出现无炎症、逐渐增大，有波动的肿块，大量流涎，舌下囊肿有时可被牙磨破，此时有血液进入口腔或饮水时血液滴入饮水盘中。囊肿的穿刺液黏稠，呈淡黄色或黄褐色，呈线状从针孔流出。可用糖原染色法（PAS）试验与因异物所致的浆液血液囊肿相区别。

（三）治疗

定期抽吸可促使囊肿瘢痕组织形成，阻止唾液漏出，但多数病例6～8周后复发。也可在麻醉条件下，大量切除囊肿壁，排出内容物，用硝酸盐、氯化铁酊剂或5%碘酊等腐蚀其内壁；或者施行造瘘术（marsupialization），即切除舌下囊肿前壁，用金属线将其边缘与舌基部口腔黏膜缝合，以建立永久性引流通道。

上述疗法无效时，可采用腺体摘除术，临床上较常用颌下腺－舌下腺摘除术。单纯作舌下腺切除是困难的，往往同时切除颌下腺和舌下腺。

动物全身麻醉，半仰卧保定，下颌间隙和颈前部作无菌准备。在位于下颌支后缘、颈外静脉前方的颌外静脉与舌静脉间的三角区内，对准颌下腺切开皮肤4～6cm（图6－2A）；钝性分离皮下组织和薄层颈阔肌，再向深层分离，显露颌下腺纤维囊（正常囊壁为银灰色，腺体橙红色，呈分叶状）；切开纤维囊，暴露腺体；用组织钳夹持腺体向外牵引，同时用钝性和锐性分离方法使腺体与囊壁分离，直至整个腺体和腺管进入二腹肌下方；在腺体内侧有动、静脉进入腺体，分离到二腹肌时，有一舌动脉弯向后方行至于腺体，将这些血管结扎并切断；用剪刀或手指继续向前分离，在二腹肌下分出一通道或将二腹肌切断，以便尽可能多地暴露舌下腺；用止血钳夹住游离舌下腺的最前部并向后拉，再用另一把止血钳钳住刚露出的舌下腺，两把止血钳按此方法交替钳夹向后拉，直至舌下腺及其腺管拉断为止，不必再结扎腺体和导管；在纤维囊内安置一引流管，引出体外（图6－2B）；连续缝合腺体囊壁和皮下组织；最后结节闭合皮肤和固定引流管。

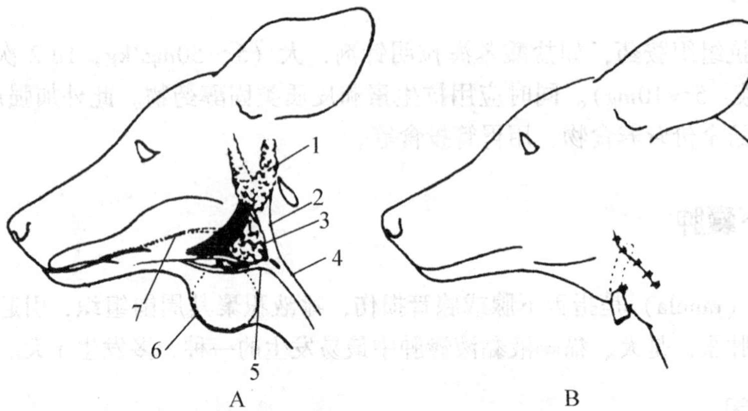

图6－2　颌下腺－舌下腺摘除术

A. 1. 腮腺　2. 颌外静脉　3. 颌下腺　4. 颈外静脉　5. 舌面静脉　6. 黏液囊肿　7. 颌下腺导管，粗虚线表示皮肤切口位置　B. 引流管从皮肤切口下方引出

（四）护理

术后局部轻度肿胀，一般不必使用抗生素治疗。术后3～5d拆除引流管。并防止并发症的形成，如局部血肿、感染或再发生唾液腺囊肿。

五、唇裂和腭裂

唇裂和腭裂（Cleft lip and cleft palate）是犬猫常见的一种先天性畸形。多因胚胎发育时，颜面和下颌发育不全所致。唇裂又称兔唇（harelip）。上唇唇裂多见，可与腭裂同时发生。

（一）病因

唇裂和腭裂可能是遗传性的，但其遗传方式不详。也可能在妊娠期，因妊娠动物的营养缺乏和某些应激因素导致畸形。另外，内分泌、感染及创伤因素也可导致本病的发生。

（二）症状

下颌唇裂少见，常发生于中线。上颌唇裂常见于门齿和上颌骨的联合处。有单侧、双侧、不全或完全唇裂之分。常伴发齿槽突裂和硬颚裂。本病最早的特征是，小幼犬等吮吸乳时，乳汁从鼻孔反流。动物个体小，营养不良。若不治疗，常因饥饿或鼻、咽、中耳继发感染而死亡。

（三）治疗

一般以手术矫正为主。一般在出生后6～8周进行。如动物营养不良，或呼吸道感染，可暂缓手术。如同时发生唇裂和腭裂，应先作腭裂修补，待愈合后再施唇裂手术。

1. *术前准备*　动物全身麻醉，插入气管插管。咽部填塞纱布，防止冲洗液和血液被吸入。唇裂手术的动物应俯卧保定，颌下放置沙袋，使头抬高；腭裂手术动物行仰卧保定，开口器打开口腔。局部不用剪毛。口、鼻腔、鼻唇周围用消毒液清洗4～6次。

2. *唇裂修补术*　手术目的是恢复上唇正常形态，保持两侧鼻翼、鼻孔对称、大小相等。先在缺裂的两侧唇黏膜皮肤作浅层切除，创造新的创面（图6－3E，粗箭头两侧所示）。然后，在缺裂的鼻侧，于有唇毛的水平线内，垂直于人中切开皮肤和真皮下组织

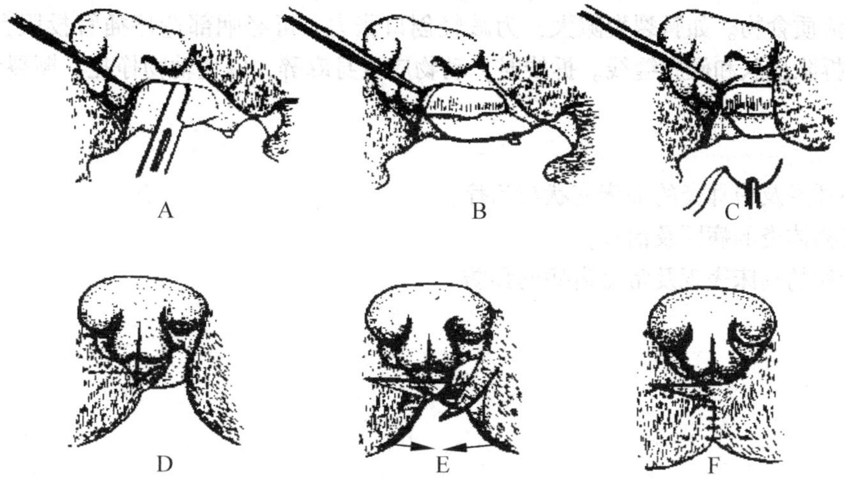

图6－3　唇裂修补术

A. 切开鼻内侧壁制作一以鼻底为蒂的瓣　B. 鼻壁蒂瓣转向外唇　C. 将此瓣与左唇黏膜缝合，这样此瓣就形成鼻底或鼻架　D. 虚线表示皮肤切割线，注意切割线垂直于鼻小柱和作一三角形皮瓣　E. 三角形蒂瓣旋转到对侧唇裂　F. 缝合皮肤

（图6－3A）。继续向下分离，制作以鼻底为蒂的宽瓣（图6－3B）。将外唇向内移动，覆盖在瓣上，其黏膜与瓣作结节缝合（图6－3C）。这样，唇裂可得到初步矫正（图6－3D）。再于外唇作一上端为蒂的三角形皮瓣，并在对侧相应部位切除皮肤，作一三角形创

面。皮瓣轻轻向内旋拉（图6－3E），将其缝合到对面创面上。最后，结节闭合唇裂下端皮肤缘（图6－3F）。

3. 腭裂修补术　手术目的是将裂开的腭缝合，尽量延长软腭的长度。采用前后带蒂的“双蒂”黏膜－骨膜瓣进行腭裂修补。先在腭两侧距齿龈缘1～2mm作与腭裂等长的松弛性切口，直达骨面。再切开腭裂两侧缘，抵至骨面。将口侧黏膜－骨膜完全自骨面分离，形成双蒂黏膜－骨膜瓣（图6－4A，B）。继续将鼻侧黏膜（腭裂缺损部）自骨面分离、切除。然后分层结节缝合鼻侧骨膜和黏膜（图6－4C）。两松弛切口不缝合，暴露的骨面3～5d后被肉芽组织所遮盖。10～14d上皮再生。

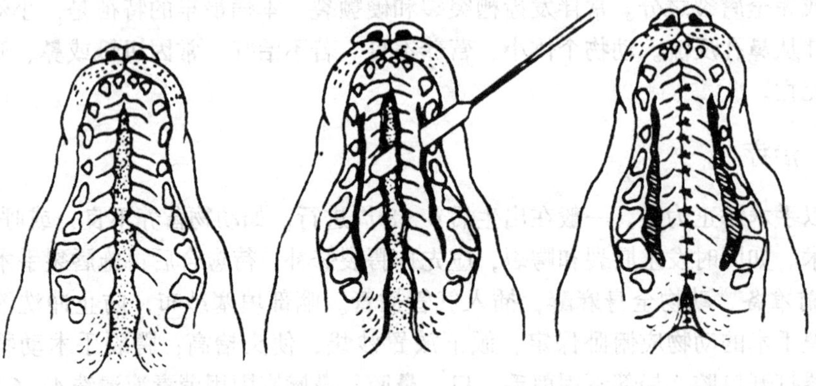

图6－4　硬腭裂修补术

(四) 术后护理

饲喂流质食物。如腭裂裂隙大，为减轻创口张力，可经咽部造瘘插管投服食物和水。术后两周拆除皮肤和硬腭缝线。拆线时，动物应全身麻醉，以免动物挣扎，撕裂创口。

复习题

1. 外耳炎及中耳炎的临床症状与治疗。
2. 扁桃体炎的病因及治疗。
3. 齿病的临床表现及常见齿病的预防。

第七章　颈、胸、腹部疾病

第一节　颈部疾病

一、腮腺炎

腮腺炎（parotitis）是腮腺及其导管的急性或慢性炎症。各种宠物均可发生，患病的腮腺常可发生脓肿。

（一）病因

本病通常是由于腮腺或其邻近组织的创伤或感染所致。由于腮腺位于体表，易受损伤。另外由于腮腺导管开口于口腔黏膜，易受异物或病原微生物的侵袭，从而导致导管及腮腺的炎症。犬还有传染性腮腺炎，有证据表明人腮腺炎病毒可感染犬。继发性腮腺炎常与传染病有关，如结核病、犬瘟热等。另外还有继发于咽炎、鼻炎等疾病而发生腮腺炎的。

（二）症状

病初无明显的临床表现。急性腮腺炎在耳下局部出现疼痛、肿胀及增温，触之敏感。常有体温升高，由于疼痛和肿胀，时有流涎、食欲减退或废绝、吞咽困难。脓肿破溃导致脓汁排入周围组织或口腔中，口中散发出恶臭气味。这种脓肿应与腮腺囊肿进行区别。如经皮破溃，则可导致腮腺瘘管形成。通常在脓肿切开或破溃后，多数病例能较快地痊愈。

慢性腮腺炎患部呈坚实、无痛性肿胀，其他症状均不明显。

（三）治疗

轻度感染并有中等程度的肿胀时，可选用全身性抗生素疗法。较为严重的感染，在未发生局限化之前，对病灶进行热敷，还可采用青霉素盐酸普鲁卡因封闭疗法。

腮腺的新鲜创可按创伤的治疗原则进行处理。

当形成脓肿时，成熟后应切开、排脓。如脓肿腔较大，可用硝酸银棒在其内部腐蚀，以加速痊愈进程，排脓后应留置引流条。最好能每天清洗处理病灶。排液以后应采用抗生素（如青霉素、磺胺类或广谱抗生素）疗法，连用4～5d。

对经久不愈的腮腺瘘管，可考虑腮腺部分摘除或全摘除术。结扎连通的腺管更为安全。

二、食道扩张

食道扩张是指食道管腔的直径增加。它可发生于食道的全部或仅发生于食道的一段。食道扩张有先天性和后天性之分，犬、猫都可以发生该病。

（一）病因

先天性食道扩张是遗传性疾病。丹麦种大丹犬的发病率最高，其次是德国牧羊犬和爱尔兰塞特猎犬。猫以暹罗猫和与暹罗猫有血缘关系的猫发病率较高。吞咽障碍或食物返流多半发生在断奶前后。

后天性食道扩张可发生于任何年龄的犬和猫。大多数病例的原发原因目前尚不清楚。由于食道运动性减弱而造成的食道扩张，可见于影响骨骼肌的某些全身性疾病，如重症肌无力、甲状腺机能低下、肾上腺皮质机能低下等。也可由于肿瘤、外伤等引起。

（二）症状

吞咽困难、食物返流和进行性消瘦是本病的主要症状。病初，在吞咽后立即发生食物返流。以后随着病的进展，食道扩张加剧，食物返流延迟。有先天性食道扩张的仔幼犬在哺乳期饮食完全正常，在饮食变为固体食物时，才开始发生呕吐。由于食物滞留在扩张的食管内发酵，可产生口臭。并且能引起食道炎或咽炎。动物死亡通常是由于吸入性肺炎以及恶病质所致。

（三）诊断

胸部X线检查，可发现食道扩张。如用钡剂造影，可显示食道扩张的程度和病变范围，并有助于排除气管环异常，或发现导致异常的原因。

（四）治疗

对先天性食道扩张，可对动物进行特殊饲喂，即将动物提起来饲喂。这对早期病例可使症状自然消失。有人认为，先天性食道扩张系分布于食道的神经发育迟缓所致。当将动物提起来饲喂时，食道所受压力较小，不至于发生扩张。提起来饲喂应一直持续到机能正常、发育完善时为止。诊断治疗越早，预后越好。幼犬如迟到至5～6个月才得到诊断，则预后不良。

后天性食道扩张，如能查出原发病因进行治疗，一般可以消除。但继发于全身疾病的食道扩张，疗效都不理想。某些病例可进行食道肌切开术。给予半流质饮食，实行少量多餐。或将食物放于高于动物的头部，使其站立吃食，借助于重力作用使食物进入胃内。

三、食道狭窄

食道的管腔变窄而影响吞咽者，称食道狭窄（stricture of esophagus）。

（一）病因

1. 食道创伤　由于食道受机械性、物理性、化学性、寄生虫等致伤因子的作用，使其黏膜发生增生性炎症形成瘢痕，瘢痕老化收缩后引起食道狭窄。食道切开术后缝合过紧也可导致本病。

2. 食道管腔受压　如食道壁内外肿瘤、脓肿、颈部肌炎、甲状腺肿大、永久性右位主动脉弓都可由于压迫食道而致食道狭窄。

（二）症状

主要临床表现为吞咽困难，水的吞咽无影响。患病动物不能连续大量采食，采食过程中可能突然出现停食现象。有时可出现食物反流，如果是颈部食道狭窄，常可在患病动物采食时见到狭窄部前方有团块状物膨出。反复阻塞可使食道弹力变弱，可能会导致食道扩张或憩室。病程长时，患病动物日趋衰弱。

（三）诊断

选用大小合适的胃管插入。到达狭窄部时，可感觉阻力变大，甚至插入困难。X 线检查时，常可发现在狭窄部前有大量气体。如灌入硫酸钡混悬液，透视下可见钡柱到达狭窄部时流速趋缓，随后食道黏膜皱褶的影像发生改变（瘢痕性狭窄）。如果是因食道内外的压迫所致狭窄，压迫处可见充盈缺损，而显示压迫物的轮廓。

（四）治疗

由于食道管腔受压所致的食道狭窄应根据病因加以治疗。如肿瘤摘除、治疗颈部肌炎等，以去除压迫物。

创伤性食道狭窄可采用非手术疗法和手术疗法。

1. 非手术疗法　多采用探条扩张术，使食道黏膜及其下层的瘢痕组织撕裂，从而解除食道的狭窄。应根据食道狭窄的部位及程度，选择合适的扩张器如气囊导管或食道探条。1～2 周重复一次，持续 2～3 个月。

2. 手术疗法　即采用食道狭窄部切除术和食管断端外翻吻合。该疗法适用于颈部食道，且狭窄部较短。狭窄较长时可试行移植修补术。

四、食道梗阻

食道梗阻是指食道被食物团或异物所阻塞。临床上以突然发病和咽下障碍为特征。异物阻塞可分为完全阻塞或不完全阻塞。最容易发生食道梗塞的部位是食道的胸腔入口处、心底部和进入食道裂孔处。犬的异物梗塞约比猫多六倍。

（一）病因

饲料块片（骨块、软骨块、肉块、鱼刺）、混在饲料中的异物、由于嬉戏而误咽的物品（手套、木球）都可使食道阻塞。饥饿过甚、采食过急或采食中受到惊扰，突然仰头吞咽是发生梗塞的常见原因。

（二）症状

不完全梗塞，见动物有不很明显的骚动不安、呕吐和哽咽动作，摄食缓慢，吞咽小心，仅液体能通过食道入胃，固体食物则往往被呕吐出来，有疼痛表现。完全梗塞及被尖锐或穿孔性异物阻塞时，患病动物则完全拒食，高度不安，头颈伸直，大量流涎，出现哽咽和呕吐动作，吐出带泡沫的黏液和血液，常用四肢搔抓颈部，头部水肿。呕吐物吸入气管时，可刺激上呼吸道出现咳嗽。锐利异物可造成食道壁裂伤。梗阻时间长的，因压迫食道壁发生坏死和穿孔时，呈急性症状，病犬高烧，伴发局限性纵隔窦炎、胸膜炎、脓胸、脓气胸等，多取死亡转归。

（三）诊断

根据病史和突然发病的特殊症状，颈部食道梗阻时，可通过触诊感知。投胃管插至梗阻部不能前进或有阻碍感，可初步确诊。

X线检查：通过投入硫酸钡摄影，可确定阻塞物的性质、形状和位置。

（四）治疗

试用催吐剂阿扑吗啡3mg皮下注射。或行全身麻醉，在食道内窥镜观察下，取出异物。

当阻塞部接近咽喉，且又比较圆滑时，可用手在颈部将异物向头侧捏挤，将阻塞物经咽部推出。胸部食道内异物经口排除较困难，行剖腹手术试从胃侧牵引摘除。

严重衰竭、脱水、食道穿孔犬，尤其异物压迫食道壁疑似坏死而又无法引出且危及生命时，要实施食道切开术。食道梗阻时间长时，均有并发症。必须局部与全身大量应用抗生素药。

五、食道损伤

食道损伤（injuries of esophagus）在临床上最常见的是食道创伤，各种宠物均可发生。

（一）病因

多因外伤而引起食道损伤，这些损伤通常是由于咬伤、创伤等造成。多数食道损伤是由于尖锐异物如铁丝、骨片、碎玻璃等随饲料误咽进入食道，从食道黏膜面向外刺伤，造成食道损伤。另外粗暴地操作胃镜、插胃导管，也易损伤食道黏膜。

（二）症状

根据皮肤的完整与否，食道损伤可分为开放性和闭合性两类。

开放性食道损伤通常是锐性异物伤及颈部皮肤的同时伤及食道，往往是贯通创。故患畜在采食或饮水时，食物通过食道破裂孔漏出皮肤外。

闭合性损伤常因误咽异物造成，一般颈部皮肤保持完整，但患畜采食时，食糜和水可通过食道的创口溢出食道，而在皮下积聚。胸部食道的闭合性创伤较为罕见。溢出食道的食物在结缔组织内可导致感染。进而出现一系列感染症状。

如果食道仅为黏膜层损伤，则症状较轻。间或出现颈部僵硬、吞咽困难。由于食道黏膜的再生能力较强，所以较轻的损伤在临床上不易被察觉。

（三）诊断

颈部食道损伤可根据病史结合临床症状作出初步诊断。闭合性食道损伤及胸部食道损伤，可用硫酸钡混悬剂灌喂，并进行X线透视或摄影检查，可见钡剂在创伤处溢出，并有食道黏膜影像的改变。也可用胃镜直接检查，能确定损伤的部位和程度。

（四）治疗

对闭合性食道非贯通创，通常采取保守疗法，可饲以流食，并给予含碳酸氢钠的饮水。如果异物仍存在，则需手术或用内窥镜取出异物。

对外伤引起的食道开放性损伤，根据损伤的新鲜程度，按创伤的治疗原则进行处理。对新鲜创，在严格的消毒处理后，可行食道修补术，密闭创口，但要防止缝合过紧而致食道狭窄。皮肤创口按常规缝合。对陈旧创，特别是有唾液及食物漏出而污染创口时，需用防腐药物彻底清洗后，关闭食道，并做创部引流，如食道感染严重，则可待感染消退后再作缝合。皮肤创口作假缝合并引流。无论食道缝合与否，最好留置胃导管，胃导管可固定于头部，并保留6d。经胃导管饲流食，以维持畜体营养需要。开放性食道损伤治疗期间都需进行全身抗菌疗法，并视病情予以支持疗法。

对闭合性食道贯通创，处理原则基本同陈旧性开放性食道创伤。注意彻底清除异物和消毒。

对胸部食道的贯通创，视其机体情况，考虑是否有必要行开胸术进行处理。

六、气管异物

气管及支气管异物（tracheal foreign bodies）可发生于各种宠物。一般发生较少，但如果发病，通常比较危急。

（一）病因

1. 内在性　临床比较少见。如破溃的支气管淋巴结；各种炎症所致的肉芽、伪膜、分泌物等；还有一些寄生虫如奥斯勒丝虫、肺丝虫、蛔虫等寄生或于气管、支气管中移行而致。

2. 误吸性　由于吞咽反射减弱或消失，如在咽麻痹、喉麻痹、食道阻塞、全身麻醉等情况下，将口腔中的食物吸入气管、支气管中；宠物尤其是幼龄者在进食和口中含着玩具及其他相对较小的异物时，因打闹、受惊吓等而极易将异物吸入气管。

3. 人为因素　在用胃管给动物投药或食物时，误把导管插入气管所致。如果投入物为液体和粉末还可能导致吸入性肺炎。

（二）症状

异物进入气管后，由于黏膜受刺激而引起剧烈咳嗽，继而呕吐和呼吸困难，但片刻后症状可逐渐减轻或缓解。视异物大小和停留于气管的部位而产生不同的症状。

如异物较大，顿于喉头，可立即窒息死亡，如是不全阻塞，可出现吸气性呼吸困难和喉鸣。

异物停留于气管者，可随呼吸移动而引发剧烈阵咳和呼吸困难，出现气喘哮鸣。如异物随呼吸气流撞击气管，可闻气管拍击音，触诊气管时，气管有撞击感。

异物停于一侧支气管，患畜咳嗽、呼吸困难及喘鸣症状会减轻。但稍后即可能因为异物阻塞和并发炎症，产生肺气肿或肺不张。

少数细小异物可进入末梢支气管，但一般无明显症状。经数周或数月后，肺部可产生病变，如反复发热、咳嗽、慢性支气管炎等。

（三）诊断

一般根据病史、症状即可诊断。必要时可作 X 线透视后拍片，以及支气管镜检查。

（四）治疗

异物已进入气管或支气管，其自然咳出的概率较小，须设法取出异物。可通过喉镜、气管镜或支气管镜检查，并将异物取出。如取出异物时导致喉部损伤，或可能发生喉水肿时，术后应使用抗生素及肾上腺皮质激素治疗。如为寄生虫性异物，应使用相应的抗寄生虫药物。

第二节　胸部疾病

一、肋骨骨折

肋骨骨折（fracture of the ribs）是由于在直接暴力的作用下，如打击、车辆的冲撞及压轧等，使肋骨的完整性或连续性遭受破坏。根据皮肤是否完整，肋骨骨折可分为闭合性和开放性。由于作用力的方向不同，肋骨可向内或向外折断转位。

（一）症状

胸侧壁的前部由于被肩胛骨、肩关节及肩臂部肌肉遮盖，不易发生肋骨骨折。肋骨骨折常发生于易遭受外伤的第六至十一肋骨。骨折时，由于外力作用的不同，可出现不完全骨折、单纯性骨折、复杂性骨折或粉碎性骨折。

不完全骨折或不发生转位的单纯性皮下骨折仅出现局部炎性肿胀。多数完全骨折断端向内弯曲，出现凹陷，呼吸浅表、疼痛，触诊可感知骨折断端的摩擦音、骨变形和肋骨断端的活动感。当骨折断端刺破胸膜、大血管和肺脏时，可并发肺出血、气胸、血胸，出现呼吸困难。外向性骨折较少发生，患部呈疼痛性隆起。开放性骨折局部有感染、坏死骨片停留时，则可形成化脓性窦道。

（二）治疗

1. 单纯闭合性肋骨骨折　因有前后肋骨及肋间肌的支持，一般移位小，不需要特殊的治疗。让病畜安静休息，患部可按挫伤进行处理。

2. 对于开放复杂性骨折　应清除异物、挫灭组织及游离的碎骨片，锉平骨折尖端。肋间血管损伤时，应钳夹或结扎止血，注意不要引起气胸和创伤感染。对于深陷于胸膜腔内的肋骨断端，须牵引复位。伴有胸壁透创的开放性肋骨骨折，经上述处理后可按胸壁透创进行处置。

二、胸壁透创及其并发症

胸壁透创（perforated wound in the chest wall）是穿透胸膜的胸壁创伤。发生胸壁透创时，胸腔内的脏器往往同时遭受损伤，可继发气胸、血胸、脓胸、胸膜炎、肺炎及心脏损伤等。

（一）病因

多由尖锐物体（如叉、刀、树枝和木桩）刺入、气枪的枪弹和弹片射入等造成。

（二）症状

由于受伤的情况不同，创口的大小也不一样。创口大的，可见胸腔内面，甚至部分脱出创口的肺脏；创口狭窄，可听到空气进入胸腔的咝咝声，如以手背靠近创口，可感知轻微气流。

创缘的状态与致伤物体的种类有关。由锐性器械所引起的切创或刺创，创缘整齐清洁，由子弹所引起的火器创有时创口很小，并由于被毛的覆盖而难以认出。另外，铁钩、树枝等所致的创伤，其创缘不整齐，常被泥土、被毛等所污染，极易感染化脓和坏死。

动物不安、沉郁，一般都有程度不等的呼吸、循环功能紊乱，出现呼吸困难，脉快而弱。可见出汗，肌肉震颤等。创口周围常有皮下气肿。

胸壁透创大多数能引起或多或少的并发症。

1. 气胸（pneumothorax）　是由于胸壁及胸膜破裂，空气经创口进入胸腔所引起。根据发生的情况不同，气胸可分为如下三种：

（1）闭合性气胸　胸壁伤口较小，创道因皮肤与肌肉交错、血凝块或软组织填塞而迅速闭合，空气不再进入胸膜腔者称为闭合性气胸。空气进入胸膜内的多少不同，伤侧的肺发生萎陷的程度不同。少量气体进入时，动物仅有短时间的不安，已进入胸腔的空气，日后逐渐被吸收，胸腔的负压也日趋恢复。多量气体进入时，有显著的呼吸困难和循环功能紊乱。伤侧胸部叩诊呈鼓音，听诊时呼吸音减弱。

（2）开放性气胸　胸壁创口较大，空气随呼吸自由出入胸腔者为开放性气胸。开放性气胸时，胸腔负压消失，肺组织压缩，进入肺组织的空气量明显减少。吸气时，胸廓扩大，空气经创口进入胸腔。由于两侧胸腔的压力不等，纵隔被推向健侧，健侧肺脏也受到一定程度的压缩。呼气时胸廓缩小，气体经创口排出，纵隔也随之向损伤一侧移动。如此一呼一吸，纵隔左右移动称纵隔摆动（图 7－1）。

由于肺脏被压缩，肺通气量和气体交换量显著减少；胸腔负压消失，影响血液回流，使心排血量减少；空气反复进出胸腔和纵隔摆动，不断刺激肺脏、胸膜和肺门神经丛。因而，动物表现严重的呼吸困难、不安、心跳加快、可视黏膜发绀和休克症状。胸壁创口处可听到“呼呼”的声音。伤口越大，症状则越严重。

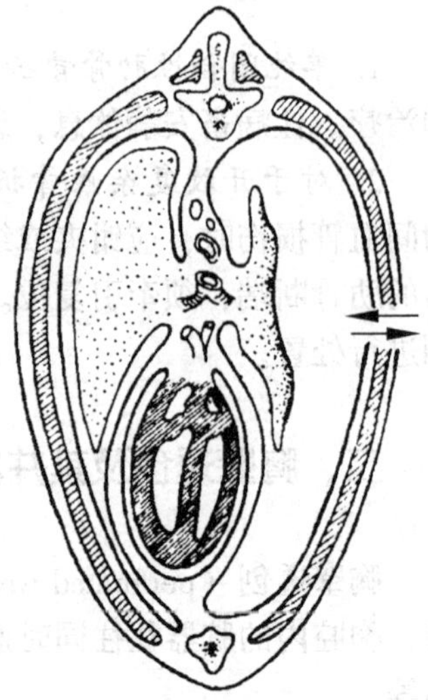

图 7－1　开放性气胸

（3）张力性气胸（活瓣性气胸）　胸壁创口呈活瓣状，吸气时空气进入胸腔，呼气时不能排出，胸腔内压力不断增高者称为张力性气胸（图 7－1）。另外，肺组织或支气管损伤也能发生张力性气胸。

由于胸壁或肺脏、支气管损伤，创口呈活瓣状，吸气时空气进入胸腔，而呼气时不能排出，致使胸腔压力不断增大，受伤侧肺脏被压缩，纵隔被推向健侧，健侧肺也受压，同时前、后腔静脉受到压迫，严重地影响静脉血的回流，导致呼吸和循环系统功能严重障碍。临床表现极度的呼吸困难、心律快、心音弱、颈静脉怒张、可视黏膜发绀，有的出现休克症状。受伤侧气体过多时患侧胸廓膨隆，叩诊呈鼓音，呼吸时胸廓运动减弱或消失，不易听到呼吸音，常并发皮下或纵隔气肿（图 7－2）。

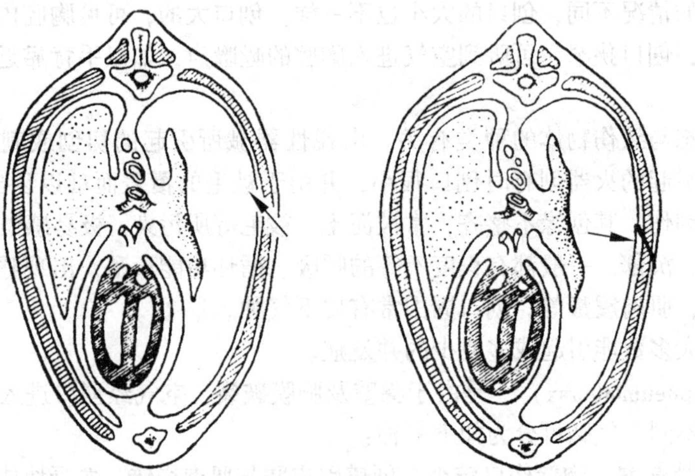

图 7－2　张力性气胸

2. 血胸　胸部大血管受损，血液积于胸腔内的称为血胸，若与气胸同时发生则称为血气胸。肺裂伤出血时，因肺循环血压低，且肺脏组织又有弹性回缩力，一般出血不多，并能自行停止，裂口不大时还可自行愈合；子弹、弹片、骨片等进入肺内，在病畜体况良好的情况下也可为结缔组织包围而形成包囊；肺脏或心脏的大血管、肋间动脉、胸内动脉、膈动脉受损后破裂，出血十分严重，病畜表现贫血和呼吸困难等症状，常出现死亡。

血胸主要根据胸壁下部叩诊出现水平浊音、X线检查在胸膈三角区呈现水平的浓密阴影、胸腔穿刺获得带血的胸水以及在胸下部可听拍水音等作出诊断。严重时出现贫血、呼吸困难与失血、呼吸障碍等有关的相应症状。并发气胸时兼有上述气胸的特点。

胸腔内少量积血可被吸收，但通常易于感染而继发脓胸或肺坏疽。

3. 脓胸 是胸壁透创后胸膜腔发生的严重化脓性感染，常在胸壁透创后3～5d出现。动物体温升高，食欲减退，心律加快，呼吸浅表、频数，可视黏膜发绀或黄染，有短、弱带痛的咳嗽。血液检查可见白细胞总数升高，核左移。在慢性经过的病例，可见到营养不良，顽固性的贫血，血红蛋白可降至40%～50%。叩诊胸廓下部呈浊音；听诊时肺泡呼吸音减弱或消失；穿刺时可抽出脓汁。

4. 胸膜炎 指壁层和脏层胸膜的炎症，是胸壁透创常见的并发症。本病预后不良，常导致死亡。

（三）治疗

对胸壁透创的治疗，主要是及时闭合创口，制止内出血，排除胸腔内的积气与积血，恢复胸腔内负压，维持心脏功能，防治休克和感染。

对开放性气胸及张力性气胸的抢救，主要是尽快闭合胸壁创口使其转变为闭合性气胸，然后排出胸腔积气。在创伤周围涂布碘酊，除去可见的异物，然后，在动物呼吸间歇期，迅速用急救包或清洁的大块厚敷料（如数层大块纱布、毛巾、塑料布、橡皮）紧紧堵塞创口，其大小应超过创口边缘5cm以上。在外面再盖以大块敷料压紧，用腹带、扁带、卷轴带等包扎固定，以达到不漏气为原则。

经上述处理之后，如有条件可进行强心、镇痛、止血、抗感染等治疗。为防止休克，可按伤情给予补液、输血、给氧及抗休克药物，随后尽快进行手术。

手术方法：

1. 保定与麻醉 尽量采用站立保定和肋间神经传导麻醉，以减少对肺脏代偿性呼吸的影响。伴有胸腔内脏器官损伤而需作胸腔手术的动物，可用正压氧辅助或控制呼吸，在全身麻醉与侧卧保定后进行。

2. 清创处理 创围剪毛消毒，取下包扎的绷带，然后以3%盐酸普鲁卡因溶液对胸膜面进行喷雾，以降低胸膜的感受性。除去异物、破碎的组织及游离的骨片操作时，防止异物在动物吸气时落入胸腔。对出血的血管进行结扎，对下陷的肋骨予以整复，并锉去骨折端尖缘。骨折端污染时，用刮匙将其刮净。对胸腔内易找到的异物应立即取出，但不宜进行较长时间的探摸。在手术中如动物不安，呼吸困难时，应立即用大块纱布盖住创口，待呼吸稍平静后再进行手术。

3. 闭合 从创口上角自上而下对肋间肌和胸膜作一层缝合，边缝边取出部分敷料，待缝合仅剩最后1～2针时，将敷料全部撤离创口，关闭胸腔。胸壁肌肉和筋膜作一层缝合。最后缝合皮肤。缝合要严密，以保证不漏气为度。较大的胸壁缺损创，闭合困难时可用手术刀分离周围的皮肌及筋膜，造成游离的筋膜肌瓣，将其转移，以堵塞胸壁缺损部，并缝合以修补肌肉创口。

4. 除积气 在病侧第七、第八肋间的胸壁中部（侧卧时）或胸壁中1/3与背侧1/3

交界处（站立或俯卧时），用带胶管的针头刺入，接注射器或胸腔抽气器，不断抽出胸腔内气体，以恢复胸内负压。

对急性失血的病畜，肌肉或静脉注射止血药物，同时要迅速找到出血部位进行彻底止血，防止发生失血性休克。必要时给予输血、补液，以补充血容量。输血可利用胸膜腔的血液，其方法是在严格无菌的条件下穿刺回收血液，经四层灭菌纱布过滤后，再回注于静脉内。

对脓胸的病畜，穿刺排出胸腔内的脓液，然后用温的生理盐水或林格氏液反复冲洗，还可在冲洗液中加入胰凝乳蛋白酶以分离脓性产物，最后注入抗生素溶液。

胸部透创在术后应密切注意全身状况的变化，让病畜安静休息，注意保温，多饮水，增加易消化和富有营养的饲料。全身使用足量抗菌药物控制感染，并根据每天病情的变化进行对症治疗。

三、胸腔积水

胸腔积水是胸腔内积有漏出液，胸膜并无炎症变化的一种疾病，是其他器官成全身性疾病的一种症状，常以呼吸困难为特征。

（一）病因

常因心脏疾病和肺脏的某些慢性疾病或静脉干受到压迫时，由于血液循环障碍而引起。慢性贫血和稀血症以及任何长期的消耗性疾病也可引起胸腔积水。

（二）症状

主要症状为呼吸困难，体温正常，心音高朗。胸壁叩诊时两侧呈水平浊音，其浊音界的位置随病犬体位的改变而变化。听诊时，在浊音区听不到肺泡音，高时可听到支气管呼吸音。常伴有腹水、心包积水和皮下水肿现象。

（三）诊断

本病与胸膜炎的鉴别可根据有没有热候、炎症、摩擦音、胸壁疼痛以及咳嗽等而确诊。胸膜炎发热、胸部疼痛、咳嗽、胸膜摩擦音，多发生于一侧，胸腔液为渗出液，含有大量纤维蛋白及蛋白质，李瓦他氏反应呈阳性。而胸水无全身症状，胸腔内的液体为漏出液，比较澄清稀薄、含有少量纤维蛋白及蛋白质，李瓦他氏反应呈阴性。

（四）治疗

原则是加强护理，限制饮水，强心利尿，排除积水。

强心利尿 可用咖啡因、水杨酸钠、洋地黄制剂、盐酸毛果芳香碱等皮下注射，以促进积水吸收。亦可注射泼尼松对预防胸膜粘连，加速液体吸收，有良好效果。

排除胸水 当胸腔积水过多，呼吸特别困难，有窒息危险时，可施行穿胸术排除积水，然后注入醋酸可的松25mg。

第三节　腹部疾病

一、腹壁透创

腹壁透创（penetrating wound of abdominal wall）是穿透腹膜的腹壁创伤。本病多伤及腹腔脏器，严重者可致内脏脱出，继发内脏坏死、腹膜炎或败血症，甚至死亡。

（一）病因

病因基本上同胸壁透创。此外，还可见于剖腹术后的并发症及动物相互撕咬。

（二）症状

腹壁透创有各种不同情况，主要分为四种类型。

1. 单纯性腹壁透创　指没有并发腹腔脏器损伤或脱出的腹壁透创。在刺创、弹创时，因创口小而周围有炎性肿胀及异物的覆盖，有时不易确诊。大的创口，内脏容易暴露，较容易作出诊断。

2. 并发腹腔脏器损伤的腹壁透创　最常见的为胃、肠穿孔，其内容物流入腹腔而引起腹膜炎。肝、脾和肾实质器官受损时易发生长时间的、大量的、间歇性出血，或急性大失血，引起死亡。肾和膀胱受损时，可发生血尿。膀胱破裂时，尿液流入腹腔，排尿减少或停止。

3. 并发肠管部分脱出的腹壁透创　小肠的管径小、蠕动强，易脱出，脱出的肠管受到不同程度的污染。当发生腹壁斜创时，脱出肠管可进入肌间，有时可进入腹膜与深层肌肉之间。

4. 脱垂肠管已有损伤的腹壁透创　脱垂肠管时间较长且有损伤，是一种较严重的腹壁透创。肠管及网膜有严重污染、破损、断裂，甚至坏死。

腹壁透创的主要并发症是腹膜炎和败血症，若伴随实质性器官或大血管损伤时可出现内出血、急性贫血，引起休克、心力衰竭，甚至死亡。

（三）治疗

腹壁透创的急救主要应根据全身性变化决定，预防或制止腹腔脏器脱出，采取止血措施，如有严重内出血症状还应立即输血或补液，防止失血性休克。

对单纯性腹壁透创，应严密消毒创围，彻底清理创腔，分层缝合腹壁。

对肠管脱出的腹壁透创应根据其脱出的时间和损伤的程度而选择治疗方法。若肠管没有损伤，色彩接近正常，仍能蠕动，可用温灭菌生理盐水或含有抗生素的溶液冲洗后送回腹腔。若肠管因充气或积液而整复困难时，可穿刺放气、排液。对坏死肠管或已暴露时间较长，缺乏蠕动力，即使用灭菌生理盐水纱布温敷后也不能恢复蠕动者，则应考虑作肠部分切除术，再进行肠管断端吻合。

对胃、肠破裂，胃肠内容物已流入腹腔的病例，应在缝合破损后，用温生理盐水反复冲洗腹腔，然后采用电动吸引器抽出或用消毒纱布块吸出冲洗液。

肝、脾及肾等实质脏器出血时，应使病畜保持安静，静脉或肌肉注射止血药物。若发现继续出血或有大出血时，应对相应脏器进行缝合止血，必要时采取输血、补液及抗休克措施。

腹壁闭合前，为了预防腹膜炎及脏器间粘连的形成，可于腹腔内注入抗生素。必要时安置引流管。

术后护理参考腹壁切开术。

二、胃扭转

胃扭转是胃幽门部从右侧转向左侧，导致食物后送机能障碍的疾病。本病多发生于大型犬。雄犬比雌犬多发。

（一）病因

致使胃脾韧带伸长、扭转的各种因素，如饱食后训练、打滚、跑、跳跃以及旋转等，均可引发犬的胃扭转。

（二）症状

发病急，突然发生腹痛，不安，卧地滚转。腹部膨满、腹部叩诊呈鼓音或金属音。腹部触诊敏感。病犬呼吸困难，脉搏频数。如不及时抢救，很快死亡。

（三）诊断与鉴别诊断

根据临床症状和胃管检查可以诊断。胃管插入困难或插不到胃，腹部膨满症状不见减轻者，可以确认胃扭转。

（四）治疗

剖腹探查及整复。确诊为胃扭转时，首先应开腹进行探查，结果则更明确。首先将胃内气体排出，用注射针头或用连接吸引装置的穿刺针穿刺，排出胃内气体后进行整复。如果胃内容物多而洗不出来，或胃内有肿块存在时，可行胃切开术，除去全部内容物，切除肿块。

整复后给予蛋白酶 0.2mg、乳酶生 1g、干酵母 4g，口服，每日 2～3 次。同时给予维生素 B_1、维生素 B_6、维生素 C 等。

手术后给予抗生素或磺胺类药物进行消炎抗菌，有助于术后愈合；必要时维持水和电解质平衡。

术后停喂 24～48h，停喂期间从静脉补充营养，以后可喂饲少量牛奶，肉汁稀食等易消化的食物，喂饲量要逐渐增加，直至达到正常饲喂。

三、肠套叠

肠套叠是指一段肠管及其附着的肠系膜套入到邻近一段肠腔内的肠变位。犬的肠套叠较多见，尤其幼犬发病率较高。多见于小肠下部套入结肠。因盲肠和结肠的肠系膜短，有时也发生盲肠套入结肠、十二指肠套入胃内。

（一）病因

主要由于过度活动和肠道的痉挛性蠕动所致，常见于犬细小病毒感染、犬瘟热、感冒、肠炎以及寄生虫寄生等的刺激；食入大量食物或冷水时，肠内气体增加，刺激局部肠道而产生剧烈蠕动，引起近端肠道套入远端肠道；幼犬断乳后采食新的食物引起吸收不良等；反复剧烈呕吐、肠肿瘤和肠道局部增厚变形，也能引起肠套叠。

（二）症状

急性型表现为高位性肠阻塞症状，几天内即可死亡。慢性型可持续数周不等。肠套叠病犬主要表现为食欲不振、饮欲亢进、顽固性呕吐、黏液性血便、里急后重、腹痛、脱水等。腹部触诊有紧张感，右下腹部可触摸到坚实而有弹性似香肠样的套叠肠段，粗细为肠管的2倍左右，套入长度不等。按套入层次分为三级，一级套叠如空肠套入空肠或回肠，回肠套入盲肠；二级套叠为空肠套入空肠再套入回肠；三级套叠为空肠套入空肠，又套入回肠，再套入盲肠。

（三）诊断与鉴别诊断

1. 根据顽固性呕吐、无大便及腹部触诊有香肠样物，可疑似本病。
2. X线检查，可见2倍肠管粗细的圆筒状软组织阴影，肠阻塞严重时，套叠部的肠壁间有气体阴影或出现双层结构。
3. 本病注意与直肠脱鉴别。当肠道突出肛门外时，用钝性探子插入直肠和突出肠道之间进行探诊，肠套叠时，探子插入很深。

（四）治疗

肠套叠初期，试用温肥皂水灌肠整复或腹壁触诊整复。有时用抗痉挛药物或麻醉药，也可使初期肠套叠自然复位。症状明显的犬，应尽快剖腹手术整复。若套叠时间过长，肠壁发生粘连或坏死，应切除病变肠段。

整复方法：一只手握住套叠部肠管的最外层，另一只手靠近肠管嵌入端轻轻拉出，当套入过紧难以拉出时，可在套叠部最外层肠管浆膜的近端沿纵轴划2～3个裂缝，便于复位。整复后，检查嵌入的肠段，对拉出5min后仍呈暗色或没有动脉搏动的肠段应切除，实施断端吻合术。难以整复的肠套叠可直接切除。对脱水的犬，要充分补液，有休克症状时可投予氢化可的松6～10mg/kg体重静脉注射。术后护理参照肠梗阻。

四、肠绞窄

本病是指小肠和结肠被腹腔某些条索或韧带绞结，使肠腔闭塞不通，引起血液循环障碍的疾病。

（一）病因

主要是因肠道外物体压迫，使肠腔迅速封闭所引起的高度充血性肠变位。过度跳跃、打滚、奔跑等，可使活动性大的肠段蠕动增强、痉挛或弛缓，而引起肠管绞窄。

（二）症状

持续性剧烈腹痛，食后呕吐，不时嚎叫、呻吟，回视腹部，不愿走动。可视黏膜发绀，肌肉震颤，肠音减弱或消失。严重的病犬、猫呈高度衰竭和脱水状态，体温降低。有的犬、猫可见大量呕血。

（三）诊断与鉴别诊断

通过外部触诊或X射线检查不难诊断。剖腹探查可明确病变部位及其程度。血液学检查，血沉减慢。腹腔穿刺液呈红色。

（四）治疗

投予镇痛剂缓解症状，注意纠正酸碱失衡和脱水，维持血容量。

早期剖腹手术，整复或切除坏死的肠段，做肠吻合术。术后全身投予抗生素，禁食48h，第三日可饲喂流质食物，尽量使犬、猫安静，避免运动。

五、肠梗阻

肠梗阻是肠腔的物理性或机能性阻塞，使肠内容物不能顺利下行，临床上以剧烈腹痛及明显的全身症状为特征。根据肠腔阻塞程度，可分为完全梗阻和不完全梗阻。

（一）病因

1. 物理性因素　有肠内异物（如犬、猫常误吞玩具、石块、牵引带、布条及绳索等）、粪便秘结、肠道寄生虫、肠道内外肿瘤、肠炎、肠套叠、肠绞窄、肠扭转、肠道手术后形成疤痕及疝等，使肠腔闭塞，造成机械性肠梗阻。

2. 功能性因素　支配肠壁的神经紊乱或发炎、坏死，导致肠蠕动减弱或消失；或肠系膜血栓，导致肠管血液循环发生障碍，继而使肠壁肌肉麻痹，肠内容物滞留。

（二）症状

主要表现神经性呕吐，呕吐物的性状及呕吐时间依阻塞部位和程度不同而异。不完全梗阻的仅在采食固体食物时发生呕吐，此时饮欲亢进。由于呕吐时吸入空气，胃肠道内产生气体以及分泌亢进等，使腹围膨胀和脱水。肠蠕动音先亢进后减弱，排出煤焦油样粪便，以后排便停止。阻塞和狭窄部位的肠管充血、淤血、坏死或穿孔时，可表现腹痛。

（三）诊断与鉴别诊断

1. 血清淀粉酶、脂肪酶升高，血清尿素氮在阻塞初期无变化，长期阻塞或肠管内出血时，轻度至中度升高。

2. X线检查，阻塞前部的肠管扩张，有特征性气体像。站立位时，可见液体与气体之间的水平线，阻塞部以下的肠管呈空虚像。

3. 肠道造影，投入钡剂后，肠道造影可确定阻塞部位。物理性肠梗阻的急性期，可见肠蠕动亢进或逆蠕动。疑似大肠被秘结粪便堵塞时，肠道造影可确定大肠的通过障碍。

（四）治疗

物理性阻塞时，手术除去阻塞物。阻塞部肠段发生坏死的，要切除坏死部分肠段，做肠断端吻合术。功能性阻塞时，因肠道功能丧失，对肠管扩张和内容物不能顺利下行的，可做肠腔缩窄整复手术。术后禁食48h，静脉补液。用高浓度葡萄糖时，每100ml加氢化可的松15mg，以预防静脉炎和静脉栓塞。补给能量的同时，要加维生素C和复合维生素B族。为控制感染，应选用青霉素、链霉素。禁食48h后，可饲喂肉汁等流质食物，3d后改为常食。

复习题

1. 食道狭窄的病因及治疗。
2. 气管异物的临床表现与治疗。
3. 胸壁透创及其并发症的治疗。

第八章 疝

第一节 疝的概述

疝（赫尔尼亚，hernia）是腹腔脏器从自然孔道或病理性破裂孔脱至皮下或其他解剖腔的一种常见病。各种年龄的犬、猫均可发生，但以幼犬多见。其他宠物也有疝的报道。疝可分为先天性和后天性两类。先天性疝多发生于初生幼犬，如脐疝、腹股沟阴囊疝等。后天性疝则见于各种年龄的犬，常因机械性外伤所引起，如外伤性腹壁疝。

一、疝的分类

根据向体表突出与否，凡突出体表者叫外疝，不突出体表者叫内疝（例如膈疝）。根据发生的解剖部位分为脐疝、腹股沟阴囊疝、腹壁疝、会阴疝等。

二、疝的组成

疝由疝孔（疝轮）、疝囊和疝内容物组成。

疝孔（疝轮）：是自然孔的异常扩大（如脐孔、腹股沟环）或是腹壁上任何部位病理性的破裂孔（如钝性暴力造成的腹肌撕裂），内脏可由此而脱出。疝孔是圆形、卵圆形或狭窄的通道，由于解剖部位不同和病理过程的时间长短不一，疝孔的结构也不一样。初发的新疝孔，多数因断裂的肌纤维收缩，使疝孔变薄，且常被血液浸润。陈旧性的疝多因局部结缔组织增生，使疝孔增厚，边缘变钝（图 8－1）。

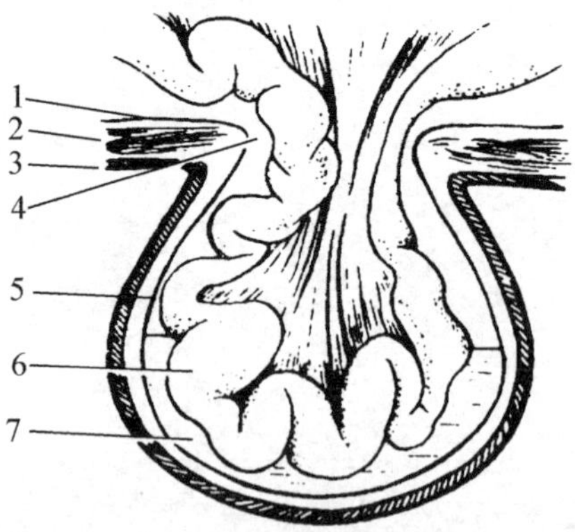

图 8－1 疝的模式图

1. 腹膜 2. 肌肉 3. 皮肤 4. 疝轮 5. 疝囊 6. 疝内容物 7. 疝液

疝囊：由腹膜及腹壁的筋膜、皮肤等构成，腹壁疝的最外层常为皮肤。根据各地通过手术治疗的病例报告，发现腹壁疝的腹膜也常破裂。典型的疝囊应包括囊口（囊孔）、囊颈、囊体及囊底。疝囊的大小及形状取决于发生部位的局部解剖结构，可呈卵圆形、扁平形或圆球形。小的疝囊常被忽视，大的疝囊可达拳头大小或更大，在慢性外伤性疝囊的底部有时发生脱毛和皮肤擦伤等。

疝内容物：为通过疝孔脱出到疝囊内的一些可移动的腹腔脏器，常见的有小肠，其次为子宫、膀胱等，几乎所有病例疝囊内都含有数量不等的浆液称为疝液。这种液体常在腹腔与疝囊之间互相流通。在可复性的疝囊内此种疝液常为透明、微带乳白色的浆液性液体。当嵌闭性疝时，起初由于血液循环受阻，血管渗透性增强，疝液增多，然后肠壁的渗透性被破坏，疝液变为混浊、呈紫红色，并带有恶臭腐败气味。在正常的腹腔液中仅含有少量的嗜中性白细胞和浆细胞。当发生疝时，如果血管和肠壁的渗透性发生改变，则在疝液中可以见到大量崩解阶段的嗜中性白细胞，而几乎看不到浆细胞，依此可作为是否有嵌闭现象存在的一个参考指征。当疝液减少或消失后，脱到疝囊的肠管等就和疝囊发生部分或广泛性粘连。

根据疝内容物的活动性不同，又可将疝分为可复性疝与不可复性疝。前者当改变动物体位或压迫疝囊时，疝内容物可通过疝孔而还纳到腹腔。后者是指用压迫或改变体位的方法疝内容物依然不能回到腹腔内，故称为不可复性疝。疝内容物不能回到腹腔的原因是：疝孔比较狭窄或者疝道长而狭；疝内容物与疝囊发生粘连；肠管之间互相粘连；肠管内充满过多的粪块或气体。如果疝内容物嵌闭在疝孔内，脏器受到压迫，血液循环受阻而发生淤血、炎症，甚至坏死等统称为嵌闭性疝。

嵌闭性疝又可分为粪性、弹力性及逆行性等数种。粪性嵌闭是由于脱出的肠管充满大量粪块而引起，增大的肠管不能回入腹腔。弹力性嵌闭是由于腹内压增高而发生，腹膜与肠系膜被高度牵张，引起形成疝孔的肌肉反射性痉挛，疝孔显著缩小。以上两种嵌闭性疝均使肠壁血管受到压迫而引起循环障碍、淤血，甚至引起肠管坏死。逆行性嵌闭是由于游离于疝囊的肠管，其中的一部分又通过疝孔钻回腹腔中，二者可都受到疝孔的弹力压迫，造成血液循环障碍（图8－2）。

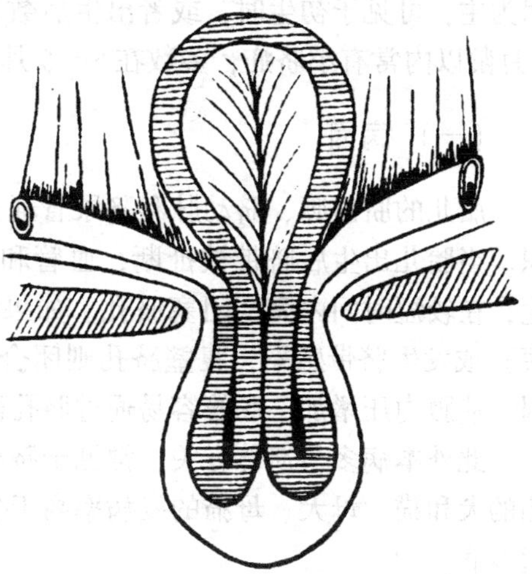

图8－2　逆行性嵌闭疝

三、症状

外疝中除腹壁疝外，其他各种疝如脐疝、腹股沟阴囊疝、会阴疝等的发病处都有其固定的解剖部位。腹壁疝可发生在腹壁的任何部位。非嵌闭性疝一般不引起动物的任何全身性障碍，而只是在局部突然呈现一处或多处柔软性隆起，当改变动物体位或用力压迫疝部时有可能使隆起消失，可触摸到疝孔。当动物腹压增加时，隆起变得更大，这表明疝囊内容物随时有增减的变化。外伤性腹壁疝由于腹壁的组织受伤程度不同，扁平的炎性肿胀范围也往往不同，严重的可从疝孔开始逐步向下向前蔓延，有时甚至可一直延伸到胸壁的底部或向前达到胸骨下方处，指压有水肿指痕。嵌闭性疝则突然出现剧烈的腹痛，局部肿胀增大、变硬、紧张，排粪、排尿受到影响，或发生继发性肠臌气。

四、诊断

腹壁疝诊断并不困难，应注意了解病史，并从全身性、局部性症状中加以分析，要注意与血肿、脓肿、淋巴外渗、蜂窝织炎、精索静脉肿、阴囊积水及肿瘤等作鉴别诊断。

第二节　常见的疝

一、脐疝

脐疝（umbilical hernia）腹腔器官经扩大的脐孔脱至皮下所形成的疝叫脐疝。其内容物多为大网膜、镰状韧带及小肠等，各种宠物均可发生，但以幼犬多发。一般以先天性原因为主，可见于初生时，或者出生后数天或数周。多数病例肿胀愈来愈大。犬、猫在2～4月龄以内常有小脐疝，多数在5～6月龄后逐渐消失。

（一）病因

胎儿的脐静脉、脐动脉和脐尿管通过脐管走向胎膜，它们的外面包围着疏松结缔组织。当胎儿出生后脐带被扯断，血管和脐尿管就变成空虚不通，而在四周则结缔组织增生，在较短时间内完全闭塞脐孔。如果断脐不正确（如扯断脐带血管及尿囊管时留得太短）或发生脐带感染，腹壁脐孔则闭合不全。此时若动物出现强烈努责或用力跳跃等原因，使腹内压增加，肠管容易通过脐孔而进入皮下形成脐疝。

此外本病多与遗传有关，常见于脐部先天性发育异常、脐孔闭锁不全以及腹壁发育缺陷的犬和猫。母犬、母猫的发病率高于公犬、公猫。母猫过分舔仔猫脐部时，也有可能引起本病。

（二）症状

脐部呈现局限性球形肿胀，质地柔软，也有的紧张，但缺乏红、肿、热、痛等炎性反应。病初多数能在挤压疝囊或改变体位时疝内容物还纳到腹腔，并可摸到疝轮，仔犬在饱腹或挣扎时脐疝可增大。听诊可听到肠蠕动音。脐疝一般由核桃大小可发展至拳头大小，甚至更大。由于结缔组织增生及腹压大，往往摸不清疝轮。少数病例疝内容物与疝囊发生粘连，疝内容物不能还纳腹腔，发生嵌闭性脐疝，血液供应障碍，局部出现肿胀、疼痛等，患病犬、猫出现精神沉郁，弓背收腹，食欲废绝，严重者可出现休克。因此手术时必须仔细剥离。

（三）诊断与鉴别诊断

本病诊断较易。用手触摸脐部，如内容物可退缩，又能感觉到疝轮，即可做出诊断。

也可进行X线诊断。但应与脐部肿胀、感染和肿瘤相区别，必要时可用穿刺法进行诊断与鉴别诊断。

（四）预后

可复性脐疝预后良好，在幼犬经保守疗法常能痊愈，疝孔由瘢痕组织填充，疝囊腔闭塞而疝内容物自行还纳于腹腔内。箝闭性疝预后可疑，如能及时手术治疗，预后良好。

（五）治疗

非手术疗法（保守疗法）适用于疝轮较小，年龄小的动物。可用疝带（皮带或复绷带）、强刺激剂等促使局部炎性增生闭合疝口。但强刺激剂常能使炎症扩展至疝囊壁以及其中的肠管，引起粘连性腹膜炎。国内有人用95%酒精（碘液或10%～15%氯化钠溶液代替酒精），在疝轮四周分点注射，每点3～5ml，取得了一定效果。

幼龄动物可用一大于脐环的、外包纱布的小木片抵住脐环，然后用绷带加以固定，以防移动。若同时配合疝轮四周分点注射10%氯化钠溶液，效果更佳。

手术疗法比较可靠。术前禁食。按常规无菌技术施行手术。全身麻醉或局部浸润麻醉，仰卧保定，切口在疝囊底部，呈梭形。皱襞切开疝囊皮肤，仔细切开疝囊壁，以防止损伤疝囊内的脏器。认真检查疝内容物有无粘连和变性、坏死。仔细剥离粘连的肠管，若有肠管坏死，需实行肠部分切除术。若无粘连和坏死，可将疝内容物直接还纳腹腔内，然后缝合疝轮。若疝轮较小，可做荷包缝合，或纽孔缝合，但缝合前需将疝轮光滑面作轻微切割，形成新鲜创面，以便于术后愈合。如果病程较长，疝轮的边缘变厚变硬，此时一方面需要切割疝轮，形成新鲜创面，进行纽孔状缝合；另一方面在闭合疝轮后，需要分离囊壁形成左右两个纤维组织瓣，将一侧纤维组织瓣缝在对侧疝轮外缘上，然后将另一侧的组织瓣缝合在对侧组织瓣的表面上。修整皮肤创缘，皮肤作结节缝合。

（六）术后护理

术后不宜喂得过饱，限制剧烈活动，防止腹压增高。术部包扎绷带，保持7～10d，可减少复发。连续应用抗菌素5～7d。

二、横膈膜疝

横膈膜疝是一种内疝，是指肝、胃肠等腹腔脏器通过横膈膜裂隙进入胸腔的疾病。

（一）病因

本病有先天性和后天性两种，先天性的是由于在胚胎期膈未能完全闭合所引起，若在胚胎期腔静脉裂孔、主动脉裂孔及食道裂孔不能形成皱襞，愈合不良，则残留先天性横膈膜裂孔而使腹腔脏器反套入此部，从而形成横膈膜疝。后天性的多由于从高处坠落等剧烈的腹压压向胸腔或贯通性损伤等造成横膈膜破裂，而形成横膈膜疝。

（二）症状

膈疝一般无特征性的临床症状，先天性病例多见于仔犬。表现为呼吸困难，尤其是在采食固体料时更为剧烈，病犬严重呕吐，腹痛，弓背收腹，精神沉郁，生长发育缓慢。如果小肠进入胸腔内，胸部听诊可闻肠蠕动音。肝脏嵌入较窄的横膈膜裂孔时，由于肝脏的损害，肝功能异常。血清转氨酶和碱性磷酸酶等升高，血清尿素氮升高。后天性的急性病例多为外伤所致。根据腹腔脏器进入胸腔的多少，常出现不同程度的呼吸困难，腹式呼吸明显，腹围缩小，黏膜苍白，如有血管损伤，往往可有内出血，甚至出现休克症状，心跳加快，脉搏细数，并有轻度发烧。采用 X 线摄影可看到横膈膜阴影部分。硫酸钡造影可确认消化管位置移动或胸腔内是否有消化管像等。

（三）诊断与鉴别诊断

本病的诊断较为困难，确切诊断应全面了解病史，根据临床症状、触诊、叩诊以及 X 线摄影及硫酸钡消化道造影等检查，超声波检查也有利于本病的诊断。

（四）治疗

急性横膈膜疝的治疗，首先应使患病犬、猫安静，呼吸平稳，输氧，输液，必要时，给予输血，防止窒息，控制休克后必须马上手术，对闭锁破裂部修补。

手术根据 X 线检查确定腹壁左或右侧皮肤切口，切口在肋弓后 2cm。切口开始在腹中线沿肋弓切开左或右侧腹腔。

筋膜和肌肉组织（腹直肌和腹斜肌）在同一方向切开，然后分开横筋膜，注意出血血管的结扎，切开腹腔。需要好的光源，首先看到脱出到胸腔的腹腔器官，术者手能触及膈的裂口，裂口通常位于膈的背侧，如果裂口向后延伸，腹部切口需要向后扩大。腹腔切开后，助手使用扩创器扩大切口，提高肋弓，术者还纳腹腔内肠管，胃和肝从膈裂口拉回腹腔，有时脱出器官相当多，这时需要应用灭菌纱布卷探入腹腔填塞隔离保持膈裂口清楚，便于缝合；腹腔器官不再进入胸腔，检查膈的撕裂口，应用较粗丝线间断缝合裂口，第一个缝线从裂口最深处开始。有时裂口涉及到胸壁膈的附着肌肉，膈的边缘缝合要直接缝到肋间肌上。要注意，创伤深处的缝合一定不要损伤食道和大的血管。在器官还纳和膈的缝合时要注意观察呼吸运动，膈松弛时肺脏膨胀，只有在这时期缝合比较容易。

在最后缝合打结之前，肺完全膨胀，从胸腔内排出所有空气。膈一定保持密闭，在呼吸时一定不能听到口哨音，此时空气进入肺内。纱布卷从腹腔取出，注意不要使异物留在腹内。腹腔撒布青霉素粉剂，用来防止粘连。使用缝线缝合腹腔各层，皮肤使用间断缝合。

（五）术后治疗及注意事项

全身给予抗生素，防止术后感染，纠正全身水电解质酸碱平衡紊乱。保持患畜安静，减少活动。术后给予流食，多给予饮水。给予富含丰富蛋白质维生素食物。畜舍保持卫生清洁，及时除去粪尿。皮肤缝线 7～10d 后拆除。

三、腹股沟阴囊疝

腹股沟阴囊疝（inguinal hernia and scrotal hernia）是腹腔脏器通过腹股沟管脱入鞘膜

腔内。本病多见于公犬。母犬常发生腹股沟疝。

（一）病因

腹股沟阴囊疝有遗传性。正常情况下，胎儿的睾丸在怀孕的后期下降至腹股沟管的下方，在出生前或出生后，睾丸下降至阴囊，腹股沟管关闭。若腹股沟环过大，则容易发生疝。常在出生时发生（先天性腹股沟阴囊疝），或在出生几个月后发生，若非两侧同时发生则多半见于左侧。后天性腹股沟阴囊疝主要是腹压增高而引起的，如公犬配种时，腹内压加大，可能发生腹股沟阴囊疝；还可发生于保定时因剧烈挣扎而加大腹内压力所引起。

对于中年未去势的母犬，多因妊娠，剧烈运动和肥胖使腹内压增大，腹股沟内环孔变大引起腹腔内脏突出。猫呈散发性。

（二）症状

临床上腹股沟疝常在内容物被嵌闭、出现腹痛时才发现，或只有当疝内容物下坠至阴囊，发生腹股沟阴囊疝时才引起注意。疝内容物可能是小肠、膀胱、子宫等。

单侧或双侧腹股沟部隆起，质地柔软呈面团状，无红、热、痛等炎症现象。疝的大小不等，外观差异很大，从小到难以看出至大到似含有怀孕的子宫或膀胱。母犬大腹股沟疝可向阴部扩展，类似会阴疝；公犬的阴囊疝多为单侧发生，呈索状肿胀。可压迫腹股沟环处静脉或淋巴回流，出现睾丸和精囊肿胀和水肿。由于腹股沟环小，疝内容物易发生嵌闭，使局部肿胀更明显。

（三）诊断

根据临床症状较易作出诊断。但注意与阴囊积水、睾丸炎与附睾炎、阴囊肿瘤等的区别。前者触诊柔软，疝囊的大小随体位的变化或腹压的增减可增大或减小。后两者局部触诊肿胀稍硬，在急性炎症阶段有热痛反应。

临床上也容易与肠便秘等腹痛性疾病相混淆，在投给泻剂后使病情加重时更应考虑是否存在本病，必要时，也可采用 X 线摄影或造影检查。

（四）治疗

嵌闭性疝具有剧烈腹痛等全身性症状，只有立即进行手术治疗（根治疗法）才可能挽救其生命。可复性腹股沟阴囊疝，尤其是先天性的，有可能随着年龄的增长而逐渐缩小其腹股沟环而达到自愈，但本病的治疗还是以早期进行手术为宜。

手术治疗阴囊疝时应该在全身麻醉下进行，既可消除努责，又便于整复脱出的内容物。整复手术常与去势术同时进行。切口选在靠近腹股沟外环处，一般在阴囊颈部正外侧方纵切皮肤，然后剥离总鞘膜，并将其引出创外，立即整复疝内容物，将总鞘膜及精索捻转数周后于距离腹股沟外环约 1～2cm 处，用铬制肠线双重结扎精索，随即连同总鞘膜一并切除睾丸。将切断精索的游离端送回腹股沟管中作为生物填塞，用结扎肠线闭合腹股沟外环，一般在每边缝 1～2 针，然后撒布青霉素粉，皮肤做结节缝合。

对于腹股沟阴囊疝肠管脱出较多、且又发生嵌闭时，必须先用肠钳夹住病变肠管再扩大腹股沟外环，以改善脱出肠管的血液循环，并同时用温热的灭菌生理盐水纱布托住嵌闭的肠管，视其颜色能否由暗紫红色转为鲜红色，肠蠕动能否逐步恢复。根据各地经验，凡是介于恢复与不能恢复之间的要特别慎重，多数勉强保留下来的肠管还是不能避免坏死的结局，所以要果断地做肠切除术与断端吻合术。有人曾对嵌闭性腹股沟阴囊疝肠管已处于坏死状态的病例做过比较试验，究竟是先扩开疝门，然后做肠切除术，还是先用肠钳夹住病变肠管再用扩开疝门的方法。结果前者病畜在短期内出现中毒性休克症状，若抢救不及时可死于手术过程；而后者采取先夹住坏死肠管然后再切开腹股沟管的手术方法成功率更高。

四、会阴疝

会阴疝（perineal hernia）是由于盆腔肌组织缺陷，腹膜及腹腔脏器向骨盆腔后结缔组织凹陷内突出，以致向会阴部皮下脱出。疝内容物常为膀胱、肠管或子宫等。本病常见于未去势的老年公犬。

会阴是体壁的一部分，覆盖于骨盆后口，环绕肛门与尿生殖道周围。盆腔由肛提肌、尾肌、荐坐韧带、臀浅肌、闭孔内肌及肛外括约肌等组成，形成一管口向后的、漏斗形管道，供直肠和肛门通过。

（一）病因

本病的病因较复杂，包括先天性、各种原因引起的盆腔肌无力和激素失调等，慢性便秘使盆腔不能支撑直肠等，均可引起发病。确切的病因目前尚不十分明了。妊娠后期、难产、严重便秘、强烈努责或脱肛等情况下，常诱发本病；脱出通道可以为腹膜的直肠凹陷（雄性）、直肠子宫凹陷（雌性）或直肠周围的疏松结缔组织间隙；公犬前列腺肿大与会阴疝的发生有一定关系；瘦弱的动物，特别是发生习惯性阴道脱的动物易发生本病。

（二）症状

明显的症状是排粪努责和会阴隆起。以单侧会阴疝多见。且大多数为右侧会阴疝。可见患病犬、猫肛门腹外侧、会阴部出现柔软、波动的皮下肿胀，如患双侧会阴疝，则肛门向后脱垂。手推可整复。若肿胀质硬和疝痛多为嵌闭性疝。会阴部皮肤充血、水肿或溃疡。疝内容物多为膀胱或前列腺。用手指进行直肠检查时可通过直肠壁触知。

（三）诊断与鉴别诊断

根据病史、临床症状和直肠检查可做出诊断。手指直肠检查有助于证实疝内容物。必要时，可采用X线检查。

（四）治疗

保守疗法：只能适当缓解症状，如给病犬、猫服用轻泻剂和激素治疗等，对使粪便变软，增加排粪量，减轻前列腺增生有一定作用，但不能根治本病。本病的根治在于手术疗法。

保守疗法基本无效，手术修补的效果良好。手术方法如下：术前禁食12～24h；温水灌肠，清除直肠内蓄粪，导尿。行倒立保定或头颈低于后躯的斜台面、后躯半仰卧位保定，全身麻醉。手术径路在肛门外侧，自尾根外侧向下至坐骨结节内侧作一弧形切口。钝性分离打开疝囊，避免损伤疝内容物。辨清盆腔及腹腔内容物后，将疝内容物送回原位。复位困难时，可用夹有纱布球的长钳抵住脏器将其送回原位。为了防止再次脱出，也可用麦粒钳或长止血钳夹住疝囊底，沿长轴捻转几圈，然后在钳子上套上线圈，用另一把钳子把线圈推向疝囊颈部，在尽可能的深处打一个外科结，并在靠近疝囊的地方进行结扎，其残余部分可保留作为生物学栓塞。在漏斗状凹陷部可见到直肠壁终止于括约肌，可利用肛门括约肌来封闭此凹陷窝。在直肠壁底部后端可见到阴部内动脉、静脉和阴部神经，注意不要误伤。在漏斗状凹陷的上部是软而平的尾肌，从尾肌到肛门括约肌上部用肠线作2～3针缝合，暂不打结，然后再由侧面的荐坐韧带到肛门括约肌作1～3针荷包缝合。漏斗状凹陷的下壁是软而平的闭锁肌，由此肌到肛门括约肌作2～3针结节缝合。由于位置深而造成操作困难，可利用人工辅助光源进行照明。每进行一次缝合要用一把止血钳夹住缝线末端放在一边，以免最后把缝线搞乱，在结束所有缝合后清洗或注射抗生素，然后再打结。疏松而多余的皮肤应作成梭形切口，皮切口结节缝合，覆以胶绷带。经过10～12d拆线。公犬一般同时施行去势术。

（五）术后护理

保持术部清洁干燥，遇有粪便污染时应随时清除并消毒或换绷带。术后应避免腹压过大或强烈努责，对并发直肠或阴道脱的病例亦应采取相应措施，以减少会阴疝的复发。

五、腹壁疝

腹壁疝是指腹腔内脏器经腹壁破裂孔脱至皮下。

（一）病因

本病多见于腹壁外伤，如在车祸、摔跌、动物相互撕咬等情况下，往往可能出现腹壁肌层或腹膜破裂而表层皮肤仍保留完整。腹腔手术之后，腹壁切口内层缝线断开、切口开裂，而皮肤层愈合良好，内脏器官脱至皮下，形成腹壁疝。

（二）症状

患病犬、猫腹壁皮肤囊状突起，大小随疝内容物多少和性质不同而异，触诊局部可以摸到疝环，内容物的质地随脱出的脏器不同而异。早期腹壁疝其内容物一般可以还纳，但如发生局部炎症，则触摸时可感知疝的轮廓不清，如发生嵌闭，则疝内容物不能还纳，囊壁紧张，出现急腹症症状，腹痛不安，食欲废绝，呕吐，发热，严重者可出现休克。

（三）诊断与鉴别诊断

本病的诊断主要根据病史、临床特点进行，用手触诊可感觉到疝轮，同时，可触及其内容物，即可做出诊断。鉴别诊断时应与腹腔肿瘤等相鉴别。

（四）治疗

本病应行手术治疗。手术时，全身麻醉，仰卧保定，前高后低姿势。按常规在肿胀处剪毛消毒，在肿胀部中心皱起处切开皮肤，分离皮下组织，找到疝囊，将疝内容物还纳于腹腔，分别找到腹膜和腹壁肌层，并做新的创口且予以修整，对腹膜和腹壁肌层做连续螺旋式缝合，再对皮肤层修整，切除多余的皮肤，做结节缝合，必要时，做减张缝合。在缝合腹底壁疝时，用褥式缝合或减张缝合法。急性外伤性腹壁疝时，往往伴有多发性损伤，所以，在手术整复之前需先稳定病情，改善全身状况。

复习题

1. 疝的组成。
2. 疝的临床症状与治疗。
3. 会阴疝及腹股沟阴囊疝的治疗。

第九章　直肠与肛门疾病

第一节　直肠疾病

一、直肠歪曲

直肠歪曲是老龄犬的一种常见疾病。

（一）病因

由于直肠韧带松弛所致。会阴疝时常并发直肠歪曲。

（二）症状

最明显的症状是排便困难，表现里急后重、企图排便时阴部膨出。

（三）诊断

指检可发现囊袋形成和直肠侧曲。直肠灌钡 X 线摄片检查，可见直肠歪曲。

（四）治疗

饲喂流质、易消化、营养丰富、含纤维少而有缓泻作用的饮食。

去势是直肠歪曲的主要治疗方法，可提高直肠韧带的张力，减低直肠歪曲程度。假若病况没有改善，应进行直肠矫正术。

二、直肠脱垂

直肠脱俗称脱肛（rectal prolapse），是直肠末端黏膜或直肠的一部分向外翻出而脱垂于肛门之外。如脱出组织仅为直肠黏膜，即称为部分脱出。如脱出的组织包括肠壁的各层，则称为完全脱出。犬不分品种和年龄都可发生本病，但年轻犬更易发生。

（一）病因

直肠脱是由多种原因综合作用的结果，但主要原因是直肠韧带的松弛，直肠黏膜下层组织和肛门括约肌松弛和机能不全；而完全脱出则是由于直肠发育不全、萎缩、直肠内新生物或神经营养不良，致使直肠壁与周围组织结合松弛无力而引起直肠脱；直肠脱的诱因是腹内压增高，如频频努责、里急后重、腹泻、便秘、前列腺炎、病理性分娩时，由于腹内压增高，促使直肠向外突出。此外饲喂缺乏蛋白质、水和维生素的多纤维性饲料，严重感染蛔虫、球虫等的青年犬易发。先天性直肠括约肌无力的波士顿小猎犬在发育期，比其他品种犬易发。

（二）症状

轻症者在病犬卧地或排便后，直肠部分脱出，直肠黏膜的皱襞往往在一定时间内，不能自行复位，在肛门口处见到团球形肿胀物，表面呈淡红或暗红色。重症者直肠完全脱出，肛门口处突出圆筒状下垂的肿胀物。由于脱出的肠管被肛门括约肌按压，而导致血液循环障碍形成水肿，甚至发生黏膜出血、糜烂、坏死和继发损伤。此时常伴有全身症状，体温升高，食欲减退，精神沉郁，并且频频努责，做排便姿式。

（三）诊断

依据临床症状即可作出诊断。但应注意判断有否并发套叠和直肠疝。单纯性直肠脱呈圆筒状肿胀脱出，向下弯曲下垂，手指不能沿脱出的直肠与肛门之间向骨盆腔的方向插入，而伴有直肠套叠的脱出时，脱出的肠管由于后肠系膜的牵引，而使脱出的肿胀物向上弯曲，坚实而厚，手指可沿直肠与肛门之间向骨盆腔方向插入，没有障碍。

（四）治疗

病初及时治疗便秘、下痢、阴道脱等原发病，并注意饲喂流质、含纤维少的饮食，充分饮水，但禁止饲喂牛奶，因为牛奶可使努责加重。对脱出的直肠，则根据具体情况，参照下述方法及早进行治疗。

1. 整复　是治疗直肠脱的首要任务，其目的是使脱出的肠管恢复到原位，适用于发病初期或黏膜性脱垂的病例。整复应尽可能在直肠壁及肠周围蜂窝组织未发生水肿以前施行。先用0.1%高锰酸钾溶液、2%明矾溶液、0.1%新洁尔灭溶液或温防风汤（防风、荆芥、薄荷、苦参、黄柏各12g，花椒3g，加水适量煎沸两次，去渣，候温待用）清洗患部，除去污物或坏死黏膜，挤出水肿液，然后用手指谨慎地将脱出的肠管还纳原位。为了保证顺利地整复，可将犬两后肢提起，为了减轻疼痛和挣扎，最好全身麻醉。在肠管还纳复原后，可在肛门处给予温敷以防再脱。

2. 剪黏膜法　是我国民间传统治疗家畜直肠脱的方法，适用于脱出时间较长，水肿严重，黏膜干裂或坏死的病例。其操作方法是按“洗、剪、擦、送、温敷”五个步骤进行。先用温水洗净患部，继以温防风汤冲洗患部。之后用剪刀剪除或用手指剥除干裂坏死的黏膜，再用消毒纱布兜住肠管，撒上适量明矾粉末揉擦，挤出水肿液，用温生理盐水冲洗后，涂1%～2%的碘石蜡油润滑，然后从肠腔口开始，谨慎地将脱出的肠管向内翻入肛门内。在送入肠管时，术者应将手指随之伸入肛门内，使直肠完全复位。最后在肛门外进行温敷。

3. *固定法* 在整复后仍继续脱出的病例，则需考虑将肛门周围予以缝合，缩小肛门孔，防止再脱出。方法是距肛门孔1～3cm处，做一肛门周围的荷包缝合，收紧缝线，保留1～2指大小的排粪口，打成活结，以便根据具体情况调整肛门口的松紧度，经7～10d左右病犬不再努责时，则将缝线拆除。

为防止病犬努责，可采用镇静剂（如巴比妥），或直肠涂以局麻药（如可卡因）软膏。排粪困难时，可用温热的液状石蜡50ml灌肠，使粪便软化。

4. *直肠周围注射酒精或明矾液* 本法是在整复的基础上进行的，其目的是利用药物使直肠周围结缔组织增生，借以固定直肠。临床上常用70%酒精溶液或10%明矾溶液注入直肠周围结缔组织中。方法是在距肛门孔1～2cm处，肛门上方和左、右两侧直肠旁组织内分点注射70%酒精3～5ml或10%明矾溶液5～10ml，另加2%盐酸普鲁卡因溶液3～5ml。注射的针头沿直肠侧直前方刺入1～5cm。为了使进针方向与直肠平行，避免针头远离直肠或刺破直肠，在进针时应将食指插入直肠内引导进针方向，操作时应边进针边用食指触知针尖位置并随时纠正方向。

5. *直肠部分截除术* 手术切除用于脱出过多、整复有困难、脱出的直肠发生坏死、穿孔或有套叠而不能复位的病例。

（1）*麻醉* 全身麻醉。

（2）*手术方法* 常用的有以下两种方法：

直肠部分切除术：在充分清洗消毒脱出肠管的基础上，取两根灭菌的兽用麻醉针头或细编织针，紧贴肛门外交叉刺穿脱出的肠管将其固定。最好先插入直肠一根橡胶管或塑料管，然后用针交叉固定，进行手术。对于仔猪和幼犬，可用带胶套的肠钳夹住脱出的肠管进行固定，且兼有止血作用。在固定针后方约2cm处，将直肠环形横切，充分止血后（应特别注意位于肠管背侧痔动脉的止血），用细丝线和圆针，把肠管两层断端的浆膜和肌层分别做结节缝合，然后用单纯连续缝合法缝合内外两层黏膜层。缝合结束后用0.25%高锰酸钾溶液充分冲洗、蘸干，涂以碘甘油或抗生素药物。

黏膜下层切除术：适用于单纯性直肠脱。在距肛门周缘约1cm处，环形切开达黏膜下层，向下剥离，并翻转黏膜层，将其剪除，最后顶端黏膜边缘与肛门周缘黏膜边缘用肠线作结节缝合。整复脱出部，肛门口作荷包缝合。

当并发套叠性直肠脱时，采用温水灌肠，力求以手将套叠肠管挤回盆腔，若不成功，则切开脱出直肠外壁，用手指将套叠的肠管推回肛门内，或开腹进行手术整复。为防止复发，应将肛门固定。

6. 普鲁卡因溶液盆腔器官封闭，效果良好。

（五）护理

手术后喂以麸皮、米粥和柔软饲料，多饮温水，防止卧地。根据病情给予镇痛、消炎等对症疗法。

第二节　肛门疾病

一、锁肛

锁肛是指肛门被皮肤封闭而无肛门孔的先天性畸形。母犬锁肛，常在直肠和阴道之间有一永久性通道，形成直肠阴道瘘。

（一）病因

在胚胎早期，尿生殖窦后部和后肠相接共同形成一空腔称泄殖腔。在胚胎发育过程中，由中胚层向下生长，将尿生殖窦与后肠完全隔开，前者发育为膀胱、尿道或阴道等，后者则向会阴部延伸，发育为直肠。会阴部出现凹陷称原始肛，遂向体内凹入与直肠盲端相遇，中间仅有一膜状隔称肛膜，以后肛膜破裂即成肛门。但其中有个别的后肠、原始肛发育不全或发育异常，则可出现锁肛或肛门与直扬之间被一层薄膜所分隔的畸形。

本病可能与遗传有关。后天继发性锁肛可能因为是胚胎时期，后肠和原始肛发育障碍，造成直肠盲端与原始肛之间的肌膜较厚，生后破裂孔小，或因胚胎时期，原始肛发育异常，过早过深地凹入体内，以后由于周围组织的发育造成肛门狭窄。犬出生后因肛门狭窄而排粪困难，引起肛门局部组织破裂，由于炎性增生，使肛门孔闭锁后形成一道小褶。

（二）症状

先天性锁肛的仔犬出生后数日腹围逐渐增大，表现不安、呕吐、频频努责，努责时肛门周围膨胀，膨胀严重的犬，表现呼吸困难。并发直肠阴道瘘者，则粪便可从阴道或尿道排出。继发性锁肛的仔犬有排便史，常于2～3日龄左右发现腹部胀满，触诊腹壁紧张，能触及硬粪块。听诊肠音弱，尾根下部皮肤完好，努责时突出，触之有弹性，相当于肛门部位有一道横向的小褶，并附有干粪迹。

（三）治疗

惟一的治疗方法是施行人造肛门术。在相当于肛门的部位，切割并剥离一圆形皮瓣，暴露并切开直肠盲端，将肠管的黏膜缝在皮肤创口的边缘上，即造成人工肛门。

二、肛囊炎

肛囊炎（anal succulitis）是肛门囊内的腺体分泌物贮积于囊内，刺激黏膜而引起的炎症。本病常见于小型犬和猫，大型犬很少发生。

（一）病因

犬的肛门囊位于内、外肛门括约肌之间的腹侧，左右各 1 个，呈球形。中型犬的肛门囊直径为1mm 左右。肛门囊以 2～4mm 长的管道开口于肛门黏膜与皮肤交界部。把犬、猫尾部上举时，开口部突出于肛门，易于看到。肛门囊内衬以腺体，分泌灰色或褐色含有小颗粒的皮脂样分泌物。当肛门囊的排泄管道被堵塞或犬为脂溢性体质时，其腺体分泌物发生贮积，即可发生本病。

有人认为肛门囊炎与饲喂不合理、软便、缺乏运动、肛门外括约肌功能失调并伴有阴部神经病变、肛周瘘及瘢痕组织形成有关，使肛门囊蓄积的分泌物排空障碍，而发生肛门囊炎。另一些人则持相反的观点，认为肛门囊发炎在先，使肛门周围腺分泌增加，进而堵塞肛门囊管，导致肛门囊感染并发生脓肿。所以该病的因果关系还有待于进一步研究。此外，肥胖犬、猫的肌肉节律性运动失调，也可使肛门囊内容物排泄受阻而发生本病。

（二）症状

病犬、猫肛门呈炎性肿胀，常可见甩尾、擦舔并试图啃咬肛门，排便困难，拒绝抚拍臀部。接近犬、猫体时可闻到腥臭味。炎症严重时，肛门囊破溃，流出大量黄色稀薄分泌液，其中混有脓汁。肛门探诊，可见肛门处形成瘘管，疼痛反应加重。

（三）诊断

根据临床症状可初步诊断，通过直肠探诊或直肠镜检查，可以确诊。

（四）治疗

1. 除去内容物　把犬、猫尾举起暴露肛门，用拇指和食指挤压肛门囊开口部，或将食指插入肛门与外面的拇指配合挤压，除去肛门囊的内容物。然后，向囊内注入消炎药等。0.3%碱性品红溶液于清创后涂在肛门囊破溃处，或灌肠后用绷带卷蘸饱和品红液，塞入直肠内，2～3次即可奏效。

2. 肛门囊炎症较重并伴有全身症状的犬、猫　应全身抗感染治疗。如有复发，可向囊内注入复方碘甘油，每日3次，连用4～5日。然后注入碘酒，每周1次直至痊愈为止。

3. 肛门囊已溃烂或形成瘘管时，宜手术切除肛门囊　手术时持钝性探针插入肛门囊底部，助手用止血钳固定外侧皮肤，纵向切开皮肤，彻底切除肛门囊，清除溃烂面、脓汁及坏死组织，破坏瘘管。修整新鲜创口，撒抗生素粉剂，局部压迫止血，常规缝合。术后肌肉注射青霉素100万IU、链霉素80万IU，每日两次。局部用双氧水或生理盐水清洗，碘酊消毒，涂消炎软膏，每日1次。在手术过程中，最重要的是勿损伤肛门括约肌、提举肌、直肠后动静脉和阴部神经的分支。

术后4d内喂流食，减少排便，防止犬、猫坐下及啃咬患部，每天带犬、猫散步两次。

三、肛周瘘

肛周瘘（Perianal fistulae）是慢性肛周感染在肛门附近形成的瘘管，一端通入肛管，一端通于皮外。多发于犬，猫等其他动物也可见到。

（一）病因

多数肛瘘继发于肛管周围脓肿、肛囊炎等；由于脓肿破溃或切开排脓后，伤口不愈合形成感染通道；也可由肛门外伤、先天性发育畸形所致。

（二）症状

取决于瘘管侵害的范围。其主要临床表现为肛瘘的外口有脓汁流出，局部皮肤受刺激而引起瘙痒，流脓的多少与瘘管的大小及其形成时间有关，较长的新生瘘管排脓量多，有时外口由于表皮增生而覆盖形成假性愈合，管内脓液蓄积，局部肿胀疼痛。甚至出现发热、精神沉郁等全身感染症状。当脓肿再次破溃，积脓排除后症状消失。上述表现反复发作是瘘管的临床特点，有时形成多个外口，成为复杂瘘管。

另外很多表现为排便困难，里急后重，从肛周瘘管中流出血液和恶臭脓汁，若是内外瘘，还可从瘘管外口排出粪便和气体。有的出现慢性便秘，偶见继发性巨结肠，厌食、体重减轻等症状。

（三）诊断

根据临床表现，若肛周脓肿破溃或切开引流久不愈合，并不断流出脓液，即可确诊为肛周瘘。根据瘘管外口的大小、数目、位置推断肛瘘的类型。诊断时应检查瘘管的走向，找到瘘管内口，一般采用下面几种方法。

1. 探针检查　宜用软质探针，从外口插入，沿管道轻轻向肛管方向探入，用手指伸入肛门感知探针是否进入，以确定内口。但若是弯瘘或外口封闭则探针无法探诊。

2. 注入色素　常用5%亚甲蓝溶液，首先在肛管和直肠内放入一块湿纱布，然后将亚甲蓝溶液由外口缓缓注入瘘管，若纱布染成蓝色，表示内口存在。但因有的瘘管弯曲，加之括约肌收缩，瘘管闭合，阻碍染料进入，所以纱布未染色也不能绝对排除瘘管的存在。

3. X线造影　于瘘管内注入30%～40%碘甘油或12.5%碘化钠溶液，或用次硝酸铋和凡士林1∶2做成糊剂，加温后注入瘘管，X线摄影可显示瘘管部位及走向。但此法与注入色素相似，上面所涉及的因素使显影液难以注入则不能显影。

4. 手术探查　经临床检查仍不能确定内口时，可在手术中边切开瘘管边探查寻找。

（四）治疗

1. 非手术法　肛周瘘很少自然愈合，手术是主要疗法。极个别不能手术的病例，可用非手术疗法，以减轻症状，防止瘘管蔓延，但不能治愈。给予富于营养的饲料，安静休息，用温水洗涤肛门，洗后擦干，保持肛门部清洁，尽量避免腹泻和便秘，减少尾根、尾毛对肛门部的压迫和摩擦刺激，若有炎性肿胀、疼痛或脓汁较多，可用局部清洗、广谱抗生素及理疗等。

2. 肛瘘切开或切除　肛周瘘手术首先必须找到内口，并了解内口和瘘管与括约肌之间的关系。一般采用手指检查或注入染料的方法，然后用探针从外口向内口穿出留置，切开探针上部分的瘘管，并刮除其中的肉芽组织，压迫止血。剪去两侧多余的皮肤，不使创缘皮肤生长过快而影响愈合，创面敷以凡士林纱布。术后伤口开放，引流通畅，使肛管内部伤口小，外部伤口大，便于肛管内部伤口比外部伤口先行愈合，防止伤口浅部愈合过速，深部形成新的管道。如伤口较大，可先部分缝合以加速愈合，完全缝合伤口的方法多因感染而失败，故不主张用。

3. *冷冻疗法*　冷冻疗法是通过冷冻使瘘管里感染的组织变性坏死以治疗瘘管的一种方法。曾被许多人认为是一种有潜力的方法，可以保护健康组织并促进病部肉芽加速愈合。然而临床实践证明，此法难以达到这一目的，因为冷冻的过程使周围健康组织损害的程度比外科手术或切除破坏更为严重，且术后肛门狭窄的发病率明显上升，故目前已很少有人应用。

4. *激光疗法*　激光疗法是应用高能激光的热效应、压强效应将瘘管破坏、切开或切除，使之治愈的一种治疗方法。目前常用的有 CO_2 激光、Nd-YAG 激光等。

CO_2 激光肛瘘切开术。只有一个外口的肛瘘用探针经外口插入瘘管，仔细寻找内口，探针经内口引出，并拖至肛门外，用 CO_2 激光聚焦光束，沿探针指引方向，将瘘管全层切开。陈旧的瘘管需用 CO_2 激光将管内炎性组织及管壁气化去除，同时将整个创面热凝处理，使其表面形成一层白色凝固保护膜，伤口用纱布条引流。前位瘘管采取外部激光切开引流，内部挂线的方法处理。有条件辅以 He-Ne 激光照射创口，照射时间 10～15min，每天一次。若为两个以上的瘘管，应分期治疗为妥。

Nd-YAG 激光瘘管内壁凝固术。在用探针判断瘘管的方向和长度后，用一手的食指插入肛门或直肠内，另一手持光导纤维，将光纤经外口插入内口（直肠内的手指可感触到光导纤头），再将光纤退离内口约 2mm，踩动脚踏开关，用以调试好输出功率的 Nd-YAG 激光来回在瘘管内凝固 3 次，彻底破坏瘘管内壁。

无论用 CO_2 激光行肛瘘切开术或肛瘘切除术，还是以 Nd-YAG 激光进行瘘管内壁凝固术，均具有处理方法简便、失血少、病程短等特点，是一种行之有效的方法。

复习题

1. 直肠脱和肛门脱的临床症状及不同治疗方法。
2. 肛周瘘的治疗。
3. 锁肛的治疗方法。

第十章　泌尿生殖器官疾病

第一节　肾脏疾病

一、急性肾小球肾炎

宠物的急性肾小球肾炎简称急性肾炎，是一种由感染后变态反应引起的以肾脏弥漫性肾小球损害为主的疾病。临床上以水肿、高血压、血尿和蛋白尿为特征。

（一）病因

本病病因尚未完全阐明。一般认为与感染、中毒等因素有关。

1. *感染因素*　多由于溶血性链球菌、肺炎双球菌、葡萄球菌、脑膜炎双球菌等感染所致。此外，犬瘟热病毒、结核杆菌、传染性肝炎病毒、钩端螺旋体等感染亦可引发肾炎。

2. *中毒因素*　内源性中毒，如胃肠道炎症、代谢性障碍疾病、皮肤疾病、大面积烧伤时所产生的毒素、代谢产物或组织分解产物等；外源性中毒，如摄食霉败食物、有毒物质（砷、汞、磷等），均可引起肾炎。

肾小球肾炎的发病机理尚不十分明确。已有的临床和实验观察表明肾炎并非微生物直接感染肾脏，而是由感染后产生的变态反应引起。

肾小球肾炎变态反应性致敏可有两种情况。一是微生物产生的毒性物质或其他毒物，经血液循环进入肾脏，与血管球毛细血管基底膜的黏多糖结合形成结合抗原，并产生相应的抗体，当重新感染或持续存在于体内的微生物与抗体在血管球毛细血管基底膜上发生反应，就可能引起基底膜损伤和肾小球性肾炎。另一种情况是免疫复合物的沉着。即病原体（抗原）的刺激，产生相应的抗体，当抗原和抗体达到一定量时，二者在血液中结合为可溶性抗原－抗体复合物，这种复合物随血液循环流经肾脏时，在血管球毛细血管内皮下沉积为颗粒状透明蛋白样的物质，并吸附血液中的补体。抗原－抗体－补体复合物具有阳性趋化性，吸引大量中性粒细胞集聚在基底膜上，并释放出溶酶体酶，对局部组织有破坏作用，同时还能引起肥大细胞释放组织胺，结果引起血管通透性增高和急性肾小球肾炎的一系列变化。

（二）症状

病犬精神沉郁，体温升高，厌食，有时发生呕吐，排便迟滞或腹泻。

肾区敏感，触诊肾区疼痛，肾脏肿大。病犬不愿活动，站立时，背腰弓起，后肢集拢于腹下。强迫运动时，运步困难，步态强拘，小步前进。

病犬频频排尿，但尿量较小，个别病例见有血尿或无尿。

动脉血压升高，主动脉第二心音增强。病程延长时，可出现血液循环障碍和全身静脉淤血现象，可见眼睑、胸腹下发生水肿。当出现尿毒症时，则呈现呼吸困难，衰弱无力，意识障碍或昏迷，全身肌肉痉挛，体温降低，呼出气中带有尿味。

（三）诊断

根据病史、临床症状及实验室检查结果，可以确诊。

尿液检查 尿量减少，比重稍增高，蛋白含量增多。尿沉渣内有透明颗粒、红细胞管型，有时尚见有上皮管型及散在的红细胞、肾上皮细胞、白细胞、病原菌等。

血液检查 红细胞数轻度减少，白细胞数正常或偏高，血沉加快。严重病例血中非蛋白氮升高。

肾功能测定 表现不一，大多数病例有程度不同的功能障碍，以肾小球滤过率的改变最为明显，内生肌酐清除率或尿素消除率均显著降低。

（四）治疗

治疗原则是加强护理、消炎、利尿、抑制免疫反应，防止尿毒症的发生。

加强护理 将病犬置于清洁、温暖、通风良好的犬舍中。病初1～2d应给予无盐的优质低蛋白饮食。

1. *消炎* 可用较大剂量的抗生素，加氨苄青霉素10mg/kg体重，口服，6h一次；红霉素5～10mg/kg体重，静脉注射，每天两次，链霉素10～20mg/kg体重，肌肉注射，每天3次；四环素20mg/kg，口服，每天3次，或7～10mg/kg体重，静脉注射，每天两次。卡那霉素7～10mg/kg体重，肌肉注射，每天两次。但对严重肾脏功能障碍时，禁用磺胺类药物，以免形成肾结石。

2. *利尿* 水肿或少尿者，可用除汞制剂以外的利尿剂，如双氢克尿塞2～4mg/kg或利尿磺胺（速尿）1～3mg/kg，口服，每天两次。必要时可静脉注射利尿合剂（普鲁卡因0.1～0.2g，10%葡萄糖200ml）或脱水剂（山梨醇、甘露醇等）。

3. *抑制免疫反应* 多选用强的松或强的松龙，抗癌药物能抑制抗体形成，故具有免疫抑制效应，可选用环磷酰胺、氮芥等。

4. *对症治疗* 如并发急性心力衰竭、高血压、血尿或尿毒症时，则应进行对症处理。

二、慢性肾小球肾炎

慢性肾小球肾炎简称慢性肾炎，是指肾小球发生弥漫性炎症，肾小管发生变性以及肾间质发生细胞浸润和结缔组织增生的一种慢性肾脏疾病。

（一）病因

慢性肾小球肾炎的发生病因与急性肾小球肾炎基本相同，唯其刺激作用轻微，但持续时间较长。此外，急性肾小球肾炎未被彻底控制，病程延常可转变为慢性肾小球肾炎。

（二）症状

慢性肾小球肾炎发展缓慢，临床表现多种多样，有的症状不明显，有的出现明显的水肿、高血压、血尿或尿毒症；尿量不定，初期多尿后期少尿；病程长短不一，轻者几个月可痊愈，重者可延长几年，有的反复发作。

（三）诊断

根据病程、临床症状及尿液检查，可以确诊。

慢性肾小球肾炎的潜伏期尿蛋白较少，活动期常增多，晚期反而减少。尿沉渣中可见大量颗粒和透明管型。红细胞管型出现常提示肾炎的急性发作。晚期病例可见粗大的颗粒及蜡样管型。

（四）治疗

慢性肾小球肾炎治愈较为困难，且易有反复。其治疗方法与急性肾小球肾炎相同。根据肾炎的发病机理，归纳治疗环节及措施如表 10－1。

表 10－1　慢性肾炎的治疗环节及措施

治疗环节	治疗原则	治疗措施
针对抗原	避免接触抗原	预防感染
	除去抗原	治疗感染，除去感染病灶或肿瘤
针对抗体	抑制抗体形成	抗癌药物、糖皮质激素
针对炎症介质	抑制补体活性	肝素
	抑制纤维蛋白形成	肝素、苄丙酮香豆素、尿激酶
	抑制血小板凝集	肝素、糖皮质激素、消炎痛、潘生丁、阿司匹林、降糖灵
	抑制中性粒细胞趋化及吞噬作用	糖皮质激素、消炎痛、阿司匹林
	抑制激肽、组织胺及慢性反应物质的释放	色甘酸二钠、海群生

三、间质性肾炎

间质性肾炎是在肾间质发生的以单核细胞浸润和结缔组织增生为特征的非化脓性肾炎。

（一）病因

本病的病因尚未完全清楚，一般认为与感染、中毒性因素有关。某些细菌性、病毒性传染病（犬瘟热、传染性肝炎等）及钩端螺旋体病时可见到间质性肾炎。病原体产生的毒素及蛋白质分解产物，有时可引起间质性肾炎。

（二）症状

间质性肾炎发生缓慢，初期症状不明显。后期由于肾小管和肾小球狭窄或阻塞，而出现尿量减少或增多，比重增高或降低，皮下发生水肿。血压升高、心脏肥大，心搏动增强，主动脉第二心音增强，脉搏充实、紧张。触诊肾脏呈坚实感，体积缩小，但无疼痛。

（三）诊断

根据病史、临床症状及尿液检查，一般可以确诊。

尿液检查可见少量的红细胞、白细胞、肾上皮及透明、颗粒管型。一般无蛋白尿。

（四）治疗

应用药物治疗一般不奏效，重要的是加强护理，调节饮食，给予无刺激性、低蛋白、低盐的食物。有并发症时，应对症治疗。

四、肾盂肾炎

肾盂肾炎是细菌侵入肾盂、肾小管系统及肾间质所引起的化脓性炎症。

（一）病因

肾盂肾炎主要是由于病原微生物感染所致，常见的致病菌有大肠杆菌、葡萄球菌、链球菌、绿脓杆菌、变形杆菌、产气杆菌、肺炎杆菌等。极少数可由真菌、原虫、病毒的感染致病。

尿路流通不畅（如泌尿道结石、肿瘤、前列腺肥大、尿道狭窄、膀胱麻痹等）、尿路畸形（肾发育不全、多囊肾等）、机体抵抗力降低（如糖尿病、肝硬化、营养不良、慢性腹泻、长期使用激素等），对于诱发肾盂肾炎起着一定的作用。

病原微生物一般可经下列三种感染途径侵入肾脏：

1. 血源性（下行性）感染　当犬患全身性传染病或局部化脓性疾病时，病原微生物及其毒素可经血液循环途径侵入肾脏，先在肾小球毛细血管网内形成细菌性栓塞，然后移行至肾小管的集合管，并在其周围的间质形成小脓肿。最后通过肾乳头到达肾盂，引起肾盂炎症。

2. 尿源性（上行性）感染　病原微生物从尿道经膀胱和输尿管而逆行进入肾盂。开始时肾盂黏膜发生化脓性炎症，随后炎症不断发展，并沿集合管上行，在肾小管及其周围组织相继引起化脓性炎症，形成许多小脓肿，甚至坏死。脓肿向肾小管腔破溃，致腔内充满脓细胞和细菌，形成脓尿和菌尿。

3. 淋巴性感染　当与肾脏相邻的肠管发生病变时，病原微生物及其毒素可沿淋巴途径侵入肾盂。

在一般情况下，经上述途径侵入的病原微生物并不一定都能引起炎症。只有当机体抵抗力降低时，特别是在肾盂发生淤血、黏膜损伤、尿液蓄积或有其他病理变化时，可能导致肾盂肾炎的发生。

（二）症状

肾盂肾炎为重剧的化脓性肾炎，且炎症经常波及输尿管和膀胱等器官，故全身症状比较明显，病犬精神沉郁，食欲减退，消化不良，且有腹泻及腹痛症状。体温升高，一般在39.5～40℃，多呈弛张热或间歇热，病犬多拱腰站立，行走时背腰僵硬，不灵活。触诊肾区疼痛，肾脏体积增大。病犬频频排尿，病初尿量减少，排尿困难。尿液混浊，混有黏液、脓液和大量蛋白。随着病程的发展，出现心脏衰弱，严重者见有贫血。

（三）诊断

根据临床症状及肾区触诊变化，并结合尿液检查结果，可以进行诊断。

尿液检查时见有少量蛋白、白细胞增多、大量脓细胞、肾盂上皮细胞等，即为肾盂肾炎的指征。必要时可作尿液培养和菌落计数，以此确诊。

（四）治疗

治疗原则是抑制病原微生物的繁殖，增强肾盂的活动机能，促进尿液和炎性产物的排出，加速恢复过程。

根据尿培养和药物敏感试验，可选用呋喃嘧啶、磺胺异恶唑、磺胺甲基异恶唑、三甲氧苄胺嘧啶、复方新诺明、链霉素、氯霉素或庆大霉素等。

为促进炎性产物的排出及尿路消毒，可应用利尿剂和尿路消毒剂。

五、肾盂积水

一侧或两侧肾的尿液排出受阻而引起肾盂扩张，称为肾盂积水。

（一）病因

肾盂积水的发生原因可由尿路机械性或功能性阻塞所引起。

尿路机械性阻塞　常见于肾及输尿管的先天性异常，尿路的炎症、结石、肿瘤；膀胱痉挛；腹部的肿瘤、妊娠后期的子宫或前列腺肥大对尿路的压迫等。

尿路功能性阻塞　常见于中枢神经和末梢神经病变。

（二）症状

一侧性肾盂积水，一般可由另一侧肾脏代偿性肥大而保持着肾功能，故无明显的临床症状。两侧性肾盂积水可发生肾功能不全和尿毒症。

（三）诊断

诊断肾盂积水必须搞清尿路阻塞部位及肾损害程度。当输尿管阻塞所致肾盂扩张时，肾盂造影对诊断积水有特殊价值，借此可以了解肾脏的大小、肾盂扩张情况、阻塞部位及排空速度。利用同位素肾图检查方法，也有利于确诊。

（四）治疗

其原则是消除阻塞，恢复排尿。

两侧性肾盂积水治疗方法与间质性肾炎相同。一侧性肾盂积水，病情严重时，可施行病肾切除术。

六、淀粉样肾病

淀粉样物质沉积在肾小球的毛细血管基底膜上，肾小球内充满淀粉样物质，称为淀粉样肾病。它是一种以慢性经过为主的疾病。

（一）病因

在伴有组织崩解的慢性消耗性疾病（如传染性肝炎、结核病、钩端螺旋体病等）、慢性化脓性炎症和蛋白质代谢障碍时，可发生淀粉样物质在肾内沉积，引起淀粉样肾病。

淀粉样肾病的发病机理尚未完全清楚。一般认为，蛋白质、水和电解质的代谢障碍是淀粉样肾病发生形态学变化的基础。物质代谢障碍引起组织内胶体渗透压增高和肝脏生成血浆蛋白能力降低，同时，毛细血管由于营养障碍和代谢产物的影响而通透性增高。肾脏血管球毛细血管通透性的增高，首先引起低分子的血浆白蛋白随尿大量丧失，呈现高度的蛋白尿和低蛋白血症。血浆中白蛋白减少，则与球蛋白的比值发生改变，进而随着血管的通透性增高加剧，球蛋白也可能被滤出。血浆内蛋白总量下降，使血浆渗透压剧烈下降。综合这些因素，就会引起显著的水肿。由于血液中球蛋白减少，致抗体球蛋白不足。对感染的抵抗力降低，所以低蛋白血症的发展，是淀粉样肾病恶化的主导环节。

（二）症状

淀粉样肾病所呈现的临床症状，依肾脏病变程度有所不同。病情轻者，仅见有引起淀粉样肾病的原发病的固有症状。尿中可见有少量蛋白质和肾上皮细胞。当尿呈酸性反应时，亦可见有少量管型，但尿量不见明显变化。病情重者，见有蛋白尿、少尿、管型尿、显著水肿、低蛋白血症和贫血。此外常伴有腹泻和严重的腹腔积水。但不伴有血尿、血压升高和氮质血症。

（三）诊断

根据临床症状、尿液检查及血液学检查结果，可以确诊。血液学检查血浆中总蛋白含量降低，血浆胆固醇含量增高。

（四）治疗

日前尚无有效疗法。但对伴发的进行性肾功能衰竭应进行对症治疗，具体治疗方法参考肾功能衰竭。

七、多囊肾

肾组织中有许多囊腔，腔内充满液体的肾脏病变，称为多囊肾。主要见于幼犬。

（一）病因

多囊肾多数是先天性的发育异常，是由隐性常染色体遗传的结果。

肾脏的系统发生有其特殊性，肾单位与集合小管分别由不同的胚基独立分化形成，在肾脏形成的一定时期，两者又联结起来。当肾单位与集合小管的联结发生异常时，肾单位形成的尿液不能排出，则在肾单位的管腔内潴留，使管腔扩张，结果出现囊腔。

（二）症状

仔犬出生后就存在多囊肾、表现双侧肾脏肿大、柔软、表面不平，多伴发少尿或无尿、血尿、蛋白尿、高血压、心脏肥大等。常合并肾结石及尿路感染。晚期可发展为尿毒症。

（三）诊断

通过腹部触诊、X线摄片、超声波检查或剖腹探查，可以确诊。

X线腹部摄片可见肾影增大、轮廓不规则。静脉肾盂造影或逆行肾盂造影可见肾盂被拉长、肾盂变平或呈半月状。超声波检查可见积液的囊腔。

剖腹探查发现肾脏组织有许多囊肿，表面不平，囊壁光滑、柔软。

组织检查切面可见皮质和髓部有许多囊腔，呈蜂窝状，腔内充满无色或淡黄色透明的液体或胶样物。显微镜检查见囊壁覆有变形的肾小管上皮细胞及皱缩的肾小球残迹。囊腔间有残存的肾小球和肾小管，但多呈现不同程度的萎缩。

（四）治疗

日前尚无特效疗法，只能针对并发症进行处理。

八、急性肾功能衰竭

急性肾功能衰竭是指由于各种致病因素所引起的肾实质急性损害，是一种危重的急性综合症。临床上以少尿或无尿、蛋白血症、水和电解质代谢失调、血钾含量升高为特征。

（一）病因

急性肾功能衰竭可分为机能性肾功能衰竭和器官性肾功能衰竭。

机能性肾功能衰竭　大多是由肾前性因素，如严重创伤、急性失血、休克、中毒感染等所引起。

器质性肾功能衰竭　主要是肾小球炎症及肾小管的急性变性、坏死所致。

（二）症状

根据急性肾功能衰竭的经过和临床表现，可分为少尿期、多尿期及恢复期。

1. *少尿期* 本期除表现为原发病的症状外，可见尿量迅速减少、水肿、高血压、心力衰竭、高血钾症、酸中毒等症状。

2. *多尿期* 此期突出的表现为多尿。病犬耐过了少尿期之后，随着肾血流量的改善，肾间质水肿消退，肾小管阻塞逐渐消失，肾小球滤过机能也能渐次恢复，因而潴留在机体内的水和电解质转向排泄，毒性代谢产物也开始排出。肾小管上皮细胞已经开始再生修复，但新生的上皮细胞重吸收和分泌机能尚差，故出现尿量显著增多。随尿量增多，水肿开始消退，血压逐渐下降，血内氮质代谢产物浓度在多尿期反而上升，以后逐渐降低。由于浓缩功能不佳，大量水、盐丧失，出现低血钾症。

3. *恢复期* 病犬经少尿、多尿期后，组织中蛋白质被大量破坏，体力消耗严重，故在恢复期时，常表现四肢无力、消瘦、肌肉萎缩，有时显示外周神经炎症状。个别病例可能转变为慢性肾功能衰竭。

（三）诊断

急性肾功能衰竭可根据临床症状及实验室检查结果进行诊断。

1. *尿液检查* 少尿期尿量减少，尿呈酸性，尿比重偏低，尿钠浓度偏高，并可发现蛋白质、红细胞、白细胞及各种管型；多尿期尿量增多，尿比重仍偏低，尿中红细胞及各种管型消退，白细胞仍增多。

2. *血液检查* 在病程经过中伴有白细胞总数增多，中性粒细胞比例增高，血红蛋白降低。血液中非蛋白氮、肌酐、尿素、磷酸盐、硫酸盐、血清钾增高（6～8mg/L）。血清钠、氯及二氧化碳结合力降低。

3. *液体补充试验* 急性肾功能衰竭引起的少尿与脱水引起的少尿难于鉴别时，可作液体补充试验，即静脉补液500ml，待液体输完后静脉注射速尿10mg，如仍无尿成尿比重低者可认为急性肾功能衰竭。

（四）治疗

1. *少尿期* 除治疗原发病外，应严格控制摄入水量，供给足够的热量，限制蛋白质的供给。

2. *防治休克* 应及时的补液和输血。避免使用收缩肾脏血管的药物（如去甲肾上腺素）。对机能性肾功能衰竭应解除肾血管痉挛，可试用肾区透热、利尿合剂（普鲁卡因0.1g、氨茶碱0.1g、咖啡因0.1g、维生素C 0.5g、10%葡萄糖200ml）以及适当应用血管扩张药（如苄胺唑啉、多巴胺等）。

3. *处理高血钾症* 应用胰岛素10IU，加入25%葡萄糖溶液100ml中，静脉注射或静脉注射5%碳酸氢钠溶液100ml，使钾离子转入细胞内。若已出现心律失常可静脉注射10%葡萄糖酸钙溶液20ml，因钙离子有颉颃钾离子对心肌的毒害作用。钠型阳离子交换树脂10g加入25%山梨醇溶液100ml中，进行高位灌肠，可除去肠道内的钾离子。

4. *纠正代谢性酸中毒* 除静脉注射5%碳酸氢钠溶液外，如有心力衰竭、严重水肿、高血压者，可用三羟甲基氨基甲烷（THAM）100ml 以 1～2 倍葡萄糖溶液稀释后缓慢静脉注射。

5. 控制感染　应选用对肾脏无毒性的抗生素，如红霉素、氯霉素、氨苄青霉素等。

6. 多尿期　此期仍按少尿期的治疗原则处理。当尿量增多时，应密切注意是否伴有低钠、低钾血症，如发现降低可静脉注射葡萄糖生理盐水和口服氯化钾。

7. 恢复期　应补充营养，给予高蛋白、高碳水化合物和维生素丰富的饮食。

九、慢性肾功能衰竭

慢性肾功能衰竭是指残存的肾单位不能充分排出代谢产物和维持内环境的恒定，就会引起代谢产物及有毒物质在体内逐渐潴留，水及电解质和酸碱平衡紊乱。

（一）病因

慢性肾功能衰竭主要是由急性肾功能衰竭演变而来，或因尿道结石所致。

（二）症状

按症状程度，可将慢性肾功能衰竭分为四期，见表 10－2。

表 10－2　慢性肾功能衰竭分期及其症状

病期	Ⅰ期（储备能减少期）	Ⅱ期（代偿期）	Ⅲ期（非代偿期）	Ⅳ期（尿毒症期）
肾小球滤过率	>50%	50%～30%	30%～50%	<5%
尿量	正常	多尿	少尿	尿闭
血清电解质	正常	有时降低	多降低	降低
Na^{+}	正常	正常	有时降低	升高
K^{+}	正常	正常	降低	降低
Ca^{2+}	正常	正常	升高	升高
PO_4^{3-}	血清肌酐和血液	正常	代谢性酸中毒	代谢性酸中毒
酸碱平衡	尿素氮（BUN）轻度升高	轻度贫血，脱水，心力衰竭等	中度、重度贫血，尿素氯升高，达到 130mg/dl 以上	出现多种临床症状
其他				

（三）治疗

参考急性肾功能衰竭的治疗。

十、尿毒症

尿毒症是由于肾功能衰竭致使有毒物质在体内蓄积而引起的机体自体中毒综合征，是肾功能衰竭的最严重的表现。

（一）病因

严重的肾功能衰竭可导致尿毒症。尿毒症的发生与下列因素有关：

1. *尿素中毒*　尿素是引起尿毒症的特异性毒物。当尿素经肠壁排入肠腔，再经肠道内细菌尿素酶的作用，可分解为氨及胺盐（碳酸铵、氨基甲酸铵），氨具有毒性作用，若被吸入血，可引起神经系统中毒症状。

2. *肠道毒性物质作用*　由于肾功能衰竭，使肝脏解毒机能降低。这样，由肠道来的有毒物质，如酚、酪胺、苯乙二胺等被吸收入血后，既不能经肝脏解毒，又不能从肾脏排出，必然在血液中蓄积引起中毒症状。

3. *胍类化合物作用*　胍类化合物是体内蛋白质的分解产物，包括甲基胍、胍乙酸和胍基琥珀酸等。患尿毒症时，尿中胍乙酸排出减少，血中胍乙酸增多、可抑制氨基转移酶；甲基胍在血中含量增高，能抑制乳酸脱氢酶、ATP 酶活性、抑制氧化磷酸化，从而导致抽搐等神经症状。此外，还可使病犬发生胃肠炎、心包炎等。胍基琥珀酸有抑制血小板粘着和淋巴细胞转化的作用，因此容易发生出血和免疫功能低下。

4. *酸中毒*　由于肾功能衰竭常导致酸性代谢产物排出障碍而发生酸中毒，而酸中毒可引起呼吸、心脏活动改变及昏迷症状。

（二）症状

尿毒症可引起各种器官发生机能障碍。

1. *神经系统*　主要表现神经沉郁、昏迷或痉挛。

2. *循环系统*　常有肾性高血压、左心室肥大和心力衰竭，晚期可听到心包摩擦音。

3. *呼吸系统*　酸中毒时呼吸加深加快，呈周期性呼吸困难，如陈－施二氏呼吸、库斯摩尔氏呼吸等。由于代谢产物潴留，可引起尿毒症性支气管炎、肺炎、胸膜炎，并出现相应的症状。

4. *消化系统*　初期表现消化不良和肠炎症状，如厌食、呕吐、腹泻、口有尿臭味、口腔黏膜发生溃疡。

5. *血液系统*　有不同程度的贫血。晚期可见皮下有淤血斑、鼻衄、牙龈出血、消化道出血等。

6. *皮肤*　皮肤干燥，弹力减退，有脱屑、发痒。皮下常发生水肿。

7. *电解质平衡紊乱*　常伴发高钾低钠血症、高磷低钙血症和高镁低氯血症。

（三）诊断

有肾脏病史并出现典型症状者，比较容易诊断。对于无肾脏病史者诊断比较困难，必须结合实验室检查。

1. *尿液检查*　尿比重明显降低。有少量蛋白质、红细胞及管型。

2. *肾功能检查*　显示尿酚红排泄率下降，尿浓缩功能减退。内生肌酐比率降低。

3. *血液检查*　血浆中尿素氮、肌酐值增高。二氧化碳结合力降低。

（四）治疗

1. *病因治疗*　针对引起尿毒症的病因进行相应的处理，如及时治疗肾炎解除尿道阻塞，改善肾微循环等。

2. 食饵疗法　给予优质低蛋白高热量的食物，不能进食者可由静脉供给营养。

3. 促进蛋白合成　隔日或每周肌肉注射两次苯丙酸诺龙或丙酸睾丸酮 10～20mg。

4. 纠正水、电解质和酸碱平衡紊乱　尿毒症时常伴有水和钠的丢失，因此，对无明显水肿、少尿、严重高血压和心力衰竭者，一般不应限制水和钠的摄入，并可适当地进行补液和补钠。但如有严重水肿和无尿者，应停止补给。

血钾升高时，可口服钠型阳离子交换树脂 5g，每天 3 次，或静脉注射 25% 葡萄糖溶液 100ml 加胰岛素 10 IU 高血磷低血钙时，口服氢氧化铝凝胶 10ml，每天 3 次，可阻止磷的吸收，减少钙的丧失。尿毒症在中毒纠正后。血钙游离度低，可产生低钙性抽搐，故在补碱前先静脉注射 10% 葡萄糖酸钙溶液 10ml。为了纠正酸中毒，可补充碱性溶液。

5. 对症治疗　呕吐时，可肌肉注射或口服灭吐灵 5mg，每日两次；或肌肉注射氯丙嗪。

贫血或出血时，宜少量输入新鲜血液。出血严重者，可酌情应用抗血纤溶芳酸、止血环酸或 6 – 氨基乙酸。

有抽搐者可先静脉注射安定 5mg，以后加用苯妥英钠 100mg 或苯巴比妥钠 100mg，肌肉注射。

6. 透析疗法　尿毒症经药物治疗后肾功能仍继续减退，可试用腹膜透析方法。

第二节　膀胱疾病

一、膀胱炎

膀胱炎是指膀胱黏膜和黏膜下层的炎症。多由病原微生物感染所致，临床上以疼痛性频尿、尿沉渣中见有多量膀胱上皮、脓细胞、红细胞为特征。按其炎症的性质可分为卡他性、纤维素性、化脓性、出血性膀胱炎。常发于雌性犬、猫。

（一）病因

主要是由于病原微生物感染、邻近器官炎症的蔓延以及膀胱黏膜的机械刺激或损伤等因素所引起。

1. 病原微生物感染　多由非特异性细菌感染，如化脓杆菌、葡萄球菌、大肠杆菌、变形杆菌等。病原菌可通过血液循环或尿道侵入膀胱。此外，也可因导尿时消毒不彻底造成感染。

2. 邻近器官炎症的蔓延　当患肾炎、输尿管炎、尿道炎、阴道炎、子宫内膜炎时，可蔓延至膀胱而发炎。

3. 机械性损伤　多因导尿管损伤膀胱黏膜或膀胱结石、新生物的刺激而引起炎症。

（二）症状

1. 急性膀胱炎　特征性症状是排尿频繁和疼痛。病犬频频排尿或呈排尿姿势，但每次排出的尿量较少或呈点滴状并不断流出。排尿时病犬表现焦急。严重者由于膀胱颈部肿胀或膀胱括约肌痉挛而引起尿闭，此时病犬疼痛不安。经腹壁触诊膀胱时，表现敏感，膀胱空虚或充满尿液。尿液混浊，混有多量黏液、脓汁或坏死组织碎片。有强烈的氨臭味。全身症状不明显，若炎症波及深部组织，可有体温升高，精神沉郁。

2. *慢性膀胱炎* 症状较急性膀胱炎轻，亦无排尿困难，但病程较长。

（三）诊断

根据病史、临床症状、膀胱触诊变化和尿液检查结果，即可做出诊断。

1. *尿液检查* 采取自然排尿或穿刺导尿，在光镜下检查。尿中混有多量白细胞并呈现混浊时为脓尿，呈褐色时为血尿，具有氨臭味。尿中查到细菌时，说明膀胱已被感染。若同时出现脓尿、血尿、蛋白尿和细菌尿时，说明为尿路感染。膀胱炎的蛋白尿是血细胞成分和黏膜渗出液导致的。

2. *血液检查* 膀胱炎一般无白细胞增加和嗜中性白细胞核左移。这些变化可与肾盂肾炎或前列腺炎相区别。

3. *X线检查* 可诊断出一些并发症如尿结石、肿瘤、尿道异常，膀胱内憩室和慢性膀胱炎等。

（四）治疗

治疗原则是改善饲养管理，抑菌消炎、防腐消毒及对症治疗。

改善饲养管理 首先应使病犬适当休息，喂给无刺激性、营养丰富的优质食物，并给予清洁的饮水。对高蛋白食物，应适当地加以限制。

局部疗法 首先是冲洗膀胱，用微温生理盐水反复冲洗后，再用药液冲洗。如以消毒为目的。可用1%～2%硼酸溶液、0.1%高锰酸钾溶液、0.02%呋喃西林溶液等；以收敛为目的，可用0.5%～2%明矾溶液或鞣酸溶液。慢性膀胱炎可用0.02%～0.1%硝酸银溶液。膀胱冲洗干净后，可直接注入青霉素溶液40万～80万IU（溶于5～10ml注射用水中）。

全身疗法 对重剧的膀胱炎，可应用尿路消毒剂（呋喃妥英）、磺胺类或抗生素。氯霉素约有10%经泌尿道以原形排出，故治疗效果显著。革兰氏阴性菌感染，氨苄青霉素有高效。变形杆菌感染时宜选用四环素。大肠杆菌感染时，可应用卡那霉素、庆大霉素或新霉素。绿脓杆菌感染时，可选用头孢吡肟。出血严重的病例，可选用全身止血药，如安络血0.1～0.3mg/kg，2次/d，或止血敏5～15mg/kg，2次/d，肌肉注射。

二、膀胱痉挛

膀胱痉挛是指膀胱平滑肌或膀胱括约肌痉挛性收缩。单纯性膀胱痉挛不伴有炎症，以尿淋漓、暂时性尿闭及尿性腹痛为特征。

（一）病因

长期尿液停滞、尿中的各种物质（炎性产物、结石和毒物等）直接刺激膀胱，可引起膀胱痉挛。此外，中枢神经系统疾病或腹痛病，可反射性地引起膀胱痉挛。

（二）症状

1. 膀胱括约肌痉挛　病犬不断作排尿姿势，但无尿液流出或仅有尿淋漓，并表现痛苦不安，到处跑动。通过腹壁触诊膀胱时产生痛觉，膀胱高度充盈，按压时也不能引起排尿。导尿管探诊时插入困难。

2. 膀胱平滑肌痉挛　尿液不断流出，膀胱多半空虚，此时导尿管容易插入膀胱。

（三）诊断

根据临床症状及结合导尿管探诊检查，可以建立诊断。临床上须与尿道梗阻（如结石、肿瘤等）、膀胱麻痹、膀胱炎相区别。

1. 尿道梗阻　尿道触诊敏感，尿液混浊，含有黏液、血液或脓液。X线检查可发现阻塞物。

2. 膀胱麻痹　触诊膀胱无疼痛，用手按压能使尿排出，停止按压后排尿亦停止。导尿管探诊无疼痛，且容易导入膀胱。尿液检查一般无变化。

3. 膀胱炎　排尿频繁，触诊膀胱空虚，尿液检查有明显变化。

（四）治疗

首先应消除病因，解除痉挛。可用温水或水合氯醛溶液灌肠。如仍不能使括约肌弛缓时，可在麻醉状态下，进行膀胱按摩或插入导尿管，使尿液排出，同时注入3%普鲁卡因溶液10ml，可有较好的效果。

三、膀胱麻痹

膀胱肌暂时性或持久性地丧失收缩能力并导致膀胱尿液潴留、极度延伸和弛缓，称为膀胱麻痹。临床上以不随意排尿、膀胱充盈及无疼痛等为主要特征。

（一）病因

通常是由荐部或后腰部脊髓疾患（炎症、创伤、出血、肿瘤）所引起，有时也可能由于腰部以上的脊髓疾病或肠部疾病而引起。此外，当尿道阻塞，尿液大量潴留，膀胱平滑肌长时间紧张，或膀胱炎及邻接器官炎症波及深部肌层，致使膀胱平滑肌收缩力减退，也能发生膀胱麻痹。

（二）症状

1. 膀胱平滑肌麻痹　尿液大量潴留于膀胱内，病犬呈现不安，常作排尿姿势，但无尿液排出，或只呈线状和滴状排出。通过腹壁压迫膀胱，能排出大量尿液，停止压迫，排尿即行停止。插入导尿管，流出尿液也很少。

2. 膀胱括约肌麻痹　病犬不取排尿姿势，而尿常呈滴状或线状排出，触压膀胱空虚，无痛感。脑和脊髓疾病引起的麻痹，无疼痛反应和相应的排尿姿势。尿能自行排出，但间隔很长。压迫膀胱和插入导尿管时，尿呈强流排出，停止压迫后，尿的排出也不立即停止。

（三）诊断

根据临床症状和导尿管探诊结果，不难作出诊断。但由于本病多为继发性的，诊断时应注意原发病的特征，分析麻痹是中枢性的还是末梢性的。

（四）治疗

主要是除去发病原因，积极治疗原发病，并采取相应的对症疗法。

1. 膀胱按摩　是使膀胱排空的最简易措施，每天2～4次，每次5～10min。

2. 导尿　为了防止尿液潴留，应定时进行导尿。如因尿道阻塞所致，可通过膀胱穿刺导尿，但不宜多次重复施行。

3. 提高膀胱肌的收缩力　可应用神经兴奋剂，如硝酸士的宁0.5～0.8mg，皮下注射，每日或隔日一次。也可内服氯化氨基甲酰甲基胆碱5～15mg，每天3～4次。

4. 预防感染　可使用尿道消毒剂、磺胺类和抗生素等。

四、膀胱破裂

膀胱破裂是指膀胱壁发生裂伤，尿液和血液流入腹腔所引起的以排尿障碍、腹膜炎、尿毒症和休克为特征的一种膀胱疾患。本病公犬多发。

（一）病因

腹部受到重剧的冲撞、打击、按压，以及摔跤、坠落等，尤其当膀胱尿液充满时，使膀胱内压急剧升高、膀胱壁张力过度增大而破裂。骨盆骨折的断端、子弹、刀片或其他尖锐物的刺入，可引起膀胱壁贯通性损伤。使用质地较硬的导尿管导尿时，插入过深或操作过于粗暴，以及膀胱内留置插管过长等，都会引起膀胱壁的穿孔性损伤。此外，膀胱结石、溃疡和肿瘤等病变状态也易发生本病。

（二）症状

膀胱破裂后尿液立即进入腹腔，膨胀的膀胱抵抗感突然消失，多量尿液积聚腹腔内，可引起严重腹膜炎，病犬、猫表现腹痛和不安，无尿或排出少量血尿。触诊腹壁紧张，且有压痛。随着病程的进展，可出现呕吐、腹痛、体温升高、脉搏和呼吸加快、精神沉郁、血压降低、昏睡等尿毒症和休克症状。

（三）诊断

根据临床症状初步诊断为膀胱破裂的犬、猫可进行导尿、膀胱穿刺和X射线检查来确诊。如导尿时发现膀胱空虚或仅有少量尿液；或腹腔穿刺时有尿液流出，即可确诊为膀胱破裂。再通过X射线膀胱造影检查确诊更为可靠。

（四）治疗

以打开腹腔，清除腹腔内积液，修补膀胱破裂口，控制腹膜炎，防止尿毒症和休克的发生，治疗原发病为本病的治疗原则。

自耻骨前缘，沿腹中线向脐部切开腹壁，腹腔打开后先排放或吸引腹腔内积液，检查膀胱破口，消除膀胱内血凝块，处理受损脏器或插管冲洗尿路结石，再用温的灭菌生理盐水冲洗，然后修复缝合膀胱壁破口。

膀胱壁破口修复缝合时，为避免膀胱与输尿管接合处阻塞，可用细号肠线，进行两道浆膜肌层缝合（缝线不要露出黏膜面）。缝合腹壁之前再用温灭菌生理盐水或林格氏液充分冲洗腹腔和脏器，吸净腹腔内的冲洗液，然后撒入青霉素 80 万～160 万 IU 和链霉素 100 万～200 万 IU。最后分层缝合腹壁切口。

术后加强护理，每天腹腔内注射抗生素，连续一周，以控制感染。大量输液以促进肾功能恢复和纠正尿毒症。此外，根据病情采取相应的对症疗法。

第三节　尿生殖道疾病

一、尿道炎

尿道炎是指尿道黏膜的炎症，主要发生于公犬。

（一）病因

1. *异物*　为了治疗需要，常在尿道留有导尿管，即使在严格无菌条件下，放置几天后也可能会发生感染。

2. *损伤*　尿道损伤后，尿液外渗。尿液、血凝块及损伤的组织是产生感染的条件。泌尿系统的器械检查有时可造成尿道黏膜的损伤。

3. *炎症蔓延*　如膀胱炎、包皮炎、阴道炎、子宫内膜炎时，炎症可蔓延至尿道。

4. *细菌感染*　感染的途径是经尿道口进入尿道或经血行而感染。也可由邻近器官的炎症蔓延所引起。

5. *尿道阻塞*　尿道结石及某些尿道疾病，可使尿液不能通畅地排出，从而失去或减低冲洗尿道的作用，故在阻塞部近端常有尿液积滞。尿液是细菌良好的培养基，使细菌迅速生长繁殖。此外，阻塞部近端管腔内压力增高，影响管壁的血液供应，引起组织缺血、功能低下，也为感染提供条件，因此，容易导致尿道感染。

（二）症状

病犬频频排尿，由于炎性疼痛，使尿液呈断续状排出。此时公犬阴茎频频勃起，母犬阴唇不断开张。严重者尿液混浊，含有黏液、脓液或血液，有时排出脱落的黏膜。触诊阴茎敏感。探诊时导尿管插入困难，病犬疼痛不安。一般全身症状不明显。

（三）诊断

根据排尿带痛、触诊阴茎敏感、探诊困难、尿液中含有炎性产物而不发现管型，可以诊断为尿道炎。

（四）治疗

尿道炎的治疗原则是消除病因，控制感染。具体治疗方法可参阅尿道炎的治疗。

尿道有阻塞物时应进行手术治疗。严重的尿闭及膀胱高度充盈时，可考虑施行尿道造口术或膀胱插管术。

二、尿道损伤

强烈的刺激因素（机械的、物理的因素等）直接或间接地作用于尿道的伤害，称为尿道损伤。多发生于公犬。

（一）病因

多由于会阴部遭受直接或间接地的打击、碰撞或跳越陷碍物时发生挫伤；也有因枪弹、弹片或锐器造成损伤。此外，尿道探诊时，由于操作不慎，可引起尿道损伤。

（二）症状

本病的临床症状因损伤部位和性质不同而有差异。

1. 阴茎部尿道闭合性损伤　损伤部位发生肿胀、增温、疼痛，触诊十分敏感。病犬呈现拱背，步态强拘。有的病犬阴茎不能外伸，有的不能回缩，时间稍长，常发生感染，导致坏死。病犬常出现排尿障碍，轻者尿频，排尿不畅，尿淋漓，尿中混有血液；重者发生尿闭，甚至引起膀胱破裂。

2. 阴茎部尿道开放性损伤　除具有上述症状外，创口出血和漏尿，病犬经常舔创口。

3. 骨盆部尿道损伤　尿液渗到骨盆腔内，下腹部肌肉紧张并发生水肿，常伴发休克。

（三）诊断

根据病史及临床症状，可以确诊。但须与膀胱破裂相鉴别，后者膀胱空虚。尿管插入顺利，注入生理盐水后，抽出量与注入量不符。

（四）治疗

尿道损伤的治疗原则是解除疼痛、预防休克和控制感染。

1. 预防休克　可皮下注射吗啡 15mg，必要时间隔 4～8h 重复给予。同时静脉注射氢化可的松、地塞米松等糖皮质激素。

2. 尿道局部处理　尿道闭合性损伤时，可用温热疗法或红外线照射，同时在损伤部位注射 0.25% 普鲁卡因青霉素（0.25% 普鲁卡因溶液 10ml，青霉素 20 万 IU）进行封闭。当膀胱积尿时，可行膀胱穿刺导尿。若损伤严重，估计数天内尿道阻塞不能解除时，可作膀胱插管术，建立临时尿路。对尿道阻塞不能恢复畅通者，可在会阴部作尿道造口术，以建立永久尿路。当尿道开放性损伤时，可先施行膀胱插管术，然后缝合尿道破裂口。控制感染应早期应用抗生素。

三、尿道狭窄

尿道狭窄是指尿道内异物（肿瘤等）或炎症产物的存在，尿道周围组织器官病变的压迫，或尿道壁的挛缩等，使尿道呈现狭窄状态。公犬和公猫发病率较高。尿道狭窄，犬多发生在接近阴茎口处、前列腺沟或坐骨弓处；猫多发生在阴茎头和坐骨弓处。

（一）病因

骨盆外尿道狭窄多因手术或创伤引起。骨盆部尿道狭窄多因骨盆骨折或前列腺疾病引起。此外，尿道内肿瘤、尿道壁损伤后的瘢痕挛缩等，均可引起本病。

（二）症状

病犬频尿、滴尿、排尿痛苦、血尿，并时常舔尿道外口。若尿道阻塞则导致尿液潴留和膀胱膨满。

（三）诊断和鉴别诊断

根据病史和临床症状，即可做出诊断。必要时，通过尿道插管，既可采尿、排尿，又可确定狭窄部位和程度。通过尿路摄影和逆行性尿道造影，进一步确认肾脏大小、形状、膀胱贮尿情况、前列腺肿大及其形状、有无异物或尿道狭窄等。通过实验室检查，尿道损伤的可见尿中混有血液；尿液 pH 值偏高者多为膀胱炎；尿沉渣中可见磷酸盐结晶或胱氨酸结晶等时，应考虑为尿路结石。

（四）治疗

1. *排除积尿* 当膀胱膨满时，应迅速插入导尿管，排除尿液，或用细长针头通过腹壁穿刺膀胱，连接注射器抽出尿液。

2. *尿道造口术* 当尿道狭窄不能解除时，可在狭窄部的近端作尿道造口术，以另建尿路。

（1）骨盆外严重尿道狭窄，可行耻骨前部、会阴部和阴囊部尿道造口术。耻骨前部尿道造口术是从阴茎骨后端距阴囊 1～2cm 偏于头侧切开尿道 1～2cm，露出尿道黏膜，将黏膜和皮肤缝合在一起。会阴部尿道造口术是由外尿道口插入插管后，动物俯位，两后肢向下保定（会阴部手术体位），肛门暂时袋口缝合，防止排粪。距阴囊 1.5～3cm 的后侧正中线切开尿道，将尿道黏膜和皮肤缝合。阴囊部尿道造口术是阴囊皮肤和两侧睾丸摘除后，将阴茎后退肌侧转到坐骨弓附近，切开尿道 2～4cm 再将尿道黏膜缝在皮肤上。

（2）骨盆部尿道严重狭窄，可进行骨盆外膀胱尿道吻合术。在耻骨联合前方，从包皮头侧端至距离阴囊 2～2.5cm，偏于腹正中线切开。包皮和阴茎侧转，腹壁露出后，沿腹正中线切开腹膜，通过骨盆联合处切开骨盆腔（防止损伤膀胱颈和膀胱动脉）向前列腺的后方切开骨盆内尿道（防止膀胱内尿液流入腹腔）。摘除前列腺，双重结扎尿道球动静脉后剪断，将尿道球索引至腹壁切口处，与膀胱颈进行吻合术。切除睾丸、常规闭合腹腔。留置导尿管 3～5d。

四、尿道阻塞

尿道阻塞是指具有排尿障碍、尿闭等特征的多种疾病的综合征。多发生于公犬和公猫。

（一）病因

尿道阻塞常见病因除结石外，有尿道异物、肿瘤、尿道炎性增生、尿道手术或损伤后的瘢痕形成，以及前列腺肥大、囊肿、肿瘤等压迫尿道时，都可引起尿道阻塞。

（二）症状

尿道阻塞的主要症状为频频努责，做排尿动作，但排尿困难或尿闭。当尿道不全阻塞或狭窄时，尿液呈滴状、线状或淋漓断续排出，尿中有时带有血液。尿道完全阻塞时，则尿液完全不能排出，即发生尿闭。尿液滞留在膀胱内，腹围膨大，触诊腹部时可触及充满尿液的膀胱。严重病例，若不及时治疗，可继发膀胱破裂、腹膜炎、肾衰竭或尿毒症。

（三）诊断

根据病史和临床症状，结合尿道探查，可做出诊断。为了判断阻塞物是结石、异物、肿瘤，还是瘢痕组织，以及确定病变部位和阻塞程度等，可进行 X 射线检查。

（四）治疗

以消除病因、缓解阻塞、控制感染和对症治疗为本病治疗原则。

对尿道不完全阻塞者，可用涂以润滑剂的导尿管插入尿道内，强行通过狭窄处进行扩张，每天反复几次，直至排尿畅通为止。同时配合使用抗生素和考的松制剂，以控制感染和抑制瘢痕的形成。

对尿道结石引起阻塞者，可通过手术排除结石。常用的手术方法有：自尿道外口插入导尿管至结石处，用生理盐水行冲洗，力争将结石冲回膀胱，再行膀胱切开术取出结石；也可在确定结石阻塞部位后，再行尿道切开术取出结石；当尿道严重损伤或不宜进行上述手术时，也可在耻骨前尿道部或会阴部进行尿道造口术。

对尿道炎、尿道黏膜肿胀引起阻塞者，应先进行膀胱插管术，让尿道得到充分休息，同时全身和局部配合使用抗生素等抗菌、消炎、防腐药物，待炎症消除后，再拔除膀胱插管。

对前列腺疾病或肿瘤引起尿道阻塞者，应积极治疗原发病。

对有膀胱破裂、腹膜炎或急性肾竭衰的病例，进行相应的对症治疗。

五、包皮炎

包皮炎（posthitis）是包皮的炎症，通常和龟头炎伴发，形成龟头包皮炎。犬多发，这与犬的包皮腔解剖生理特点有关。犬的包皮口较小，包皮腔容易积留尿液、包皮垢，也为细菌生长提供了良好环境。

（一）病因

急性包皮炎主要因包皮或龟头部遭受机械性损伤而引起。损伤多发生在交配、采精过程中，或在包皮口进入草茎、麦秆、树枝、沙粒等异物后。在管理和卫生条件差的情况下，腹下壁、包皮口常为粪尿、垫草、泥沙等玷污，一旦遭受损伤，包皮内已积留的尿液和包皮垢，以及原来隐伏于包皮腔内的假单胞菌属、棒状杆菌属细菌、葡萄球菌、链球菌等，就可侵入而发生急性感染。

慢性包皮炎常因尿液和包皮垢的分解产物长期刺激黏膜而引起，或由附近炎症蔓延而来。

某些传染性病原体（疱疹病毒等）和原生动物（滴虫等），可引起公犬、公猫特异性包皮龟头炎。

此外，患有包茎和包皮翻的公犬、公猫，往往并发或继发本病。

（二）症状

龟头包皮急性发炎时，包皮前端呈现轻度的热痛性肿胀。包皮口下垂，流出浆液性或脓性渗出物，粘附于毛丛上，公畜拒绝配种。以后炎症可蔓延到腹下壁和阴囊上，包皮口严重肿胀、淤血，呈紫红色，皮肤发亮有光，手指难以伸入。由于包皮口紧缩狭窄，阴茎不能伸出，犬排尿痛苦、困难，尿流变细或呈滴状流出。触诊局部呈捏粉状，极为敏感，在包皮内可发现暗灰色、污秽、带腐败味的包皮垢。犬、猫常自舔阴茎。

若取化脓性经过时，约在伤后 3 周可逐渐形成包皮内脓肿，大小不定，呈球形，触诊柔软有波动。脓肿破溃后从包皮口向外流出具有腐败气味的脓液。严重的取蜂窝织炎经过，可导致包皮腔、阴茎及其周围组织的广泛化脓坏死，使排尿极度困难，膀胱内尿潴留，有的甚至发生尿道穿孔或膀胱破裂。

慢性经过的病例，可导致包皮纤维性增厚，结缔组织围绕阴茎而限制阴茎的自由活动，或是形成包皮腔内外层间、阴茎与包皮腔间的粘连，造成包茎。另一种情况是炎症扩延到阴茎体时，向外脱出的阴茎不能回缩到原位而遭受挫伤，龟头肿胀，成为顿包茎。

（三）治疗

首先要彻底清除包皮内异物、积尿和包皮垢。剪除包皮口毛丛，用温的碱性溶液如肥皂水充分洗净包皮和龟头，食指涂润滑油后伸入包皮内彻底挖除包皮垢。犬、猫可用 1∶4 000 洗必泰溶液冲洗，一日两次。在硬膜外腔麻醉下，对挫伤、坏死、溃疡部进行清洗，过度生长的肉芽面，可用硝酸银腐蚀，最后涂布一层抗生素或磺胺类软膏。有介绍对急性龟头包皮炎，在清除包皮垢后，采用干燥疗法。在包皮腔内先充气，后撒布收敛、止痒和抗菌药物的混合粉剂（乙酰水杨酸 15.0、氨苯磺胺 10.0、硼酸 5.0），每 1～2d 一次，可以获得良好效果。

局部肿胀严重的，为了改善局部血液循环，宜配合温敷、红外线照射等温热疗法。

包皮内脓肿在穿刺确诊后，应及时拉出阴茎，通过内包皮黏膜切开排脓，不宜通过皮肤切口排脓，否则容易引起继发感染。

由于龟头包皮部比较敏感，在治疗中禁用刺激性的药物和疗法，否则将会加重炎症的发展，若是用温热疗法，也应严格控制温度。对包皮部的严重肿胀进行乱刺减压时，必须十分慎重，如果无菌技术不严格，乱刺过深，常可导致严重的蜂窝织炎或组织化脓、坏死。

龟头包皮炎的犬，有明显疼痛不安的，可应用镇静止痛药物。

六、包茎

包茎（phimosis）是指包皮口异常狭窄，阴茎勃起时龟头不能向外伸出的异常状态。犬多发。

（一）病因

多为先天性包皮口狭窄引起。后天性发病多因包皮口受损伤后形成瘢痕组织或发生肿瘤使包皮口狭小而引起。同窝仔互相吸吮包皮也能引发本病。

（二）症状

因包皮口狭小，导致尿潴留于包皮腔中，使包皮膨胀，排尿呈细线状或滴状。龟头不能伸出包皮口外，人为引出龟头也很困难或根本不能引出。本病常伴发包皮龟头炎。

（三）治疗

一般用手术方法切开包皮，扩大包皮口。其方法是先清除包皮内污物，用消毒液冲洗干净。在包皮口背侧做一适当大小的三角形切口，即依次切开皮肤、皮下组织和包皮黏膜。然后将创缘包皮黏膜与皮肤结节缝合。若有肿瘤也用手术法切除之。

七、嵌顿包茎或嵌闭包茎

嵌顿包茎，是指由于某些致病因素使阴茎不能回复到包皮囊内的病理现象。

（一）病因

主要由于阴茎前部（阴茎头和部分阴茎体）遭受机械的、物理的或化学的损伤，而发生急性炎性水肿等病理过程，使其体积增大，同时造成阴茎缩肌的张力降低，从而发生嵌闭包茎。包皮口皮肤内翻、包皮囊外翻、阴茎头肿瘤和包皮龟头炎等，可引起嵌闭包茎。此外，公犬腰荐部神经传导径路损伤时，造成阴茎麻痹，可引起麻痹性嵌闭包茎。

（二）症状

阴茎头部露出包皮囊外面，嵌闭部肿胀，呈弥漫性水肿，发绀，痛觉敏感，可出现擦伤、溃疡和坏死灶。以后肿胀部炎症由急性转为慢性，结缔组织增生，此时肿胀较硬，无热无痛。嵌闭的继续发展，可使阴茎完全丧失感觉。

如果是由包皮口的肿瘤引起的嵌闭包茎，可呈现排尿困难、患犬不安等症状。如果是麻痹性嵌闭包茎，其垂下部无明显的损伤，局部温度正常或稍低，阴茎可以整复至包皮囊内后又立即露出，阴茎对疼痛刺激不敏感，会阴部皮肤、股后部表面和阴囊丧失知觉，肛门和尾巴松弛，甚至后肢运动失调。

（三）治疗

首先应消除致病原因。患犬在麻醉和卧式保定下进行治疗。对新发生和由炎性水肿引起的嵌闭包茎，用0.1%高锰酸钾溶液清洗患部，涂以氢化可的松或抗生素软膏后，将其整复至包皮囊内，若患部炎性水肿显著时，可用针局部扎刺，等水肿减轻后，再将脱出的阴茎整复至包皮囊内。为预防阴茎的再脱出，可将包皮口暂时缝合数针，每日向包皮囊腔内注入抗生素乳剂，连用3～5d，即可拆除缝线。

为了促进炎症消失和坏死组织的分离，局部可用红外线照射、He-Ne激光照射、CO_2激光照射或超声波疗法等。有溃疡时可用1%龙胆紫溶液涂擦。赘生的病理性肉芽可用硝酸银棒或10%硝酸银溶液腐蚀。

对瘢痕性狭窄或肿瘤引起的嵌闭包茎，应在进行瘢痕或肿瘤切除后，再将脱出阴茎整复至包皮囊腔内。对麻痹性嵌闭包茎和进行性湿性坏疽、大面积的瘢痕或溃疡等嵌闭包茎患犬不宜种用。必要时可进行阴茎截断术。

加强对患犬的饲养护理，注意患犬的排尿情况。当暂时性排尿困难而膀胱充盈时，应采取人工导尿或膀胱穿刺放（抽）出尿液。为防止患犬舔咬患部，应装置侧杆或颈圈保定。

八、阴囊积水

总鞘膜腔内有大量浆液性渗出液或漏出液蓄积时，称为阴囊积水（scrotal hydrocele）或总鞘膜积水。

（一）病因

发生本病的主要原因是精索血液循环障碍，以及因机械性和理化性损伤所致的总鞘膜和固有鞘膜的炎症，也见于传染病和并发腹腔积水时。

（二）症状

常见的是两侧性阴囊积水，多为慢性经过。由于浆液性液体大量积聚于总鞘膜腔内，因而阴囊显著增大，皮肤紧张，皱褶消失，触诊有明显的波动感。一般无热无痛（较少的急性型有热痛反应）。阴囊皮肤轻度肥厚。病程经过较长时则睾丸逐渐萎缩。

（三）诊断

诊断与鉴别诊断 该病诊断比较容易，遇有可疑病例时可进行穿刺诊断。

在鉴别诊断中应注意与阴囊疝、肿瘤、精索静脉肿、总鞘膜腔积脓和总鞘膜腔积血（阴囊血肿）相区别。

(四) 治疗

初期，特别是急性和亚急性经过者应使犬安静。局部可涂用醋调制的复方醋酸铅散及樟脑软膏等。3～4d 后以促进消散吸收为目的可使用温热疗法。

对慢性经过者可在严密消毒的情况下，穿刺吸出总鞘膜腔内的液体再注入少量碘酊、酒精、复方碘溶液等，充分按摩阴囊（此时应防止上述刺激性溶液通过鞘膜管进入腹膜腔而引起腹膜炎）。

姑息疗法无效时可进行去势术，此时最好采用被睾去势法。因腹水而引起的总鞘膜积水应在治疗原发病的基础上配合应用局部疗法。

九、睾丸炎和附睾炎

睾丸炎（orchitis）是睾丸实质的炎症，各种家畜均可发生。由于睾丸和附睾紧密相连，易引起附睾炎（epididymitis），两者常同时发生或互相继发，根据病程和病性，临床上可分为急性与慢性，非化脓性与化脓性。

(一) 病因

睾丸炎常因直接损伤或由泌尿生殖道的化脓性感染蔓延而引起。直接损伤如打击、蹴踢、挤压，尖锐硬物的刺创或撕裂创和咬伤等，发病以一侧性为多。化脓性感染可由睾丸或附睾附近组织或鞘膜的炎症蔓延而来，病原菌常为葡萄球菌、链球菌、化脓棒状杆菌、大肠杆菌等。某些传染病，如布氏杆菌病、结核病、放线菌病、鼻疽、腺疫、沙门氏杆菌病、媾疫等亦可继发睾丸炎和附睾炎，以两侧性为多。

(二) 症状

急性睾丸炎时，一侧或两侧睾丸呈现不同程度的肿大、疼痛。犬站立时拱背，拒绝配种。有时肿胀很大，以致同侧的后肢外展。运步时两后肢开张前进，步态强拘，以避免碰触病睾。触诊睾丸体积增大、发热，疼痛明显，鞘膜腔内有浆液纤维素性渗出物，精索变粗，有压痛。外伤性睾丸炎常并发睾丸周围炎，引起睾丸与总鞘膜甚至阴囊的粘连，睾丸失去可动性。

病情较重的除局部症状外，犬出现体温增高，精神沉郁，食欲减退等全身症状。当并发化脓性感染时，局部和全身症状更为明显。整个阴囊肿得更大，皮肤紧张、发亮。随着睾丸的化脓、坏死、溶解，脓灶成熟软化，脓液蓄积于总鞘膜腔内，或向外破溃形成瘘管，或沿着鞘膜管蔓延上行进入腹腔，继发严重的弥漫性化脓性腹膜炎。

由结核病和放线菌病引起的，睾丸硬固隆起，结核病通常以附睾最常患病，继而发展到睾丸形成冷性脓肿；布氏杆菌和沙门氏杆菌引起的睾丸炎，睾丸和附睾常肿得很大，触诊硬固，鞘膜腔内有大量炎性渗出液，其后，部分或全部睾丸实质坏死、化脓，并破溃形成瘘管或转变为慢性。鼻疽性睾丸炎常取慢性经过，并伴发阴囊的慢性炎症，阴囊皮肤肥厚肿大，丧失可动性。由传染病引起的睾丸炎，除上述局部症状外，尚有其原发病所特有的临床症状。

慢性睾丸炎时，睾丸发生纤维变性，萎缩，坚实而缺乏弹性，无热痛症状。犬精子生成的功能减退，甚或完全丧失。

（三）治疗

主要应控制感染和预防并发症，防止转化为慢性，导致睾丸萎缩或附睾闭塞。

急性病例应停止使役，安静休息。24h 内局部用冷敷，以后改用温敷、红外线照射等温热疗法。局部涂擦鱼石脂软膏，阴囊用绷带托起，使睾丸得以安静并改善血液循环，减轻疼痛。疼痛严重的，可用盐酸普鲁卡因溶液加青霉素作精索内封闭。睾丸严重肿大的，可用少量雌性激素。全身应用抗菌药物。

进入亚急性期后，除温热疗法外，可行按摩，配合涂擦消炎止痛性软膏，无种用价值的犬宜去势。

已形成脓肿的最好早期进行睾丸摘除。

由传染病引起的睾丸炎应先治疗原发病，再进行上述治疗，可收到预期效果。

十、隐睾症

公犬在出生后 12 周龄左右，其睾丸已降至阴囊腔内并具有一定的游走性，1 周岁后位置基本固定。若成年犬睾丸仍留在腹腔内或腹股沟管内，不下降到阴囊内即为隐睾症，又称睾丸下降不全。

（一）病因

隐睾的原因，一般认为是由于激素分泌紊乱，即犬的促性腺激素不足和胎儿雄性激素不足，以及隐性基因遗传所致。

（二）症状

公犬隐睾多见于左侧，少见于右侧和左右两侧，当一侧隐睾时，留在阴囊的一侧睾丸仍能正常的起作用和维持公犬的性功能。当两侧隐睾时，虽然阴囊内没有睾丸，而留在腹腔、腹股沟或阴囊颈部的睾丸，并不破坏产生雄性激素（睾酮等）的功能，所以，仍可促进前列腺和外生殖器的正常发育，公犬仍有明显的第二性征和性反射。另一方面，睾丸留在腹腔内在高温（38.5℃）条件下，可抑制精细管胚上皮的发育，所以，可显著地抑制精子形成，两侧隐睾的公犬，在其射出的精液内没有精子，无生育力。

（三）诊断

临床对公犬生殖器官的检查，发现一侧或两侧阴囊内缺少睾丸即可确诊。

（四）预后与治疗

预后不良，不能作种用，必须淘汰或进行隐睾摘除。对 3 岁以内单侧或双侧隐睾犬，可试用绒毛膜促性腺激素1 000IU，肌肉注射，每周两次，5 周为 1 个疗程，可能使青春期前的犬、猫的睾丸下降至阴囊内。药物治疗无效后应行睾丸固定术，将睾丸固定在阴囊内。高位隐睾可分期手术。手术时机多主张在5岁以内的犬、猫为佳。

十一、前列腺炎

前列腺炎（prostatitis）是前列腺的急性和慢性炎症，以犬发病较多。

（一）病因

急性前列腺炎　主要继发于泌尿道感染，在公犬精液中曾分离出链球菌、葡萄球菌、绿脓杆菌、大肠杆菌、变形杆菌和放线菌等和全身感染的布氏杆菌和结核杆菌等。

慢性前列腺炎　多由急性前列腺炎转变而来。

（二）症状

可分为急性或慢性。按炎症性质可分为卡他性和化脓性。前列腺炎初期的典型征候是射精量增加，精液稀薄和pH值增加到8～8.5。检查精液时，可见精子的活力和浓度下降，精子凝集，有白细胞等。在精液中可分离出各种微生物。前列腺炎最初表现为疼痛反射，即通过直肠触摸患侧前列腺时，可发现睾丸被拉向阴囊内腹股沟管部。当两侧性发炎时，则有两侧睾丸拉紧的现象。

病的初期，前列腺分叶轮廓明显，随后因其中积聚渗出物，体积不断增大，被膜紧张，分叶和轮廓不明显或消失。当有脓肿时，有波动感，此时，患犬精神沉郁、体温升高至40℃以上，性反射抑制等。随着化脓性前列腺炎的发展，精液品质不断恶化，患犬射出的精液呈黄色、褐色或灰绿色，精液呈黏液样、混有白色絮状物，并具有腐败气味。

实验室光镜下检查时，除发现精子数减少外，还可发现有大量不活动的精子。精子的中部和尾部畸形，在1mm的精液里，可分检出500个形核白细胞和细菌、嗜中性白细胞和较大的变性上皮细胞。血液检查可见白细胞增多，在尿液中发现有白细胞和细菌。

（三）诊断

临床上对前列腺炎诊断比较困难，极易与急性肾盂肾炎、膀胱炎、尿道炎相混淆。可根据临床症状和精液检查结果做出诊断。可靠的诊断是应用X线检查。

（四）治疗

本病的预后，根据其发病原因和病的发展阶段不同而异。多数病例是预后不良。传染病检查是阳性的公犬迅速淘汰。非传染性前列腺炎，一般在早期治疗效果良好。

治疗时，应用青霉素40万～80万IU，链霉素50万～100万IU，肌注，早晚各1次，连用5～7d为1疗程，一般经1～2个疗程可治愈。或根据细菌培养，药敏试验结果，选用抗生素治疗。采用前列腺微波以及热疗加抗生素离子透入治疗慢性前列腺炎，疗效较好。也可用0.25%普鲁卡因20ml，加青霉素80万IU和链霉素0.5g，进行前列腺周围封闭疗法。

十二、前列腺肥大

前列腺增大（hypertrophy of prostate）（增生、肥大）是老龄公犬、公猫前列腺功能障碍的常见病。6岁以上的公犬有60%都有不同程度的前列腺肥大。通常以囊肿性增生为多见，临床特征为排便困难。

（一）病因

前列腺肥大的病因尚未十分清楚。一般认为，由于雄性激素和雌性激素之间失调或雌激素作用占优势所致。按组织学结构可将前列腺肥大分为腺瘤型、纤维型和纤维腺（混合型）三种。雄性激素分泌过剩可引起腺瘤型肥大，雌性激素分泌过剩则可引起纤维型肥大。

（二）症状

主要症状是里急后重、排便困难或便秘，患犬频频努责，仅排出少量黏液。偶有少尿、血尿和膀胱膨满现象。有时出现膀胱弛缓。患犬步样改变，后肢跛行，后躯明显纤弱。有的病例由于过度努责，腹压加大，致使肥大的前列腺进入骨盆腔而形成会阴疝。全身症状不明显。

（三）诊断

通过直肠指诊和腹部触诊可发现前列腺肿大，但确定其大小必须采用B超、X线检查。会阴疝也可能伴发前列腺增大，但二者之间关系并不能确定。临床检查中应予注意。

（四）治疗

最有效的方法是去势，大多数病例在去势后两个月内，前列腺的体积即可缩小。周期性地间断地给予少量的己烯雌酚（0.1～0.2mg）能促进前列腺萎缩，但剂量应予控制。良性的大的增生不可能对己烯雌酚有良好反应，应使用手术方法摘除或两者同时进行。

前列腺囊肿较大可手术摘除。一般认为结合去势有利于治愈。发生感染时，应根据细菌培养与药敏试验给以抗生素治疗。

第四节　其他疾病

一、尿石症

尿石症又称尿路结石，是肾结石、输尿管结石、膀胱结石和尿道结石的统称。临床上以排尿困难、阻塞部位疼痛和血尿为特征。

（一）病因

尿石是在某些核心物质（纤维蛋白、黏液、凝血块、脱落上皮细胞、坏死组织片、异物等）的基础上，其外周由矿物质盐类（磷酸钙、草酸钙、磷酸铵镁、尿酸铵等）和保护性胶体物质（黏蛋白、胱氨酸、核酸、黏多糖等）环绕凝结而形成。

尿石形成的原因是由多种因素作用的结果，但主要与饮水不足、食物中矿物质浓度过高、矿物质代谢障碍、水盐调节紊乱、尿液 pH 值的改变、肾及尿路感染等因素有关。

胶体和晶体平衡失调：在正常尿液中含有多种溶解状态的晶体盐类（磷酸盐、尿酸盐、草酸盐等）和一定量的胶体物质（黏蛋白、核酸、黏多糖、胱氨酸等），它们之间保持着相对的平衡状态。此平衡一旦失调，即晶体超过正常的饱和浓度时，或胶体物质不断地丧失分子间的稳定性结构时，则尿液中即会发生盐类析出和胶体沉着，进而凝结成为结石。

体内代谢紊乱：如甲状旁腺机能亢进，甲状旁腺激素分泌过多等，使体内矿物质代谢紊乱，可出现尿钙过高现象，以及体内雌性激素水平过高等因素，都可促进尿结石的形成。

尿路病变：尿路病变是结石形成的重要条件。①当尿路感染时，尿路炎症可引起组织坏死，加上炎性渗出物、细菌的积聚，可形成结石的核心，其外周由矿物质盐类和胶体物质环绕凝结而形成结石。此外，许多细菌如葡萄球菌、变形杆菌、沙门氏菌等可使尿素分解为氨，使尿液变为碱性，易于引起磷酸钙、碳酸钙等沉淀，有利于尿路结石的形成。②当尿路梗阻时，可引起肾盂积水，使尿液滞留，易于发生感染和晶体沉淀，形成结石。③当尿路内有异物（缝线、导管、血块、细菌、脱落上皮细胞等）存在时，可成为结石的核心，尿中晶体盐类沉着于其表面而形成结石。

尿结石主要在肾脏（肾小管、肾盏、肾盂）中形成，以后移行至膀胱，并在膀胱中继续增大，故认为膀胱是犬、猫尿结石最常见的场所。肾小管内的尿石多固定不动，但肾盂或膀胱内的结石则可移动，有的移行至输尿管和尿道时，可发生阻塞。结石的阻塞部位刺激尿路黏膜，引起局部黏膜损伤、发炎、出血，致使尿路平滑肌发生痉挛收缩，呈肾性腹痛。由于尿路阻塞引起排尿困难或尿闭，膀胱积尿，导致膀胱麻痹甚至破裂。

（二）症状

主要症状是排尿障碍、肾性腹痛和血尿。由于尿石存在的部位及对组织损害程度不同，其临床症状颇不一致。

肾结石：多位于肾盂，肾结石形成初期常无明显症状，随后呈现肾盂肾炎的症状，排血尿，肾区压痛，行走缓慢，步态强拘、紧张。严重时可形成肾盂积水。

输尿管结石：急剧腹痛，呕吐，患犬、猫不愿走动，表现痛苦，步行拱背，腹部触诊疼痛。输尿管单侧或不全阻塞时，可见血尿，脓尿和蛋白尿；若双侧输尿管同时完全阻塞时，无尿进入膀胱，呈现无尿或尿闭，往往导致肾盂肾炎。

膀胱结石：病犬、猫排尿困难，血尿和频尿，但每次排出量少。膀胱敏感性增高。结石位于膀胱颈部时，可呈现排尿困难和疼痛表现。较大的结石触诊时往往可摸到。

尿道结石：多发生于公犬、猫。尿道不全阻塞时，排尿疼痛，尿液呈滴状或断续状流出，有时排尿带血。尿道完全阻塞时，则发生尿闭、肾性腹痛。膀胱极度充盈，病犬、猫频频努责，却不见尿液排出。时间拖长，可引起膀胱破裂或尿毒症。

（三）诊断和鉴别诊断

根据临床症状、尿道探诊和 X 线造影检查结果，可做出确诊。有的膀胱结石同时伴发膀胱息肉或膀胱肿瘤。

犬、猫常见的尿结石有如下几种：

(1) 磷酸盐尿结石　呈白或灰白色，生成迅速，可形成鹿角状结石，常发生于碱性尿液中。X射线显影较淡。

(2) 草酸盐尿结石　呈棕褐色，表面粗糙有刺，质坚硬，易于损伤尿路而引起血尿，发生于碱性尿液内。X射线特征为尿石中有较深的斑纹，呈桑椹状，边缘呈针刺状，并向外放射。

(3) 尿酸盐尿结石　呈浅黄色，表面光滑，质坚硬，常发生于酸性尿液中。X射线显影较淡。

(4) 胱氨酸盐尿结石　表面光滑，能透过X射线，在X线上不易显影，故称为“透光性结石”，发生于酸性尿液中。

(5) 碳酸盐尿结石　呈白色，质地松脆，发生于碱性尿液中。

(四) 治疗

当有尿石形成可疑时，应给予矿物质少而富含维生素A的食物，并给大量清洁饮水，以形成大量稀释尿，借以冲淡尿液晶体浓度和防止沉淀。同时并可以冲洗尿路，使体积细小的结石随尿排出。对体积较大的结石，并伴发尿路阻塞时，需及时施行尿道切开术或膀胱切开术。为预防感染，可应用抗生素。

对磷酸盐、草酸盐和碳酸盐结石，可给予酸性食物或酸制剂，使尿液酸化，对结石有溶解作用，也可内服异嘌呤醇4mg/（kg·d），以防止尿酸盐凝结。对尿酸盐和胱氨酸盐的结石，则宜投服碳酸氢钠，使尿液碱化，亦可达到阻止结石形成和促进结石溶解的目的。对胱氨酸结石还可应用D－青霉胺25～50mg/（kg·d），使其成为可溶性胱氨酸复合物，由尿排出。为防止尿结石复发，可内服水杨酰胺0.5～1片/d。

二、血尿

尿液中混有血液称为血尿。血尿不是一种独立的疾病，而是泌尿器官出血性疾病的共同症状。根据出血部位不同，一般分为肾性血尿、膀胱性血尿和尿道血尿。

(一) 病因

主要见于肾炎、肾损伤、肾结石、肾肿瘤，膀胱炎、膀胱损伤、膀胱结石、膀胱肿瘤，尿道炎、尿道损伤、尿道结石。此外，某些药物（磺胺类、庆大霉素、杆菌肽、水杨酸盐、升汞等）和毒物中毒，也可引起血尿。

(二) 症状

血尿共同症状　尿液呈茶褐色、深红色或黑色，不透明，静置后有多量红细胞沉淀。尿沉渣检查，有多量红细胞。

肾性血尿　血液和尿液均匀地混合，一次排出的尿液，整个都混有血液。尿沉渣检查，除见到多量红细胞、红细胞管型外还有多量肾上皮细胞、上皮管型或颗粒管型。

膀胱性血尿　血液和尿液不是均匀地混合，在一次排出的尿液中，开始不混有血液，仅最后一部分尿液中混有血液。尿液中常有大量形状、大小不一的凝血块和坏死组织片。尿沉渣检查，有多量膀胱上皮细胞，有时可能出现磷酸铵镁结晶。

尿道性血尿　尿液与血液不是均匀地混合，在一次排出的尿液中，仅最初一部分尿液混有血液。尿沉渣检查，有多量尿道上皮细胞。

（三）诊断

对血尿的诊断应查明出血原因，确定出血部位。

对出血部位的确定，一般采用尿液三杯检验法，即将病犬一次排出的尿液分为前、中、后部分，并分别盛接于三个容器（或烧杯）中，进行肉眼观察。若血液仅在前杯中出现，提示血液可能来自尿道；若血液仅在后杯中出现，表示血液来自膀胱；若在前、中、后三杯中都出现血液，则表示血液可能来自肾脏。此外，若尿液中混有凝血块时，是膀胱或尿道出血的标志。

临床上血尿须与血红蛋白尿相区别，后者尿液中不见有完整的红细胞；无红色素，尿沉渣检查亦不见红细胞。

（四）治疗

治疗原则是消除原发病，制止出血。

为了制止出血，可应用止血剂，如维生素 K_1 10mg 或安络血 5～10mg，肌肉注射。为了预防感染，可用抗生素。

三、脐尿管闭锁不全

脐尿管是连接胎儿膀胱和尿膜囊的管道，是脐带的组成部分。正常情况下，胎儿出生前或出生后脐尿管即自行封闭，当脐尿管封闭不良时，即可发生脐尿管闭锁不全（urachus fistula）。

（一）病因

粗暴的断脐，或是残端发生感染、脐带被母犬舔咬使脐尿管封闭处被破坏，均可造成脐尿管完全或部分开放而发病。

（二）症状

少数病例在断脐后即发现有尿液从脐带断端流出或滴出，但多数是断脐数日后，脐带发炎感染时才发生漏尿。同时，局部往往有大量肉芽组织增生，从肉芽组织中心处有一小孔，尿液间断地从孔中流出。

（三）治疗

对出生后即发生漏尿者，可以对脐带断端进行结扎，之后注意局部卫生和消毒。

脐带残端太短难以结扎时，可用圆弯针穿适当粗细的缝合丝线，在脐孔周围作一荷包缝合，局部每日用碘酊消毒两次，7～10d 局部愈合后拆除缝线。

对于局部肉芽组织增生严重，久不愈合的瘘孔，宜行手术治疗：将幼犬仰卧保定，局部行浸润麻醉（必要时可全身麻醉或采取镇静措施），在漏尿孔后方白线旁，作一与腹中线平行的切口，将长袋状膀胱顶端漏尿处作双重结扎。常规闭合腹壁切口，7～10d后拆线。当局部增生严重时，也可考虑在管口周围作一梭状切口，将切下的脐部向外牵拉，在靠近膀胱的脐尿管上作双重结扎，截除脐尿管远端和切下的脐部组织。

为了预防和治疗局部感染，应全身应用抗生素治疗。

复习题

1. 不同肾炎的鉴别诊断。
2. 尿结石的诊断与治疗。
3. 膀胱麻痹的临床表现与治疗。
4. 前列腺炎的诊断与治疗。

第十一章 运动系统疾病

第一节 骨的疾病

一、骨折

在外力作用下，骨的完整性或连续性遭受破坏时，称为骨折。犬常发生头骨、脊椎骨、肋骨、髋骨、四肢骨骨折等。

（一）病因

外伤性骨折 由于打架冲撞、打击、跌倒、坠落、压轧等外力的作用或火器伤所造成的骨折。

病理性骨折 骨折前患有骨髓炎、骨疽、骨软症、佝偻病等，或衰老、妊娠后期，引起骨骼成分和硬度变化，骨质脆弱，抵抗力降低，在较轻的外力作用下，常易发生骨折。

（二）分类

骨折的分类方法很多，临床上比较有实际意义的有两种：

根据骨折处局部皮肤或黏膜的完整性是否破坏，分为闭合性骨折和开放性骨折。

根据骨折损伤的程度，分为不全骨折（骨裂、骨穿孔等）和完全骨折（单骨折、粉碎性骨折）。完全骨折因断离的方向不同，可分为横骨折、纵骨折、斜骨折、螺旋骨折、嵌入骨折等。

根据骨折发生的部位，可分为骨干、骨骺、干骺端或关节内骨折。

（三）症状

闭合性骨折 具有以下症状。

机能障碍 由于强烈的疼痛和骨折后肌肉失去固定的支架，致使肢体不能屈伸，而出现显著的跛行。

变形 由于骨折断端移位、肌肉保护性收缩和局部出血，使骨折外形和解剖位置发生改变。全骨折时常见成角、侧方、纵轴、旋转、嵌入等移位，患肢呈弯曲、缩短、延长等异常姿势。不全骨折时肢轴不变形，仅患部出现肿胀。

疼痛 骨折后骨膜、神经受损，病犬即刻感到疼痛，常见全身发抖等表现。骨裂时，用手指压迫骨折部，呈线状压痛。

异常活动和骨摩擦音 全骨折时，活动远侧端，出现异常活动，并可听到或感觉到骨断端的骨摩擦音。

肿胀 骨折部位出现肿胀，是由于出血和炎症所引起。

开放性骨折 除具有上述闭合性骨折的基本症状外，尚有新鲜创或化脓创的症状。

（四）诊断

根据外伤史和患肢变形、异常活动和骨摩擦音等症状，一般不难诊断。为了清楚地了解骨折的状态和骨折后的愈合情况，X线检查具有重要价值。

（五）治疗

骨折的治疗原则是紧急救护，正确复位，合理固定，促进愈合，恢复机能。

紧急救护 骨折发生后，于原地进行救治，主要是保护伤部，制止断端活动，防止继发性损伤。应就地取材，用竹片、小木板、树枝、纸壳等材料，将骨折部固定。严重的骨折，要防治休克和制止出血，并给予镇痛剂，如吗啡、哌啶等药物。对开放性骨折，要预防感染，可于患部涂布碘酊，创内撒布抗生素等药物，然后进行包扎。

整复 骨折整复是使移位的骨折断端重新对位，重建骨骼的支架作用。时间要越早越好，力求做到一次整复正确。为了使整复顺利进行，应尽量使复位无痛和局部肌肉松弛，可选用局部浸润麻醉或神经阻滞麻醉。必要时可采用全身浅麻醉。

整复时对轻度移位的骨折，可由助手将病肢远端进行适当的牵引后，术者用手托压、挤按手法，即可使断端对正。对骨折部肌肉强大而整复困难者，可用机械性牵引法，按“欲合先离，离而复合”的原则，先轻后重，沿着肢体纵轴作对抗牵引，采用旋转、屈伸、托压、挤按、摇晃等手法，以矫正成角、旋转、侧方移位等畸形（图11－1）。复位是否正确，要根据肢体外形，特别是与健肢对比，检查病肢的长短、方向，并测量附近几个突起之间的距离，以观察移位是否已得到矫正。有条件的最好用X线检查配合整复。

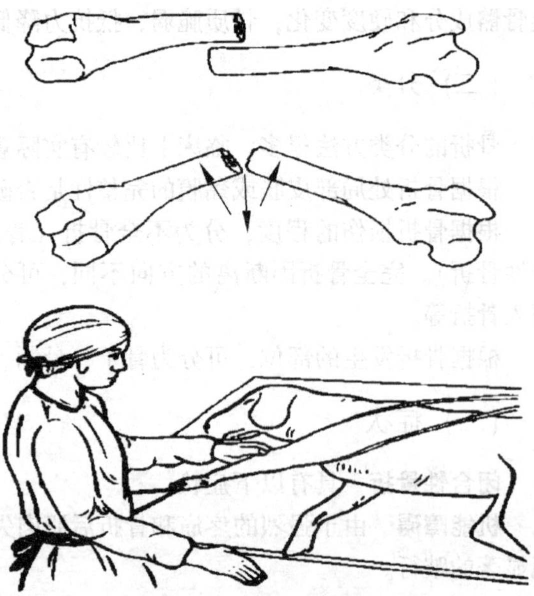

图11－1 骨折的整复

固定 骨折整复以后，为了防止再移位和保证断端在安静状态下顺利愈合，必须对患部进行有效的固定。

1. 外固定 常用的外固定方法有夹板绷带、石膏绷带、支架绷带等。

夹板绷带：主要用于四肢骨折的固定，通常需同石膏绷带、水胶绷带、支架绷带配合使用。选择具有韧性和弹性的竹片、木条、厚纸片或金属板条，按肢体形状制成相符的弯度，为了防止夹板上、下、左、右串动，可将其编成帘子，固定前对患部清洁消毒和涂布外敷药，外用绷带包扎，依次装上衬垫（棉花、毛毯片等），放好夹板，用布带或细绳捆绑固定。

石膏绷带：骨折整复后，刷净皮肤上的污物，涂布滑石粉，然后于肢体上、下端各绕一团薄的纱布棉花衬垫物。同时将石膏绷带浸没于30～35℃温水中，直到气泡完全排出时为止（约10min），取出绷带，挤出多余的水分。先在患肢远端作环形带，后作螺旋带向上缠绕直到预定的部位，每缠一层，都必须均匀地涂抹石膏泥，石膏绷带上、下端不能超出衬垫物。在包扎最后一层时，必须将上、下衬垫物向外翻转，包住石膏绷带的边缘，最后表面涂石膏泥，并写上受伤及装置的日期。为了加速绷带硬化，可用电吹风机吹干。

当开放性骨折时，为了观察和处理创伤，常应用有窗石膏绷带。“开窗”的方法是在创口覆盖消毒的创伤压布，将大于创口的杯子或其他器皿放于布巾上，固定杯子后，绕过杯子按前法统绕石膏绷带，最后取下杯子，将窗口边缘用石膏泥涂抹平滑。此外，亦可以在缠好石膏绷带后用石膏刀切开制作窗口。

为了便于固定和拆除，也可用预制管型石膏绷带，即将装着的石膏绷带在未完全硬固前沿纵轴剖开，即成两页，待干硬后，再用布带固定于患部，这种绷带便于检查局部状况，当局部血液循环不良时，可以适当放松，肿胀消退时也可以适当收紧。

支架绷带：主要用于四肢腕、跗关节以上的骨折，可以制止患肢屈曲、伸展，降低患肢的活动范围，以防止骨折断端再移位。常与夹板绷带、内固定等结合使用。犬用托马斯（Thomas）支架绷带效果较好（图11－2），即用直径0.3～0.5cm的铝棒或钢筋制成。由上面的近似圆形的支架环和与之相连的两根支棒构成。环的大小和角度要适合前臂和胸壁间，或大腿与胁腹间的形状，勿使与肩胛部、髋结节等部位摩擦。前、后肢的支架棒要弯成和肘关节、膝关节、跗关节相符的角度。

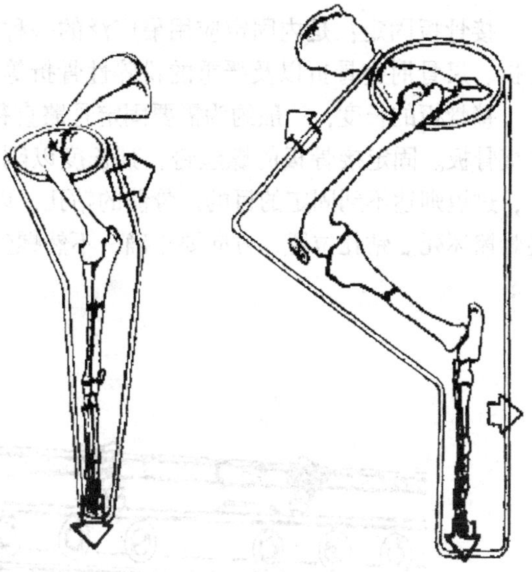

图11－2　托马斯支架绷带

2. 内固定　用手术方法暴露骨折段，进行整复和内固定，可使骨折部达到解剖学复位和相对固定的要求，特别是当闭合复位困难，整复后又有迅速移位，外固定达不到复位要求以及陈旧性骨折不愈合时，采用切开复位和内固定的方法是有效的。内固定的方法很多，应用时要根据骨折部位的具体情况灵活选用。

髓内针（钉）固定：本法适用于臂骨、股骨、桡骨、胫骨等骨干的横骨折。髓内针长度和粗细的选择，应以患骨的长度及骨髓腔最狭处的直径为准，过短过细的针达不到固定作用（图11－3）。

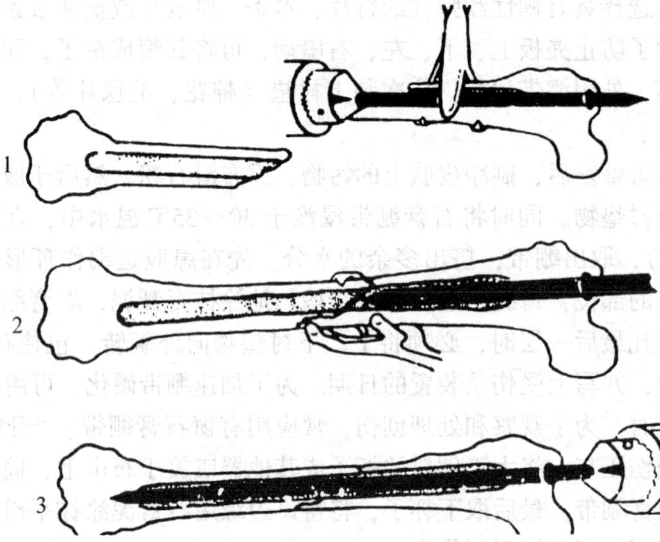

图 11－3　髓内针（钉）固定

接骨板固定：是内固定应用最广泛的一种方法，适用于长骨骨体中部的斜骨折、螺旋骨折、尺骨肘突骨折以及严重的粉碎性骨折等。

接骨板的长度，一般约为需要固定骨骼直径的3～4倍，结合骨折类型，选用4、6或8孔接骨板。固定接骨板的螺丝钉，其长度以刚穿过对侧骨密质为宜，过长会损伤对侧软组织，过短则达不到固定的目的。骨骼的钻孔，以手摇骨钻较好，电钻钻孔过快可产生高热而使骨骼坏死。钻孔位置、方向要正确，不然螺丝钉可能折断或使接骨板松动（图11－4）。

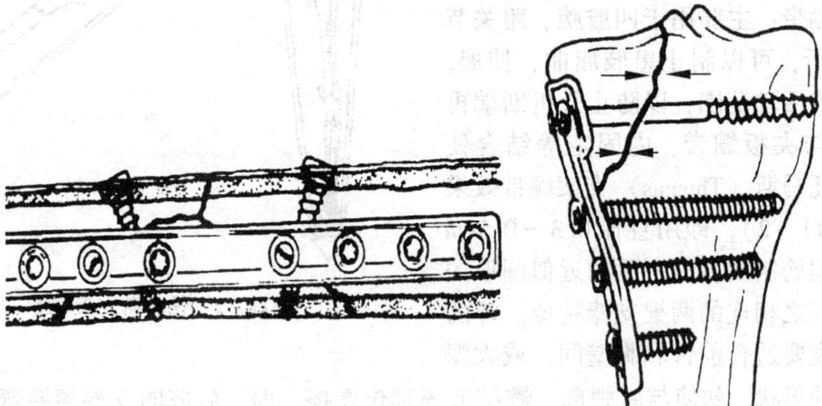

图 11－4　螺丝钉固定

螺丝钉固定：某些长骨的斜骨折、螺旋骨折、纵骨折或膝盖骨骨折、髁部骨折等（图11－4），可单独或部分地用螺丝钉固定，根据骨折的部位和性质，再加用其他内固定法。

钢丝固定：主要用于上颌骨和下颌骨的骨折，某些四肢骨骨折可部分地用钢丝固定（图11－5）

内固定有时因固定不牢固或骨骼破裂而失败，为此必须正确地选用固定方法，并应加

图 11－5　钢丝固定

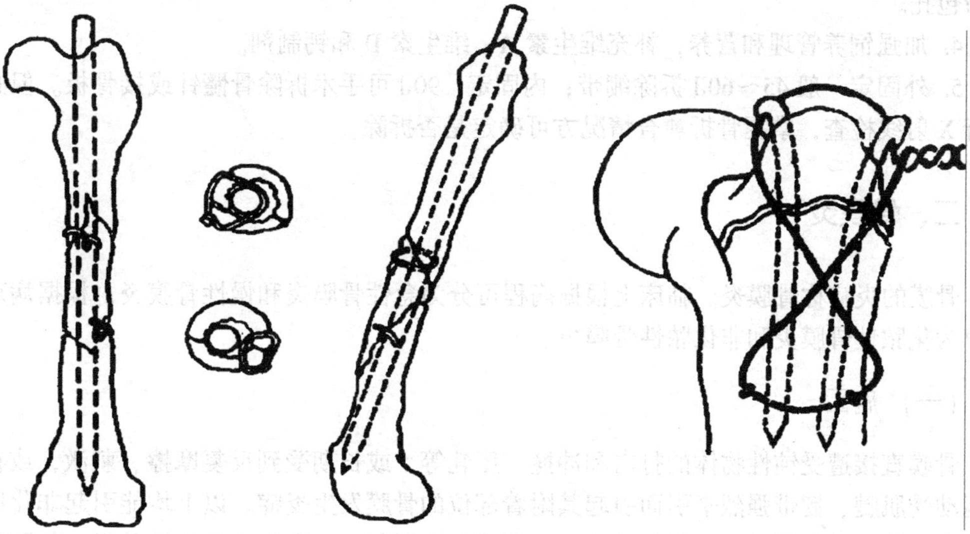

用外固定以增强支持。

内固定时，必须严格地遵守无菌操作，细致地进行手术。最大限度地保护骨腔和减少骨折部神经、血管的损害，积极主动地控制感染，这些都是提高治愈率的必要条件。

骨折后，若能合理的治疗，在正常情况下，经过 7～10 周，可以形成坚固的骨痂，此时某些内固定物（接骨板、螺丝钉）须再次手术拆除。

药物疗法　中西医结合治疗骨折，可以加速愈合。

1. 外敷药　可灵活选用消肿止痛、活血散淤的中药。

铁瓦散：乳香（炒）、没药（炒）、自然铜（锻醋淬）、生半夏、南星、土鳖虫、五加皮、陈皮各等份，共研细末，鸡蛋清调和包裹患部，外用夹板固定。

白芨膏：白芨 120g，乳香、没药各 30g，研为细末，醋 500ml。先将醋加温，加入白芨粉熬成糊状，待冷至不烫手后，加入乳香、没药，搅拌均匀，涂于骨折部周围，用宽绷带缠紧，稍干后，外加夹板绷带固定。

2. 内服药　可服用云南白药或七厘散等。为了促进骨痂的形成，可给予维生素 A、维生素 D 及鱼肝油、钙片等。

物理疗法　骨折愈合的后期，常出现肌肉萎缩、关节僵硬、病理性骨痂等，为了防止这些后遗症的发生，可进行局部按摩、搓擦，增强功能锻炼，同时配合直流电钙离子透入疗法、中波透热疗法或紫外线疗法。

开放性骨折除按上述方法治疗之外，预防感染十分重要，要彻底地清洁创伤，同时应用抗生素疗法。

（六）术后护理

1. 不管外固定或内固定，在术后两周限制动物运动，两周后自由活动。
2. 全身应用抗生素预防和控制感染。
3. 外固定术 24～48h 后，检查固定下方是否有水肿，若有肿胀，说明包扎过紧，应重新包扎。

4. 加强饲养管理和营养，补充维生素 A、维生素 D 和钙制剂。

5. 外固定一般 45～60d 拆除绷带；内固定，90d 可手术拆除骨髓针或接骨板。但必须进行 X 射线检查，掌握骨折愈合情况方可确定是否拆除。

二、骨膜炎

骨膜的炎症称骨膜炎。临床上根据病程可分为急性骨膜炎和慢性骨膜炎；根据病理变化分为化脓性骨膜炎和非化脓性骨膜炎。

（一）病因

骨膜直接遭受钝性物体的打击和冲撞、压轧等，或长期受到反复摩擦、刺激，或在急剧运动受肌腱、韧带强烈牵引而引起其附着部位的骨膜发生炎症。以上均能引起非化脓性骨膜炎。化脓性骨膜炎是由于化脓性病原菌感染而引起。常发生于开放性骨折、骨膜附近的软组织感染创等。当骨膜受到化脓菌的侵入后，先发生浆液性化脓性浸润，在骨膜上形成很多小脓灶，或形成骨膜下脓肿。脓肿破溃，脓汁侵入周围软组织。骨膜与骨分离，使骨失去营养和神经分布，在脓汁的作用下，骨发生坏死、分解，呈沙粒状脱落至脓腔内，则骨表面形成粗糙的溃疡缺损。

（二）症状

化脓性骨膜炎病初期患部出现弥漫性、热性肿胀，有剧痛、皮肤紧张。随皮下组织脓肿形成和破溃，流出混有骨屑的黄色稀脓。此时全身症状和局部疼痛症状减轻。

非化脓性骨膜炎患部充血、渗出，出现局限性、硬固的热痛性扁平肿胀，皮下组织出现不同程度的水肿。若四肢的骨膜炎时可出现明显跛行。随运动量加大跛行更明显。如不及时治疗转入慢性骨膜炎，有时形成骨膜增厚或小骨赘。

（三）治疗

化脓性骨膜炎病初期使患畜安静，局部用酒精热绷带，普鲁卡因青霉素封闭。全身应用抗生素。如果局部已出现软化须刮除坏死组织和死骨，用抗菌药或高渗盐水引流。

非化脓性骨膜炎，病初除使动物保持安静外，在发病 24h 内用冷敷，以后改为温热疗法和应用消炎药，如外敷复方醋酸铅散、鱼石脂软膏等。用普鲁卡因青霉素或普鲁卡因地塞米松进行局部封闭。对纤维性骨膜炎和骨化性骨膜炎可局部应用刺激药、理疗，严重者可用点状烧烙，或手术切除骨赘。

三、骨髓炎

骨髓炎是骨髓的化脓性炎症。常伴发骨膜炎及骨坏死。

（一）病因

骨髓炎通常是由于葡萄球菌或链球菌侵入骨髓内而引起。其感染来源如下：

外伤性骨髓炎　多发生于创伤、开放性骨折，特别是粉碎性骨折，创内存在断离的碎骨片，或在骨折治疗中应用内固定时，病原菌可直接经由创口进入骨髓内。

蔓延性骨髓炎　由附近软组织化脓性炎症的蔓延，经骨膜及哈佛氏管侵入骨髓内。

血源性骨髓炎　常在发生蜂窝织炎、败血症情况下，由于机体抵抗力降低，病原菌由血液循环进入骨髓内而发病。

（二）症状

急性化脓性骨髓炎　病犬体温突然升高、精神不振。患部迅速出现灼热、疼痛性肿胀，呈弥漫性或局限性。患肢不愿活动，常拖拽前进。

血液检查白细胞增多，血沉加快，严重的骨髓炎可继发败血症。

慢性骨髓炎　病变已侵害到骨密质、骨膜以及周围软组织，出现骨膨胀，软组织水肿，常形成小脓灶或脓肿，容易破溃，形成窦道与骨髓腔相通，并流出带有腐败气味的脓液。

（三）诊断

典型骨髓炎 X 线检查的特征是患骨里“虫蚀”状，并有死骨形成。有的病例难与骨肿瘤区别。

（四）治疗

应早期控制炎症的发展，防止死骨形成和败血症的发生。

早期应用大量的抗生素和磺胺类等药物，对霉菌性骨髓炎，使用两性霉菌素 B 有效。抗生素疗法至少要连续使用到临床体征消失一周之后。

已形成脓肿或窦道的骨髓炎，应及时手术切开软组织，分离骨膜，暴露骨密质，用骨凿打开死骨腔，消除死骨片。慢性病例用锐匙刮去死骨腔内肥厚瘢痕及肉芽组织，消灭死腔，为愈合创造条件，以后向脓窦内注入酶水解剂，如胰腺脱氧核糖核酸酶 5 000～10 000IU或链激酶－链球菌脱氧核糖核酸酶合剂5 000～10 000IU，溶于灭菌水中，每 24h 注入一次。

为了防止病理性骨折发生，局部应装着夹板绷带或有窗石膏绷带进行固定。

骨髓炎常并发低蛋白血症和脱水，应补充蛋白质及液体。严重者可作截肢术。

四、骨软骨病

骨软骨病是一种非感染性疾病，其特征是无菌性骨坏死和骨骼的某些部位有再生倾向。本病主要发生于幼龄犬。

骨软骨病可分为以下四种类型：

胫骨结节骨软骨病或撕脱　多见于大型品种的幼龄犬。

近端股骨骺的骨软骨病 主要发生于小型和中型品种犬。有时被误认为成关节发育不全。

股骨头的骨软骨病 见于2～3周龄的幼犬。

分离性骨软骨病 侵害软骨下小板和股骨髁近端关节面，形成分离的小片，这些软骨小片散布在关节空隙内。常见于大型品种犬。

(一) 病因

多数病例软骨分离或破裂的原因不明，据认为，直接的原因是循环障碍、过度牵引和压迫性外伤所引起。间接原因可能与缺乏矿物质和维生素以及激素失调、氧张力降低及代谢机能紊乱有关。

(二) 症状

最突出的体征是跛行。触诊患部时，有疼痛反应。如果病损严重，患部肌肉可发生萎缩。

(三) 诊断

良好的X线摄片对诊断极为有价值，在关节或生长板附近有X线透射区。应注意与关节部位粉碎性骨折、孤立的包囊或脓肿灶相鉴别。

(四) 治疗

本病具有自愈性，一般只要保持患肢安静，防止负重，当幼犬成熟时，病变能完全痊愈，并能恢复其功能。

分离性骨软骨病病例，必须以外科手术摘除关节内的骨片，方能恢复其机能。

第二节 脊椎疾病

一、脊椎炎

脊椎炎是以破坏性病变为特征的椎体炎症。其破坏性病变可发生在终板、椎间盘和椎体。由于骨密质发生破坏，常引起骨的增生。

(一) 病因

本病的真正病因还不清楚，一般认为外伤和感染是其直接致病原因。

(二) 症状

主要症状是疼痛，突然发作。病犬不愿运动，对被抱和绑绳极为反感。压迫患椎棘突，疼痛剧烈。脊椎关节僵硬，不灵活，常呈弓背姿势。

（三）诊断

在临床上难于对敏感部位作出准确的定位，而X线检查是可靠的诊断方法，可见椎体有分解性病变，椎间盘缺损引起椎间隙狭窄，并有不规则的骨增生。

（四）治疗

本病的治疗原则是镇痛消炎、预防骨增生。

早期病例，应使用抗生素和磺胺疗法。乙酰水杨酸、强的松龙、保泰松等可减轻疼痛。应用抗坏血酸、羟甲雄烷吡唑和葡萄糖酸钙等亦有一定效果。

二、腰椎间盘脱位

腰椎间盘脱位（dislocation of cervical intervertebral disc）又称腰椎间盘脱出，是指由于椎间盘变性、纤维环破裂、髓核向背侧突出压迫脊髓，而引起的以运动障碍为主要特征的一种脊椎疾病。多见于体形小、年龄不大的犬，如德国猎犬、小狮子犬、小型猎兔犬及长毛西班牙犬。猫亦可发生，其他宠物发病很少。该病可分为两种类型，一种是椎间盘的纤维环和背侧韧带向腰椎的背侧隆起，髓核物质未断裂，一般称之为椎间盘突出；另一种是纤维环破裂，变性的髓核脱落，进入椎管，一般称之为椎间盘脱出。颈椎间盘脱位约占脊椎椎间盘脱位病例的15%。

（一）解剖生理

椎间盘位于相邻两个椎体之间，由纤维环、髓核和软骨终板三部分组成（图11-6）。纤维环由多层呈同心圆排列的纤维软骨构成，其腹侧厚度约为背侧的两倍；髓核为胶状物质，富有弹性，位于纤维环的中央；软骨终板又称软骨盘，覆盖于前后椎体的骨骺端。椎间盘连接椎体，可容许椎体间有少量的运动，同时又可减缓振动。

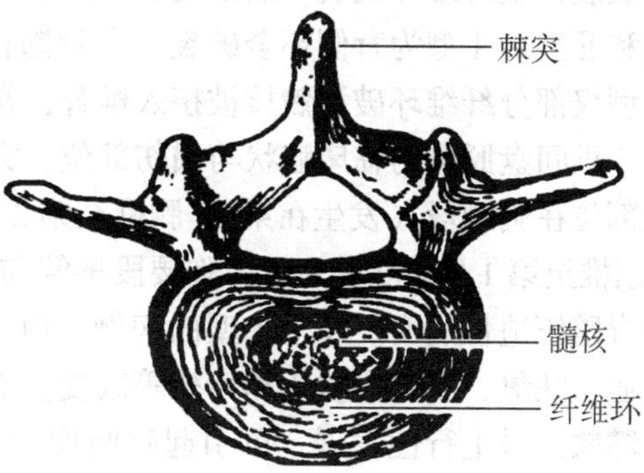

图11-6 椎间盘（水平面）

（二）病因

本病主要是由于椎间盘退行性变化所致，不过退变的诱因目前尚无定论。

1. *品种和年龄* 很多品种犬都可发病，不过Dachshund（德国猎犬），Pekingeses（北京犬），French Bulldog（法国斗牛犬）等品种发病率较高。3～6岁犬发病率最高。

2. *遗传因素* 有人通过对Dachshund（德国猎犬）犬系谱分析，发现椎间盘脱位的遗传模式一致，既无显性也无连锁性，有易受环境影响的多基因累积效应。

3. *激素因素* 某些激素如雌激素、雄激素、甲状腺素和皮质类固醇等可能会影响椎间盘的退变，有报道在100例患椎间盘脱位病犬的T_3（3，5，3′-三碘甲腺原氨酸）和T_4

(3, 5, 3′, 5′-四碘甲腺原氨酸) 测定后，甲状腺机能减退病例为39%～59%，可疑犬为10%～20%。

4. 外伤　外伤可引起纤维环和软骨终板的破裂，促使椎间盘脱位。这些外力因素包括动物从高处跳下，上下楼梯，嬉戏时跑跳，两后肢触地直立，在光滑的地板上突然跌倒等。

此外甲状腺机能减退、自身免疫因素、软骨营养障碍、应激、钙缺乏、溶酶体酶活性等原因都能引起椎间盘退行性变化。

(三) 病理发生

椎间盘主要由蛋白聚糖、胶原蛋白、弹性硬蛋白和水等组成。椎间盘髓核中央蛋白聚糖和水含量较高。随着动物年老和椎间盘变性，髓核中蛋白聚糖含量下降，而胶原成分增加。蛋白聚糖的多糖组成成分也发生改变，硫酸软骨素下降，硫酸角质素增加。纤维环也出现蛋白聚糖减少，胶原增加，但硫酸角质素与硫酸软骨素的比值高于髓核中之比值。椎间盘由于其生物化学结构的改变，组织液逐渐减少，其缓冲振动的能力也随之降低。

椎间盘退变有两种表现形式，一是软骨样化生，并伴有钙化，多见于软骨营养障碍类动物；二是纤维样化生，很少钙化，多见于非软骨营养障碍类动物。起初，髓核外周变性并向中央发展，同时纤维环亦退变。由于纤维环腹侧较背侧厚，而腹侧的纵韧带较背侧韧带强大有力，腰椎间盘多向背侧突出。椎间盘突出可表现纤维环局限性的膨出，但纤维环不破裂；或纤维环破裂，髓核脱出。Hansen 将椎间盘向背侧突出划分为两种病理类型：Ⅰ型和Ⅱ型。Ⅰ型为背侧环全破裂，大量髓核拥入椎管，主要发生于软骨营养障碍类动物。Ⅱ型仅部分纤维环破裂髓核被挤入椎管，常发生于非软骨营养障碍类动物，病程缓慢。

椎间盘脱位的临床症状与损伤部位、突出物大小、脊髓受压或受损程度有关。常见病变部位在胸腰段（发生在第12胸椎至第2腰椎占70%；第2腰椎至第1荐椎占20%；第2颈椎至第1胸椎占10%），胸腰段椎管与脊髓直径的比值较小，椎间盘突出容易产生急性脊髓压迫性病变。发生Ⅰ型的病例，由于椎间盘突出物或血块的压迫，脊髓发生淤血、缺血、缺氧、水肿、软化和坏死等改变。导致后躯感觉和运动麻痹。若病情进一步恶化，脊髓软化呈上行性发展，可引起呼吸麻痹。Ⅱ型病例脊髓受压轻微，多数受害部位在白质，局部出现一定程度的缺氧，但不会发生急性压迫性病变。

(四) 症状

患病犬主要表现后躯感觉和运动障碍，病初疼痛，弓背，腰背肌肉紧张，尾下垂，疼痛剧烈时一旦触及背部就会发出叫声。动物后躯无力，喜卧，强行驱赶时走路不稳，左右摇摆，严重者后躯瘫痪，针刺后肢感觉迟钝或无感觉。急性病例突然出现两后肢瘫痪，痛觉消失，粪、尿失禁。上运动神经原损伤时，瘫痪肢体的腱反射增强，膀胱充满，张力大，难挤压。下运动神经原损伤时，瘫痪肢体的腱反射消失，肌肉弛缓、萎缩，膀胱松弛，容易挤压。

(五) 诊断

根据病史、临床表现、神经学检查和X线检查等作出诊断。

神经学检查的内容包括姿势反射、腱反射、膜反射、膀胱功能试验和疼痛敏感试验。

X 射线检查对腰椎间盘脱位有重要意义。一般取侧位和腹背位拍摄。腰椎间盘脱位可见髓核和纤维环矿物化、椎间隙变窄、椎管内有矿物化团块和椎间孔模糊等。为了准确地确定脊髓病变范围和区别其他脊髓和脊椎疾病（如肿瘤），可做脊髓造影术。脊髓造影，可见脊索明显变细，椎管内有大块矿物阴影。

另外，CT 和 MRI 对腰椎间盘突出症的诊断也有重要参考价值。

（六）治疗

包括保守疗法和手术疗法。

1. *保守疗法* 病初时适用。主要方法是强制休息。限制活动 2～3 周，并配合应用肾上腺皮质激素、消炎镇痛药物。口服乙酰水杨酸 300mg，每天 3 次；口服保泰松 40mg 每天 3 次。如能辅以局部电疗、按摩或注射维生素 B_1 和维生素 B_2，效果更佳。

2. *手术疗法* 在保守疗法无效、病情复发、症状恶化时可考虑手术疗法。有开窗术和减压术两种。开窗术是在两椎体间钻孔，刮取突出的椎间盘突出物。减压术是切除椎弓骨组织，取出椎间盘突出物。

近年来医学上有在脱出的椎间盘内注射髓核溶解酶，手术创伤轻微的椎间盘镜取出髓核等新技术报道。

三、脊硬膜骨化症

脊硬膜骨化症是脊髓硬膜发生骨化的状态，以脊硬膜内骨片样增生为特征。因脊硬膜硬化而引起神经根和脊髓的病变或受压。多发生于脊柱活动性最大的部位。

（一）病因

至今病因不详。有人认为本病与颈椎或腰椎活动所致的炎症有关，但也有人认为骨片即为骨瘤。

（二）症状

如果硬脊髓膜上的骨片很小，临床上不表现症状，只有骨样增大（常 1～2 年后）才出现早期症状，即表现无原因的疼痛，尤其在站立、卧地、运动或抚摸时发现呻吟或吠叫声。运动扰乱，尤其头颈运动受限制，步态僵硬，运动时很易疲劳。随病情发展，肌肉发生麻痹，如果神经根或脊髓发生挫伤，则突然发生麻痹；当神经根炎时，原来的肌肉僵硬将被肌肉松弛代替。另外，还可发生持续性痛觉过敏，即轻微抚摸也会引起剧烈的疼痛。有时表现出感觉异常，咬啃麻痹部位。最后，原来痛觉敏感部位可能发生感觉消失。在肌肉僵硬的同时，由于反射增强，有时阴茎异常勃起，或因膀胱张力增高，在抚摸腹壁和会阴部常引起排尿，以后表现出大小便失禁。往往因衰竭而死，或毒血症而死亡。

（三）诊断

主要根据临床症状诊断。结合 X 线照相确定病变的位置。

（四）治疗

因病因不十分清楚，故没有特殊的治疗方法。临床上多采用对症治疗，如用消炎、镇痛药，例如巴比妥类、考的松类和保泰松等药。在治疗的同时加强护理十分重要，如防止褥疮和感染等。

四、脊髓压迫症

脊髓压迫症是脊椎或椎管内发生占位性或压迫性病变，使脊髓及神经根或其供应血管受压迫，而发生脊髓功能障碍的综合征。多发生于北京犬、法国哈巴犬。

（一）病因

脊髓炎、骨囊肿、结核、脊髓膜骨化、椎骨肿瘤、脊髓膜脓肿、脊椎前移、椎骨畸形、脊椎脱位、椎间盘突出、脊椎骨折、椎管或脊髓中的寄生虫移行、脑硬膜下和脊髓内出血等原因均可导致脊髓受压，因而产生对脊髓和神经根的持续或反复的机械性刺激。多见于北京犬、法国哈巴犬、猎獾犬。

（二）症状

脊髓压迫症多为慢性或亚急性，起病缓慢而进行性加重。在压迫部位以后逐渐出现运动、感觉、反射机能障碍，严重者，直肠和膀胱麻痹，便秘，尿闭或大小便失禁。

在运动麻痹之前，有时可见疼痛和感觉过敏，脊柱僵硬或弯曲，行动谨慎，当起立、卧下、运动时，疼痛嚎叫。其后逐渐发生截瘫，起立困难，步态不稳，以前肢拖着后肢前进，致使后肢足趾背侧发生擦伤。后肢反射消失，肌肉逐渐萎缩。

由脊椎疾病引起的脊髓压迫症，病变部位的椎骨多有疼痛、肿胀或畸形。

（三）诊断

为查明脊髓压迫症的病因，必须进行 X 线摄片或髓腔造影 X 线检查，脊椎骨病变，在 X 片上多有阳性显示。椎管内肿瘤有时也可发现椎弓根距离增宽，椎间孔扩大或骨质破坏等现象。

脊髓压迫症与脊髓挫伤、脊髓及脊髓膜炎的症状相似。但脊髓挫伤有外伤史，并突发截瘫。脊髓及脊髓膜炎多以感觉过敏和肌肉痉挛为特征。

（四）治疗

对病犬应精心护理，限制活动，保持安静，经常转换体位，预防褥疮，处理好粪尿，保持清洁。

为减轻疼痛，可应用乙酰水杨酸 300mg，每天 3 次口服；保泰松（苯丁唑酮）100～250mg，每天 3 次口服；地塞米松 0.25～1mg，口服；强的松龙 20～50mg，肌肉注射，感染时应用抗生素。

对有价值的犬，应考虑进行外科手术，除去压迫物或作减压术。

五、脊髓挫伤

因打击、压迫、跌倒、跳跃、脊柱骨折等使脊髓组织受到明显损伤叫脊髓挫伤。损伤不明显的叫脊髓震荡。脊髓受到损伤造成机能障碍和截瘫。

（一）病因

临床上见于被汽车冲撞、跌倒、高处坠落、外力打击等原因。当患佝偻病、骨软化症、骨营养不良、脊椎炎、脊椎骨折等也会诱发和易发脊髓损伤。

（二）症状

脊髓损伤常见于颈部和腰部脊髓。当颈部脊髓挫伤而造成部分脊髓受伤时，体温升高，吞咽困难，脉搏慢，呼吸困难，全身肌肉抽搐，四肢拖地。寰椎脱位时，仅表现头部僵硬，保持左侧位姿势和运动失调。颈膨大部脊髓损伤（膈神经起源处之后）时，可引起四肢、体驱和尾巴的运动麻痹和感觉消失，腹式呼吸明显，胸式呼吸消失。紧接着身体前后部的反射都消失。但经多日或数小时后，身体反射又告恢复，仅前肢缺乏反射。病初肌肉轻瘫，后为强直性瘫痪。严重的两便失禁或便秘和尿闭。瞳孔散大，但仍有对光反射。间或阴茎勃起。胸部脊髓受伤时，身体后半部麻痹，感觉消失，反射保持不变或增强，两便失禁或便秘和尿闭。胸部前端脊髓受伤时，只有腹式呼吸，缺乏胸式呼吸。

腰部前1/3脊髓受伤时，后肢感觉消失和运动麻痹，但反射保持不变或增强；当腰部中1/3的脊髓受伤时，除上述部位麻痹外，膝反射消失；当腰部后1/3处的脊髓受伤时，通常伴有骶部脊髓的伤害，引起臀部、髋部和尾部感觉消失和运动麻痹，尿失禁和肛门括约肌麻痹。脊髓一侧（半边）损伤时，可引起同侧运动麻痹和对侧感觉消失。当延髓和第五、第六对颈部脊髓完全横断时，则几秒钟之内因呼吸完全停止而死亡。

（三）诊断

根据病史和临床特点可初步诊断。抽脊髓液发现其中混有血液。在椎管注射造影液之后进行X射线检查可确诊。本病必须与其他脊椎和脊髓其他疾病区别。

（四）治疗

当脊髓受伤首先保持病畜安静和限制其活动，减少对脊髓的刺激。对轻度脊髓损伤给予镇静剂和止痛药，静脉注射20%甘露醇（2mg/kg）和地塞米松（2～4mg/kg），以防脊髓水肿。或硬膜外注射1%普鲁卡因（5ml）、地塞米松（5mg）、青霉素（40万IU）混合液。局部应用红花油或其他刺激药。对严重脊髓挫伤一般治疗效果不理想，预后不良或慎重。

六、斜颈

斜颈是颈部向一侧倾斜或扭转，是以症状命名。多因颈部肌肉的痉挛或麻痹、颈部肌肉风湿症、颈椎脱位、颈骨骨折、颈神经炎和麻痹、颈韧带损伤等病而发生斜颈。

（一）病因

主要见于猛烈跌倒、高空坠落、钝性物体的冲击，打架啃咬、颈圈强烈牵引、颈圈过紧等。也见于因颈一侧性颈肌肉风湿。犬中耳炎也可出现斜颈。先天性斜颈比较少见。

（二）症状

斜颈的临床症状差异较大，有的将头保持低垂，有的头颈向左侧或右侧歪斜，有的颈部向左侧或右侧弯曲，有头伸直而颈弯曲等。如因肌肉挫伤，常见颈部肌肉炎性肿胀、疼痛等。如颈椎骨折、脱位而引起颈脊髓损伤表现卧地不起等症状。

（三）诊断

由于引起斜颈原因较多，临床必须仔细观察和检查，必要时应用X线摄片，以确定是否有颈椎骨折或脱位。

如颈椎骨折或脱位，一般预后不良。单纯颈肌挫伤经治疗预后良好。由于肌肉风湿、肌肉痉挛而发生斜颈，其预后慎重。

（四）治疗

肌肉挫伤者，按挫伤方法治疗，如病初用冷敷，后改为刺激性药物外涂；同时在颈部装夹板以防颈变形。如因颈肌风湿，应用抗风湿药，如水杨酸制剂、强的松、强的松龙等药物。

第三节　关节疾病

一、关节创伤

关节创伤是关节囊、关节韧带以及关节部软组织的开放性损伤。根据关节囊是否与外界相通，分为关节透创和非透创。

（一）病因

锐性或钝性物体猛烈地作用于关节，可引起关节创伤。

（二）症状

关节非透创　轻者关节皮肤破损，出血，疼痛，轻度肿胀，方形成创囊，内含挫灭组织和异物，容易引起感染。

关节透创　其特点是创口流出黏稠、透明、淡黄色的关节滑液，有时混有血液或由纤维素形成的絮状物。

关节滑膜比其他组织抗感染能力较强，但当机体抵抗力减弱时，侵入关节内的病原微生物大量繁殖，则发生化脓性关节炎，甚至引起败血症。

（三）治疗

关节创伤的治疗原则是防止感染，增强机体抗病能力，及时合理地处理创口，减少关节活动，力争在关节腔未出现感染之前闭合关节囊。

创口处理　关节非透创可按一般创伤处理。对关节透创要及时地清除创内的异物、血凝块，切除挫灭组织，消除创囊，用0.25%普鲁卡因青霉素药液或0.3%雷夫奴尔溶液清洗关节腔。要注意不可由创口向关节腔冲灌，应由创口的对侧向关节腔穿刺注入溶液，以防污染关节腔。然后撒布磺胺碘仿粉（9∶1），包扎固定绷带，限制关节活动，控制炎症发展。

对化脓性关节透创，应清除坏死组织和异物，用防腐液洗涤关节腔后，再用灭菌纱布浸以20%硫呋液（0.01%呋喃西林溶液100.0ml、硫酸镁20.0ml）、魏氏流膏（碘仿3.0ml、松馏油5.0ml、蓖麻油100.0ml）或磺胺乳剂（氨苯磺胺5.0ml、鱼肝油30.0ml、蒸馏水65.0ml）湿敷，外加保护绷带。

局部理疗　为了改善局部血液循环和增强代谢，局部可用红外线疗法、超短波疗法或特定电磁波疗法。

全身疗法　为了预防和控制感染，应尽早地使用抗生素或磺胺疗法。

二、髋关节脱位

髋关节脱位是指股骨头与髋关节窝脱离。临床上关节头（股骨头）与关节窝脱出落于别处叫全脱位；关节头与关节窝仍保有一部分接触的叫不全脱位。全脱位时，股骨头向前方脱出叫前方脱位，股骨头向前上方脱出叫上方脱位，向内方脱出叫内方脱位，向后方脱出叫后方脱位。临床上以髋关节上方脱位较多。

（一）病因

多因外伤所致，如汽车冲撞、跌滑、强烈牵引后肢。也有因髋关节发育异常而发生髋关节脱位。

（二）症状

髋关节前上方脱位是股骨头被异常固定在髋关节前上方，站立时患肢明显缩短，呈内收肢势或伸展状态，患肢外旋，趾尖向前外方，股骨头脱出于髋关节窝上外方，他动患肢外展受限制，内收容易。大转子明显向上方脱出。运动时拖拉前进或三脚跳，并向外划弧形。内方脱位，股骨头进入闭孔内时，患肢明显缩短，他动运动时，内收外展均容易。患肢运动时呈三脚跳。直肠检查时，可在闭孔内触摸到股骨头，特别他动运动时更明显。

（三）诊断

髋关节脱位可根据临床症状不难诊断，特别在病初期。X射线检查可以确诊，不仅可查明股骨头脱位的方向，还可与髋关节发育异常进行区别，如髋关节完全脱位，则预后不良。

（四）治疗

当前对髋关节脱位常用拖拉法，即在全身麻醉的状况下，助手握住患肢用力拉，使股骨头向髋臼窝移动，术者也按住股骨头向髋臼窝推入，当股骨头推入髋臼窝后，固定患肢的活动。由于髋关节脱位而引起圆韧带的撕裂或断裂、出血和髋关节炎症，长期不愈合。髋关节脱位整复后也常复发。

有人主张手术切开髋关节，清除髋关节凝血块和骨碎片，用骨螺钉或骨髓针将股骨头固定在髋臼中。但术后其髋关节活动性受到限制，而失去功能。

三、膝盖骨脱位

膝盖骨（髌骨）正常时根据膝关节屈伸而在股骨滑车上下滑动。一旦膝盖骨滑入滑车内侧，卡在股骨滑车内侧嵴上，使膝盖骨不能随膝关节屈伸而上下滑动，则使膝关节不能屈曲。膝盖骨滑入滑车外侧嵴时，同样不能上下滑动而使膝关节不能屈曲。本病常见于犬，猫少见。

（一）病因

可分为先天性和后天性。先天性是骨骼解剖上的畸形或骨骼结构上的改变导致膝盖骨脱位，故有人认为是一种遗传病。以一肢内方脱位多见，两侧脱位占20%～25%。多见于小型犬，如玩具犬、博美犬等。后天性多因外伤，如跳跃、竖立、碰撞等，也有因股四头肌强烈牵引或膝内外侧直韧带、膝中直韧带剧伸、撕裂等原因。

（二）症状

当膝盖骨内上方脱位时会突然出现跛行，患肢不能伸直，膝关节呈屈曲状态。运步时，呈三脚跳。在运动时，膝盖骨有时能自然复位，其运步正常，但停止后，又出现上述症状。触诊无热、无痛。有的小型犬可摸到很浅的滑车沟。

（三）诊断

根据临床症状不难确诊。但应与股二头肌转位、膝盖骨伸肌断裂和膝骨关节炎等区别。

（四）治疗

保守疗法常采用局部涂刺激药、针灸等方法。如果效果不理想，应尽早手术治疗。

四、化脓性关节炎

关节组织被化脓菌感染，所引起的化脓性炎症，称化脓性关节炎。根据病理变化的程度，可分为化脓性滑膜炎及化脓性全关节炎。犬、猫虽不常见，一旦发生其病情则相当严重。

（一）病因

可分血源性和外源性两种。血源性多是病原菌经血液循环感染关节。外源性多因关节透创，如咬伤、车祸、火器伤、关节内注射等而使关节囊破坏，关节周围组织发生化脓性感染直接蔓延所致。如骨骺骨髓炎、关节邻近软组织发生化脓创。

（二）症状

化脓性滑膜炎 患关节温热、疼痛、肿胀，关节囊高度紧张，有波动。站立时患肢屈曲，运动时跛行显著，常伴有体温升高。

化脓性全关节炎 系指关节滑膜、关节囊、软骨、骺端及关节周围组织的化脓性炎症。患关节红肿、热痛和机能障碍，关节腔内积聚浆液性、纤维素性和脓性渗出物，关节囊紧张，压迫和他动运动疼痛明显，并波动明显，此时出现高度跛行。随炎症的发现，关节囊增厚。有时关节囊破裂，脓汁流到皮下，使皮下出现化脓性炎症，皮肤溃破形成开放性化脓性关节炎。化脓性关节炎常伴有体温升高，精神沉郁、厌食等全身症状。关节穿刺时，其滑液呈浆液、血性混浊液或脓性。镜检可见到化脓菌、脓细胞和白细胞。X线检查仅见关节囊增厚、关节间隙增大。时久可见到纤维性关节强硬和骨性关节炎。

（三）诊断

根据局部和全身症状一般可做出诊断。关节穿刺可确诊，并能区别非化脓和化脓性关节炎。

（四）治疗

化脓性关节炎的治疗原则是消除感染，排除脓液，提高抗感染能力。

局部处理 局部剪毛消毒后，穿刺排脓，然后用0.25%普鲁卡因青霉素溶液洗至滑液透明为止，再向关节腔内注入丙酮缩去炎松1～3mg。当关节腔蓄脓过多时，可行切开，用生理盐水青霉素或0.01%呋喃西林溶液冲洗，每天处理一次。待关节化脓消除后，及时闭合关节囊。急性炎症消退后或术后10～14d时，适当进行功能训练，以防关节粘连。

全身治疗 应用大剂量的抗生素和磺胺类药物，以消除感染。

五、类风湿性关节炎

类风湿性关节炎是慢性进行性、侵蚀性和免疫介导多发性关节病。多发生于8月龄至9岁（平均4岁）的小型犬和玩赏犬。

（一）病因

最近认识到本病是由许多致病因素相互干扰所引起。它与免疫机制有关。内源性 IgG 蛋白刺激 IgG 和 IgM（称为类风湿因子），并与类风湿因子结合，在关节内形成免疫复合体，激活补体系统，产生几种白细胞趋化因子，这些白细胞趋化因子吸引白细胞到免疫复合体处，并与免疫复合体接触或将其吞噬并释放各种能使关节滑膜发生病变的溶酶体，如胶原酶、组织蛋白酶（破坏基膜）和蛋白酶（分解糖蛋）等。

开始滑膜出现炎症反应，如滑膜渗出、水肿、纤维蛋白的沉积，滑膜增生。随着病的发展，滑膜增厚、肥大，形成一种血管化的肉芽组织。后者干扰软骨吸收滑液的营养而引起软骨坏死，并侵蚀软骨下骨，产生局部骨溶解，使关节面萎陷。严重时可累及关节韧带和肌腱。

（二）症状

病初，一般表现精神沉郁、发热和厌食，以后出现跛行。跛行时轻时重，反复发作，关节僵硬，关节肿胀，常累及几个关节。后期，关节软骨进一步遭侵蚀，关节周围组织破坏加重而导致韧带断裂，关节畸形。

（三）诊断

根据临床症状和发病过程可初步诊断。X 射线检查和类风湿因子试验有助于本病的诊断，但类风湿因子试验有时出现假阳性或假阴性。血液检查可见到白细胞增多，嗜中性白细胞比例增加。

（四）治疗

目前尚无特效药物治疗，只能采用缓解疼痛、控制炎症、改善关节的功能等方法。如口服阿司匹林（2mg/kg），注射强的松龙（1～2mg/kg）等药物。

六、骨关节炎

骨关节炎是关节骨系统的慢性增生性炎症，又称慢性骨关节。在关节软骨、骨骺、骨膜及关节韧带发生慢性关节变形。并有机能障碍的破坏性、增生性的慢性炎症，所以又称慢性变形性骨关节炎。最后导致关节变形、关节僵直与关节粘连。狗最常发生于大型品种犬的髋关节和膝关节。

（一）病因

骨关节炎发生的原因尚不完全清楚。据认为与内分泌紊乱所引起的磷、钙代谢失调有关。本病常发生于关节扭伤、挫伤或脱位之后。

（二）症状

关节软骨被破坏，关节边缘骨质增生，骨关节面骨密质增生或粘连，关节韧带和骨膜骨化，因而引起关节变形和明显跛行。跛行随运动而减轻，有时可听到关节内哔叽音。病久者，患肢肌肉发生萎缩。

用 X 线检查可确诊。

（三）治疗

骨关节炎的治疗原则是早期发现与治疗，消除跛行，恢复机能。

早期治疗以镇痛和温热疗法为主。口服乙酰水杨酸 300mg 或保泰松 100mg，每天 3 次。也可向关节内注射丙酮缩去炎松 1～3mg。温热疗法可用石蜡疗法、透热疗法、超短波疗法或特定电磁波疗法等，以调节代谢，促进修复。

晚期治疗以消除跛行和恢复机能为主。可应用刺激剂疗法，如涂擦 1：12 升汞酒精溶液或 5% 红色碘化汞软膏等，每天 1 次，用至皮肤形成结痂为止。

七、红斑性狼疮性关节炎

红斑性狼疮性关节炎是自身免疫疾病之一，常侵害多关节。

（一）症状

关节肿胀、温热、疼痛，呈弛张性跛行。常伴发体表脱毛，皮肤盘状狼疮，淋巴结肿大，多发性动脉炎、肾炎、脊髓炎、溶血性贫血、血小板减少性紫癜等。

（二）诊断

显微镜检查可发现狼疮细胞（LH 细胞），荧光抗体检查有抗 DNA 因子，库姆斯氏试验阳性。

（三）治疗

用免疫抑制剂（如肾上腺皮质激素等）治疗有一定的疗效。

八、浆液性滑膜炎

浆液性滑膜炎为关节囊滑膜层的渗出性炎症，常发生于膝关节和跗关节。

（一）病因

引起浆液性滑膜炎的主要原因是损伤，如关节的扭伤、挫伤和关节脱位都能并发滑膜炎。另外，急性风湿病及某些传染病也可伴发浆液性滑膜炎。

（二）症状

急性浆液性滑膜炎 关节囊滑膜层及绒毛充血、肿胀，关节腔内积聚大量黄色透明的浆液性渗出物，有时浆液中含有纤维素。关节囊紧张膨胀，指压时有明显波动，渗出液含纤维素较多时出现捻发音，他动运动时疼痛显著。站立时患关节屈曲，免负体重，运动时出现明显跛行。

慢性浆液性滑膜炎 关节囊膨大，触诊波动明显，温热、疼痛不明显。如积液过多引起轻度跛行。

（三）治疗

本病的治疗原则是制止渗出，促进吸收，排出积液，恢复机能。

急性浆液性滑膜炎 为了制止渗出，病初可用冷却疗法，包扎压迫绷带或石蜡绷带，适当制动。急性炎症缓和后，为了促进渗出物的吸收，可应用温热疗法，装着饱和硫酸镁溶液绷带、樟脑酒精绷带或鱼石脂酒精绷带。

关节囊内积液过多时，可穿刺放液，同时注入0.5%普鲁卡因青霉素溶液，然后包扎压迫绷带。

慢性浆液性滑膜炎 可用醋酸氢化可的松1～2ml加青霉素20万IU，行关节腔放液后注入，隔日一次，连用3～4次。亦可应用碘离子透入疗法、透热疗法等。

九、髋关节发育异常

髋关节发育异常是一种髋关节发育或生长异常的疾病。其特点是关节周围软组织不同程度的松弛、关节不稳（不全脱位）、股骨头和髋臼变形和退行性关节病。本病不是一种独立疾病，而是多种病因所致的复合性疾病。本病多发生于大型和生长快的幼年犬，如德国牧羊犬、纽芬兰犬、英国塞特猎犬等。猫和小型犬也有报道，似髋关节发育异常症状。

（一）病因

最初认为是一种高度显性遗传疾病。现在认为此病是多因子或基因遗传，并在环境应激因素作用下，改变基因的表现型而诱发本病。

（二）症状

病犬后肢步幅异常，往往一后肢或两后肢突然出现跛行，起立困难，站立时患肢不敢负重，行走时弓背或躯体左右摇摆。他动运动时，可听到“咔嚓”响声。髋关节松弛，多数病例疼痛明显，特别他动运动时，动物呻吟或反抗咬人。一侧或两侧髋关节周围组织萎缩，被毛粗乱。有些病例因关节疼痛明显而食欲下降，精神不振。个别动物体温升高，但呼吸、脉搏、大小便及血常规无异常。

（三）诊断

根据临床症状可初步诊断，但最后确诊仍需X线摄影。X线摄影可诊断出髋关节骨性增生、髋臼变浅、股骨头不全脱位等异常变化。同时可根据病情，确定其是可疑、轻度、中度还是严重。

（四）治疗

早期可采用强制性休息，将犬关在小笼内让其呈坐立姿势，两后肢屈曲外展，以达到减少髋关节压力和磨损的目的，防止不全脱臼进一步发展。也可用阿司匹林、保泰松等镇痛消炎药减轻疼痛。肥胖动物，应用控制饮食，改变营养成分，减轻体重等方法有助关节的恢复。用以上方法无效时，可进行手术治疗。

手术是在全身麻醉下，进行矫正骨畸形和关节的吻合。这类手术有骨盆切开术、髋臼固定术、股骨内翻切开术等；另一种是全部切除或置换髋关节。这些手术比较复杂，术后能否恢复功能还需进一步研究。

第四节 神经疾病

一、前肢神经麻痹

前肢神经麻痹主要指肩胛上神经、腋神经、桡神经、正中神经和尺神经麻痹。

（一）病因

引起前肢神经麻痹的原因是多方面的，如长时间的结扎止血带、石膏绷带、夹板绷带，血肿、脓肿、新生物及异物对神经的压迫，跌倒、冲撞、打击等暴力引起神经的牵张与断裂，可引起神经麻痹。

（二）症状

因运动神经纤维遭受损伤，使其支配的肌肉、腱的运动机能减退或丧失，表现肌肉、腱弛缓，丧失固定肢体和自动伸缩的能力。前肢不能伸展负重，出现过度伸展、屈曲或偏斜，或呈现特异的跛行。

前肢的神经属混合神经，伤后出现程度不同的感觉机能障碍，针刺皮肤时疼痛反应减弱或消失，腱反射减退。病久时，失去神经支配的肌肉群发生萎缩。

（三）治疗

治疗原则是消除病因，恢复神经机能，防止肌肉萎缩。

为促进血液循环和提高肌肉的紧张力，可用按摩、石蜡、红外线、紫外线、电针、高频电或硝酸士的宁离子透入疗法。

二、肩胛上神经麻痹

（一）病因

发病原因多为外伤性，如肩前部被打击、冲撞或拉伸伤。目前新论点认为由于肩部突然受到剧烈过度向后伸展牵拉，致该神经麻痹。

（二）症状

临床特征，肩胛上神经完全麻痹病犬站立时肩向外展，离开胸壁，胸前出现凹陷，肩关节明显向外支出，表现为负重性肩外偏，无明显免负体重，当举起健肢时，肩外展更明显。病期长时，肩部肌肉萎缩。不完全麻痹时，症状轻微不易发现，病久肩部肌肉出现渐进性萎缩。

（三）治疗

病初应用温热疗法，外用抗炎药物、超声波疗法、TDP 疗法、激光疗法以及电针疗法等，配合使用维生素 B_1、维生素 B_{12}局部注射。可试用氢溴酸加兰他敏溶液，对肌肉萎缩有一定作用。

三、桡神经麻痹

（一）病因

主要由外伤所致，如臂骨外髁部损伤、前臂骨骨折、第一肋骨骨折、前肢向前外方剧伸及侧卧保定长时间压迫。有时也可发生于麻痹性肌红蛋白尿、过劳等疾病经过中。还可因肿大腋淋巴结的压迫而发病。

（二）症状

桡神经麻痹时，所支配的肘关节、腕关节和指关节的伸展肌失去作用。

1. 全麻痹　站立时肩关节伸展过度，肘关节下沉，腕关节及指关节屈曲，掌部向后、爪尖壁着地，患肢变长。被动固定住腕、球关节，患肢能负重。运步时，患肢提举伸扬不充分，爪尖壁拖地。着地负重时，除肩关节外，其余关节均过度屈曲。触诊臂三头肌及腕、指伸肌弛缓无力，其后逐渐萎缩。皮肤感觉通常无变化，麻痹区内间或感觉减退，或感觉过敏。

2. 不全麻痹　站立时，患肢尚能负重，有时肘肌发生震颤。运步时，患肢关节伸展不充分，运步缓慢，呈现运跛。负重时，关节稍屈曲，软弱无力，常发生蹉跌，地面不平和快步运动时尤为明显。

3. 部分麻痹　主要见于支配腕桡侧伸肌和指总伸肌的桡深神经麻痹。站立时无明显异常，或由于指关节不能伸展而呈类似突球姿势。运步时，患肢虽能提举，但腕、指关节伸展困难或不能伸展，以致患肢蹄迹与对侧蹄迹并列。快步运动时，常常蹉跌而以系部的背面触地。桡神经的臂三头肌肌支麻痹时，因臂三头肌松弛无力，致肩关节开张，肘关节下沉，前臂部伸向前方，腕关节屈曲，掌部与地面垂直，呈尺骨肘突全骨折的类似症状。快步时，侧望患肢在垂直负重的瞬间，肩关节震颤，臂骨倾向前方。

（三）治疗

治疗方法与肩胛上神经麻痹基本相同。据临床经验，火针抢风穴及肘俞穴，对不全麻痹或部分麻痹疗效显著。亦可电针抢风穴和前三里穴，间断电流，通电 30min，每日 1 次，7d 为 1 疗程。

四、尺神经麻痹

（一）病因

引起犬前腿支配神经损伤的常见病因是直接创伤、因保定或持续麻醉时侧卧造成的缺血，偶尔见肿瘤波及臂丛的神经或小神经根。过度牵拉前肢，使肩部过度外展，可致整个神经丛撕脱或过度牵张。临床表现可反映出硬膜内腹神经根和背神经根不同程度的损伤。在第一肋骨和肱骨交点处桡神经沟中的桡神经最易受到伤害。

（二）症状

臂神经丛完全麻痹的动物，其特征表现为静立时肘关节下沉、腕关节和掌关节不完全屈曲。麻痹肢呈拖拉状，如负重可见肘部和腕部塌陷。臂神经丛的五支主要神经（肌皮神经、腋神经、桡神经、尺神经和正中神经）中如果桡神经近肘端受损伤时，肘部、掌部和指部不能伸展负重，出现严重的运动机能障碍。如伤及肘部远端，可见指部和掌部着地。桡神经严重损伤时，主要表现为前肢和指部背面敏感性消失。尺神经和正中神经麻痹时，指部和掌部不能屈曲。腋神经和肌皮神经损伤后，则肩部运动和肘部屈曲分别受到影响。如果肿瘤或创伤或炎症影响了第六颈椎至第二胸椎段脊髓（臂神经丛起自此段），就可见到前肢或后肢的双侧性轻瘫。臂神经丛的神经纤维瘤常波及脊髓，并引起不同部位的偏瘫。波及第一胸神经根时，在肢体麻痹的同侧常可见到霍钠氏综合征。在发病1～2周后，失去神经支配的肌肉群可发生严重的神经性肌肉萎缩。

犬发生臂丛神经炎的特征为前肢支跛，肌电图检查可见典型的弥散型去神经异常，脑脊液检查和脊髓照相术检查都正常。用糖皮质激素治疗后，病情好转。该病与饲喂牛肉或马肉制品日粮有关。

（三）诊断

诊断时需准确了解病史，并对前肢进行细致的神经学检查。骨折时放射学检查可以确诊损伤的部位。感觉完全丧失的病例愈后保守，神经再生需2～4个月，分析肌肉群的肌电图，可确定损伤的程度。随后对神经传导进行检测可以尽快查清神经再生情况，并提出更确切的预后报告。

（四）治疗

神经急性挫伤的病例，应缓解组织水肿和神经受到的压迫。神经严重损伤时，应进行外科手术探查和修复。如受伤肢体呈拖拉状时，蹄部易被划破，可用皮靴套加以保护。如所需恢复期较长，可进行理疗，包括肌肉按摩，对患肢各关节做人工屈曲和伸展活动，这样有助于防止肌肉萎缩造成的关节固定。臂神经丛撕脱的动物，预后保守至不良。对小动物如果治愈无望，需截除患肢。

五、胫神经麻痹

（一）症状

站立时，跗关节、球关节及冠关节呈屈曲状态，患肢稍踏于前方并能负重。运步时，患肢仍可提伸，各关节过度屈曲，爪向上抬举过高，随后痉挛样地向后向下迅速着地（轻击地面）。病畜不能进行快步运动。患肢股后及胫后部肌肉弛缓无力，并逐渐萎缩。

（二）治疗

电针百会、路股、大胯、小胯、巴山、牵、肾、仰瓦、邪气及汗沟等穴位。

六、闭孔神经麻痹

（一）病因

闭孔神经麻痹多发生于难产之后，由于胎儿过大，通过骨盆腔时间过长，压迫或损伤闭孔神经而引起麻痹。

（二）症状

产后突然发生后躯麻痹，不能站立，病犬伏卧，后肢极度外展。病犬一般无全身症状。患病持久时，后肢肌肉萎缩，可能继发褥疮。

（三）治疗

闭孔神经麻痹的治疗和前肢神经麻痹基本相同。

第五节　肌、腱及黏液囊疾病

一、腱炎

腱由胶原纤维束构成。是坚韧、致密、富有弹性的组织，是肌肉的延续，也有传导肌肉的运动和固定有关关节的功能。腱在通过关节和骨的突起处时有腱鞘包裹以缓解腱与突起处的摩擦。

动物在生理负重状态时，腱处于紧张状态，因腱富有弹性是完全可以适应的，当超过腱的生理范围时，腱纤维因高度牵引而发生炎症和腱纤维的断裂。

（一）病因

主要是由于超生理的运动使腱纤维过度伸张所致。如腱的剧伸、跳越障碍、滑跌、冲击和压轧等。也有因腱质发育不良、肢势异常。也有因腱附近组织感染蔓延引起化脓性腱炎。腱炎多发生在屈肌腱，特别指（趾）深屈肌腱、腕尺屈肌腱、跟腱等。

（二）症状

急性无菌性腱炎时，突然发生不同程度的跛行。局部增温、肿胀、疼痛，特别伸展屈肌腱时疼痛明显。如果病因不除或治疗不及时或不当时，则易转为慢性腱炎，其腱疼痛和增温虽有好转，但腱变粗而硬，弹性降低或消失，结果出现机能障碍，有时造成腱挛缩，限制关节活动。

化脓性腱炎的临床症状比无菌性腱炎更剧烈，有时出现局限性蜂窝织炎，最终引起腱的坏死。

（三）诊断

腱炎的诊断主要根据临床症状和病史不难确诊。

（四）治疗

治疗原则是控制炎性渗出，促进吸收，消除疼痛，防止腱挛缩。

急性腱炎时，可用冷敷，如用冰袋、醋酸铅溶液、冰水毛巾等。也可用普鲁卡因青霉素封闭。当急性炎症减轻后，用温敷、酒精热绷带、鱼石脂软膏等，以达到促进吸收的目的。对亚急性和慢性初期，可使用物理疗法，如激光、超声波、微波治疗等。也可用刺激药，如鱼石脂、碘酊、白芨膏等。

对慢性腱炎可用强刺激药，如红色碘化汞软膏（红色碘化汞1g，凡士林5g），碘汞软膏（水银软膏30g、纯碘4g）等药外敷。也可以用火针、点状或线状烧烙。

对化脓性腱炎按外科感染创治疗。腱挛缩时，可进行切腱术。

二、腱鞘炎

屈肌腱鞘炎比伸肌腱鞘炎发生率高，特别腕、指（趾）部的腱鞘炎发病率高。

（一）病因

多因腱鞘及周围软组织受到挫伤、压迫、摩擦等。也有因腱和腱鞘过度牵引，腱炎和腱鞘周围组织炎症蔓延所致。

（二）症状

急性腱鞘炎临床特点是腱鞘肿胀、增温、疼痛、腱鞘内充满浆液性渗出液，触诊有明显的波动感，运步时有跛行。急性浆液纤维素性腱鞘炎时，患部增温、疼痛、肢体机能障碍比浆液性腱鞘炎严重，渗出物中有纤维蛋白凝块，因此患部除有波动外，在触诊和被动运动时有捻发音。往往腱鞘炎和腱炎并发或呈因果关系。

慢性腱鞘炎常来自急性腱鞘炎，滑膜腔膨大充满渗出液，有明显波动，温热和疼痛不明显，跛行较轻，因此临床称之为腱鞘软肿。慢性浆液纤维素性腱鞘炎时，腱鞘各层粘连，腱鞘外结缔组织肥厚。严重时，发生骨化性骨膜炎，患部有局限性波动，温热、疼痛和跛行明显。

化脓性腱鞘炎患部充血、敏感，如有创伤则流出黏稠含有纤维蛋白片的滑液，其临床症状是体温升高，跛行剧烈。如不及时治疗，可引起蜂窝织炎，甚至败血症。

（三）治疗

治疗原则和方法基本上与腱炎相似，但在急性腱鞘炎时，可用穿刺排液等方法。

三、腱断裂

腱断裂是指腱的连续性被破坏而发生分离。常见于屈肌腱和跟腱的断裂。

（一）病因

非开放性腱断裂多因突然受剧烈的过度的牵引；也有因骨质疏松或骨坏死时，剧烈的运动或牵引而引起腱附着处与骨脱离。腱坏死病也会发生腱断裂。

开放性腱断裂多因锐性物体切割，引起皮肤、腱同时破裂。如刀伤、玻璃、车辆压轧伤等。

（二）症状

当腱断裂时，患腱松弛，断裂部位形成缺损。不久会出现溢血、断端收缩和肿胀，断裂部增温和疼痛。由于腱的功能和部位不同，则出现功能障碍也不同，如屈肌腱断裂则不能负重；伸肌腱断裂则不能提举，跟腱断裂时跗关节出现屈曲并下沉等症状。

（三）诊断

在腱断裂初期根据临床症状不难确诊，如腱松弛、断端凹陷等。这与腱炎、腱鞘炎等易区别。

（四）治疗

非开放性腱断裂时，可采用保守疗法，局部涂擦较强刺激药，按正常肢势外固定，限制其活动范围，以促进结缔组织增生和腱愈合。

腱的断裂最常用的方法是手术缝合法，将腱的断端靠拢对接，用纽扣状减张缝合，或用使腱不易撕裂的其他方法缝合。外面装固定绷带。用碳纤维缝合，对腱的断裂缝合效果较好，因碳纤维能诱发腱的再生，缝好后，外装固定绷带。

四、肌病

肌病是以肌肉萎缩、肌纤维组织浸润、变性、破坏为特征的营养代谢障碍性疾病。

（一）病因

本病的真正病因尚不完全清楚，一般认为与肌肉营养代谢障碍有关。可能由于肌酸酐合成缺陷所致。

（二）症状

主要表现肌纤维萎缩，肌肉张力降低。由于纤维组织和脂肪向已萎缩的肌肉浸润，致使肌肉异常膨大（假性肥大），触诊时呈柔软海绵样。四肢活动不灵活，站立时呈木马样。

（三）诊断

血清谷草转氨酶（GOT）、血清肌酸磷酸激酶同功酶（CPK）明显增高，尿中肌酸排出量减少，可以初步诊断为肌肉营养代谢障碍。最有诊断意义的是作肌肉活组织检查。

（四）治疗

为了增加肌肉营养，可给予氨基酸制剂（如谷氨酸）、三磷酸腺苷、肌苷、睾丸酮、维生素 E、硫胺素、吡哆醇等。

五、黏液囊炎

黏液囊炎是黏液囊的非化脓性或化脓性炎症。在皮肤、筋膜、韧带、腱与肌肉下面，骨与软骨突起的部位，为了减少摩擦常有黏液囊存在。黏液囊有先天性和后天性之分。后天性黏液囊是由于摩擦而使组织分离而形成裂隙所成。其形状和大小变化无常。黏液囊壁内有内膜（一层间皮细胞），外由结缔组织包围。当这些黏液囊发炎时，往往黏液囊内液体增多，囊壁增厚。丹麦犬、爱尔兰猎狼犬、瑞士救护犬、德国牧羊犬和猎犬等大型犬，多在肘头部发生黏液囊炎。

（一）病因

黏液囊炎的发生主要是黏液囊遭受机械性损伤，例如大型犬长时间地卧于坚硬地面上，肘头皮下黏液囊受到压挤，或因其卧下姿势使肘后面经常受到冲击而引起肘头皮下黏液囊炎。

（二）症状

急性非开放性黏液囊炎时，黏液囊内膜（滑膜）渗出，囊内积液，患部隆起肿大，温热，有波动感，穿刺有黏液体流出。对邻近肌腱活动受到限制，引起其功能障碍，如四肢可引起不同程度的跛行。慢性非开放性黏液囊炎由于渗出液的浸润和黏液囊周围组织的增生，囊壁变厚，并发生纤维化，此时肿胀变为坚实。

开放性黏液囊炎创口流出黏液，长久不愈合，极易继发感染化脓，出现功能障碍，严重者有时出现全身症状。

（三）诊断

黏液囊炎很易与黏液囊周围组织的炎症相混，如肌肉炎症、腱与腱鞘炎、关节炎等。黏液囊炎一般是局限性囊状隆起肿大。

（四）治疗

黏液囊炎的治疗原则是制止渗出，促进吸收，消除积液，预防感染。

病初期应将黏液囊内液体抽出，直接注入丙酮缩去炎松 1～3mg，或醋酸甲基强的松龙 10～20mg，然后装着压迫绷带。如果黏液囊炎转为慢性时，可切开排液或手术摘除。如已感染化脓时，应早期切开排脓，用锐匙刮除囊壁内层组织，冲洗脓腔后注入 0.5% 普鲁卡因青素霉溶液。同时全身应用抗生素疗法。

对患黏液囊炎的病犬，应加强护理，防止患部继续遭受损伤，并提供舒适的窝床和垫草。

六、趾间囊肿

指（趾）间囊肿是犬指（趾）间一种慢性炎症性损伤。临床上并不表现囊肿，实际是以肉芽肿为特征的多形性小结节，故又称指（趾）间脓皮病，或指（趾）间肉芽肿。本病发病率约为 1.6%，发病年龄平均 2.5 岁。常见于德国牧羊犬等。多发生于前肢第三、第四指。

（一）病因

病因较复杂，多因毛囊细菌感染，皮脂腺阻塞、过敏反应、接触性变态反应、免疫缺陷、免疫复合病、异物（沙粒、种子、草芒）等。感染的细菌多为金黄色葡萄球菌，β－溶血性链球菌、大肠杆菌等。

（二）症状

病初，局部表现为小丘疹，后逐渐发展成为结节，直径约在 1～2cm 之间，呈紫红色，闪亮和波动。挤压可破溃，流出血样渗出物。可在 1 个或几个脚上发生 1 个或多个结节。异物引起者，常为 1 个前脚单个发生。若细菌感染可发生多个结节。局部疼痛、行走跛行，常舔咬患脚。

（三）治疗

对于因异物引起的趾间囊肿。应将异物除去，然后用温热疗法，每次 15～20min，每天 3～4 次，持续 1～2 周。如无效时，进行外科切除术。

由细菌感染而造成的细菌性肉芽肿，可应用抗生素疗法。常利用药敏试验，选择感染菌最敏感的抗生素，进行针对性治疗。亦可应用药浴疗法，并配合局部消毒、涂药、包扎等措施，以防止舔舐患部，直致病变痊愈为止。

对慢性指（趾）间囊肿保守疗法无效时，可采用患指（趾）蹼全切除术。

复习题

1. 髋关节脱位的治疗。
2. 椎间盘突出的治疗。
3. 骨折的临床治疗与护理方法。

第十二章　神经系统疾病

第一节　中枢神经损伤

一、脑挫伤及脑震荡

脑挫伤及脑震荡都是由于颅骨受到钝性暴力的作用，致使脑神经受到全面损伤的疾病，均以昏迷、反射机能减弱或消失等脑机能降低为特征。但脑挫伤比脑震荡严重，多伴发脑组织破损、出血和水肿，而脑震荡只是脑组织受到过度的振动，无肉眼可见的病变。

（一）病因

主要由于打扑、冲撞、跌倒、坠落、交通事故而引起。

（二）症状

由于脑震荡的轻重程度与脑挫伤部位和病变的不同，所表现临床症状也不一样。但均是在受伤后突然发病，出现一般脑症状或灶性症状。

1. 脑震荡　一瞬间倒地昏迷，知觉和反射减退或消失，瞳孔散大，呼吸缓慢，有时发出哮喘音，脉搏增数，脉率不齐，有时呕吐，大小便失禁。经过几分钟至数小时后苏醒过来。反射机能逐渐恢复，与此同时全身各部肌肉纤维收缩，引起抽搐和痉挛，眼球震颤，病犬抬头向周围巡视，经过多次挣扎，终于站立。

2. 脑挫伤　脑挫伤的一般脑症状和严重的脑震荡大致相似，但前者意识丧失时间较长，恢复较慢，由于脑组织破损所形成的瘢痕，常遗留灶性病状，发生偏瘫或癫痫等。如大脑外层颞、顶叶运动区受损害时，病犬向患侧转圈，对侧眼睛失明。小脑、小脑角、前庭、迷路受损害时，则运动失调，身向后仰滚转，有时头不自主地摆动。当脑干受损害时，体温、呼吸、循环等重要生命中枢都受到影响，出现呼吸和运动障碍，反射消失，四肢痉挛，角弓反张，眼球震颤，瞳孔散大，视觉障碍。大脑皮层和脑膜损害时，意识丧失，呈现周期性癫痫发作。当硬脑膜出血形成血肿时，因脑组织受压迫，而出现偏瘫，出血侧瞳孔散大。蛛网膜下出血，立即出现明显的脑症状。

（三）诊断

根据发病原因和发病情况，结合临床症状，不难确诊。但必须注意与脑膜脑炎、脑出血、脑血管栓塞等鉴别。

（四）治疗

治疗原则是加强护理，镇静安神，保护大脑皮层，防止脑出血，降低颅内压，促进脑细胞功能的恢复。

加强护理 对脑震荡及脑挫伤，不论病情轻重，都应保持安静，将头抬高，应用水袋冷敷。

防止脑出血 可用6－氨基乙酸（EACA）2～3g或抗血纤溶芳酸（PAMBA）50～100mg，加入10%葡萄糖溶液中，静脉注射，每天2～3次。维生素K_3、止血敏、安络血等，也可酌情使用。

降低颅内压 可用50%葡萄糖溶液20ml、20%甘露醇100ml或25%山梨醇100ml，静脉注射，每天2～3次，同时还可应用利尿酸10～20mg或速尿10mg，加入10%葡萄糖溶液中，静脉注射。

改善脑缺氧 可给予氧气吸入、保持呼吸通畅，必要时作气管切开。

为促进脑细胞功能恢复，昏迷时间较长者，可酌情用细胞色素C 10～20mg，加入25%葡萄糖溶液中，静脉注射。在恢复期可用三磷酸腺苷10～20mg，肌肉注射。

当发生痉挛、抽搐或兴奋不安时，应给予苯巴比妥钠、氯丙嗪或水合氯醛等镇静剂。当合并感染、体温升高时，应给予抗生素。

对遗留的后遗症，应对症治疗。

二、脑膜脑炎

脑炎是指脑实质的炎症，脑膜炎是指脑膜的炎症，脑膜与脑实质多同时发炎，一般通称为脑膜脑炎。临床上以伴发高热、脑膜刺激症状、一般脑症状和局部脑症状为特征，犬偶有发生。

（一）病因

主要由于内源性或外源性感染所引起，亦有中毒性因素所致。本病的诱因是受寒、感冒、脑挫伤、脑震荡、日光直接照射头部、夏季酷暑、铁路运输，过劳、饲喂腐败食物等。

1. 感染性因素 主要见于细菌和病毒的感染。如链球菌、葡萄球菌、肺炎球菌、双球菌、绿脓杆菌、结核杆菌、嗜神经性病毒、狂犬病毒等。或继发于颅骨的损伤、头部邻近器官的疾病（如颅骨结核、骨坏疽、眼炎、中耳炎、内耳炎、颌窦炎和腮腺炎等）。另外，远离脑部病灶的病原体，随着血液循环转移至脑，也可继发脑膜脑炎。亦有受到线虫幼虫、囊尾蚴等的侵袭，引起发病。

2. 中毒性因素 主要在氟乙酸钠中毒、杀鼠剂中毒、汞中毒、铅中毒等过程中，都具有脑膜炎的病理变化。

（二）病状

病犬出现不安、沉郁、惊恐等症状，甚至不认主人，每当触及身体即发出嚎叫，如捕捉便要咬人，但又不是故意将人畜咬伤。少数病例呈现狂躁发作，将异物及褥草搅乱。无目的地奔走，冲撞障碍物，目光锐敏，瞳孔缩小，结膜潮红充血，发生呕吐，可见步样蹒跚，癫痫样痉挛及旋转运动。末期晕厥，陷于昏睡状态，或者继发慢性脑水肿和耳聋等症状。犬瘟热性脑炎主要表现为抽搐和运动障碍（后躯麻痹）。

（三）诊断

如果临床症状明显，结合病史调查、现症观察及病情发展过程，进行分析和论证，可以建立诊断。若临床病征不十分明显，可以进行穿刺，采取脑脊髓液检查，其中蛋白质与细胞的含量显著增多；化脓性脑膜脑炎，在脊髓液中的沉淀物除嗜中性粒细胞外，尚有病原微生物，若因病毒或中毒性因素引起的，则淋巴细胞增多。

在临床实践中，有些急性热性传染病或中毒性疾病，常伴有脑功能紊乱，容易与本病误诊，故须注意鉴别。

（四）治疗

治疗原则是加强护理、降低颅内压、消除炎症、调整大脑皮层机能以及对症治疗等。

应将病犬置于通风良好、清凉安静的犬舍内，室内要暗，多铺垫草，防止外伤。给予牛奶、鸡蛋、肉汤等易消化的营养丰富的食物。

为降低颅内压及消除脑水肿，可放血100～150ml，随即输入20%葡萄糖溶液100ml，乌洛托品溶液5ml。也可静脉注射25%山梨醇或20%甘露醇溶液。

当病犬高度兴奋，狂躁不安时，可用氯丙嗪1～2mg/kg体重，静脉点滴或肌肉注射；或苯巴比妥2～5mg/kg体重，口服，每天3次。

当心脏衰弱时，可用强尔心、樟脑、安钠咖等强心剂。当肠道弛缓，排粪迟滞时，内服硫酸镁、硫酸钠等泻剂。

病毒所致无特效药物，继发细菌。引起的脑炎可用氯霉素10～30mg/kg体重，静脉注射。髓膜炎可用氨苄青霉素2～10mg/kg体重，静脉或皮下注射；庆大霉素2～4mg/kg体重，肌肉注射。此外如青霉素、链霉素、四环素、庆大霉素等都可以应用。

三、脑脓肿

化脓性细菌侵入脑组织内，引起局限性化脓性炎症，并形成脓腔者，称为脑脓肿。仔犬多发。

（一）病因

脑脓肿多由于链球菌、葡萄球菌、大肠杆菌、肺炎球菌、变形杆菌等化脓菌感染侵入脑内而引起。

化脓菌侵入的途径有颅骨的创伤；邻近器官（颅窦、鼻腔、垂体和中耳等）化脓性炎症的蔓延；其他器官的化脓灶，形成菌血症转移至脑。另外也可继发于传染病（结核病）的经过中。

（二）病状

脑脓肿的早期，脓肿尚未局限化，呈化脓性脑炎的病型变化，同时附近脑组织有严重水肿，此时颅内压增高，并出现明显的全身症状和脑膜刺激症状。病犬体温升高，精神兴奋，肌肉抽搐，间歇性痉挛和惊厥，白细胞增多。脓肿渐趋局限化，有被膜形成时，附近脑组织的水肿亦渐减退，病犬症状减轻，体温和白细胞数下降。

脓肿形成后，按其部位的不同，出现不同的灶性症状。小脑脓肿时，伴发共济失调，旋转运动和突然跌倒。大脑半球中央部发生脓肿时，头颈倾斜，作转圈运动。眼睛斜视或失明。有的出现偏瘫。

如果脑脓肿自行破溃，脓液流入蛛网膜下和脑室中，引起弥漫性脑膜脑炎，可使病犬迅速死亡。

（三）诊断

化脓性脑炎早期阶段，其临床症状与脑膜炎相似。晚期脑脓肿出现灶性症状。可被误认为脑肿瘤。但根据病史、白细胞增多和血沉加快等，可以区别。至于确定脓肿的部位，主要依据神经系统检查和脑室造影检查。但需与肿瘤、血肿相鉴别。

（四）治疗

在化脓性脑炎早期阶段，主要应用抗生素治疗。

对浅在性脑脓肿，如有被膜形成时（一般在发病后 3 周左右），可先采用反复穿刺吸脓疗法，即在脓肿最近的地方施行颅钻孔术。穿刺脓腔，吸取脓液，立即注入青霉素和链霉素，并同时将碘酒和空气注入腔内做脓腔造影，不但可显示脓肿的确切部位、大小、形状，还能了解治疗过程中脓肿缩小情况，每隔 3～5d 吸脓一次，经 2～3 次后，即可治愈。如果不见好转，应进行手术，彻底摘除脓肿。

四、脑积水

由于颅腔内贮留大量脑脊髓液，导致颅内压升高，引起意识、感觉、运动障碍的疾病，为脑积水。脑脊髓液蓄积于脑室内称为脑内积水；积聚在蛛网膜下腔则称为脑外积水。

（一）病因

脑积水有先天性和后天性两种。

1. 先天性脑积水　与胚胎的大脑导水管和某一脑室间孔或蛛网膜下腔发育缺陷有关。

2. 后天性脑积水　多因维生素 A 缺乏而引起。脑膜脑炎、脑充血、脑囊尾蚴以及肺脏、心脏、肝脏的慢性疾病的经过中，常伴发脑积水。

（二）病状

先天性脑积水，初生的仔犬颅膨胀、变软、呈半球形，眼球突出，眼睑震颤，不能站立。

后天性脑积水，多为慢性经过，呈现特异的意识障碍，感觉迟钝，运动扰乱。并出现心脏、呼吸和消化器官机能紊乱现象。

意识障碍　病犬表现神情痴呆，目光无神，垂头站立，眼睑半开半闭，似睡非睡，犹似嗜眠，对周围环境缺乏反应，不认主人，不听呼唤，采食异常，有时不食不喝，有时采食缓慢。

感觉迟钝　皮肤敏感性降低，轻微刺激，全无反应。听觉扰乱，耳不随意转动，常常转向声音相反的方向。微弱音响不致引起任何反应，但有较强的音响时，如突然拍掌，往往引起高度惊恐和战栗。视物模糊，皮肤反射减弱，但腱反射反而增强。

运动扰乱　运动反常，步态不稳，后躯摇晃，盲目奔走，碰到障碍物不知躲避。

在病发展过程中，心搏动徐缓，呼吸缓慢，节律不齐，肠蠕动减弱，常发生便秘。

重剧病例，有时出现脑灶性症状，如白内障，眼球震颤等，有时发生癫痫样惊厥。

（三）诊断

脑积水单凭临床症状，不能做出诊断结论，必须结合病史和采集脑脊髓液检查。必要时应用X线透视和摄影，有助于诊断。

临床上应注意与慢性脑炎、脑软化、脑脓肿、脑震荡等进行鉴别。

（四）治疗

尚无特效疗法。一般只有加强护理，降低颅内压，促进脑脊髓液吸收，缓和病情。据报道，使用维生素A或多种维生素复合剂，改善营养和利尿对个别病例可能有效。具体治疗方法参照脑挫伤的治疗。

五、晕车症

晕车症是犬乘坐汽车、火车、飞机等交通工具时，表现为流涎、恶心、呕吐等为主要特征的病症。

（一）病因

晕车是由于受到持续颠簸振动，前庭器官的机能发生变化而引起的。如果犬高度紧张或恐惧，更易发生晕车症。

（二）症状

主要表现为流涎、干呕和呕吐，也有不停地打呵欠的。

（三）治疗

下车后，将犬带到清静环境下休息症状即可减退。也可用氯丙嗪1mg/kg体重，肌肉注射。

（四）预防

为防止晕车，可提前将苯巴比妥（片剂）按1～2mg/kg体重，口服，每日1次。有晕车史的犬，乘车前12h和前1h，按上述剂量口服苯巴比妥；或乘车前1h肌肉注射盐酸乙酰丙嗪，0.22mg/kg体重，最低可维持12h。

六、日射病和热射病

犬对热的耐受性弱，日射病是日光直接照射头部而引起脑及脑膜充血和脑实质的急性病变。热射病尽管不受阳光照射，但体温过高，这是由于过热过劳及热量散失障碍所致的疾病。日射病和热射病都能最终导致中枢神经系统机能严重障碍或紊乱，且两者的症状较难区别。本病多见于短头品种犬。

（一）病因

关在高温通风不良的场所或在酷暑时强行训练，环境温度高于体温，热量散发受到限制，从而不能维持机体正常代谢，以致体温升高。此外，麻醉中气管插管的长时间留置、心血管和泌尿生殖系统疾病以及过度肥胖的机体也可阻碍热的散发。

（二）症状

体温急剧升高达41～42℃，呼吸急促以至呼吸困难，心跳加快，末梢静脉怒张，恶心、呕吐。黏膜初呈鲜红色，逐渐发绀，瞳孔散大，随病情改善而缩小。肾功能衰竭时，则少尿或无尿。如治疗不及时，很快衰竭，表现痉挛、抽搐或昏睡。

（三）临床病理

Ht值明显升高（65%～75%）。高热引起严重的中枢神经系统及循环系统变化。剖检可见大脑皮层水肿，神经细胞被破坏等。

（四）治疗

用冷水浇头部或灌肠，将犬放置阴凉处保持安静。对陷于休克的犬，静脉滴注加5%碳酸氢钠的林格氏液。输液中注意监测Ht值，防止肺水肿。如排尿量多可继续输液，必要时留置导尿管。对短头品种有上呼吸道障碍、黏膜发绀的犬，行气管插管，充分输氧。严重休克时，地塞米松1mg/kg体重，静脉滴注，氯丙嗪1～2mg/kg体重，肌肉注射。

七、犬的肝性脑病

肝性脑病是由肝病引起的代谢异常而导致中枢神经障碍的病理状态。肠道内细菌常产生氨、巯基乙醇、短链脂肪酸、吲哚等多种有毒成分，正常的肝脏将其分解并解毒。当各种原因引起肝功能障碍时，这些有毒成分直接作用于中枢神经。本病在临床上较常见。

（一）病因

主要有先天性门脉异常和肝实质性损害（肝炎、脂肪肝、肝硬化、肝肿瘤等）。前者多见于青年犬，后者多见于老龄犬。此外，摄取大量蛋白质、胃肠道出血、碱中毒、低钾血症、尿毒症、感染症、脱水、投予利尿剂、镇静剂等，都可成为本病的诱因。

（二）症状

患犬与同窝犬相比，发育不良，食欲不振，呕吐，腹泻，口臭，流涎，发热，泪盈眶，多饮多尿，有泌尿系统结石的出现血尿。腹围膨满，有腹水，随之出现周期性神经症状。表现沉郁，运动失调，步态踉跄，转圈，癫痫样发作，且有异常鸣叫，沿墙壁行走，震颤，昏睡以至昏迷。

（三）临床病理

1. 血液检查　红细胞增加，血清总蛋白和血清尿素氮降低，血清谷-丙转氨酶和碱性磷酸酶升高，血氨于食后明显升高。

2. 酚磺酞溴钠排泄实验　静脉注射酚磺酞溴钠5mg/kg体重，30min后滞留超过5%。

3. 氨负荷实验　疑似本病的犬，氯化胺0.1g/kg体重，口服，30min后血氨明显高于投予前。

4. 尿沉渣检查　多见尿酸铵结晶。

5. X射线检查　可见肝萎缩或轮廓不清，有腹水、肾肿大或泌尿系统结石。

（四）诊断

根据临床症状和临床病理检查可以做出诊断。

（五）治疗

为了防止尿道内氨和氨化物的吸收，应饲喂低蛋白食物。卡那霉素10mg/kg体重，口服，每日3次。硫酸镁或硫酸钠5～25mg溶于一杯水中灌服，以清理胃肠，杀灭细菌。重度昏睡的犬多为碱中毒，应静脉输入乳酸林格氏液。

八、脊髓挫伤及震荡

脊髓在脊椎骨连成的椎管内。椎体因受挫伤而发生脱位或骨折，压迫或损害脊髓时，称为脊髓挫伤。椎体在直接或间接暴力作用下，脊髓受到强烈震动，称为脊髓震荡。

（一）病因

1. 脊髓挫伤　由于冲撞、跌倒、坠落、挣扎或奔驰跳跃时肌肉的强烈收缩，致使椎骨骨折、脱位或捻锉而损伤脊髓所致。最常发生的部位为颈椎、胸椎和腰椎。

当患佝偻病、骨软症、骨质疏松症时，因骨质的韧性降低极易发生椎骨骨折而引起脊髓挫伤。

2. *脊髓震荡* 多由于钝性物体的打击、跌倒或坠落致使脊髓发生震动和溢血，而脊髓未受到损害。

由于椎骨骨折、脱位、变形或因出血性压迫，致使脊髓的一侧或其他个别的神经束，乃至脊髓整个横断面通向中枢与外周神经纤维束的传导作用中断，其后部的感觉、运动机能都陷入麻痹。泌尿生殖器官及直肠机能也发生障碍。

（二）症状

由于脊髓受损害的部位和程度不同，所表现的症状也不尽相同。

颈部脊髓损害 在延髓和膈神经的起始部（第五至第六颈神经）之间引起全横径损害时，四肢麻痹，呈现瘫痪。膈神经与呼吸中枢联系中断，呼吸停止，立即死亡。如果部分受损害，前肢反射机能消失，全身肌肉抽搐或痉挛，大小便失禁，或发生便秘和尿闭。有时可能引起延髓麻痹；发生吞咽障碍，脉搏徐缓，呼吸困难，体温升高。

1. *胸部脊髓损害* 全横径损害时，引起损害部位的后方运动麻痹和感觉消失，反射机能正常或者亢进。后肢发生痉挛性收缩。大小便失禁，或发生便秘和尿闭。

2. *腰部脊髓损害* 腰脊髓的前 1/3 损害时，引起臀部、荐部、后肢的运动和感觉麻痹。

腰脊髓的中 1/3 损害时，因股运动神经亦被侵害，则引起膝与腿反射消失，股四头肌麻痹，后肢不能站立。

当腰脊髓的后 1/3 损害时，通常荐脊髓亦被侵害，引起坐骨神经支配的区域（尾及后肢）感觉和运动麻痹。大小便失禁，肛门开张，肛门反射消失。尿淋漓。

当暴力作用的瞬间，在脊髓受损部的后方，发生一过性的肌肉痉挛。受伤部位出现疼痛、肿胀、变形和异常变位。

（三）诊断

根据病史、病因、脊柱损伤情况及相应的临床症状可以确诊。个别病例须进行脊椎 X 线检查或脊髓造影检查。典型病例，根据临床特征，可以初步确定损伤部位（表 12－1）。

表 12－1 脊髓各分节病灶症状特点

分节病灶	症状特点
颈部（C1～C2）	运动失调，四肢运动呈不完全麻痹或麻痹，尤其以后肢明显，反射机能减弱，有的全身肌肉抽搐，痉挛，颈部脊柱疼痛，常伴有呼吸困难，吞厌障碍
颈胸部（C6～T2）	运动失调，前肢反射机能减弱，肌肉迟缓、萎缩。后肢的反射机能和肌肉紧张性。颈部脊柱疼痛
胸腰部（T2～L3）	后肢运动失调，不全麻痹，反射机能减弱，肌肉迟缓。前肢、尾的运动及肛门反射正常
腰荐部（L4 以后）	后肢运动失调，不全麻痹，肌肉萎缩。前肢正常，肛门反射消失，大小便失禁

（四）治疗

脊髓震荡和轻症挫伤，可以治愈，但伴有椎骨骨折和脱位者，治愈困难。

首先应使病犬安静，给予镇静剂和止痛剂。

病初可在损伤部位施行冷敷，其后热敷或石蜡热敷。麻痹部位可施行按摩、涂擦刺激剂或进行电疗、电针或碘离子透入疗法。

腰脊髓损伤时，百会穴注射醋酸氢化可的松、维生素 B_1、硝酸士的宁 1ml，有一定的效果。必要时可施行外科手术，矫正椎骨变形。

九、脊髓炎及脊髓膜炎

脊髓炎为脊髓实质的炎症。脊髓膜炎则是脊髓软膜、蛛网膜和硬膜的炎症。临床上以感觉、运动机能和组织营养障碍为特征。

脊髓炎和脊髓膜炎虽然是不同的疾病，但两者往往同时发生。

脊髓炎按炎性渗出物性质，可分为浆液性、浆液纤维素性及化脓性。按炎症过程的分布，可分为局限性、弥漫性、横贯性、散布性脊髓炎。

（一）病因

本病病因与脑膜脑炎大致相似。除因椎骨骨折、脊髓震荡、脊髓挫伤及出血等引起外，多继发于犬瘟热、狂犬病、伪狂犬病、破伤风、弓形虫病、全身性霉菌病、狂犬病疫苗注射后。感冒、受寒、过劳是发病的诱因。

当病原微生物及其毒素经血行或淋巴途径侵入脊髓膜或脊髓实质后引起脊髓炎及脊髓膜炎。

（二）症状

1. 脊髓膜炎　由于脊髓神经根受到炎性的刺激，其神经所分布的背部和四肢，感觉疼痛，运动障碍，四肢强拘，皮肤感觉过敏，即使受轻微刺激，亦表现疼痛不安，发生抽搐或痉挛。膀胱和肛门括约肌痉挛，排尿和排便困难，腱反射亢进。公犬阴茎常常勃起。

2. 脊髓炎　因病变性质及部位不同，临床病征亦不尽相同。横断性脊髓炎，初期不全麻痹，数日后陷入全麻痹，颈部脊髓炎引起前后肢麻痹，后肢皮肤和腱反射亢进，并伴发呼吸困难。胸部脊髓炎引起后肢、膀胱和直肠括约肌麻痹。腱反射亢进。腰部脊髓炎引起坐骨神经麻痹及膀胱和直肠括约肌麻痹，形成截瘫，不能站立，长期卧地，往往发生褥疮。荐部脊髓炎，尾部麻痹，大小便失禁。

3. 弥漫性脊髓炎　于脊髓某一部位发炎，其后迅速向前（上行性）或向后（下行性）蔓延。因而后肢、臀部及尾的运动与感觉麻痹，反射机能消失。膀胱与直肠括约肌弛缓，呈现尿失禁状态。如果蔓延至延髓，即发生吞咽障碍，心律不齐、呼吸紊乱，侵害呼吸中枢时，即突然窒息死亡。

散布性脊髓炎　炎症的部位、病灶的数量和大小不等，所表现的症状亦不一样。其中有的共济失调，肌肉颤动，有的膀胱和直肠括约肌麻痹，有的多处皮肤感觉和运动麻痹。

（三）诊断

根据突然发生麻痹症状，结合病因分析，一般诊断不难。但在临床上容易与脑膜脑炎、臀部风湿病、肾炎、脊髓压迫、血红蛋白性疾病、寄生虫等原因引起的麻痹混淆，需要慎重鉴别。

（四）治疗

初期应保持安静，为了防止褥疮，应厚铺垫草，在脊髓处放置冰袋冷敷，如有尿闭时可用导尿管导尿，直肠内积粪时，应进行冲肠。

为促进炎症吸收，可内服碘化钠或碘化钾 0.2～18mg，每天2～3 次。

为消除炎症，可肌肉注射青霉素、链霉素或静脉注射磺胺嘧啶钠溶液和乌洛托品溶液。也可用氢化可的松（或地塞米松）加入糖盐水中，静脉注射。为了恢复神经细胞的机能，改善神经营养，可应用维生素 B_1、维生素 B_2、辅酶 A 及三磷酸腺苷等。为了防止肌肉萎缩，须经常进行肌肉按摩或电疗，必要时可皮下注射硝酸士的宁或藜芦素。

十、癫痫

癫痫是由于神经元异常放电引起的阵发性大脑功能紊乱，表现为运动、感觉、意识、行为、植物神经障碍的临床综合症，是中枢神经系统的一种慢性疾病。

犬癫痫多为继发性的，而原发性的较为少见。西班牙长耳犬多发。

（一）病因

原发性癫痫（自发性癫痫、真性癫痫）可能由于脑组织代谢障碍，大脑皮层或皮层下中枢受到过度的刺激，以致兴奋与抑制过程间相互关系扰乱而引起。有的与遗传因素有关，一般认为，由母系比父系更容易遗传给后代。

继发性癫痫（症候性癫痫）通常继发于脑及脑膜炎、脑内新生物、脑内寄生虫、先天性脑异常或脑变性疾病、脑震荡或脑挫伤等疾病经过中，常呈现癫痫发作。犬瘟热、结核病、心血管疾病、代谢疾病（氮血性尿毒症、低血糖症、低血钙症、妊娠毒血症）、内分泌机能紊乱以及各种中毒（一氧化碳、二氧化碳、砷中毒等），均可引起癫痫发作。此外，外周神经的损害、皮肤疾病、肠道寄生虫（绦虫、蛔虫、钩虫等）以及过敏反应等，亦能引起反射性癫痫。当极度兴奋、恐惧和强烈的刺激，能促进癫痫发作。

（二）症状

本病发作前，有些病例出现某些前驱症状，病犬表现不安，到处奔走，发出吠叫。

由于大脑皮层机能障碍程度不同，癫痫发作的轻重亦不一样。

1. 大发作（定型发作）　病犬突然倒地，惊厥，发生强直性或阵发性痉挛，全身僵硬，四肢伸展，头颅向一侧或背侧弯曲，有时作游泳样运动。随之肌肉抽搐，意识和知觉丧失，牙关紧闭，口吐白沫或血沫。眼睛斜视，眼球旋转，眼睑闪动，瞬膜突出，结膜苍白乃至发绀，瞳孔散大。鼻孔开张，鼻唇颤动。大小便失禁。

癫痫发作持续时间，一般数秒钟或几十分钟。到末期，惊厥现象消失，意识与感觉恢复、病犬自动起立，环视四周。有极少数病例，兴奋性增强，继续奔走或咬人。

2. 小发作（非定型发作） 通常无前驱症状，突然发生一过性的意识障碍，呆立不动，呼唤无反应，搐搦、痉挛症状轻微且短暂，多局限于个别部位，如眼睑闪动、眼球旋转、口唇震颤等。

（三）诊断

真性癫痫以反复发作和慢性病理过程为特征，而中枢神经系统和其他器官无病理解剖学变化，根据病史，结合病情发展过程分析，诊断不难。症状性癫痫，要作出明确的原因诊断，必须进行全面系统的临床检查，以及对神经系统、血、尿、粪和毒物检验等。

（四）治疗

首先加强护理，保持安静，防止各种不良因素刺激和影响。减少食物中蛋白质和食盐含量。

1. 真性癫痫 由于病因不明确，只有进行对症治疗。为增强大脑皮层保护性抑制作用，恢复中枢神经系统正常的调节机能，可应用抗癫痫药物（表 12－2）。应用原则是要严格按发作类型选择用药，使用一种药物后，发作次数虽有减少，但未完全控制，可调整剂量或另加一种药物。更换药物时，应将新、老药物同时使用一段时间，待新药物取得效果后，方能逐渐停用老药物。

2. 症状性癫痫 应针对不同病因分别采取抗感染、驱虫、杀虫药物或颅腔手术摘除肿瘤及寄生虫。

表 12－2 常用抗癫痫药物

药物	适应症	日剂量（mg/kg）	副作用
苯妥英钠（癫痫停）	大发作、小发作	5～15	一过性共济失调，代谢快，很难维持适当的血液浓度，多食，多饮，多尿症，皮疹，眩晕
苯巴比妥	大发作	5～15	不能长期应用。多食、多饮，多尿症，皮疹，烦躁不安，共济失调
普里米酮（扑癫酮）	大发作	10～20	镇静作用是一过性的嗜睡，眩晕，共济失调，白细胞减少
三甲双酮	小发作	15～20	眩晕，皮疹，粒细胞减少，肾病综合征
苯甲二氮（安定）	小发作、大发作	5～10	嗜睡，乏力，口干
酰胺咪嗪（痛经宁）	大发作、小发作	20～25	嗜睡，皮疹，白细胞减少，再生障碍性贫血
乙酰唑胺	大发作、小发作	10～36	嗜睡，呕吐，皮疹

十一、恐惧精神病

本病以突然发生恐惧为特征。多发生于幼犬。

（一）病因

目前尚不清楚，有的认为很可能是一种中毒性脑神经扰乱，有的认为是维生素 B 缺乏症。

（二）症状

根据临床的症状不同，可分以下类型：

逃遁型 病犬突然站立，向后退几步，发出尖锐的叫声，表现恐惧而奔跑，不顾障碍物，不听主人呼唤。如系居于栏内，常企图越栏逃跑，或蛰伏于栏的一角，有的甚至表现咬癖。

眩晕型 病犬战栗，摇来摆去，发出嚎叫，继而躺卧于侧位。

幻觉型 表现攻击者、被攻击者或防御者的行为。

癫痫型 犬逃遁中和发出几声嚎叫以后，突然摔倒，四肢痉挛伸直，肌肉抽搐，瞳孔散大，口吐白沫，甚至发生大小便失禁。几分钟后又告康复。死亡率一般不超过2.4%。

（三）治疗

保持安静，避免刺激，将病犬置于阴暗的房舍内，给予富含维生素 B 的食物。同时肌肉注射或静脉注射烟酸50～100mg，并应用镇静剂（如苯甲二氮䓬、多眠宁、安眠酮等），可获得良好效果。

十二、舞蹈病

本病是头部或四肢躯干的某块肌肉或肌群剧烈地间歇性痉挛和较规律无目的地不随意运动。因痉挛发生于颈部和四肢，行走时呈舞蹈样步态，所以称为舞蹈病。

（一）病因

主要为脑炎所致。见于犬瘟热、一氧化碳中毒、脑肿瘤、脑软化、脑出血等。

（二）症状

患病肌群多为颜面、颈部、躯干等，严重的可波及全身各肌群。多伴以癫痫样发作、运动失调、麻痹或意识障碍，很快进入全身衰竭。头部抽搐发生于口唇、眼睑、颜面、咬肌、头顶及耳等。颈部抽搐时，颈部肌肉上下活动和点头运动。横膈膜抽搐可见沿肋骨弓的肌肉间歇性痉挛。四肢抽搐限于单肢或一侧的前后肢同时抽搐。

（三）临床病理

与犬瘟热相同。死于神经症状的病例常见非化脓性脑炎和脱髓鞘病变。镜检变化：最具诊断意义的是在多种细胞和胞浆内出现圆形或卵圆形嗜酸性包涵体，常见于泌尿道、膀胱、呼吸系统、肠黏膜上皮细胞内。核内包涵体可见于膀胱细胞、脾滤泡中有淋巴样细胞和充血性坏死，视网膜水肿，部分脱落。

（四）治疗

目前还没有理想的缓解抽搐症状的治疗方法，可参照犬瘟热的治疗原则，对犬瘟热的治疗采用免疫血清皮下或肌肉注射，用免疫犬全血进行静脉注射效果更好。血清以 2～5ml/kg 体重，连用 3～4d。应用抗病毒注射剂或口服剂，如病毒唑、中草药、干扰素、特异性转移因子等，静脉输注复方生理盐水、葡萄糖、维生素 C 和抗菌药物等；应用各种对症疗法，如止吐、止泻等。加强护理，对不食者进行人工灌食。

第二节　外周神经损伤

一、多发性神经根炎

本病主要发生于浣熊咬伤或搔抓后，以弛缓性麻痹为特征。也称急性多发性神经炎。

（一）病因

本病病因尚不明确，可能与自身免疫有关。近年来发生于美国的狩猎犬。

（二）症状

犬被浣熊咬伤后 7～14d 发病，表现为后肢无力、反射减弱，很快发展为麻痹状态，有的可出现呼吸肌麻痹、四肢厥冷、鸣叫声微弱。患病 10d 内症状严重，以后逐渐好转，病程 3～6 周，且易并发泌尿系统疾病和胃肠功能障碍。

（三）临床病理

病变局限于脊髓腹侧脊髓神经和末梢神经。神经纤维出现节段性脱髓鞘和轴索变性，静脉周围有白细胞浸润。

（四）诊断

根据临床症状和病史可以诊断。肌电图测定诱发的肌电位变化有助于诊断。

（五）治疗

主要是对症治疗。为了防止肌肉萎缩，每日按摩两次，也可用 TDP 治疗仪照射促进血液循环。有呼吸麻痹症候时，可使用人工呼吸装置。

有人认为病初可用抗生素和地塞米松（初期量为 0.5～2.0mg/(kg·d)，维持量为 0.25～1.0mg/(kg·d)，分两次口服）合用，可减轻神经损害。甲基硫酸新斯的明肌注也有一定效果。

二、外周神经损伤

（一）病因

本病是由于动物机体受到外界暴力的挤压、冲撞，或跌落于硬地等致病因素的作用而导致的。神经干周围或神经本身中的肿瘤也可引发此病。此外，也可由于受凉之后或继发于其他疾病，神经干周围注射刺激性药物，也可引起神经的损伤。

外周神经损伤可分为开放性和非开放性两种。开放性损伤常伴随着软组织和硬组织的创伤而引起神经的部分断裂或完全断裂。非开放性损伤常伴随着软、硬组织的挫伤而发生神经干的震荡、挫伤、压迫、牵张和断裂。

（二）症状

神经干的震荡，肉眼看不到神经的明显变化，仅引起神经的暂时性麻痹，症状很快消失。神经干的挫伤，受伤神经干仍保持解剖学上的连续性，神经纤维完整，神经内发生小溢血和水肿或神经纤维发生变性，表现为反射减弱，所支配的肌肉发生机能减退或丧失，或出现神经过敏。神经干受压，表现为神经组织的退行性变性，所支配的组织发生麻痹。神经干的牵张和断裂，多因暴力或超生理范围的外力作用所致。神经牵张时，神经的完整性保持正常，神经所支配的组织表现为部分麻痹症状。神经干断裂，可出现神经完全麻痹症状，神经机能完全丧失，时久会使所支配的肌肉发生萎缩，如为感觉神经断裂，则知觉完全丧失。

（三）治疗

除去病因，防止感染，辅以温热疗法。防止感染全身应用抗生素疗法、磺胺疗法。辅以温热疗法、红外线疗法等。全身应用维生素 B_1、维生素 B_{12}。为兴奋神经皮下交替注射硝酸士的宁，0.01g，每日 1 次，6～8 次为 1 个疗程。按摩，每日按摩患部两次，每次 20min。电针疗法有明显疗效。

三、面神经麻痹

面神经麻痹（paralysis of the facial nerve）中兽医称“歪嘴风”，多发于6～7 岁的西班牙长耳犬和拳师犬，其他动物也可发生。面神经控制面部肌肉的活动、感觉和唾液分泌等，面神经麻痹临床上以单侧性多见。根据损伤程度可分为全麻痹和不全麻痹，根据损伤部位分为中枢性和末梢性麻痹。

面神经为第七对脑神经，系混合神经，位于延脑前外侧，经面神经管出颅腔后，由下颌关节突起稍下方转到咬肌外面，与颞浅神经腹支相连，构成颊神经丛，分出耳睑神经、耳后神经，分布于耳、眼睑等部后沿咬肌表面前行，分出上颊支和下颊支，分布于鼻、唇和颊部肌肉。

（一）病因

中枢性面神经麻痹多半是因脑部神经受压，如脑的肿瘤、血肿、挫伤、脓肿、结核病灶、指形丝状线虫微丝蚴进入脑内的迷路感染等，其次是传染病如流行性感冒、传染性脑炎、乙型脑炎、李氏杆菌病及矿物质中毒等均可出现征候性面神经麻痹。犬患犬瘟热、中耳炎及内耳炎、甲状腺机能减退、糖尿病等时可伴发本病。

末梢性面神经麻痹主要是由于神经干及其分支受到创伤、挫伤、压迫、长期侧卧于地、摔跌猛撞于硬物等引起。此外，面神经管内的肿瘤、中耳疾病或腮腺的肿瘤、脓肿可引起单侧性面神经麻痹。

（二）症状

由于神经损伤的部位和程度不同，机能障碍的情况和麻痹区的分布、范围各异，症状上也不完全一样。

单侧性面神经全麻痹时，患侧耳歪斜呈水平状或下垂，上眼睑下垂，眼睑反射消失，鼻孔下塌，通气不畅，上、下唇下垂并向健侧歪斜，出现歪嘴，采食、饮水困难，咀嚼不灵活，患侧颊部有大量饲料积留，饮水时从口角流出。用手打开口腔时可感到唇颊部松弛。犬患病后，患侧上唇下垂，鼻歪向健侧，耳自主活动消失。

单侧性上颊支神经麻痹时，耳及眼睑功能正常，仅患侧上唇麻痹、鼻孔下塌且歪向健侧。单侧性下颊支神经麻痹时，患侧下唇下垂并歪向健侧。

两侧性面神经全麻痹多是中枢病变的结果，除呈现两侧性的上述症状外，因两侧鼻孔塌陷，导致通气不畅，呼吸困难。

（三）治疗

由中枢性或全身性疾病所引起的面神经麻痹应积极治疗原发病，预后视原发病的转归而异。凡由于外伤、受压等引起的末梢性面神经麻痹，在消除致病因素后可选择下列方法治疗：

1. 在神经通路上进行按摩，温热疗法，并配合外用10%樟脑醑或四三一擦剂等刺激药。
2. 在神经通路附近或相应穴位交替注射硝酸士的宁（或藜芦碱）和樟脑油，隔日1次，3～5次为1疗程。
3. 采用红外线疗法、感应电疗法或硝酸士的宁离子透入疗法，也有一定效果。
4. 采用电针疗法，以开关、锁口为主穴，分水、抱腮为配穴。也可根据临床症状判断发生神经麻痹的部位，在神经通路上选穴。电针刺激20～30min，每日1次，6～10次为1疗程。
5. 双侧性面神经麻痹并伴有鼻翼塌陷和呼吸困难的，宜用鼻翼开张器或进行手术扩大鼻孔，解除呼吸困难。鼻翼开张方法有皱襞开张法和皮瓣切除法两种。前者先将鼻翼背部的皮肤作成若干纵褶，横穿粗缝线，收紧打结，由于皮肤向中央紧缩所以鼻孔开张；后者是在两鼻孔间的鼻背上切除一片卵圆形的皮肤后将两创缘缝合，使鼻孔张开。

四、三叉神经麻痹

三叉神经属第五对脑神经，是头部分支最多、分布最广的神经。以一感觉根和一运动根与脑桥相连，感觉根较粗，有感觉神经节，其纤维在脑干内止于三叉神经感觉核。运动神经根较细，起于脑桥内的三叉神经运动核。三叉神经在颅腔内分为眼神经、上颌神经和下颌神经三大支。分布在咬肌上的三叉神经运动分支（颌骨支）的传导性发生障碍，称为三叉神经麻痹（paralysis of the trigeminal nerve）。各种动物都能发生，犬较多见。

（一）病因

多因三叉神经经路被肿瘤、血肿、脓肿、异物压迫所致。当犬咬住沉重巨大的物体或咀嚼硬骨时，三叉神经运动支受到拉伸或挫伤时，常引起三叉神经麻痹。另外，桥脑的挫伤、炎症、牙齿疾病、中耳炎、犬瘟热或维生素 B 缺乏也能继发本病。

（二）症状

当三叉神经全麻痹时，其分布区域感觉完全丧失，呈现咀嚼障碍。眼神经麻痹时，额部至耳根、眼睑和角膜全无感觉，角膜反射消失，触摸角膜不引起眨眼，也不引起眼球转动及瞬膜露出。上颌和下颌神经麻痹时，颜面、鼻梁、颊部、嘴唇、口腔黏膜和舌黏膜感觉丧失，口腔张开，下颌下垂，舌伸出口外，口吐白沫，采食和饮水困难。咀嚼发生扰乱。

（三）治疗

电针刺激、硝酸士的宁等药物注射适用于病初期，已出现咬肌等萎缩的病例则疗效甚微，透热疗法、感应电流刺激等有助于病之恢复。

五、舌下神经麻痹

（一）病因

一般是由于颌下间隙的深部创伤及神经周围的血肿、脓肿、肿瘤压迫所致。有些脑病也可伴发舌下神经麻痹。

（二）症状

舌脱出于口外，不能缩回，故而引发采食、饮水、咀嚼和吞咽困难。病久犬舌发生水肿、创伤，乃至萎缩，表面出现皱褶。

（三）治疗

参考面神经麻痹的治疗。

复习题

1. 癫痫的致病机制。
2. 面神经麻痹的症状。
3. 日射病和热射病的临床表现与治疗。

第十三章　内分泌系统疾病

一、垂体前叶机能减退症

垂体前叶分泌的激素有生长激素、促肾上腺皮质激素、促甲状腺激素、卵泡刺激素、黄体生成激素、泌乳激素及黑色素细胞刺激激素。当垂体前叶机能减退时，这些激素分泌不足引起相应的靶腺和脏器机能的降低，成年犬常发生垂体性恶病质（Simmond 氏病）。

（一）病因

由于垂体前叶坏死、萎缩、肿瘤、炎症、放射线照射、创伤、手术切除或先天不足等原因而发生。

（二）症状

根据垂体前叶病理及其机能衰竭的程度，临床上可分为下列三型。

性腺机能减退型　病犬产后无乳，乳房萎缩。公犬睾丸萎缩，性欲消失。

继发性黏液性水肿型　皮肤干燥、粗糙、被毛蓬乱、无光泽。较重病例呈现典型的黏液性水肿，食欲不振，易患便秘。精神委靡，动作迟缓，心率缓慢。

阵发性血糖过低型　机体抵抗力降低，容易感染，心音减弱，脉搏细弱，血压偏低，体温下降，有时呕吐、腹痛，严重病例发生低血糖，出现昏迷。

（三）诊断

根据病史、临床症状及实验室检查结果，即可诊断。但须与原发性性腺，甲状腺和肾上腺皮质机能减退症相鉴别。

实验室检验尿中卵泡激素低于正常。甲状腺机能试验结果与甲状腺机能减退症相同。肾上腺皮质机能试验可见血浆皮质醇降低、尿中 17－羟皮质类固醇和 17－酮类固醇亦降低，但在促肾上腺皮质激素兴奋试验后，血皮质醇和尿 17－羟皮质类固醇可增高。

（四）治疗

1. *激素代替疗法*　首先补充糖皮质激素，如口服强的松 0.6～2.5mg/(kg・d)或可的松

2～4mg/(kg·d)，上下午各一次。口服甲状腺冻干制剂，小剂量开始，每次10mg，逐渐至所需要的维持量30～40mg，肌肉注射丙酸睾丸酮或苯丙酸诺龙，每次20～25mg，每周两次，母犬可口服已烯雌酚，每日0.2～0.5mg，连续20d。

2. 垂体性危症的处理　静脉注射50%葡萄糖溶液20ml，继之用氢化可的松10～20mg加入5%葡萄糖生理盐水溶液，静脉注射。

二、尿崩症

尿崩症是因下丘脑－垂体后叶病变，引起抗利尿素（血管加压素）的形成和释放减少。由于抗利尿素缺乏，肾小管远端和集合管对于水的再吸收减少，使尿液不能浓缩，而发生多尿、多饮。公犬、母犬均可发生，尤以老龄犬多发。

（一）病因

尿崩症是由下丘脑－垂体后叶病变所致，引起病变的原发性病因尚不清楚。继发性病因可见于下丘脑、垂体或其附近组织的肿瘤、脓肿、感染及外伤等。另外，有一种肾性尿崩症，其血中抗利尿素并不减少，但肾小管对抗利尿素的作用无反应，而发生多尿。

（二）症状

因肿瘤引起的尿崩症，多逐渐发生，因外伤、脑膜炎、脊髓炎引起的，多急剧发生。表现多饮、多尿，有的犬一日能排尿20L左右，尿呈水样清亮透明，不含蛋白，比重较低（1.002～1.006）。病初病犬肥胖，后期消瘦，生殖器官萎缩。

（三）诊断

尿崩症的诊断标准为每天每公斤体重摄入水分超过100ml、排尿每天每公斤体重超过90ml，可诊断为尿崩症。若能作垂体后叶素反应试验更有助于诊断。即肌肉注射垂体后叶抗利尿素鞣酸油剂2.5～10 IU，如为尿崩症用药后数小时内尿量迅速减少，尿比重增高至1.040以上，尿渗透压增高至正常。

临床上须与糖尿病、慢性肾炎相鉴别。

（四）治疗

继发性尿崩症　首先应消除原发病，如摘除颅内肿瘤或放射治疗，如由感染引起应控制感染。

肾性尿崩症　一般难以取得良好的疗效，可试用双氢氯噻嗪2～4mg/kg，每天口服2～3次。为提高疗效，宜与氯磺丙脲交替应用，按5～10mg/kg，一次口服。

下丘脑－垂体后叶性尿崩症　可用垂体后叶抗利尿素鞣酸油剂（长效尿崩停）深部肌肉注射2.5～10 IU，可维持3～6d，或用垂体后叶素粉剂（尿崩停）10～30mg，每天3次吸入鼻腔，可维持3～8h。

三、肾上腺皮质机能减退症

肾上腺皮质机能减退症是由于肾上腺皮质激素分泌不足所引起。临床上分为急性和慢性两种，急性肾上腺皮质机能减退症又称 Waterhouse Friderichsen 综合征，慢性肾上腺皮质机能减退症又称阿狄森（Addison）氏病，多发生在 5 岁以内的雌性犬，猫少见。

（一）病因

肾上腺皮质机能减退症多见于脑膜炎双球菌、溶血性链球菌、葡萄球菌及肺炎球菌等感染引起的败血症或白血病、血小板减少性紫癜症等出血性疾病常并发此症。肾上腺切除或长期糖皮质激素治疗过程中骤然停药或快速减量，也可引起本症。

阿狄森氏病多见于特发性肾上腺皮质萎缩，这种萎缩可能是自体免疫的结果。其次是由于组织胞浆菌病、芽生菌病、结核病、出血性梗塞、肾上腺癌和肾上腺皮质淀粉样变性等引起的肾上腺皮质损伤。第三是治疗肾上腺皮质机能亢进药物，氯苯二氯乙烷损害了肾上腺皮质，减少了盐皮质和糖皮质激素的合成。也见于垂体或下丘脑受到损伤破坏，ACTH 分泌减少等。

（二）症状

急性表现为病犬食欲不振、腹胀、腹痛、呕吐、腹泻、逐渐消瘦，皮肤和黏膜有色素沉着。严重者出现昏厥，甚至昏迷。

慢性表现为精神沉郁，体质衰弱，肌肉松软，脉性细弱，心搏徐缓。厌食，嗜睡，进行性消瘦，腹痛，有时呕吐或腹泻，机体脱水，齿龈毛细血管再充盈时间延长（正常值为 1.0～1.5s）。实验室检验白细胞增多，血液尿素氮浓度升高（28～100mg/dl 或更高），呈现肾前性氮血症。血氯和血钠浓度降低（低氯低钠血症），血钾浓度升高（高钾血症），血钠与血钾之比低于 27∶1（正常为（27～40）∶1）。血浆碳酸氢盐浓度降低，呈现中等程度酸中毒。X 线照片心脏缩小。

患犬常因高钾血症，心电图发生异常，当血清钾超过 5.5mmol/L 时，T 波高竖，Q－T 间期缩短；血钾超过 7.0mmol/L 时，P 波振幅缩小，持续时间延长，P－R 间期延长；血钾超过 8.5mmol/L 时，P 波缺失，QRS 综合波短而宽。

（三）诊断

典型病例，根据临床症状及化验结果，可以确诊。但须与甲状腺机能亢进症、癫皮病、结核病相鉴别。

实验室检查

血液及生化检查：淋巴细胞和嗜酸性粒细胞增多，血钾升高，血钠降低，血糖偏低。

肾上腺皮质机能试验：血浆中 17－羟皮质类固醇浓度降低。24h 尿中 17－羟皮质类固醇及 17－酮类固醇显著低于正常。

促肾上腺皮质兴奋试验：血浆和尿中 17－羟皮质固醇均不增高。

（四）治疗

1. 急性阿狄森氏病　治疗原则是：抗休克治疗（纠正动物脱水和酸中毒、维持电解质平衡）。在急性脱水休克情况下，首先静脉输注生理盐水（不可用高渗盐水以免引起细胞内脱水），第一小时按20～80ml/kg体重，并加入琥珀酸钠脱氢皮质醇2～10mg/kg体重，或50～100mg的皮质醇类皮质激素（例如氢化可的松之类）混合输注。病情严重时，需用大剂量皮质醇类皮质激素。如出现低血糖时，可加输5%葡萄糖生理盐水；为了纠正酸中毒需输注碳酸氢钠溶液（输入量参照糖尿病计算方法）。以后可根据实验室检验结果，输注液体、电解质和纠正酸中毒，但要每隔2～6h输注一次地塞米松（2～4mg/kg体重），或肌肉注射新戊酸盐脱氧皮质酮2.2mg/kg体重，每25d 1次。

当动物处于稳定状况时，改用肾上腺皮质激素替代疗法，糖皮质激素可选用可的松2～4mg/（kg·d）或氢化可的松5～25mg/d，上午内服2/3，下午内服1/3。亦可内服泼尼松和泼尼松龙，但对无机盐代谢的影响较弱。为加强调节水盐代谢，可加用盐皮质激素，口服氟氢可的松0.2～0.8mg/d或肌肉注射11－去氧皮质酮0.5～1mg/d。也可应用皮下植入醋酸脱氢皮质酮丸（125mg），每丸可维持10个月，10个月后取出旧丸另植新丸。在进行上述治疗的同时，还要多补饲食盐，每隔两个月应进行一次体检和实验室检验。

2. 慢性阿狄森氏病　采取替代疗法：盐皮质酮三甲基醋酸酯的微晶形悬液，其有效期大约为3周。每日注射25ml可保证吸收到1mg的醛固酮类皮质激素，这样就能保持电解质平衡。也可改用醋酸去氧皮质酮丸剂进行治疗：通过外科无菌手术，在局部麻醉下沿背中线皮下植入一丸（每丸约含醛固酮类皮质激素125mg，每日可释放0.5mg去氧皮质酮），每植一丸平均能维持6～8个月。同时每日早晨口服糖皮质激素（可用泼尼松2.5～5mg）和氯化物（氯化钠1g/d），出现紧急情况时按上述剂量2～4倍服用。患病动物每6个月复查一次，再植一丸醋酸去氧皮质酮（不要等上一丸完全耗尽再植）。

四、肾上腺皮质机能亢进症

肾上腺皮质机能亢进症是由于一种或数种肾上腺皮质激素分泌过多而引起。临床上可分为以糖类皮质激素中皮质醇分泌过多为主的库兴氏综合征（cushing's syndrome）、以盐类皮质激素中醛固酮分泌过多为主的原发性醛固酮增多征、以肾上腺性激素分泌过多而发生肾上腺性变态综合征。多发生于7～9岁犬。

（一）病因

在正常情况下，肾上腺皮质只有在促肾上腺皮质激素（ACTH）作用下才分泌皮质醇，当皮质醇超过生理水平时，ACTH分泌就停止。库兴氏综合征多是由于皮质醇或ACTH分泌失控引起：即肾上腺不受ACTH作用能自行分泌皮质醇，或皮质醇对ACTH分泌不能发挥正常的抑制作用。库兴氏综合征原因有四种。

1. 肾上腺皮质肿瘤能在无ACTH释放的情况下，自动分泌皮质醇，如皮质腺瘤和癌。肾上腺皮质肿瘤可占自发性库兴氏综合征的7%～15%。

2. 垂体性库兴氏综合征，即垂体肿瘤性机能异常，大量分泌ACTH，使两侧肾上腺皮质增生，皮质醇分泌过多。这种垂体肿瘤生长缓慢，个体极小，尸体解剖时垂体外观正常，内含嗜碱性粒细胞腺瘤或厌色腺瘤，或两种腺瘤同时存在，占库兴氏综合征80%以上。

3. 由于大量使用糖皮质激素或ACTH医治动物疾病引起。

4. 某些垂体新生瘤分泌ACTH，促使肾上腺皮质大量分泌皮质醇，称为异位ACTH综合征，主要见于人。

（二）症状

犬库兴氏综合征所有的症状，都与血液中糖皮质激素浓度升高有关。由于糖皮质激素升高发展过程缓慢，因此，通常需要1～6年时间，才能发现动物患了库兴氏综合征。

病犬最初表现烦渴、多尿和贪食，喝水量为正常犬的2～10倍，食量增大，爱偷食和偏嗜垃圾。腹部增大下垂呈壶腹状，躯干肥胖，肌肉松软，不爱跑跳和爬高活动，嗜眠，活动耐力降低。个别患犬发生肌肉强直。呼吸短而快，严重病例出现呼吸困难。

库兴氏综合征与甲状腺、卵巢、睾丸和生长激素等内分泌机能紊乱一样，也出现内分泌性脱毛，脱毛特点呈对称性。脱毛部位有颈部、躯干、会阴和腹部，病情严重动物，全身被毛大部分脱光，只剩下头和四肢上部被毛。患库兴氏综合征病猫，也呈全身对称性脱毛。皮肤萎缩变薄呈纤细的砂纸样，容易形成皱褶。毛囊内充满角蛋白和碎片，颜色变黑，成为黑头粉刺。异常的毛皮和毛囊，抵抗力降低极易损伤感染，发生局限性或弥漫性脓皮病。颞部、背中线、颈部、腹下和腹股沟的真皮和皮下常有钙质沉着，称为异位钙质沉着。

库兴氏综合征由于垂体促性腺激素释放减少，患病母犬发情周期延长或不发情，公犬睾丸萎缩。当肾上腺皮质增生或肿瘤时，产生过量雄激素，使母犬阴蒂增大。

实验室检验中性粒细胞和单核细胞增多，淋巴细胞和嗜酸性粒细胞减少。血糖和血钠浓度升高，血尿素氮和血钾浓度降低，血浆皮质醇浓度通常升高。丙氨酸氨基转移酶和碱性磷酸酶活性升高，BPS滞留时间延长，血浆胆固醇浓度升高，并出现脂血症。患犬尿液稀薄，比重低于1.007，但停止给水后，仍有浓缩尿能力。犬库兴氏综合征常伴发尿道感染，因此，进行尿中微生物培养和药敏试验，需用膀胱穿刺采集的尿液。

腹部X射线照片，可见肝脏肿大，腰椎骨质疏松，有时真皮和皮下有钙质沉着。胸部X射线照片，可见气管环和支气管壁上有异位钙沉着，胸椎骨质疏松。

（三）诊断

根据症状，结合实验室检查结果，典型病例可以作出诊断。但要确定肾上腺病理性质与部位，比较困难。临床上须与肥胖症、糖尿病以及其他原因引起的低血钾症相鉴别。

实验室检查：皮质醇增多症血液检查见红血细胞增多，淋巴细胞减少，嗜酸性粒细胞减少。

生化检查：血糖增高，血钠正常或偏高，血钾和血氯偏低，CO_2结合力上升至65%以上，碱性磷酸酶常偏高。

肾上腺皮质机能试验：血浆中17－羟皮质类固醇浓度增高，为正常值（3～10μg/dl）

的2～3倍。一般可达20μg/dl以上。昼夜周期性波动常消失，对本症诊断有重要意义，24h尿中17－羟皮质类固醇测定明显增高，24h尿中17－酮类固醇测定亦可增高。

ACTH兴奋试验：即于8h内静脉注射ACTH 10 IU，正常犬注射ACTH后，血浆中17－羟皮质类固醇值为9.5－22μg/dl，而患肾上腺皮质亢进症的病犬，则血浆17－羟皮质类固醇显著增高，可达50－60μg/dl。

原发性醛固酮增多症 尿比重降低，pH值偏高。血钾增高。血浆醛固酮增高。ACTH激发试验或内源性ACTH激发试验：首先饥饿动物，并在上午8～10时采血测定皮质醇浓度，然后肌肉注射促肾上腺皮质激素凝胶2 IU/kg，注射后2h再采血，测定皮质醇浓度。如注射ACTH后皮质醇浓度高于注射前值，即确诊为垂体库兴氏综合征；如低于注射前值，可诊断为机能性肾上腺皮质肿瘤性库兴氏综合征。

内源性ACTH测定：垂体性库兴氏综合征ACTH浓度升高，肾上腺皮质肿瘤性库兴氏综合征ACTH浓度降低。

（四）治疗

手术治疗 对肾上腺皮质增生，腺瘤，癌肿，应进行手术切除。但手术后必须应用糖皮质激素替代疗法。

药物治疗可用氯苯二氯乙烷，主要用于治疗垂体性或肾上腺皮质增生性库兴氏综合征。治疗开始按25mg/kg体重，口服每日两次，直到动物每日需水量降到60ml/kg体重以下后，改为每7～14d给药1次，以防复发。此药对胃有刺激作用，用药3～4d后如出现食欲减少、呕吐等反应，可将药物分成少量多次服用或停止几天给药。也可用酮康唑，开始按5mg/kg体重，每日两次，连用7d。然后按10mg/kg体重，每日两次，连用7～14d，酮康唑能阻断肾上腺皮质合成和分泌皮质醇。也可试用放射线治疗肿瘤。

对原发性醛固酮增多症，可试用安体舒通20～30mg，每天3次口服。同时应进行补钾治疗。

五、甲状腺机能减退症

甲状腺机能减退症是因甲状腺激素合成或分泌不足所引起，导致犬、猫全身一切活动呈现进行性减慢为特征的疾病。临床上犬比猫多发。德国牧羊犬、爱尔兰塞特犬、寻猎犬、拳师犬和阿富汗犬等多发。临床上以黏液性水肿和各器官机能降低为特征。

（一）病因

1. *原发性甲状腺机能减退* 多由慢性淋巴细胞性甲状腺炎、肿瘤和非炎性甲状腺萎缩引起，约占甲状腺机能减退的90%。慢性淋巴细胞性甲状腺炎可能是自身免疫引起，多发生在7月龄至4岁的犬，患犬的甲状腺腺泡表现进行性破坏，波及到3/4腺泡破坏后，临床上才会出现甲状腺机能减退症状。在甲状腺组织病理切片上，可看到甲状腺被淋巴细胞、浆细胞、中性粒细胞及类腺泡细胞浸润。非炎性甲状腺萎缩的原因至今还不清楚，临床上出现甲状腺机能减退时，甲状腺萎缩至几乎消失。另外，还见于碘缺乏、甲状腺切除、抗甲状腺药物应用等。

2. 继发性甲状腺机能减退 由于垂体损伤，其分泌促甲状腺激素不足引起。分先天性和后天性两种，前者由甲状腺发育不全，结构缺陷或碘缺乏所引起，与父母代染色体隐性遗传有关。后者是由于甲状腺激素及促甲状腺激素缺乏所致。也常见于甲状腺切除手术、放射性^{131}碘治疗过量、甲状腺炎、抗甲状腺药物治疗过量，摄入碘化物过多、使用阻碍碘化物进入甲状腺的药物（如过氯酸钾、硫氰酸盐、雷琐辛、保泰松、碘脲、钴、磺胺类药物等）。

3. 第三性甲状腺机能减退 是由下丘脑分泌的促甲状腺激素释放激素不足引起，可分为先天性与后天性，或为两种结合型，但至今还不知其引起促甲状腺激素释放激素缺乏的原因。

（二）症状

1. 原发性甲状腺机能减退 通常发生在4～10岁的大中型犬，两岁以下犬发病较少。病初易于疲劳，嗜睡，喜欢温暖地方，脑反应迟钝，体重增加，甚至呕吐或腹泻。皮毛干燥，被毛呈对称性大量脱落，再生延迟，皮肤色素增多，出现皮脂溢和瘙痒。因黏液性头面部皮肤增厚有皱褶，触之有肥厚感但无指压痕。眼睑下垂，外貌丑陋。母犬发情减少或不发情，公犬睾丸萎缩无精子。血清学检验胆固醇、肌酐激酶（CK）、甘油三酯和脂蛋白浓度升高，动物出现中等正染性红细胞性贫血。

2. 继发性甲状腺机能减退 先天性继发性甲状腺机能减退，其症状类似垂体性侏儒症。后天性继发性甲状腺机能减退多由肿瘤引起，临床上以沉郁、嗜睡、厌食、运动失调和癫痫发作等神经症状为主。

3. 第三性甲状腺机能减退 先天性第三性甲状腺机能减退临床上类似于先天性继发性甲状腺机能减退，患犬痴呆，行为迟钝，生长发育缓慢。头颅增大变宽，腿短，产下几周后生长速度明显变慢。后天性第三性甲状腺机能减退，患犬精神差，嗜睡，但机智和反应基本正常。

（三）诊断

甲状腺机能减退无任何特异性症状，因此，不能单凭症状做出病性诊断。测定血浆中甲状腺素（T_4）和三碘甲腺原氨酸（T_3）浓度降低（正常值分别为T_4 1.5～4μg /dl，T_3 0.1～0.2μg/dl），在排除多种非甲状腺素因素影响的前提下（低蛋白血症、常用药物、肾上腺机能亢进等，都可引起T_4减少，但甲状腺机能正常），有一定诊断价值。另外，可应用促甲状腺激素对血浆中甲状腺素的影响，以及甲状腺活组织切片来诊断。测定血液中抗甲状腺球蛋白抗体对甲状腺炎的早期诊断有一定的参考作用。

原发性和继发性甲状腺机能减退的鉴别，可用促甲状腺激素刺激甲状腺，甲状腺对促甲状腺激素有反应的是继发性甲状腺机能减退。继发性和第三性甲状腺机能减退的鉴别，应用促甲状腺激素释放激素刺激垂体，垂体对其有反应的是第三性甲状腺机能减退。甲状腺活组织切片，对第三性甲状腺机能减退的鉴别也有意义。

实验室检查 红细胞和血红蛋白减少，呈中等度贫血。基础代谢率降低，常在35%左右。甲状腺吸收^{131}碘率明显降低，而尿中^{131}碘排泄量增大。血清蛋白结合碘在2.5μg/dl以下。

心电图检查示低电压，窦性心动过缓，T 波低平或倒置。

（四）治疗

甲状腺激素替代疗法 对甲状腺机能减退症，长期使用甲状腺素制剂是唯一的治疗方法。

甲状腺干制剂：呆小症用药剂量依月龄不同而定，一般宜从小剂量开始，逐渐增加至维持剂量。成年犬甲状腺机能减退症，开始剂量每天口服 5～10mg，以后每周增加 5～10mg，直至所需的维持量 15～30mg。

左旋甲状腺素：每 100μg 相当于甲状腺干制剂 60mg。

三碘甲状腺原氨酸：每 20μg 相当于甲状腺干制剂 60mg。

左旋甲状腺素和三碘甲状腺原氨酸，其用法与甲状腺干制剂相同，但因作用快和剂量难于控制，故应用时须注意临床观察。

对症治疗 伴有肾上腺皮质机能减退者，宜同时口服强的松 2～5mg，每天两次。伴有贫血者加用铁剂、叶酸、维生素 B_{12} 制剂等。

六、甲状腺机能亢进症

甲状腺机能亢进症，简称甲亢，是由于甲状腺激素（TH）分泌过多所引起的内分泌疾病。病理上呈弥漫性、结节性、混合性甲状腺肿。临床上主要以高代谢率征候群，神经兴奋性增高、甲状腺肿为特征。弥漫性肿大者多伴有不同程度突眼症。

（一）犬甲状腺机能亢进症

犬甲状腺机能亢进多发于 4～18 岁，拳师犬、比格犬和金毛寻猎犬易发。

1. *病因* 犬甲状腺机能亢进系甲状腺肿瘤引起。甲状腺肿瘤位于颈部腹侧咽至胸口处。犬甲状腺原发性肿瘤的 1/3 是腺瘤，2/3 是腺癌。甲状腺原发性腺瘤的 15% 和腺癌的 60% 呈现临床症状，其他的只有在尸体剖解时才能发现。甲状腺腺瘤通常直径小于 2cm，很薄，呈透明囊样。个别的较大，具有厚的纤维囊，囊内充满黄褐色液体。甲状腺腺癌常转移到肺脏和咽背淋巴结。拳师犬最易患甲状腺腺瘤。

2. *症状*

甲状腺肿大 出现多尿，烦渴，食欲增强，随后体重减轻、消瘦、喘气和容易疲劳。从咽到胸口沿气管两侧进行颈下触诊，可摸到弥漫性肿大者，多为两侧对称，腺体质软，触之有弹性。结节性肿大者，多为两侧不对称，有单个或多个结节，质地较硬。

交叉神经兴奋症状 表现烦躁不安，敏感性增高，心率增快，心搏有力，心房颤动，血压升高。心搏和脉性亢盛，心电图电压升高。

突眼病 弥漫性甲状腺肿大者多伴有突眼症。表现为眼裂增宽，眼球突出，眼睑水肿，不能闭合。羞明流泪、结膜充血、角膜受损等。

3. *诊断* 根据临床症状和实验室检查结果，容易诊断。

实验室检查 基础代谢率增高，在 15% 以上；血清蛋白结合碘增高至 8μg/dl 以上，甲状腺摄^{131}碘率测定表现高峰前移。24h 摄^{131}碘率超过 50%。血浆中甲状腺素和三碘甲状腺原氨酸浓度升高。当肿瘤肿大或发现后 1～2 个月内肿块生长迅速，可以基本上诊断为甲状腺癌。

4. *治疗*

加强护理 限制病犬运动，补充多种维生素和高热量食物。

抗甲状腺药物 复方碘甘油 0.2～0.4ml 或碘化氢糖浆 1ml 口服，每日 1 次，连用 3～10d。丙硫氧嘧啶 1mg/kg 体重，每日 2～3 次，治疗一段时间。甲基硫氧嘧啶 50～100mg，每天 3 次，口服。甲抗平 5～10mg，每天 3 次，口服，连服 3 周，如症状不改善，可适当加大剂量。如近状好转，可适当减量。

放射性^{131}碘治疗 放射性^{131}碘在甲状腺内放出 β 射线，破坏甲状腺滤泡组织，减少甲状腺素的合成，从而达到治疗的目的。使用时按甲状腺组织的重量计算剂量，一般每克甲状腺组织给予^{131}碘 60～80μg/dl，一次口服。服药后约 1 个月开始显效，多数病例 3 个月后症状基本缓解。

甲状腺切除手术 长期服用抗甲状腺药物无效或停药后复发者，可考虑手术。早期尚未转移的甲状腺癌采用外科摘除术。已转移或难以完全摘除的甲状腺腺癌，不要手术摘除，可进行放射碘疗法。

并发症的治疗 使用心得安或利血平可以降低周围组织对甲状腺激素－儿茶酚胺的效应，以减慢心率，改善心脏功能。前者每 4h 口服 10～20mg，后者每 4h 肌肉注射 0.5～1mg。使用氢化可的松纠正相对的肾上腺皮质机能不全，每天静脉注射 100～200mg。

（二）猫甲状腺机能亢进

在剖解猫尸体中发现：90% 的老龄猫甲状腺发生腺瘤或腺瘤性增殖。甲状腺腺瘤通常是两侧性的，而分散性腺瘤和腺癌则是单侧性的，并且很少转移。6～20 岁猫多发。

1. *症状* 猫甲状腺机能亢进发生缓慢，9 岁以下的患猫很少出现临床症状。9 岁以上的患猫突出症状是消瘦和食欲旺盛。排粪次数增多和量大，粪便发软，多尿和烦渴，烦躁不安，喜欢走动，经常嘶叫，讨厌日常的被毛梳理。心脏增大，心搏增快，心律不齐有杂音，心电图电压升高。

甲状腺瘤性增殖发生在一侧或两侧甲状腺，呈中等程度肿大，而甲状腺腺瘤和腺癌通常呈块状明显肿大。在咽至胸口的颈腹侧，用手指仔细触诊，常可摸到肿大的甲状腺。实验室检验：血浆中 T_3 和 T_4 浓度升高，谷氨酸氨基转移酶（ALT）、天门冬氨酸氨基转移酶（AST）和碱性磷酸酶活性也升高。

2. *治疗* 采用外科手术摘除肿大的甲状腺。如甲状腺机能严重亢进，并有一系列心脏合并症，为了减少危险性，手术前可用丙硫氧嘧啶治疗，每只猫每日 50mg，分 3 次口服，或用甲巯基咪唑 5mg，每日分 2 或 3 次口服，一般治疗 1～2 周，能使血浆中 T_4 和 T_3 浓度降低，心脏功能好转，然后再行手术摘除 1 个或 2 个。应用碘化钠 1～2g 水溶后口服，也能降低甲状腺的分泌或把放射碘注入甲状腺内，一次注射治愈率可达 97%。

七、糖尿病

糖尿病是由胰岛 β－细胞分泌机能降低，胰岛素绝对或相对不足引起糖代谢障碍的一种综合征。临床上以多饮、多尿、多食、体重减轻和血糖升高为特征。犬的发病率可高达 0.5%，雌犬是雄犬的 3 倍，主要发生在 4～14 岁，其中 7～9 岁的肥胖犬发病率较高，多于发情后发病。猫多发于 5 岁以上的短毛猫，性别差异不大。

（一）病因

1. *食物性肥胖*　长期摄食高热量食物和长期营养过剩，使动物过度肥胖，从而导致可逆性胰岛素分泌减少。

2. *激素异常*　某些药物与糖尿病的发生有着密切的联系。如糖皮质激素和孕激素等，应用类固醇能使肝脏糖异生作用加强，颉颃胰岛素，减少组织对葡萄糖利用从而提高血糖水平，但多数情况下，停止用药后，糖尿症即恢复正常；应用孕激素也能引起可逆性糖尿症，猫尤其敏感。另外，应用促肾上腺皮质激素、胰高血糖素、雌激素、肾上腺素等，也能诱发犬糖尿症。非类固醇药物（氯丙嗪、二苯基乙内酰脲、大仑丁等）亦可引起高糖血症。内源性肾上腺皮质激素分泌过多与犬糖尿病发生有较大关系，但在猫就很少发生。母犬发情时释放的雌激素和孕激素能降低胰岛素的作用，因此，母犬发情期间可出现糖尿症。

3. *胰岛 β－细胞损伤*　是糖尿病发生的主要原因，最常见的损伤原因是胰腺炎，其他还有外伤、手术损伤和肿瘤等。

4. *应激*　是另一种引起糖尿病的主要原因，包括创伤、感染、妊娠等。应激可使与胰岛素呈颉颃作用的激素，如皮质醇、胰高血糖素、生长激素和肾上腺素分泌机能增强，胰岛素分泌减少，从而血糖升高。

5. *遗传因素*　遗传因素引起的犬、猫糖尿病，临床上并不多见。近年来对犬糖尿病流行病学研究发现，除有些品种犬，如德国牧羊犬、北京犬、可卡犬、柯利犬和拳师犬等家族性糖尿病少见外，凯恩猫和小多伯曼猫都具有家族性糖尿病，因此，可以说遗传因素对某些品种犬糖尿病的发生有一定关系。

（二）症状

糖尿病典型症状是多尿、多饮、多食和体重减轻。有 50% 糖尿病患犬由于高血糖导致白内障，使犬看不见东西。

长期严重糖尿病可发展为酮酸中毒，此时动物厌食，沉郁，不耐运动，呼吸急促，呕吐和腹泻，饮水减少或拒饮，呼出气体具有烂苹果味（丙酮味）。

实验室检验：血糖升高达 8.4mmol/L 以上（正常 3.9～6.2mmol/L）；血液酸碱平衡失调，碳酸氢盐浓度降低；尿糖呈强阳性，尿中丙酮检验阳性，尿比重升高达 1.060～1.068（正常为 1.015～1.045）。血浆中甘油三酯、胆固醇、脂蛋白、游离脂肪酸和乳糜微粒增多，呈现脂血症。由于肝脂肪浸润，血清丙氨酸氨基转移酶和碱性磷酸酶活性增加，磺溴酞钠（BSP）滞留时间延长，血液尿素氮浓度升高。糖尿病常伴发感染，血检白细胞总数增多。

（三）诊断

根据病史、临床症状（三多一少）和实验室检验（高血糖、尿糖）基本可以做出诊断。如犬、猫处于高血糖无尿糖的潜在性糖尿病或疑似遗传性糖尿病时，可进行葡萄糖耐量试验进行诊断。但是，葡萄糖耐量试验不是测定胰岛β－细胞分泌机能的特异性试验，且常受到饮食、药物、惧怕、非胰性疾病等影响，值得注意。

葡萄糖耐量试验：用葡萄糖1.75g/kg体重，配成25%溶液口服。试验前饥饿24h，口服前及口服后30min、60min、90min、120min和180min分别采血，测定其血糖水平。正常犬在口服葡萄糖溶液30～60min出现血糖值高峰，90min后血糖恢复到正常范围（空腹水平），而糖尿病患犬60min后血糖值高达150mg/dl（正常犬为60～100mg/dl、猫为64～118mg/dl），且需要较长时间才能恢复到正常范围即空腹水平。

（四）治疗

1. 纠正代谢紊乱　降低血糖通常每日注射胰岛素以控制病情。中性鱼精蛋白锌（NpH）胰岛素（40 IU/ml）是兽医上应用最广的胰岛素制剂（下文所提到的胰岛素均指这种药物），药效达到最高程度时，可使血糖浓度大幅度下降。犬的首次皮下注射剂量约为0.5～1 IU/kg体重，猫为0.25 IU/kg体重（猫对外源性胰岛素敏感）。

为了充分发挥药效，又避免急性低血糖出现，每天早晨应检验尿液中酮体和葡萄糖，然后再治疗和饲喂。如何根据尿液中糖含量来调整胰岛素剂量，可参考体重10kg犬的调整方法，体重小的犬和猫，适当减量，体重大及处于发情期的犬、猫适当增加胰岛素剂量。未采集到尿样时按上一天的剂量重复一次。

犬猫糖尿病最初治疗计划	
上午8：00	采集尿液，测定尿液中葡萄糖和酮体
上午8：05	皮下注射胰岛素
上午8：30	饲喂日食量的1/8到1/4，或不喂食物
下午4：00～5：00	饲喂日食量的3/4

有时即使增大了胰岛素剂量，早晨尿液中仍含有糖。因用药后的12～24h内，药物已被充分代谢，犬的血液中胰岛素含量降低或没有胰岛素，犬的血糖会随之升高而发生糖尿，在早晨的尿样中就会发现大量葡萄糖。通过使用慢胰岛素锌悬液（lente）即可解决上述问题，因为该剂型的作用期稍长。鱼精蛋白锌胰岛素（PZI）因为药效持续时间过长，每天用药一次便可使药物在体内蓄积，对机体不利，因此不常应用。

10kg体重犬每日胰岛素剂量调节	
尿糖2%	增加1 IU
尿糖1%～0.5%	增加0.5 IU
尿糖0.1～0.25 IU	按上一天剂量用药
尿糖阴性	减少1 IU

当增加到2 IU/kg体重时，用药后3～7h可能出现低血糖现象，动物表现虚弱和疲倦，

此时应立即口服葡萄糖浆。如动物发生搐搦，可将糖浆涂在手指上，抹入动物口颊部黏膜上，或静脉注射50%葡萄糖1ml/kg体重。

亦可投服降血糖药，如氯磺丙脲2～5mg/kg体重，每日1次，能直接刺激胰腺β-细胞分泌胰岛素。口服降糖灵（0.2～1g/次，每日3次）或优福糖（0.2mg/kg体重，每日1次）可促进葡萄糖的利用。

2. 补充体液，纠正酸中毒

（1）补充丢失的液体　补充液体最好是等渗溶液，如生理盐水、林格氏液和5%葡萄糖生理盐水，静脉输注。

（2）补碱　糖尿病动物出现酮酸中毒（经测定血浆碳酸氢根低于12mmol/L）时，为了缓解酸中毒，宜用碳酸氢钠治疗。应补5%碳酸氢钠（ml）＝体重（kg）×0.04×[24mmol/L（正常值）]；实际测定的血浆碳酸氢根mmol/L/0.6mmol（式中0.04是碳酸氢盐在体内分布的部分，实为体重的40%；即每毫升5%碳酸氢钠溶液中含有0.6mmol碳酸氢钠）。

治疗开始先用计算量的1/4，加入其他液体中在1～6h内输注，治疗后6h再测碳酸氢根，然后按上述计算方法计算应输注的碳酸氢钠溶液量。临床上亦可按1.5ml/kg体重输注5%的碳酸氢钠。

（3）适时补钾　糖尿病酮酸中毒时，血清钾浓度可能降低、正常或升高。血钾正常或升高是由于酸中毒和高血糖使细胞内钾离子移到细胞外，细胞外氢离子进到细胞内的结果，此时实际上动物缺钾；应用碱性药物纠正酸中毒，以及胰岛素治疗高糖血症后，血清中钾离子又移到细胞内，血钾浓度降低。动物在血清钾浓度正常或低于4mmol/L，又不是无尿或少尿时，就应在静脉注射液中补钾：最初可在250ml液体中添加10mmol钾（1g氯化钾＝14mmol钾），以后补钾量的增减，主要根据血清钾高低和心电图变化而定。现在认为心电图是一种监测血钾浓度高低的主要手段，尤其在补钾治疗中，为了防止高钾血症，每2～4h测绘一次心电图。如血清钾浓度低于2mmol/L时，心电图的QT间期延长，ST段阻抑，P波降低或向下及T波阻抑；如果血清钾高于6.5mmol/L时，QT间期缩短，T波峰降低，PR间期和QRS综合波延长。

3. 加强护理　糖尿病动物一旦确诊后，应饲喂单糖或双糖比例小的耐消化食物，如含高纤维或低碳水化合物性食物。每日以80%的肉和20%的米饭按25g/kg体重的量分3次饲喂。治疗期间，运动宜减少，如果患犬活动量大，胰岛素剂量要适当减少。为防止脂肪肝，在食物中每日加入氯化胆碱0.5～2.5g。糖尿病对母犬、猫的发情和妊娠将产生不良影响，因此在病情处于稳定阶段时，宜将卵巢和子宫全部切除。

八、甲状腺炎

甲状腺炎有急性、亚急性和慢性三种，其中以慢性淋巴性甲状腺炎发病率较高。

（一）病因

急性甲状腺炎　大多数由于化脓性细菌自全身血行或邻近组织细菌感染蔓延扩散到甲状腺所致。常见的化脓性细菌有葡萄球菌、链球菌、肺炎双球菌、大肠杆菌等。

亚急性甲状腺炎 病因尚不完全清楚，一般认为与病毒（流感病毒、腮腺炎病毒等）感染有关。

慢性淋巴性甲状腺炎 是一种自身免疫性疾病，与遗传缺陷有关。

（二）症状

急性甲状腺炎 病犬有高热，甲状腺局部剧痛、肿大、温热、波动，白细胞增多。

亚急性甲状腺炎 发病较急，发病前往往有上呼吸道感染。甲状腺肿大，触诊疼痛，咀嚼和吞咽发生障碍。初期有甲状腺机能亢进的表现，中、后期转为甲状腺机能减退表现。

慢性淋巴性甲状腺炎 突出表现为甲状腺肿，发病缓慢，甲状腺逐渐肿大，两侧对称，质地坚韧而有弹性，轮廓清楚，表面光滑，与周围组织无粘连，无热无痛。晚期出现甲状腺机能减退症状。

（三）诊断

根据甲状腺肿大的特征，一般容易诊断。另外应用肾上腺皮质激素作试验性治疗，一周后症状明显好转，即可确认为甲状腺炎。

（四）治疗

肾上腺皮质激素对甲状腺炎有明显效果。强的松5mg/次，每天3次，连服两周。较重或复发病例，除用强的松外，加用甲状腺干制剂或三碘甲状腺原氨酸。对急性化脓性甲状腺炎，应及早应用抗菌药物。

九、甲状旁腺机能减退症

（一）病因

多因甲状腺手术不慎，损伤或切除甲状旁腺而引起，或原发性甲状旁腺机能亢进手术过分切除腺体，致甲状旁腺激素分泌不足，导致体内钙磷代谢紊乱。至于因甲状腺炎症或因肿瘤及甲状旁腺而引起者比较少见。

（二）症状

表现最突出的症状为全身肌肉抽搐，严重病例呈痉挛状态。心肌受累时表现为心动过速，心电图QT间期延长，ST段延长，T波矮小，甚至心脏传导阻滞。如甲状旁腺机能减退为时过久，常见皮肤粗糙、色素沉着，被毛脱落，牙齿钙化不全，齿釉发育障碍。常并发白内障。

（三）诊断

根据病史、临床症状及血、尿检验结果，可以确诊。但须与癫痫、肾功能不全相区别。

实验室检查 血钙明显降低，血磷增高，尿钙、尿磷降低。原发性甲状旁腺机能减退时血浆甲状旁腺激素含量降低。

（四）治疗

补充钙剂 急症用10%葡萄糖酸钙10ml静脉注射。一般病例口服乳酸钙或葡萄糖酸钙，每天1～2g，分3次口服，或加用维生素D，每天5万～10万IU，以使钙由肠吸收。

双氢速固醇（AT_{10}）每天0.5～2ml，肌肉注射，有类甲状旁腺激素作用，但应在用药期间观察尿钙及血钙变化。

丙碘舒 每天口服1～2g，有抑制肾小管重吸收磷的作用。

氢氧化铝凝胶 每次20ml，每天3次，能减少肠道对磷的吸收。

十、甲状旁腺机能亢进症

甲状旁腺机能亢进症是甲状旁腺分泌甲状旁腺激素过多，导致体内钙磷代谢紊乱的疾病。临床上以骨质疏松、泌尿系统结石或消化道溃疡为特征。

（一）病因

原发性甲状旁腺机能亢进是由甲状旁腺的肿瘤或增生的腺体分泌过多的甲状旁腺激素；继发性甲状旁腺机能亢进则因肾病、佝偻病、维生素D缺乏等，致甲状旁腺代偿增生，产生过多的甲状旁腺激素。

（二）症状

骨骼症状 因骨质脱钙，导致骨质疏松，容易发生骨折和畸形。常见鼻腔狭窄，齿脱落，颜面骨肥大，脊柱变形等。

高血钙症 血钙过高时，神经肌肉应激性降低，同时由于甲状旁腺激素促进蛋白质分解，可引起下列征候群。

消化道 食欲不振，呕吐，剧烈腹痛，吞咽障碍，便秘等。

肌肉 四肢肌肉松弛，张力减退，软弱无力。

心脏 心动缓慢、心律不齐。

神经症状 精神沉郁，反应迟钝，有时抽搐等。

泌尿系统症状 由于大量钙、磷排泄，病犬多饮、多尿、烦渴，又因钙、磷由肾脏排泄，磷酸盐常可沉积而成结石，可出现血尿、尿路感染或继发肾盂肾炎。磷酸钙在肾小管和肾实质的沉着，可引起肾功能衰竭，至晚期可发生尿毒症和水肿。

（三）诊断

根据临床症状、X线检查和实验室检查结果，可以诊断。

实验室检查 血钙增高，具有诊断意义。原发性甲状旁腺亢进症时血清钙常高达12～20mg/dl，但晚期肾功能衰竭时，血钙可降至正常或低于正常。血清磷含量降低到2.5mg/dl以下，但在晚期肾功能衰竭时，磷排泄困难，血磷可提高。血清碱性磷酸酶一般常增高

(超过 80IU/L)。尿液中钙增多。

X 线检查 可见骨质脱钙，皮质变薄，骨折，畸形，骨质可呈纤维状或虫蚀状，牙槽骨板吸收和骨囊肿形成。

(四) 治疗

手术疗法 切除腺瘤和增生的腺体后，血磷迅速上升，尿中排磷及钙量均减少，血钙可于 1～7d 内下降至正常范围内。手术后可能由于骨再生，从血液摄取大量钙致使血钙降低，而发生抽搐症，应马上给予葡萄糖酸钙溶液 10～15ml 或与 5% 葡萄糖溶液 100～500ml 混合后，缓慢静脉注射。为了避免抽搐发作，亦可采用高钙和维生素 D 食饵疗法，可改善术后障碍。

磷酸盐能对抗甲状旁腺激素，促进钙进入骨骼，故在轻症或手术后复发者，可以试用磷酸盐溶液（用 0.081M 磷酸二氢钠和 0.019M 磷酸二氢钾加在1 000ml蒸馏水中配成），一次 200ml，静脉注射，每天 3 次。

继发性甲状旁腺机能亢进症，应对原发病进行治疗。

十一、雄激素过多症

(一) 病因

由于睾丸间质细胞增生或肿瘤（间质细胞瘤），可致使睾丸酮分泌过多。老龄犬多发。

(二) 症状

食欲不振，性欲增强，被毛油腻光泽，大面积脱毛，皮肤发痒，色素沉着。

(三) 诊断

依据临床症状作诊断较为困难。应作血和尿中激素测定，如血中睾丸酮增多，尿中 17－酮类固醇增加，可诊断为雄激素过多症。如能触摸到睾丸肿瘤，并做活组织检查，即可确诊。

(四) 治疗

摘除睾丸肿瘤或施行去势。

十二、雄激素减少症

(一) 病因

睾丸机能减退可引起雄激素分泌减少。造成睾丸机能减退的原因可分为原发性和继发性原因。

原发性原因 见于先天性睾丸发育不全、睾丸炎以及去势后。

继发性原因 主要由于间脑或垂体的异常（如肿瘤、炎症等）致使睾丸机能减退。

（二）症状

病犬生殖器官萎缩，性欲降低，副性腺分泌减少。被毛干燥，失去光泽，呈对称性脱毛。幼犬生长发育迟缓。皮肤色素沉着，常伴发外耳道炎。

（三）诊断

根据血中睾丸酮减少及尿中17－酮类固醇减少，可以确诊。

（四）治疗

应用睾丸酮、促卵泡激素（FSH）或促黄体激素（LH）等。

十三、雌激素过多症

雌激素过多综合征，又称慕雄狂。是指母犬、母猫引诱公犬、公猫，但拒绝交配的一种疾病。多发生于5岁以上的母犬、母猫。

（一）病因

由于卵巢囊肿和卵泡囊肿时可引起雌激素分泌过多所致。但其原发性病因可能与垂体或肾上腺机能障碍有关。此外，投给动物过量的雌激素也会引起本病的发生。

（二）症状

雌激素过多的母犬或母猫，通常表现与发情无关的异常综合征，如神经质、过敏，有时凶恶，母犬爬跨公犬、玩具和家庭成员，但很少接受公犬交配，母猫则表现动情的强烈性欲和频繁交配，但即使交配也不怀孕。病例外阴部肿胀，子宫内膜增生，偶尔见从阴道内流出血样分泌物。有的皮肤呈现左右对称性脱毛（肷部、下腹、会阴部等）和色素沉着，甚至发生脂溢性皮炎。当继发感染时，可引起子宫炎或子宫蓄脓症等。

（三）诊断

根据临床症状即可做出诊断。必要时进行阴道黏膜涂片镜检，无正常发情的各种细胞成分；血清雌性激素测定明显高于健康犬、猫可进一步确诊。

（四）治疗

卵巢、子宫切除术，是本病最有效的治疗方法，如囊肿仅限于一侧卵巢，可进行单侧切除，术后的犬、猫仍可获得妊娠。对子宫内膜增生或卵巢机能障碍、囊肿的病例，也可注射绒毛膜促性腺激素100～500IU/次，每天1次，或孕酮10～50mg/次，每天1次，孕马血清促性腺激素25～200IU/次，每天或隔天1次。为促进被毛生长，可投给甲状腺素粉60～120mg/kg体重。

十四、雌激素减少症

（一）病因

由于卵巢机能不全可致雌激素分泌减少。

原发性卵巢机能不全 见于先天性卵巢发育不全或卵巢摘除。

继发性卵巢机能不全 常因垂脑下部，垂体异常所致。

（二）症状

病犬生殖器官萎缩，不发情。被毛干燥无光泽，呈对称性脱毛。

（三）诊断

可作血液和尿液中雌激素的测定，或应用雌激素作治疗性诊断。

（四）治疗

应用雌激素、孕马血清促性腺激素（PMSG）或人绒毛膜促性腺激素（HCG），均有良好疗效。

十五、胰岛素过剩症

本病是胰腺的胰岛 β－细胞瘤使胰岛素分泌过剩，血糖浓度降低而表现神经功能障碍的疾病。通常发生于 5 岁以上的犬，特别是老龄犬。拳师犬发病率高，性别与品种的差异尚不清楚。

（一）病因

本病发生于胰岛的肥大细胞增生。但犬多为功能性胰岛细胞肿瘤，偶见胰岛细胞癌致病的。过多的胰岛素使血液中的葡萄糖进入细胞内而造成低血糖。

（二）症状

轻症病犬表现不安，常常边走边叫。颜面肌肉痉挛，后肢无力，四处排粪、排尿。重症病犬恶心、呕吐、心跳加快，全身间歇性或强直性痉挛，神志不清，视力障碍、昏睡等。血浆胰岛素为 54IU/ml 以上（正常空腹时为 20IU/ml）。血糖 60mg/ml 以下。

（三）治疗

胰岛素过剩症的治疗措施可参考本章“低血糖症”的治疗。同时可用 10%～20% 葡萄糖 0. 5～1g/kg 体重，快速静脉滴注。重症犬可用 50% 葡萄糖。泼尼松 4mg/kg 体重或地塞米松 0. 5～2mg，肌肉注射。长期口服苯妥英钠 10mg/kg 体重，每日 1 次。高胰岛素血症的根本治疗是对释放胰岛素亢进的功能性腺肿（β－细胞瘤）行外科切除。

复习题

1. 糖尿病的治疗方法。
2. 肾上腺皮质机能减退症与增多症的临床表现与预防。
3. 甲状旁腺机能亢进症与减退症的治疗。
4. 雌、雄激素过多综合征和减少综合征的临床表现与治疗。

第十四章　皮肤疾病

在全世界各国的小动物临床诊疗工作中，皮肤病在犬、猫的疾病中占有较大的比例。由于病因复杂，种类繁多，化验设备和技术程度等多方面因素的影响，使许多宠物医生对犬、猫皮肤病的认识不够，故临床上皮肤病不易根治。本章将介绍临床上犬、猫的主要皮肤病诊治知识。

第一节　犬、猫皮肤病基础知识

一、犬、猫皮肤病的分类

在临床上，根据实际情况明确犬、猫的皮肤病的疾病类型是诊断和治疗的基础。从临床上分析，可以将犬、猫的皮肤病分成16种，它包括：寄生虫性皮肤病，细菌性皮肤病，真菌性皮肤病，病毒性皮肤病，与物理性因素有关的皮肤病，与化学性因素有关的皮肤病，皮肤过敏与药疹，自体免疫性皮肤病，激素性皮肤病，皮脂溢，中毒性皮炎，代谢性皮肤病，与遗传因素有关的皮肤病，皮肤肿瘤，猫的嗜酸性肉芽肿和其他皮肤病。

二、皮肤损害的类型

犬、猫发生皮肤病时，皮肤上出现各种各样的变化，皮肤的损害被分为原发性损害和继发性损害两大类。

（一）原发性损害

它是各种致病因素造成皮肤的原发性缺损，分为9种。

1. 斑点　斑点和斑是指皮肤局部色泽的变化，皮肤表面没有隆起，也没有质度的变化。斑点的形态是：皮肤表面平整，有颜色变化，这些颜色变化可能主要是由于黑色素的增加，也可能是黑色素的消退，如白斑，或急性皮炎过程中因血管充血而出现的红斑。

2. 斑　斑点的直径超过1cm称为斑，比如华法林中毒时可见到犬皮肤上的中毒性出血斑。

3. 丘疹　它是指突出于皮肤表面的局限性隆起，其大小在7～8mm以下，针尖大至扁豆大。形状分为圆形、椭圆形和多角形，质地较硬。丘疹的顶部含浆液的称为浆液性丘疹，不含浆液的称为实质性丘疹。皮肤表面小的隆起是由于炎性细胞浸润或水肿形成的，呈红色或粉红色。丘疹常与过敏和瘙痒有关。

4. 结或结节　是突出于皮肤表面的隆起，7mm至3cm之间大小，它是深入皮内或皮下有弹性坚硬的病变。

5. 皮肤肿瘤　更大的结是由于含有正常皮肤结构的肿瘤组织构成。其种类很多。

6. 脓疱　脓疱是皮肤上小的隆起，它充满脓汁并构成小的脓肿。常见葡萄球菌感染，毛囊炎，犬痤疮（粉刺）等感染所致的损害。从犬的皮肤脓疱中分离出的主要致病细菌是中间型葡萄球菌。

7. 风疹　风疹界限很明显，隆起的损害常为顶部平整，这是因水肿造成的。隆起部位的被毛高于周围正常皮肤，这在短毛犬更容易看到。风疹与荨麻疹反应有关，皮肤过敏试验呈阳性反应。

8. 水泡　水泡突出于皮肤，内含清亮液体，直径小于1cm。泡囊容易破损，留下湿红色缺损，且成片状。

9. 大泡　大泡的直径大于1cm，由于易破损而难以被观察到。在犬大泡病损处常因多形核白细胞浸润而出现脓疱。

（二）继发性损害

继发性损害是犬皮肤受到原发性致病因素作用引起皮肤损害之后，继发其他病原微生物的损害。

1. 鳞屑　鳞屑是表层脱落的角质片。成片的皮屑蓄积是由于表皮角化异常。鳞屑发生于许多慢性皮肤炎症过程中，特别是皮脂溢、慢性跳蚤过敏和泛发性蠕形螨感染的皮肤病过程中。

2. 痂　痂是由于干燥的渗出物形成的，它包括血液、脓汁、浆液等。它们粘附于皮肤表面，病患部常出现外伤。

3. 瘢痕　皮肤的损害超越表皮，造成真皮和皮下组织的缺损，由新生的上皮和结缔组织修补或替代，因为纤维组织成分多，有收缩性但缺乏弹性而变硬，称为瘢痕。瘢痕表面平滑，无正常表皮组织，缺乏毛囊、皮脂腺等附属器官组织，肥厚性瘢痕不萎缩，高于正常皮肤。

4. 糜烂　当水泡和脓疱破裂，由于摩擦和啃咬，丘疹或结节的表皮破溃而形成的创面，其表面因浆液漏出而湿润，当破损未超过表皮则愈合后无瘢痕。

5. 溃疡　溃疡是指表皮变性，坏死脱落而产生的缺损，病损已达真皮，它代表着严重的病理过程和愈合过程，总伴随着瘢痕的形成。

6. 表皮脱落　它是表皮层剥落而形成的。因为瘙痒，犬会自己抓、磨、咬。常见于虱子感染、特异性、反应性皮炎等。表皮脱落为细菌性感染打开了通路。经常见到的是犬泛发性耳螨性皮肤病造成的表皮脱落。

7. 苔藓化　因为瘙痒，动物抓、磨、啃咬皮肤，使皮肤增厚变硬，表现为正常皮肤斑纹变大。病患部位常呈高色素化，呈蓝灰色。一般常见于跳蚤过敏的病患处。苔藓化一般意味着慢性瘙痒性皮肤病过程的存在。

8. *色素过度沉着* 黑色素在表皮深层和真皮表层过量沉积造成色素沉着，它可能随着慢性炎症过程或肿瘤的形成而出现，而且常常伴随着与犬的一些激素性皮肤病有关的脱毛。在甲状腺功能减退过程中的脱毛与犬色素沉着有关，未脱掉的被毛干燥、无光泽和坏死。

9. *色素改变* 色素的变化中以黑色素的变化为主，其色素变化和脱毛可能与雌犬卵巢或子宫的变化有关。

10. *低色素化* 色素消失多因色素细胞被破坏，使色素的产生停止。低色素常发生在慢性炎症过程中，尤其是盘形红斑狼疮。

11. *角化不全* 棘细胞经过正常角化而转变为角质细胞，它含有细胞核并有棘突，堆积较厚者称为角化不全。

12. *角化过度* 表皮角化层增厚常常是由于皮肤压力造成的，比如多骨隆起处胼胝组织的形成。更常见于犬瘟热病中的脚垫增厚、粗糙，鼻镜表面因角化过度而干裂，以及慢性炎症反应。

13. *黑头粉刺* 黑头粉刺是由于过多的角蛋白、皮脂和细胞碎屑堵塞毛囊而形成的。黑头粉刺常见于某些激素性皮肤病。如犬库兴氏综合征中可见到黑头粉刺。

14. *表皮红疹* 表皮红疹是由于剥落的角质化皮片而形成的，可见到破损的囊泡、大泡或脓疱顶部消失后的局部组织。常见于犬葡萄球菌性毛囊炎和犬细菌性过敏性反应的过程中。

三、皮肤病的诊断

诊断是皮肤病治疗的基础，临床上皮肤病的治愈率低与诊断水平不高造成盲目治疗有直接的原因。犬、猫皮肤病的一般症状是脱毛或掉毛，这种情况多因犬、猫瘙痒，自己抓、咬、摩擦患部皮肤引起感染。在夏季，尤其是闷热的雨季，是长毛犬患螨虫感染的高峰期，它与家庭有无地毯，犬是否常去草地活动有很大关系，也与品种有关。兽医在诊断皮肤病时，一般采用问诊，做一般检查，在正规的动物医院，可以做实验室检查。对于养犬养猫者，应懂得如何防治皮肤病，配有常用药品，仔细观察爱犬和宠猫的皮肤情况，用药后的好坏，以便兽医问诊时能全面地回答问题，这十分有利于宠物医生的诊治工作。专业的临床兽医在诊治犬、猫皮肤病时，通常采用问诊、做一般检查，通过实验室诊断，然后进行治疗。

（一）问诊

1. *病程* 首先要了解病初期犬、猫的表现；用过什么药，用药后症状逐步减轻还是继续加重；犬、猫生活的环境，有无地毯、垫子，是否常去草地戏耍；有无接触过病狗病猫；用什么洗发液，如何使用洗发液以及洗澡的方式和次数；犬、猫哪个部位皮肤有病损，是否瘙痒以及瘙痒的程度等。

2. *病史* 以前是否患过同样的疾病，症状如何；患病有无季节性；是否患过螨虫感染、真菌感染；是否处于分娩后期；有无药物过敏史、接触性皮炎史和传染病史。

（二）一般检查

1. 皮肤局部观察　被毛是否逆立，有无光泽，是否掉毛，掉毛是否是双侧性的，局部皮肤的弹性、伸展性、厚度，有无色素沉着等。

2. 病变　部位，大小，形状，集中或散在，单侧或对称，表面情况（隆起、扁平、凹陷、丘状等），平滑或粗糙，湿润或干燥，硬或软，弹性大或小，局部的颜色等。

（三）实验室检查

正规的动物医院都应有完善的实验室检查项目和临床必备的设备，因为，在许多情况下仅凭宠物医生的双眼进行判断会出现很大的误差。

1. 寄生虫检查　①玻璃纸带检查即用手贴透明胶带，逆毛采样，易发现寄生虫。②皮肤材料检查，注意刮取的深度，检查蠕形螨时应当适当用力挤刮取处的皮肤，提高蠕形螨的检出率。③粪便检查饱和盐水的方法比涂片法准确。

2. 真菌检查　镜检时：①剪毛要宽些，将皮肤挤皱后，用刀片刮到真皮，渗血后，将刮取物放到载玻片上。②Wood's 灯检查，对于犬小孢子菌感染的检出率高。③真菌培养：在健康处与病灶交界处取毛，经过真菌培养基的培养，观察真菌的菌落、确定真菌的种类。

3. 细菌检查　直接涂片或触片标本进行染色检查，做细菌培养和药敏试验等。

4. 皮肤过敏试验　局部剪毛或剃毛消毒后，用装有皮肤过敏试剂的注射器，分点做不同的过敏源试验，局部出现黄色丘疹则为过敏。

5. 病理组织学检查　直接涂片或活体组织检查。

6. 变态反应检查　皮内反应和斑贴试验。

7. 免疫学检查　免疫荧光检查法。

8. 内分泌机能检查　通过验血检查甲状腺、肾上腺和性腺的机能。

第二节　皮肤病

一、皮炎

皮炎是皮肤真皮和表皮的炎症。

（一）病因

1. 机械性刺激　由于皮肤遭受机械性刺激，如颈环摩擦，搔抓引起局部外伤性皮炎；

2. 化学因素的刺激　常引起化学性皮炎，如涂擦刺激性药物，脓性分泌物的长期刺激等；

3. 物理性皮炎　是由于热伤、冻伤、日光以及放射线的损伤等引起。

4. 细菌、真菌、外寄生虫、营养缺乏等引起的皮炎 此外皮炎在某些情况下是其他疾病的并发症状，变态反应在小动物皮炎的发生上占一定比例。

（二）症状

犬、猫等小动物皮炎的主要症状之一是皮肤瘙痒，引起患病犬、猫的搔抓，一般伴发皮肤的继发感染。病变包括皮肤水肿、丘疹、水泡、渗出或者结痂、鳞屑等。

外伤性皮炎 轻症时出现脱皮或皮肤缺损、潮红或轻度肿胀，又可见到薄痂皮或细鳞屑的形成；在机械性刺激物强烈或反复作用下，可发现皮肤显著潮红、肿胀和疼痛，并可见到脓性渗出物和痂皮，以及表在性溃烂。

慢性皮炎 渗出及痂皮均减少，皮肤肥厚，弹性及可移动性较差，并发生皱裂，此时常常造成继发感染，引起化脓溃烂。

疣状皮炎 多继发于湿疹和皮炎，为疣状增殖的一种慢性炎症。皮肤全层及皮下组织均受损害，表皮生发层增殖加强，不见细胞角化，真皮乳头容积增大，皮下组织呈现纤维性肥厚和硬化，通过该处的淋巴管扩张，常有静脉的血栓形成，常发生于颈环摩擦部位。疣状物表面有的常附有恶臭的污白色分泌物，有的呈淡红色，刺激时容易出血。皮肤皱褶间易蓄积脓性分泌物，被毛蓬乱或部分脱落。

总之，皮炎常与其他皮肤病相混淆，尤其与急性湿疹要注意区别。湿疹的皮损与周围组织通常没有明显的界限，初期的皮损限于表皮。急性皮炎的特征是炎性症状为优势，缺乏对称性病灶。

（三）诊断

皮炎治疗的首要因素是避免在未确诊病因的情况下盲目用药。诊断应该从问诊开始，注意皮炎发病初期的症状、是否瘙痒、有无季节性、环境改变的因素、食物有无变化、是否存在感染等情况，同时问明用药情况和用药后动物的临床症状变化。

实验室检查包括病原微生物的鉴定和分离培养、活组织检查、皮内反应试验和内分泌测定等，必要时给予动物低过敏性食物。

（四）治疗

治疗根据诊断情况而定，包括皮肤局部药物涂擦和全身用药两方面。

急性皮炎 局部可用3%龙胆紫溶液、氧化锌软膏或磺胺软膏等涂擦，外用STA（水杨酸8g、鞣酸8g、70%酒精100ml），还可用撒粉（次碘没食子酸铋15g、滑石85g，混合）治疗。给予超短效皮质类固醇药，如强的松、强的松龙，按1mg/kg体重的剂量做病初治疗，每日1次，逐渐变成隔日1次。如果动物瘙痒，搔抓严重，可以限制动物的四肢，给予镇静药或者颈部佩戴伊丽莎白圈。

皮炎过程处于较轻的红斑性阶段时，可用鱼石脂水杨酸油膏（鱼石脂10g、水杨酸20g、氧化锌油膏200ml混合），每天1次，局部涂擦。用强蛋白银油膏（强蛋白银5g、凡士林50g、羊毛脂50g）亦有效。

对伴有感染，过敏性痒的炎症病变，可用苯唑卡因油膏（苯唑卡因1g、硼酸2g、无水羊毛脂10g），或樟脑酊（樟脑2g、液状酚1g、甘油5g、60%酒精加至100ml）。亦可用肤轻松软膏局部热敷，效果较好。

疣状皮炎 病初期可用10%铬酸液或高锰酸钾等腐蚀剂。

慢性皮炎 基本治疗原则是使慢性转为急性，因此选择能扩张血管，刺激充血，增加浆液与白细胞渗出的措施。亦有报道用X线刺激常可获得满意的结果。凡皮肤湿润、结缔组织增生者，最好用紫外线照射，距离30cm，至少15min。最常用的油膏和擦剂有水杨酸酒精（水杨酸5g、鞣酸5g、70%酒精20ml）。

皮炎的继发性感染可用Unnas软膏（氧化锌25g、沉降碳酸钙25g、油酸2.5g、氢氧化钙溶液25ml，混合）。

此外，亦可应用10%硫化硒悬液，刷洗全身被毛，可除去皮屑和上皮碎片。

二、过敏性皮炎

过敏性皮炎是由免疫球蛋白IgE参与的皮肤过敏反应，也叫特异性皮炎。本病的临床特征为瘙痒，季节性反复发作，多取慢性经过，用类固醇治愈后可复发。

（一）病因

有内源性和外源性两个方面的因素。

内源性因素 遗传性、激素异常和过敏性素质。

外源性因素 季节性和非季节性的环境因素，如吸入花粉、尘埃、羊毛等；食入马肉、火腿、牛乳等食品；此外，注射药物、蚊虫叮咬、内外寄生虫和病原体感染以及理化因素等也可引起外源性过敏。

（二）症状

1～3岁犬、猫易发。初发部位为眼周围、趾间、腋下、腹股沟部及会阴部，跳蚤叮咬的过敏性皮炎易发生于腰背部。病犬、猫主要表现为剧烈瘙痒、红斑和肿胀，有的出现丘疹、鳞屑及脱毛。病程长的可出现色素沉着、皮肤增厚及形成苔藓和皲裂。慢性经过的患病犬、猫瘙痒较轻或消失，但有的病程长达1年以上。通常，冬季初次发生的，可自然痊愈。季节性复发时，患部范围扩大，常并发外耳炎、结膜炎和鼻炎。

（三）诊断与鉴别诊断

根据发病特点和临床表现可初步诊断，但致敏原一般不易查出，多存在于食物中，或为蚤咬、吸入尘埃等环境因素。血象检查，多数患病犬、猫嗜酸性白细胞增加。

（四）治疗

除去可能的病因。局部用药可按皮炎方法进行治疗。复方康纳乐霜外搽，每日2～3次。投予抗组织胺药，苯海拉明2～4mg/kg体重，口服，每日4次。投予钙制剂，10%葡萄酸钙10～30ml，稀释后缓慢静注，每日或隔日1次。

三、脂溢性皮炎

犬的脂溢性皮炎是皮肤脂质代谢紊乱的疾病，常见于杜伯曼犬、可卡犬、德国牧羊犬及沙皮犬等几个品种犬。本病与人的脂溢性湿疹不同，是包括鳞屑型到严重皮炎的一类脂溢性疾病群。

（一）病因

原发性因素 先天性因素和代谢性因素。先天性因素与遗传有关。代谢性因素有甲状腺功能减退，生殖腺功能异常，食物中缺乏蛋白质，脂质吸收不良，胰、肠、肝等功能障碍引起的脂质代谢异常等。

继发性因素 体表寄生虫（如蠕形螨、蜱、疥螨等）寄生、脓皮症、皮肤真菌病、过敏性皮炎、落叶状天疱疮、菌状息肉症、淋巴细胞恶性肿瘤等。

（二）症状

原发性 患犬皮炎散在发生于背部、头部和四肢末端。根据症状不同，可分为干性、油性和皮炎型三种。①干性型。皮肤干燥，被毛中散在有灰白色或银色干鳞屑，脱毛较轻，呈疏毛状态。多见于杜伯曼犬和牧羊犬。②油性型。皮脂腺发达的尾根部皮肤与被毛含有多量油脂或粘附着黄褐色的油脂块，外耳道有多量耳垢，有的发生外耳炎。可闻到特殊的腐败臭味。③皮炎型。患犬表现为瘙痒、红斑、鳞屑和严重脱毛，明显形成痂皮，患部多见于背、耳廓、额尾背、胸下、肘、飞节等处。患犬因瘙痒啃咬而使患部扩大且病变加重。

继发性脂溢性皮炎 患部不局限于皮脂腺发达的部位，应注意原发病灶对皮肤的损害，如蚤过敏性皮炎的病灶，见于腰和荐部；犬疥螨病的病灶分布在面部及耳廓边缘；蜱感染症在背部；短毛犬的脓皮症在背部；真菌病在面部、耳廓及四肢末端；落叶状天疱疮在鼻梁；菌状息肉症和病变呈全身性分布。不同部位的皮肤病变表现出不同阶段的变化。

（三）诊断与鉴别诊断

有胃肠功能紊乱症状的患犬，可检查食物中的脂肪酸含量和血清，患犬磷脂明显升高。

食物和血脂无异常时，应检查甲状腺功能。直接测定 T_3 和 T_4 值。也可投予甲状腺刺激激素（TSH）后，测定甲状腺素增高情况。正常犬 T_4 值能升高 2～3 倍，而甲状腺功能减退的犬则升高不明显。此外，可检查肝功能（谷丙转氨酶、碱性磷酸酶、溴酚汰排泄试验）和粪便脂肪消化率。

继发性患犬的确定。检查体外寄生虫（疥螨、蠕形螨等）。菌状息肉症可活检诊断。落叶状天疱疮的特征是病灶有多量鳞屑。

（四）治疗

1. 投予肾上腺皮质激素如泼尼松龙 0.2～2mg/kg 体重，或地塞米松 0.15～0.25mg/kg

体重，注射或口服。也可外用泼尼松龙喷雾。

2. 患部涂布止痒剂和角质软化剂，可选用0.5%～10%鱼石脂、松溜油、糠溜油、1%二硫化硒、10%水杨酸乙醇液、10%～50%间苯二酚软膏等。

3. 2.5%硫化硒洗液，对患部或体表每周清洗1次。

4. 对先天性和营养性脂质缺乏犬，日常食物中要少量添加玉米油或花生油及猪油、牛肉、鸡肉等，注射维生素A、维生素D。先天性脂质缺乏患犬可能与遗传有关，应禁止用于繁殖。

5. 对激素性患犬，投予甲状腺粉0.1～0.3mg，每日3次，到T_4值正常为止。若连续用药6周后，皮肤仍无好转，要停止用药。生殖腺功能异常的犬，可去势或摘除卵巢与子宫。

四、丝虫性皮炎

本病是类似于蚤咬的过敏性皮炎的皮肤疾病。发病可能是犬心丝虫的成虫或幼虫引起的过敏性反应。

（一）症状

根据有无蚤寄生而分为定型性和非定型性皮肤变化。

1. 定型性　见于11月龄以上的犬，2岁犬患病率最高。每年4～5月份反复发生，9月份以后自然痊愈。患部初期干燥，腋下和腹股沟部充血、瘙痒，接着腰和荐的背侧及尾根充血，有丘疹、形成痂皮和鳞屑、有界限明显的脱毛斑。若不除去病原，则每年反复发病，患部逐渐扩大，尾根部呈苔藓样变化，皮肤增厚形成皱襞。重症犬除四肢末端、尾尖及头部外，全身呈大范围脱毛状态。

2. 非定型性　腰和荐部或四肢末端突然出现急性湿疹样湿润性病灶，似激素性的左右对称性脱毛，不瘙痒，沿背中线有两条明显的线状脱毛和色素沉着。

（二）诊断与鉴别诊断

定型性变化的犬，脱毛处可检出蚤，血液中能查出微丝蚴。非定型性变化的犬，用蚤制成抗原，皮内接种呈阳性反应。血象检查，嗜酸性细胞和单核细胞明显增加。

（三）治疗

1. 用肾上腺皮质激素、抗组织胺药物治疗有效，连用1～2周可恢复。但发病初期即使治愈仍可复发。本病用抗丝虫药物（如砷剂、锑剂等）效果不明显。

2. 撒布驱蚤药或安装预防蚤的项圈来驱蚤，可100%治愈。在易复发期使用驱虫药物除蚤可预防本病。

3. 对皮肤局部的皮炎、湿疹或激素性脱毛，可选外用药物进行治疗。

五、荨麻疹

荨麻疹是体内外因素所引起的皮肤血管神经障碍性皮肤病，多发生于发情期的短毛品种犬。其特征是在体表发生许多圆形或扁平的疹块，发展快，消失也快，并伴有皮肤瘙痒。本病属于速发型过敏反应。有的病例，由于症状持续而呈慢性经过。

（一）病因

本病的致病原因大体可归纳为内源性和外源性两种。

外在因素 包括物理性刺激（寒冷荨麻疹、温热荨麻疹、机械荨麻疹、日光荨麻疹）及化学性刺激（毒物性荨麻疹，可来源于动、植物的毒物等）、药物性荨麻疹（主要为涂刺激性药物）。

内在因素 是与变态反应等素质有关。此外，全身状态也很重要，常见于犬、猫食入鱼、虾、蟹、牛奶等，使用青霉素G、维生素K、血清、疫苗、输血等。此外，传染病、中毒、肝病、肾病、代谢病和胃肠功能紊乱等也可引起本病，尤其是胃肠机能障碍而直接吸收有毒物质引起过敏反应，而发生荨麻疹。发情中的母犬、猫也有发生。

由于上述内、外致病因素的过敏原的作用，机体产生反应素（IgE）。此种免疫球蛋白具有嗜细胞活性，能吸附于血液中的多形核白细胞和嗜碱性颗粒细胞上；在组织中主要吸附于肥大细胞上。此时，机体即进入对该过敏原的致敏状态。致敏状态的动物再次接触该过敏原时，就和吸附在细胞上的反应素结合，激活细胞内酶，引起细胞蛋白质分解，排出嗜碱性颗粒，释放组织胺、五羟色胺、激酶等活性物质，引起毛细血管通透性增高，平滑肌痉挛等病理过程，在数分钟至半小时内，出现局部或全身的过敏反应。此外，本病还与乙酰胆碱、激肽、五羟色胺、纤维蛋白溶酶、前列腺素等生物活性物质有关。

（二）症状

皮肤上突然发生圆形或不正形疹块，顶部扁平，中心稍有凹陷。病犬因皮肤剧痒而摩擦，啃咬患部，常有擦破和脱毛现象，疹块发生迅速，但消失也快，往往复发。

荨麻疹多发于背、肋、眼睑和腿部，严重者，口腔、直肠、阴道黏膜和眼结膜也有发生。有的病例，可出现体温升高、食欲减退、精神沉郁等全身症状。

（三）治疗

本病的治疗原则是除去原因，脱敏止痒，并注意内因性原发病的治疗。为了脱敏止痒，可皮下注射0.1%肾上腺素0.1～1ml，或口服异丙（去甲）肾上腺长效片15～50mg，每4～6h一次，如果变应原没有消失，很快又复发者，可用抗组织胺药，口服或静脉注射苯海拉明2～4mg/kg，每天1～3次，或口服特赖皮伦胺2mg/kg，每天3～4次，地塞米松香霜，涂后揉擦，每日2次，此外，应用氢化可的松1～2mg/kg，加于25～250ml的5%葡萄糖溶液或生理盐水中，缓缓静脉注入，或强的松龙0.5mg/kg，肌肉注射，每天1次，应用促肾上腺皮质激素10IU，肌肉注射，每天1～2次，亦有很好效果。投予钙制剂10%葡萄糖酸钙10～30ml，稀释后缓慢静注，每日1次。阿托品0.05g/kg体重静脉或肌肉注射，每日3次。对皮肤损伤严重的犬、猫，可局部涂以抗组织胺软膏或类固醇软膏。

局部可用1%醋酸溶液或水杨酸酒精合剂（水杨酸0.5g、甘油250ml、石炭酸2ml、酒精加至100ml），具有止痒作用。

六、湿疹

湿疹是表皮细胞对致敏物质所引起的一种炎症反应。

其特点是患部皮肤发生红斑、丘疹、水泡、脓疱、糜烂、痂皮及鳞屑等皮肤损伤，并伴有热、痛、痒症状。一般较多发生在春、夏季节。

（一）病因

外界因素

机械刺激：如持续性的摩擦，特别是颈环的压迫，咬舔和昆虫的叮咬等。

物理性刺激：如皮肤不洁，污垢在被毛间蓄积，而使皮肤受到直接刺激，或出于潮湿使皮肤的角质层软化。生存于皮肤表面的细菌及各种分解产物进入生发层细胞中，因此皮肤的抵抗力降低，极容易引起湿疹。

化学性刺激：主要是使用化学药品不当，如滥用强烈刺激药涂擦皮肤，或用碱性过强的不良肥皂水洗刷局部，均可引起湿疹。长时间被脓汁或病理分泌物污染的皮肤，亦可发生本病。

内在原因

外界各种刺激因素，虽然是引起湿疹的重要因素，但是否发生湿疹，还决定犬的内部状态。

变态反应：这种反应在湿疹的发病机制上占重要地位。引起变态反应的因子，可能是内在的。内在因子如犬患消化道疾病（胃肠卡他、胃肠炎、便秘）并伴有腐败分解产物被吸收，由于摄取致敏的饲料，病灶感染，微生物毒素；或者由于病犬自身的组织蛋白在其体内或体表经过一种复杂过程，使犬皮肤发生自体敏感作用等。其外在因子有湿、热、寒冷、日光、外用药物等。在患病过程中，病犬各种刺激物的感受，往往继续增长，因而对其他致敏作用的物质日益增长，这样就增加了湿疹的恶化和发展的机会。

由于营养失调、维生素缺乏、新陈代谢紊乱、慢性肾脏疾病、内分泌机能障碍等疾病使皮肤抵抗力降低，而导致湿疹的发生。

（二）症状

犬的湿疹可分为三种类型。

1. *急性湿疹*　因病理变化可出现下列几期。

红斑期：病初由于患部充血，在无色素皮肤可见大小不一的红斑，并有轻微肿胀，指压时退色，称为红斑性湿疹。

水泡期：当丘疹的炎性渗出物增多时，皮肤角质层分离，在表皮下层形成的含有透明浆液水泡，称为水泡性湿疹。

脓疱期：在水泡期有化脓感染时，水泡变成小脓疱，称为脓疱性湿疹。

糜烂期：小脓疱或小水泡破裂后，露出鲜红色糜烂面，并有脓性渗出物，创面潮湿，称为糜烂性湿疹。

结痂期：糜烂面上的渗出物凝固干燥后，形成黄色或褐色痂皮，称为结痂性湿疹。

鳞屑期：急性湿疹末期痂皮脱落，新生上皮层角化并脱落，呈糠秕状，称为鳞屑性湿疹。

急性湿疹多为局限性的，因剧烈瘙痒而舔咬患部，有时因为向物体上摩擦致使症状恶化，病灶扩大，多发部位是颈部、肩胛部、背部、腰部、臀部等。

2. *慢性湿疹* 多数由急性湿疹演变，重复刺激（如搔扒等）和反复发作所致，也可伴发于某些内科病的经过中。皮肤肥厚大量脱屑，被毛粗刚逆立，有些病例则表现为皮肤表面呈颗粒状。多发部位是背线部及四肢等部位。

此外，接触性皮炎及脂溢性皮炎，也有局限性的或全身性的，由轻症到重症的。这类皮肤病，常常难以治愈。

3. *多发性特型湿疹* 可认为是局部多发性湿疹。常见于犬的外耳道（外耳炎）、耳壳、鼻梁、颈部（常因缰绳或颈环的压迫）、肘、上唇（慢性鼻漏）、眼睑（慢性眼病）、尾根部、肛门下部（慢性下痢，肛门腺或其囊的炎症）、趾间（长毛犬、猎犬较多发）等。常常以急性湿疹开始，又多发生继发性感染。有时呈现病理性湿疹病变。

（三）治疗

对急性湿疹及慢性湿疹的治疗在原则上有所不同。一般要求合理地饲养管理，消除病因，预防感冒，消炎止痒，保肝等，以促进病犬恢复健康。采取全身治疗及局部综合疗法。为了消炎目的，通常应用消炎药。

肾上腺皮质激素 常用的有可的松、氢化可的松、强的松、6－甲强的松龙、倍他米松、氟美松、氢化泼尼松、去炎松、氟氢可的松。

抗炎药 合成化合物水杨酸盐、保泰松、羟基保泰松、消炎酸、氟灭酸、甲灭酸、异丁苯丙酸、消炎灵等。

消炎性蛋白分解酶，糜蛋白酶、菠萝蛋白酶、透明质酸酶、抑肽酶。

有机金属制剂 氯喹制剂：氯喹、氢化氯喹。

其他 秋水仙碱，某些维生素 B_1 衍生物。也可用各种软膏或水剂来进行治疗。

七、鼻湿疹

这种病属于一种先天性皮肤对阳光的一种反应疾病。最常见于德国牧羊犬等品种，主要侵害鼻眼及邻近部位。

（一）病因

病程较缓但可突然加重。初发时鼻梁部皮肤高度敏感，病变逐渐延至眼眶周围皮肤，并伴发眼结膜炎和眼睑炎。鼻部皮肤剥脱后，形成结痂、溃疡及出血性病变。色素消失、皮肤呈粉红色至鲜红色。有疼痛感，夏季较重，冬季较轻。

（二）治疗

使犬避免阳光，于局部涂阳光遮护剂的办法是可行的。阳光遮护剂有盐酸阿的平（盐酸奎钠克林）、二磷酸氯奎等。亦可涂控皮质淄类软膏。

新霉素软膏（醋酸强的松龙5mg、碘乙酰胺钠100mg、硫酸新霉素2.5mg），清洁患部后，轻轻涂上软膏，每天3～4次。当症状连续出现时，必须连续治疗。

八、皮肤瘙痒症

皮肤瘙痒症是皮肤不见特殊病变而呈现痒的症候群，是一种神经性皮炎，是由于痛觉神经末梢受到痛阈值以下的微弱刺激所致的自发性痒觉，当剧痒时，由于搔扒、啃咬、摩擦等常引起脱毛和外伤。

（一）病因

能引起皮肤瘙痒的物质有盐酸组织胺、盐酸乙酰胆碱、甘氨酸、精氨酸、亮氨酸盐酸吗啡、磷酸可待因、尿酸、胆汁酸以及炎性渗出液等。草酸钙等针状结晶物质刺激，也可引起皮肤瘙痒。皮肤瘙痒仅是1种症状，其潜在性疾病有重度黄疸、尿毒症、糖尿病、内分泌失调、胃肠功能紊乱、维生素A和维生素B族及维生素C缺乏、神经性疾病、犬瘟热等感染、恶性肿瘤以及肠道寄生虫病等。

此外，长时间把犬拴系起来，犬的欲望得不到满足，可引起精神性皮肤瘙痒。

（二）症状

1. 泛发性最初痒觉发生于局部，逐渐波及到全身，多为潜在性疾病所致。注意观察病程经过，除瘙痒外，尚可发现其他全身症状。

2. 局限性瘙痒常见的是肛门周围、外耳道等处，因瘙痒而啃咬损伤皮肤，继发皮炎，有的呈苔藓、色素沉着及湿疹样变化。有的剧痒可咬断尾巴，甚至咬烂四肢肌肉。

（三）治疗

应尽量找出潜在性疾病，对其进行治疗，这是根本的治疗方法。同时配合使用止痒剂。可外用皮质类激素软膏，如0.1%～0.25%醋酸氢化可的松软膏及0.025%地塞米松软膏等，每天2～4次，涂于患部；泼尼松0.5～2mg/kg体重，或地塞米松0.15～0.25mg/kg体重，肌肉注射、口服或外用。剧痒的可局部注射麻醉剂或局部涂布软膏，选用0.5%～10%鱼石脂、达荷霜外涂后搓揉。

对全身性瘙痒症，可口服或静脉注射止痒药剂。如抗组织胺药、异丙嗪、苯海拉明（5～20mg肌肉注射）及镇静剂溴化钙等。亦可用水杨酸制剂内服或静脉注射。涂擦抗组织胺软膏。

因维生素缺乏引起的瘙痒，则给予鱼肝油或维生素制剂。

九、鼻镜脱色素

本病是指由各种原因引起的鼻镜皮肤黑色素部分或全部脱色的病理状态。柯利牧羊犬和德国牧羊犬的鼻日光性皮炎不属于此病。

（一）病因

鼻镜的颜色是由基底细胞层的黑色素细胞产生黑色素的量和表皮有刺细胞摄取黑色素的比例来决定的。当犬用鼻端拱物或嗅闻损伤鼻端后，可出现相应大小的脱色斑。整个鼻镜全脱色可能与激素有关。此外，自身免疫性疾病和其他系统疾病也可引起本病。

（二）症状

患犬鼻镜有大小不等的脱色斑，当外伤或溃疡等而继发感染时，局部红肿，触之有疼痛反应。内分泌等全身性疾病时，整个鼻镜全脱色，并伴有眼睑、口唇、外阴部等脱毛。

（三）治疗

对外伤或溃疡等局部性脱色，要治疗原发病，基底细胞层修复后，色素自然恢复。鼻镜皮肤缺损时，可涂以墨汁，修饰外观。此外，涂布乳酪药物，避免日光暴晒，也可促进色素恢复。当患部继发感染时，应涂布抗生素软膏，口服维生素类药物。

十、脓皮病

脓皮病是内化脓性细菌感染引起的皮肤化脓性疾病。北京犬、德国牧羊犬、大丹犬、腊肠犬、大麦町犬易患脓皮病。

（一）病因

原发性脓皮病 常与某些化脓菌感染有关，主要包括凝固酶阳性的金葡菌、凝固酶阴性的表皮葡萄球菌、链球菌（活血性和非溶血性）、棒状菌和奇异变形杆菌。

继发性脓皮病 常因裂伤、创伤、烧伤或皮炎继发。

（二）症状

脓疮疹 表皮中引起的化脓称为脓疮疹。常见于幼龄犬（3 个月至 1 周岁）的无毛部表层皮肤，一般呈现红斑、水泡及小脓疱等病变为特征。如小脓疱破溃则出现蜂蜜样渗出液，然后结痂，可完全自然痊愈。当化脓性炎症蔓延到皮下，可形成脓肿或蜂窝织炎。

皮肤皱裂的脓皮病 口唇皱破能引起脓皮症，以皮肤皱裂和皱破间的摩擦性炎症为特征。从皱裂中排出恶臭的渗出物。

毛囊炎 是毛囊口的局限性化脓性炎症。当炎症沿毛根向深部蔓延至毛囊、皮脂腺及周围结缔组织可形成疖，多数疖融合而成痈。

毛囊炎呈温热、疼痛的小结节。当形成疖时，顶端有小脓疱，中心被毛竖立，周围出现明显的炎性肿胀，很快即在病灶小央出现波动明显的小脓肿，经若干天后，脓肿可自溃，流出乳脂样微黄白色脓汁，局部则形成小溃疡面。表面被覆肉芽组织和脓性倾皮，最后形成瘢痕而自愈。

干性脓皮症 常侵害 4 周到 9 月龄的短毛种幼犬，往往同窝犬同时发病。多在飞节、肘、颚及足侧面，形成角蛋白样痂皮，角质增厚，如除去痂皮，其下面呈现红斑性表皮炎。

（三）治疗

早期用温热的防腐剂3%六氯酚或雷佛奴尔溶液冲洗患部。浅表的脓皮病较易治疗，可用STA合剂（水杨酸8g、鞣酸8g、75%乙醇100ml）、5%龙胆紫溶液或抗生素软膏（杆菌肽500IU、新霉素5mg、硫酸多黏菌素5 000IU、无水羊毛脂和亲水软膏基质适量），每天局部涂布。

深部脓皮症进行局部或全身治疗。可用呋喃西林、抗生素、磺胺类药物或酶制剂直接注入病灶内。如有可能，应作培养和药敏试验确定最有效的抗生素进行治疗。唇或阴门皱脓皮病可用具有收敛作用的防腐剂加10%硝酸银作局部治疗。当病灶变为干燥时，可先用含防腐剂的软膏涂擦患部，然后撒布抗生素、磺胺或碘仿等。

全身可选用抗生素和磺胺类治疗。

十一、血清病

血清病是由异种血清所引起的变态反应性疾病，以发生瘙痒性皮疹及全身中毒为特征。犬常为受害者，血清的这种副作用与其所含的抗体无关。保存期较长的血清更易引起血清病。

（一）病因

血清病常发生于第一次注射血清之后，重复注射血清也可能发生。第一次注射血清，是以异种血清为一种抗原，注射的这种异种血清蛋白质包括正常血清和免疫血清，都能引起抗体的形成。如经注射异种血清的机体内细胞带有抗体，又注射一部分异种血清在血液循环中，便将在细胞内部和细胞表面发生抗原抗体反应，从而释出组织胺和H物质（胆碱、乙酰胆碱、腺甙、5－羟色胺、慢反应物质和缓激肽等）引起全身反应和器官损害，如血液和体液中有大量游离抗体存在时，则可防止血清病的发生，因游离抗体可同抗原结合，使抗原减少同带有抗体细胞结合的机会，血清病则可不发生。一般血清病多见于注射较大剂量的血清之后。

当重复注射同样异种血清之后，反应则可立即发生，只要异种血清蛋白质与细胞上的抗体一接触，就会立刻发生抗原抗体反应。血清病的发生不仅决定于注射血清的数量和时间，还决定于犬的个体素质和植物神经系统的紧张状态。

（二）症状

注射血清之后，以出现瘙痒性荨麻疹为主要特征，有时在注射部位、头颈部发生浮肿。也有的病犬在注射血清之后，将被注射的腿高举，很快表现精神不振，继而发生呕吐和排便，粪中常带有血液，全身战栗，呈现癫痫样抽搐。呼吸困难，体温升高，但脉搏一般正常，注射部位肿胀，大多数病例可于24h内康复，但亦有因虚脱而死亡的病犬。

（三）治疗

速发型的血清反应及严重血清病，应立刻注射0.1%肾上腺素溶液、肾上腺皮质激素或氯化钙及抗过敏药。如注意护理，一般可以治愈。

十二、脱毛症

脱毛症是动物局部或者全身被毛出现非正常脱落的症状，又称无毛症、秃毛症或稀毛症。从临床上看，主要见于各种疾病的过程中以及被毛护理不当的情况下。

（一）病因

脱毛症的病因分为先天性与后天性两种，后天性脱毛症多继发于全身性疾病，如神经疾病、内分泌疾病（甲状腺、垂体、性机能失调等）、热性疾病（肺炎或传染病等）、慢性疾病（寄生虫病、消化器官疾病等）、营养障碍（碘、维生素、脂肪酸的缺乏等）、中毒（碘、汞、铅、甲醛等）、某些恶病质等。外部的物理化学性刺激（摩擦、X 线照射、涂擦脱毛剂等）也能引起脱毛症。

（二）症状

局部性脱毛多因局部皮肤摩擦、连续使用刺激过大的化学物质等物理、化学性因素造成的。局部皮肤摩擦导致被毛脱落常见于皮褶多的犬（如：沙皮犬），或者脖套不适引起颈部脱毛。除了日常少见的强刺激剂引起的接触性脱毛，犬的洗澡不合理引起的脱毛更多，许多养犬者将人的洗发香波（呈碱性）使用于犬（中性皮肤），或者洗澡次数过勤，是造成宠物犬不同程度脱毛的不可忽视的现象。

犬、猫的皮肤真菌感染、细菌性皮肤病、跳蚤感染、螨虫性皮肤病、连续遭受辐射、食物过敏等情况下，导致全身性脱毛。甲状腺机能减退、肾上腺皮质机能亢进、生长激素反应性脱毛和性激素失调是非炎性脱毛的常见原因。临床上医源性脱毛不可忽视。临床上还可以见到处于怀孕期、哺乳期、重病和高热后几周犬发生暂时性脱毛的情况。

脱毛症因病因的不同，症状有差异。因被毛护理不良引起的脱毛主要是毛发稀少，外寄生虫感染、细菌性脓皮病过程中以红疹、脓疹等症状为主，内分泌失调时呈对称性脱毛，真菌性皮肤病时皮肤皮屑、鳞屑较多，呈片状脱毛或者断毛。

（三）治疗

首先应查明脱毛的原因，如果不确定病因就进行治疗，则预后不良。对营养性脱毛症，应给予足够的营养，同时注意环境卫生，保持皮肤清洁。对内分泌性的脱毛症，可用激素疗法。因甲状腺机能减退所致的脱毛症，可用 R 甲状腺制剂，每天两片，逐渐增至每天 6～10 片。脱毛症的局部治疗效果可疑，但可试用无刺激性、能迅速干燥的洗剂（间苯二酚 5.0ml、蓖麻油 5.0ml、乙醇 200.0ml），涂于患部皮肤并轻轻按摩；水杨酸 5.0ml、橄榄油 50.0ml、秘鲁香脂 3.0ml，混合后，涂于患部皮肤；水杨酸 18.0ml、鞣酸 18.0ml、乙醇 600.0ml，混合后涂于患部，可收到一定疗效。

十三、黑色棘皮症

黑色棘皮症是多种病因导致皮肤中色素沉着和棘细胞层增厚的临床综合征。是以乳头层增生、表层过度角化和色素增多为特征的一种皮肤病。本病多发生于德国小猎犬、牧羊犬及爱利戴尔犬。

在小动物中主要见于犬，尤其是德国猎犬。

（一）病因

甲状腺机能减退与本病发生有关；其他内分泌机能障碍亦可诱发该症，某些恶性肿瘤，可伴有黑色棘皮症的发生；经常摩擦的部位出现病变，机械性损害可能成为一种诱因。此外黑色棘皮症可能有些是遗传性的。

（二）症状

黑色棘皮症常发生于股内侧、阴囊、腹部、肋部、腋下、颈部、尾的腹面、眼睑周围以及蹄爪的背面。病变常呈现对称性。发病初期患部皮肤发生肿胀，被毛脱落，数日内出现带灰蓝色的黑色色素，皮肤逐渐增厚而变粗糙。后来皮肤被鳞屑覆盖，并可形成皱褶，其颜色变深，直至呈现黑色。仅个别病例无黑色素沉着。

（三）诊断

通过实验室化验确定病因。诊断包括：活组织检查、过敏原反应检测、激素分析和外寄生虫检查等。有些犬的黑色棘皮症是自发性的。

（四）治疗

口服甲状腺浸膏片，中等大的犬 180mg，连续 4d，4d 后改服 60mg，连服 20d，停药半月后可重复本疗法。此外口服三碘甲状腺原氨酸 1mg/kg，连用 28d，停药两周后再重复治疗。

在治疗的第一周中，每天给予促甲状腺素 1～2 IU，有良好的效果。用丙基硫脲嘧啶或甲基硫脲嘧啶 50mg，每天两次，连服 21d，可降低循环中的甲状腺素、刺激垂体前叶产生更多的促甲状腺素。亦可使用性激素、公犬用睾丸酮日量为 30～50mg，母犬用已烯雌酚日量为 0.1～0.5mg。肌肉注射强的松龙 20～50mg，连续 3～5d，对黑色素过度沉着特别有效。此外口服 1～2 个月的维生素 E 200IU，2 次/d，对某些自发性黑色棘皮症病例有效；口服碘化钾，每公斤体重用 200mg 及外涂硫碘软膏（硫磺 15.0mg、羊毛脂 7.0ml、凡士林加至 100.0ml），亦有明显效果。

十四、犬自咬症

本病以自咬躯体的某一部位（多是咬尾巴），造成皮肤破损为特征，自咬程度严重的可继发感染而死亡。本病无明显的季节性，但春秋两季发病率略高。

（一）病因

尚不十分清楚，有人认为是营养缺乏病、传染病、外寄生虫感染引发皮肤瘙痒所致，或神经质犬（多为进攻时达不到目的而属自残现象）所造成的习惯性自咬。

（二）症状

患犬在舍内自咬尾尖而原地转圈，并不时地发出“喔喔”叫声，表现极强的凶猛性和攻击性。尾尖处脱毛、破溃、出血、结痂，也有的犬咬尾根、臀部或腹侧面而使被毛残缺不全，个别病犬将全身毛咬断。患犬散放或在牵引时不出现自咬现象。

（三）诊断与鉴别诊断

根据症状可以诊断。但要注意与各种原因的皮肤病、神经末梢炎、某些微量元素缺乏、神经质犬相鉴别。

（四）治疗

目前尚无特效疗法，以治疗原发病为主，控制犬的兴奋亢进及攻击性为主。采用镇静、外伤处理的方法可收到一定效果。同时加强饲养管理，使犬安静，减少或避免外界刺激。主人要带犬多活动，满足其易动心理，分散犬的精力，可逐渐克服习惯性自咬。

十五、嗜酸性肉芽肿综合征

（一）病因

本病是一组侵害猫和犬的疾病，病因尚不完全清楚。

（二）症状

猫的嗜酸性肉芽肿综合征包括三种病：

1. 嗜酸性溃疡　是一种不痛、不痒、界限明显的红斑性溃疡，主要出现在上唇。组织学检查表明是溃疡性皮炎，主要有嗜中性白细胞、浆细胞和单核细胞浸润。

2. 嗜酸性斑　是界限明显的红斑性凸起，瘙痒，多见于大腿的中间部位。组织学检查表明是弥散性嗜酸性细胞性皮炎，细胞内和细胞间的水肿明显，表皮内水泡中含有嗜酸性细胞。

3. 线状肉芽肿　表现为界限清楚、线状结构的凸起，呈黄色至粉红色不等，主要出现在后肢的尾侧面；组织学检查表明在线状胶原纤维周围有肉芽肿性炎症反应；当病变出现在口腔时，病变组织及周围有嗜酸性细胞浸润。

犬的嗜酸性肉芽肿与猫的线状肉芽肿相似，病变组织出现胶原变性，周围有肉芽肿和嗜酸性细胞浸润；如果病变出现在口腔，则表现为溃疡或者增生性团块，偶见斑块或结节；出现在唇及身体的其他部位时呈丘疹的形式。从发病率上看，西伯利亚犬更易感。

（三）治疗

对于猫，应该首先调查过敏性疾病，在病因不能确定时，按照4mg/5kg的剂量每两周肌肉注射1次醋酸甲基氢化泼尼松，2～3次为一个疗程；也可以口服氟羟强的松龙片，4mg/kg，1～3d；对于复发的病例，每6d注射1次醋酸氢化泼尼松。病犬的治疗可以口服强的松或者强的松龙0.5～2mg/kg，3周后逐渐减量；有些复发的病犬需要每两天口服1次低剂量的皮质类固醇。

十六、趾间脓皮症

本病是趾间皮肤的化脓菌感染。

（一）病因

外伤等原因使趾间皮肤的毛囊和皮脂腺阻塞而发生细菌感染，常见的感染菌有葡萄球菌、链球菌，此外还有假单胞细菌、大肠杆菌和棒状杆菌等感染。

本病多发于短毛品种犬、腊肠犬、哈巴狗和斗牛犬。

（二）症状

犬单肢或四肢的趾间都可发生脓疱，且形成瘘管。患犬频频舔触趾间部，趾间部有疼痛和湿润。本症难以治愈，多取慢性经过，病程长的可达数月。

（三）治疗

1. *局部疗法*　切开脓疱挤出内容物，用0.1%利凡诺液、0.1%新洁尔灭或双氧水清洗，白降汞香霜外涂后揉搓，每日2～3次。

2. *全身疗法*　注射或口服抗生素，如青霉素、先锋霉素等。为防止细菌产生耐药性，应进行药敏试验，选择敏感的抗生素进行治疗。

十七、黏蛋白病

本病是由特殊的纤维细胞（黏液细胞）使结缔组织精蛋白产生过多，而形成的局限性无炎性肿胀。临床上以丘疹、结节、脱毛斑及于病灶部挤出黏蛋白物质为特征。该病仅发生于沙皮犬，无性别差异，无传染性。

（一）病因

目前尚不清楚。

（二）症状

急性病犬全身散在性凹陷水肿或产生丘疹或产生大小不等的水泡，肿胀处皮肤呈半透明状，无红、热、痛、痒等反应，被毛稀少、脱落，皮肤透明度降低，可见鳞屑结痂、红斑等病变。慢性患犬头颈、躯干、尾部或肢端出现散在内含黏稠丝状或胶冻样黏蛋白物质的丘疹或结节，质软，偶有化脓或溃疡。患部呈斑块状脱毛，残存的被毛易拔出，不易折断。

（三）诊断与鉴别诊断

根据犬品种特征和临床症状及特征性病理组织学变化，不难确诊。但要注意与其他原因所致的皮肤病相鉴别。

活组织检查，初期可见外毛根鞘和皮脂腺水肿，空隙中有黏蛋白沉积。个别毛囊变成空腔，其腔内含有黏蛋白，毛根鞘细胞变性。真皮上部可见局限性界限不清大小不等的囊肿，有大量黏蛋白沉积，在无定形黏液基质中，散布梭形或星芒状纤维细胞。

（四）治疗

应用糖皮质类激素药物如地塞米松0.25mg/kg体重，或氢化可的松2mg/kg体重口服，每日两次，连用3～5d。严重病犬可增加用药时间。少数患犬不治疗而生长到成年后，其症状也可自行消退。

十八、猫的种马尾病

（一）病因

本病是发生于繁殖期公猫的内分泌性疾病，由于雄性激素分泌过盛，使尾部出现痤疮，并且可能继发细菌感染。

（二）症状

繁殖期公猫的整个尾背部皮脂腺和顶浆腺分泌旺盛，在尾背部出现黑头粉刺，可能发展成为毛囊炎、疖、痈，甚至于蜂窝织炎，皮肤溃烂并且向周围健康组织扩散。

（三）治疗

尾部剪毛后，用70%的酒精涂擦黑头粉刺发生的部位，将黑头粉刺挤出，涂布抗生素软膏，尾部用绷带包扎或者不包扎。如果出现皮下蜂窝织炎，先用3%的双氧水溶液清洗患部，再用生理盐水冲洗干净，然后局部涂布抗菌素软膏，全身应用抗生素。考虑到此类型的公猫在几年之内均有复发性，手术摘除睾丸是彻底治疗的措施。

十九、癣病

（一）病因

癣病是由于真菌感染皮肤、毛发和爪甲后所致的疾病。犬癣病主要是由犬小孢子菌感染，其次是石膏样小孢子菌和须发癣菌感染，但是不同地区和不同气候条件下，犬的主要致病真菌的种类有所变化；猫的癣病95%以上是由犬小孢子菌引起的。传染的方式是直接接触感染，是人犬共患病，幼年、衰老、瘦弱及有皮肤缺陷的犬、猫易感染。病原菌在失活的角化组织中生长，当感染扩散到活组织细胞时立即停止，一般病程1～3个月，良性，常自行消退。从临床上看，继发性真菌感染的比例高。

(二) 症状

患癣病的犬、猫患部断毛、掉毛或出现圆形脱毛区，皮屑较多。也有不脱毛、无皮屑而患部有丘疹、脓疱或脱毛区皮肤隆起、发红、结节化，这是真菌急性感染或存在的继发性细菌感染，称为脓癣。须发癣感染时，患部多在鼻部，位置对称。患病犬的面部、耳朵、四肢、趾爪和躯干等部位易被感染。病变处被毛脱落，呈圆形或椭圆形，有时呈不规则状。慢性感染的犬、猫病患处皮肤表面伴有鳞屑或呈红斑状隆起，有的呈痂，痂下因细菌继发感染而化脓。痂下的皮肤呈蜂巢状，有许多小的渗出孔。

(三) 诊断

诊断真菌感染常用Wood's灯、镜检和真菌培养。Wood's灯检查是用该灯在暗室里照射病患部位的毛、皮屑或皮肤缺损区，出现荧光为犬小孢子菌感染，而石膏样小孢子感染不易看到荧光，须发癣菌感染则无荧光出现。

真菌检查的简单方法是刮取患部鳞屑、断毛或痂皮置于载玻片上，加数滴10% KOH溶液于载玻片样本上，微加热后盖上盖片。显微镜下见到真菌孢子即可确认真菌感染阳性。

(四) 治疗

治疗真菌感染主要根据病的轻重，目前疗效最高、副作用最小的药物是特比萘酚，可以口服或者外用，但是特比萘酚对酵母菌的治疗效果差。轻症、小面积感染可敷克霉唑或癣净等软膏。用时将患部及周围剪毛，洗去皮屑、痂皮等污物，再将软膏涂在患部皮肤上，每天2次，直到病愈。对于重症或慢性感染的病犬，应该外敷软膏配合内服1周特比萘酚，每天1次；或者灰黄霉素每40～120mg/kg体重，拌油腻性食物（可促进药物吸收），连用2周，但怀孕的犬忌服灰黄霉素，否则造成胎儿畸形。而且避免空腹给药，以防呕吐。患病犬应隔离。由于犬的用具，如被病犬污染的笼子、梳子、剪刀和铺垫物等能传播癣病，所以，犬的用具不能互相使用，而且应消毒处理。由于患病犬能传染其他犬或人，患病的人也能传染癣病给犬。因此，人与犬的消毒也是预防犬病的重要一环。

二十、疥螨病

犬的疥螨病，又称“癞皮狗”病，是由疥癣虫（螨）所致的，伴有剧痒、脱毛和湿疹性皮炎的慢性寄生性皮肤病。本病广泛地分布在世界各地。

(一) 病原

疥癣虫属螨目中的疥螨科（见图14－1）。成虫体呈圆形，微黄白色，背面隆起，腹面扁平。雌螨体长0.30～0.40mm，雄螨体长约0.19～0.2mm。躯体可分为两部（无明显界限），前面称为背胸部，有第一和第二对足，后面称为背腹部，有第三和第四对足，体

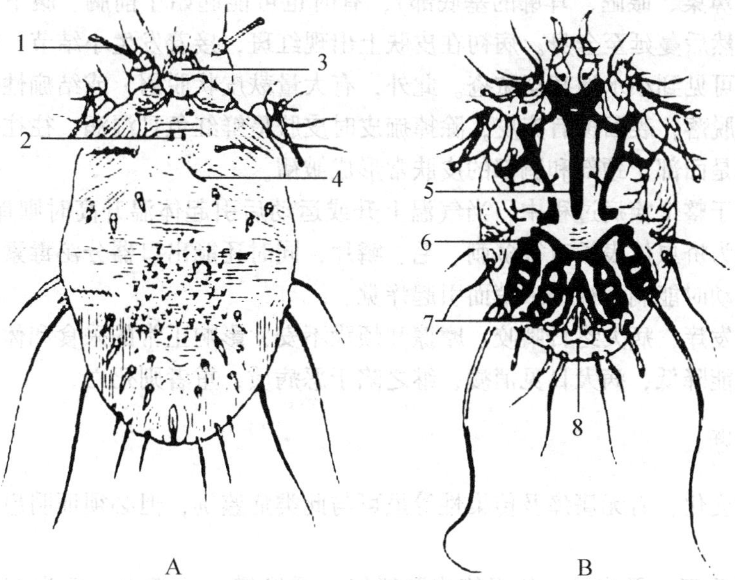

图 14－1　疥癣虫

1. 吸盘　2. 气孔原基　3. 假头　4. 胸甲　5. 支条　6. 第三、第四对足的支条　7. 生殖围条　8. 生殖围膜

背面有细横纹、椎突、圆锥形鳞片和刚毛。假头后方有一对短粗的垂直刚毛，背胸上有一块长方形的胸甲。肛门位于背腹部后端的边缘上。躯体腹面有 4 对短粗的足。在雄螨的第一、第二、第四对足上，雌螨在第一、第二对足上各有盂状吸盘一个，长在一根不分节的中等长短的盘柄的末端。在雄螨的第三对足和雌螨的第三、第四对足上的末端，各有长刚毛一根。卵呈椭圆形，平均大小为 150μm × 100μm。

（二）生活史

疥螨的发育需经过卵、幼虫、稚虫和成虫四个阶段，其全部发育过程都在犬身上度过，一般在 2～3 周内完成。疥螨在皮肤的表皮挖凿隧道，雌虫在隧道内产卵，每个雌虫一生可产卵 20～50 个。卵孵化为幼虫，幼虫有 3 对足，体长 0.11～0.14mm。孵出的幼虫爬到皮肤表面，在皮肤上凿小穴，并在穴内蜕化为稚（若）虫，稚虫也钻入皮肤，形成狭而浅的穴道，并在里面蜕化为成虫。雌虫寿命约 3～4 周，雄虫交配后死亡。

（三）流行病学

疥螨主要是由于健犬与病犬直接接触或通过被疥虫及其虫卵污染的犬舍、用具等间接接触引起感染。另外，工作上的不注意，也可由饲养人员或兽医人员的衣服和手传播病原。

疥螨病主要发生于冬季、秋末和春初，因为这些季节，日光照射不足，犬毛长而密，特别是在犬舍潮湿、犬体卫生不良，皮肤表面湿度较高的条件下，最适合疥虫的发育和繁殖。

（四）症状

潜伏期的长短依疥螨虫的数目以及条件而定，通常波动于几天至数月之间。本病主要发生于头部（鼻梁、眼眶、耳廓的基底部），有时也可能起始于前胸、腹下、腋窝、大腿内侧和尾根，然后蔓延至全身。病初在皮肤上出现红斑，接着发生小结节，特别是在皮肤较薄之处，还可见到小水泡甚至脓疮。此外，有大量麸皮状脱屑，或结痂性湿疹，进而皮肤肥厚，被毛脱落，表面覆有痂皮，除掉痂皮时皮肤呈鲜红色且湿润，往往伴有出血。增厚的皮肤特别是面部、颈部和胸部的皮肤常形成皱褶。

剧痒贯穿于整个疾病过程中，当气温上升或运动后引起体温升高时则痒觉更为剧烈。发生剧痒是因为疥虫体表长有很多刺、毛、鳞片，同时还能出口器分泌毒素，当它们在犬皮肤采食和活动时能刺激神经末梢而引起痒觉。

由于皮肤发痒，病犬终日啃咬、摩擦和烦躁不安，影响正常的采食和休息，并使胃肠消化、吸收机能降低，病犬日见消瘦，继之陷于恶病质，重者则死亡。

（五）诊断

据皮肤的变化，有无瘙痒及传染性等虽可与此类症鉴别，但必须证明患部有虫体方可确诊。

钱癣（秃毛癣）及皮虱一般不使皮肤增厚；蠕形螨（毛囊虫）病没有瘙痒，或很轻微，多数形成脓疱、湿疹，无传染性，痒觉不剧烈，而且在湿暖场所也不加剧。

（六）治疗

事先应将局部及其周围的被毛剪去，然后将痂块浸软去痂。除掉痂皮可涂钾肥皂、10%煤焦油甘油液、煤酚甘油或石灰酸甘油等，或痂皮软化后（12～24h），用温肥皂溶液洗净，然后用0.5%敌百虫液，擦洗患部，隔7天重复治疗一两次；或用石硫合剂涂擦患部（生石灰160g，硫磺240g，水360ml。先用适量水倒入生石灰中，搅拌成稀粥状，然后加入硫磺混合搅拌。一面加热，一面逐渐加水，倒完水后再煮沸1～2h，呈琥珀色取出澄清即成），或用苯甲酸苄酯，每天或每隔3d充分涂擦患部，或用康涅克斯涂于患部。据报道，灰黄霉素可成功地用作全身性治疗。

（七）预防

隔离病犬，直到完全康复为止。对犬舍、犬床、垫草等物要进行清理和消毒。

二十一、耳痒螨病

耳痒螨病是由耳痒螨属的犬耳痒螨所引起的皮肤病。

（一）病原

犬耳痒螨的雄虫体长0.35～0.38mm，其第三对足的端部有两根细长的毛；雌虫体长是0.46～0.53mm，第四对足不发达，不能伸出体边缘，比第三对足短3倍；第三、第四对足无吸盘。寄生于犬的外耳道内，靠刺破皮肤吸吮淋巴液、渗出液为生，结果引起刺激、炎症和痂皮形成。有时出于细菌的继发感染，病变可深入到中耳、内耳及脑膜等。

（二）症状

病犬摇头、搔抓或摩擦患耳。耳道内有一种暗褐色的蜡质和渗出物，有时有鳞状的痂皮。用耳镜检查耳道可发现细小的白色或肉色的耳痒螨在暗褐色的渗出物上运动，用放大镜或在低倍显微镜下检查渗出物可证明是犬耳痒螨。如侵害脑膜，病犬出现癫狂症状。

（三）治疗

把刺激性小的油如矿物油或耳垢溶解剂（油酸三乙基对苯烯基苯酚多肽冷凝物10%、氯乙醇0.5%、丙二醇89.5%，混匀）注入耳道内，接着轻轻按摩以助清洁，可杀死许多螨。在清洁过程中用金属环清除紧贴在鼓膜上的大量渗出物。清洁后应用杀螨剂：康涅克斯（氯仿7.5%、色藤酮0.12%、鱼藤属的其他乙醚抽提物0.38%、无效配料92%，混匀）1份与矿物油3份混合，作为滴剂滴入耳外或用棉签涂搽，每3d 1次，酞酸二甲脂（邻苯二甲酸二甲脂24%、棉籽油76%）1～2ml、注入耳内并轻揉之，也可敷药于耳壳和脚，每3～4d 1次，直至痊愈；保护型油基质溶液（间苯二酚5%、氧化锌4%、炉甘石2%、杜松油1%、纯木醋酸0.4%、氢氧化锌8%）滴注入耳道内，每天1次。

严重病例，应每天用杀寄生虫药粉或药浴来处理犬的全身以杀死不在外耳道内的螨。若存在炎症病变，应在炎症部位涂抹氢化可的松新霉素软膏或用杀药液（每毫升含噻苯唑40mg、硫酸新霉素3.2mg、地塞米松1mg）5～15滴注入耳道内，直到炎症消退为止。

二十二、蠕形螨病

蠕形螨病又称毛囊虫病或脂螨病，是由蠕形螨寄生于犬皮脂腺或毛囊而引起的一种常见而又顽固的皮肤病。本病多发生于5～6月龄的幼犬。

（一）病原

蠕形螨属于蜘蛛纲中的螨目，为螨形螨科的代表。雄螨一般体长为0.22～0.25mm，宽约为0.045mm；雌螨长0.25～0.30mm，宽0.045mm。蠕形螨外形上可分为头、胸、腹3部分，胸部有4对很短的足。腹部长，有横纹。口器由一对须肢、一对螯肢和一个口下板组成。雄虫的雄茎自胸部的背面突出，雌虫的阴门则在腹面。卵呈梭形，长约0.07～0.09mm。

（二）生活史

蠕形螨寄生在犬的毛囊和皮脂腺内，全部发育过程都在犬身体上进行。雌虫在寄生部位产卵，卵孵化出3对足的幼虫，然后变为4对足的若虫，最后蜕化而成为成虫。据研究证明，犬蠕形螨还能生活在犬的组织和淋巴结内，并部分在那里繁殖，转变为内寄生虫。正常的犬身上，常有蠕形螨存在，但不发病，当虫体遇有较好的入侵条件（发炎的皮肤），并有足够的营养时，即大量繁殖，并引起发病。

蠕形螨能够在外界存活多日，因此不仅可以通过直接感染，而且还可以通过媒介物间接感染。

（三）症状

蠕形螨症状可分为两型。

鳞屑型 主要是在眼睑及其周围、额部、鼻部、嘴唇、颈下部、肘部、趾间等处发生脱毛、秃斑，界限极明显，并伴以皮肤的轻度潮红和麸皮状脱屑，皮肤可能显得略微粗糙而龟裂，或者带有小结节。后来成为蓝灰白色，患部几乎不痒。有的长时间保持本型，有的转为脓疱型。

脓疱型 本型有的从鳞屑型转变而来，有的病初就是脓疱型。发生于颈、胸、股内侧及其他部位，严重病例可蔓延全身。患部充血肿胀，产生麻子大的硬结节，逐渐变为脓肿，脓疱呈蓝红色，压挤时可排出脓汁，内含大量的螨虫和螨卵。皮肤肥厚，往往形成皱褶，被覆有痂皮和鳞屑，被毛脱落，脓疱破溃后形成溃疡，多数有恶臭味。脓疱型几乎也没有瘙痒，如有剧痒可能是混合感染。病犬身体消瘦，最终死于营养衰竭、中毒或脓毒症。

（四）诊断

切开皮肤上的结节或脓疱，取其内容物作涂片镜检，可见到大量的虫体或虫卵。

（五）治疗

鳞屑型 应先用酒精或乙醚等量混合液擦洗患处，或者用锐匙将其刮净，以便下列药物能够到达毛囊中：25%或50%苯甲酸苄酯乳剂，充分涂擦患部；5%福尔马林溶液浸润5min，隔3d 1次，共5～6次。

脓疱型 先切开脓疱，以3%过氧化氢溶液洗涤，用3%碘酊或3%龙胆紫溶液涂擦，然而蠕形螨除寄生在皮肤和皮下结缔组织外，还能寄生于淋巴结内，故治疗脓疱型时，必须兼用局部疗法与化学疗法（静脉注射台盼蓝或肌肉注射锥黄素等），并辅以大剂量的青霉素疗法。

（六）预防

措施同疥螨病。

二十三、犬姬螯螨感染

（一）病因

犬姬螯螨寄生于皮肤的角质层内，以组织液为食。生活史全部都在宿主身上完成，传播是通过直接接触进行的。

（二）症状

姬螯螨虫造成轻度瘙痒，犬背部、臀部、头部和鼻上有黄灰色的鳞片，犬运动时掉下。也有的犬带虫但无症状。姬螯螨可以感染人。

(三) 治疗

治疗时应洗净并除去鳞片，止痒可用皮质类固醇。害获灭、长效害获灭和多数杀螨虫剂对犬姬螯螨感染都有效。

二十四、虱病

虱病主要由血虱科血虱属的犬长腭虱和出毛虱科的犬啮毛虱所引起的皮肤寄生虫病。

(一) 病因

犬长腭虱以吸食血液为主，每天吸血 2～3 次，每次持续 5～30min。雄虱体长约为 1.5mm，雄虱体长约 2.5mm，头部较胸部为窄，呈圆锥形。触角短，通常有 5 节组成。复眼 1 对，高度退化，口器属刺吸式，其结构较为特殊，有 1 个短小的吸柱，其尖端即口的开口处。四周有口前齿 15～16 个，穿刺部分为 3 种针状的刺器（背器 1 对，腹器及舌各一），平时缩入刺器囊内。虫卵椭圆形，大小为（133～159）mm×（59～65）mm，黄白色，牢固地粘着在犬毛上。

犬啮毛虱以啮食毛、皮屑为生。雄体长约 1.4mm，雄体长约 1.5mm，头宽大于胸宽。咀嚼式口器，触角 3～5 节。

(二) 生活史

虱和毛虱均属不完全变态。成虫交配后，雄虫死亡，雌虫于交配后 1～2d 开始产卵，产卵分泌一种胶液，使卵粘着于被毛上。雌虫产卵后 1～2d 死亡。每个雌虫一天产卵 10 个左右，一生共产卵 5～300 个。卵经 5～9d 孵化后幼虫就可以从卵盖钻出，数小时后就能吸血。幼虫分三期，经 3 次蜕皮变成成虫。幼虫期 8～9d。从卵到成虫至少需要 16d，通常是 3～4 周。虱的发育和温度、湿度、亮度、毛的密度等关系十分密切。

(三) 症状

当犬体表有大量的虱和毛虱寄生时，出于剧痒，影响食欲和正常休息，常表现消瘦、被毛脱落、皮肤落屑等。时间稍长，病犬则呈现精神不振，体质衰退。有时皮肤上出现小结节、小溢出血点甚至坏死灶，严重时引起化脓性皮炎。

(四) 防治

以扑撒鱼藤粉或以 0.5%～1% 敌百虫水溶液喷洒或药浴；或用 0.03% 二嗪农乳剂喷洒。由于不能杀死虱卵，因此，应于1～2 周后再进行一次药浴。

主要是加强饲养管理，经常打扫、消毒犬舍、犬床，经常刷洗犬身，定期检查，发现有虱病者，应及时隔离治疗。

二十五、蚤病

蚤是细小、无翅、善跳、两侧扁平的吸血性外寄生虫。成蚤以血液为食，在吸血时能引起过敏犬的强烈瘙痒。

（一）病原

蚤目昆虫一般称为跳蚤。在犬身上，可见到犬蚤、猫蚤、鸡冠蚤等。蚤体长1～3mm，深褐色或黄褐色。体表有较厚的几丁质外皮，刺吸式口器。头小，与胸紧密相连。触角短而粗，分3节，平卧于触角沟内。胸部小，有能活动的3个胸节。足大而粗，基节甚大，有5个跗节，上有粗爪。腹部由10节组成，通常只见前7节，后3节变为外生殖器。

（二）生活史

蚤在犬身上几乎度过它成年的大部分时间。卵产在地上，或产在犬身上再落到地上。卵孵化为幼虫，幼虫呈圆柱状，无足，咀嚼式口器，体长4～5mm，以灰尘、污垢或成年犬的含血色素的粪便为营养。当成熟时，幼虫旋转松弛的茧而贴附在食物碎屑上并化蛹。在最适宜的条件下约经5d后，成虫从茧中逸出，为采食和延续其发育史而寻找宿主。

由于蚤的活动性强，对宿主的选择性比较广泛，因此，便成为某些疾病的重要传播者。

（三）症状

蚤通过经常叮咬和分泌毒性及变态性产物的唾液刺激，引起犬强烈瘙痒，病犬变得不安、啃咬或搔抓以减轻刺激。一般在耳廓下、肩胛、臀部或腿部附近产生一种急性散在性皮炎斑；在后背部或阴部产生慢性非特异性皮炎。

（四）诊断

对犬进行仔细检查，可在被毛间发现蚤或蚤的碎屑。在头部、臀部和尾尖部附近的蚤往往最多。

（五）防治

杀灭犬身上的蚤，可用0.025%除虫菊或1%鱼藤粉酚溶液，这些药物灭蚤效果快而安全。亦可局部涂擦0.5%皮蝇磷（防止污染食物、饲盆、饮水器等）。

对犬舍地面和墙壁，可喷雾0.5%马拉硫磷溶液。垫草要经常置于阳光下曝晒，一旦发现蚤，应将垫草焚毁，或采用氰代甲碳酸的熏治法进行防治。当进行犬的预防注射和剖检时，兽医工作者应当在鞋子、髁部、裤子外面及袖口等处撒布鱼藤粉或DDT粉以保护不受跳蚤的侵袭。

复习题

1. 皮肤病的鉴别诊断。
2. 螨虫病的临床症状。
3. 湿疹的临床诊断与治疗。
4. 真菌感染的临床诊断与治疗。

第十五章　产科疾病

一、不育症

不育症系指母犬、母猫和公犬、公猫的暂时性或永久性不能繁殖。不孕则仅指母犬、母猫不能受胎而言。不育症是多种原因引起的一种后果，并不是一种独立的疾病。

（一）病因

1. *母犬、母猫不孕的原因*

（1）*先天性不孕*　主要是由于生殖器官发育不良或缺陷所致。如两性畸形、生殖道畸形、卵巢发育或机能不全、子宫发育不全或缺陷等。

（2）*营养性不孕*　当长期饲料不足，机体缺乏各种必需的营养物质（特别是蛋白质、糖等）时出现营养不良，整个机体机能和新陈代谢障碍。生殖系统发生机能性、变性性和其他变化造成不孕。

维生素A不足时，能引起机体内蛋白质合成、矿物质和其他代谢过程障碍，生长发育停滞，内分泌腺萎缩，激素分泌不足，子宫黏膜上皮变性，卵细胞及卵泡上皮变性，卵泡闭锁或形成囊肿，不出现发情和排卵。

维生素B_1缺乏时，可使子宫收缩机能减弱，卵细胞生成和排卵遭到破坏，长期不发情。维生素D对生殖能力虽无直接影响，但对矿物质、特别是与钙磷代谢有密切关系，因此，维生素D缺乏也可间接引起不孕。

维生素E不足时，可引起妊娠中断、死胎、弱胎或隐性流产（胚胎消失）。长期不足则使卵巢和子宫黏膜发生变性，变成经久性不孕。

钙磷等矿物质不足时，各个器官和系统的机能都发生障碍，其中繁殖机能障碍表现较早。

长期饲喂过多的蛋白质、脂肪或碳水化合物饲料，同时缺少运动，可以使母犬过肥，卵巢脂肪沉积，卵泡上皮脂肪变性，而造成不发情。

（3）*环境性不孕*　母犬的生殖机能与日照、气温、湿度、饲料成分变异以及其他外界因素都有密切关系。当环境突然变化，可使母犬不发情或发情不排卵。

（4）*配种技术性不孕*　在许多国家为获得良种犬的后裔而进行人工授精。由于授精技术不熟练、精液处理不当、错过适当的配种时间，往往引起母犬不孕。

（5）*生殖器官畸形*　母犬缺乏阴门和阴道，阴道闭锁，或尿道瓣过度发育。子宫发育不全，缺少子宫角或只有1个子宫角，缺乏子宫颈或有双子宫颈等。

（6）两性畸形　母犬有两性生殖器官，外观上会阴较长，阴门狭小，阴蒂发达类似龟头。检查内部生殖器官时，可发现既有卵巢又有睾丸，有的只有睾丸而无卵巢。

（7）幼稚病　母犬达到性成熟后，生殖器官仍不发育或不具有生殖能力。检查生殖器官时，可发现阴唇及子宫颈发育不全，阴道短而狭窄，子宫及卵巢都很小。

（8）生殖器官疾病发生的不孕　卵巢、输卵管、子宫、子宫颈以及阴道发生疾病时，常引起不孕。

（9）疾病性不孕　是指生殖器官疾病和某些全身性疾病而引起的不孕。如卵巢炎、卵巢囊肿、持久黄体、子宫内膜炎、子宫蓄脓综合征等。全身性疾病如布氏杆菌病、弓形体病、钩端螺旋体病、结核病、李氏杆菌病等，都可导致母犬、猫的不孕。

2. 公犬不育的原因

（1）营养性不育　饲料不足，可使睾丸发育不良，表现睾丸体积小，精子数量少，精子生成迟缓。蛋白质不足，则精子生成发生障碍，精子数和精液量减少。维生素A、维生素E不足，精子生成减少，并发生畸形。钙、磷、钠盐不足或钙磷比例失调，精子数和精液量降低，精子活力很差。

（2）环境性不育　改变管理方法、变更交配环境或在交配时外界人为干扰，可使性欲发生反射性抑制。长期禁闭的公犬性欲降低。

（3）疾病性不育　除某些传染病、寄生虫病、内科病、外科病外，生殖器官的疾病引起公犬不育，如隐睾、睾丸发育不全、睾丸萎缩、睾丸炎及附睾炎、尿道炎、副性腺（前列腺、尿道球腺）炎、包茎、阳痿等疾病，可引起性欲缺乏、交配困难、精液品质不良，造成不育。

（4）配种技术性不育　人工授精时，采精消毒不严，精液处理不当，可使精液品质下降。

（二）症状

本病的共同特征是性机能紊乱和障碍。如不发情、持续发情，屡配不孕或不能配种等。其他症状则因致病原因不同而有差异。如先天性不孕病例，除性机能紊乱外，主要表现为生殖器官的解剖构造异常（畸形、发育不全或细小等）。后天获得性生殖器官疾病引起的不孕病例，则有生殖器官疾病的症状，如子宫内膜炎、阴道炎、子宫蓄脓等病例均有炎性分泌物自阴道流出等表现。而其他疾病引起的不孕症，除表现性机能紊乱，不孕或流产外，主要表现为原发病的固有症状，如布氏杆菌病、弓形体病、钩端螺旋体病等。

（三）诊断

不孕症的诊断包括了解病史、临床检查和实验检查等方面。重点在临床检查。临床检查包括全身检查和生殖系统检查两部分，而重点是生殖系统的检查。通过全身检查，可以了解不孕犬、猫的全身状况，是否患有其他疾病。生殖系统的检查包括外生殖器官的检查、阴道检查和触诊检查，如观察阴门的大小、形状、有无肿胀和分泌物、分泌物的性质和数量等；检查阴道黏膜颜色、有无炎性分泌物，有无损伤、水泡和结节，子宫颈的状态；通过腹壁触诊，可感知子宫的位置、大小、质地和内容物的状态等。有条件或必要时，为判断患犬、猫丘脑下部、垂体和卵巢的机能是否正常，可对其生殖激素水平进行测定。

（四）治疗

犬、猫不孕症的治疗，应根据病因采取相应的治疗措施。如生殖器官先天性发育不良或缺陷所致的不孕病例，可采用生殖激素如孕马血清促性腺激素或绒毛膜促性腺激素、前列腺素等。对疾病性不孕病例，则根据不同的疾病，采取不同的治疗措施，如子宫炎，可进行子宫冲洗、注入抗生素等，详见有关疾病的治疗。对营养性不孕病例，应改善饲养管理，给予全价营养的饲料，特别注意补给足够的蛋白质、维生素和微量元素，要有足够的运动。对环境性不孕病例，应除去外界环境不良应激因素的刺激。对技术性不孕病例，应掌握配种时机，采用重复交配或多次交配，以增加受精机会。人工授精时，严格遵守采精、保存、授精等操作规程。由于种公犬、猫不育症而引起的母犬、猫不孕，应更换种公犬、猫。

可试用中药治疗。

方剂1：党参15g、茯苓15g，甘草15g，枸杞20g，菟丝子20g，鹿角霜20g，熟地20g，当归15g，山药20g，巴戟天20g，仙灵脾20g，香附15g，以渔肾益桂、补脾养血。煎服。

方剂2：当归15g，川芎10g，香附10g，坤草30g，丹参15g，泽兰15g，茯苓15g，赤芍15g，熟地20g，甘草10g，以养血、活血、调经。煎服。

（五）防治

引起犬不育的原因是极其复杂的，为了防治不育，首先必须调查不育的原因，仔细检查母犬及公犬的全身及生殖器官的情况。

预防不育要注意改善饲养管理，给予富有营养的饲料，足够的运动。

由于生殖器官疾病引起的不育，可用理疗、中药、消炎、激素等药物治疗。

适时配种与受孕关系极大，最好采用重复交配或多次交配，增加受精机会，要严格遵守采精、保存、授精等操作规程。

由于种公犬不育引起的母犬不孕，应更换种公犬。对于无利用价值的种公犬，应作淘汰处理。

二、卵巢机能不全

卵巢机能不全是指卵巢机能暂时性扰乱、机能减退、性欲缺乏、卵巢静止或幼稚、卵泡发育中途停顿等，或其机能长久衰退而引起卵巢萎缩。

（一）病因

饲养管理不良、蛋白质不足、长期患慢性病、体质衰弱等，均可出现卵巢机能不全。甲状腺机能减退使脑垂体促性腺激素活性降低是主要原因。近亲繁殖也常造成卵巢发育不全或卵巢机能减退。

（二）症状

主要表现性周期延长或不发情。卵巢机能障碍严重时，生殖器官萎缩。

（三）诊断

根据病史及临床症状，可以建立初步诊断。要想进一步确诊，需作开腹探查和卵巢组织学检查：初级卵泡中卵细胞核溶解，卵泡区增厚，同时第三期卵泡的卵泡膜卵泡上皮脱落，以后卵丘萎缩，卵泡黄体化，皮质和髓质内结缔组织增生并有浆细胞。有时出现初级、次级和第三期卵泡小颗粒变性，皮质内小血管堵塞，较大血管透明蛋白变性。

（四）治疗

治疗原则是改善饲养管理，治疗原发病，刺激性机能。

刺激性机能可选用孕马血清促性腺激素（PMSG）100～200IU、人绒毛膜促性腺激素（HCG）100～200IU、促卵泡激素（FSH）20～50IU，肌肉注射，每天1次，连用2～3次后，观察效果。

三、卵巢炎

卵巢炎按病程分急性和慢性，按炎症性质分浆液性、出血性、化脓性和纤维素性卵巢炎。

（一）病因

急性卵巢炎主要由于附近器官组织（子宫、输卵管等）炎症蔓延所致，或病原菌经血液和淋巴循环进入卵巢而感染。慢性卵巢炎多数由急性转变而来。

（二）症状

急性卵巢炎通常表现精神抑郁，食欲减退，体温升高，出现腹痛，喜卧。慢性卵巢炎全身症状不明显，性周期不规则或不发情。

（三）诊断

卵巢组织学检查，急性炎症时，卵巢组织浸润，卵泡生长和成熟停止，慢性炎症时，卵巢组织变性，并为结缔组织所代替。

（四）治疗

急性卵巢炎可使用抗生素及磺胺类药，温敷腰荐部。慢性卵巢炎可进行卵巢摘除。食物中应增加维生素A、维生素E。

四、永久黄体

在分娩或排卵后，黄体超过正常时间不消失，称为永久黄体。据国外报道，永久黄体发病率约占卵巢疾病的49.2%。

（一）病因

主要是不平衡的饲养、过肥或过瘦，维生素缺乏或矿物质不足、造成新陈代谢障碍，内分泌机能紊乱。由此而引起脑下垂体前叶分泌促卵泡激素不足，促黄体激素过多，导致卵巢上的黄体持续时间过长而发生滞留。

此外，子宫疾病、中毒或中枢神经系统协调紊乱影响丘脑、垂体和生殖器官机能的一些其他疾病也是黄体潴留的部分原因。

（二）症状

主要特征是母犬产后或配种后长期不发情。

（三）诊断

根据不发情的病史及开腹探查，可以确诊。

（四）治疗

除去发病原因，改善饲养管理，补充维生素及矿物质饲料，增加运动，如有其他疾病同时治疗，这不仅可促进黄体消退，而且治愈后也不易复发。

选用促使黄体消散的激素，如肌肉注射前列腺素F2a（PGF2a）1～2mg，注射2～3d，黄体即溶解消失。或注射孕马血清促性腺激素（PMSG）50～100IU、促卵泡激素20～50IU、己烯雌酚1～2mg，每天1次，连用2～3次。

五、卵巢囊肿

卵巢组织中未破裂的卵泡或黄体，因其本身成分发生变性和萎缩，形成球形空腔即为囊肿。前者卵泡囊肿，后者为黄体囊肿。犬的卵巢囊肿发病率占卵巢疾病的37.7%。

（一）病因

至今还未完全阐明，一般认为与脑下垂体分泌促黄体激素不足有关。下列情况是本病发生的因素。

饲料中缺乏维生素A、维生素E，运动不足，注射大量的孕马血清促性腺激素或雌激素；继发于子宫、输卵管、卵巢的炎症等。

（二）症状

卵泡囊肿 由于卵泡素分泌过多，可引起母犬、猫的慕雄狂，表现为性欲亢进，持续发情，阴门红肿，偶尔见有血样分泌物；神经过敏，表现凶恶，经常爬跨其他犬、猫、玩具或家庭成员，但母犬、母猫却拒绝交配。

黄体囊肿 母犬、母猫表现为长期不发情。

（三）诊断

犬的卵巢囊肿主要根据病史、临床症状来诊断，必要时可作开腹探查。

（四）治疗

认真分析发生囊肿的原因，改善饲养管理条件，合理地使用激素疗法。

1. 促黄体激素和人绒毛膜促性腺激素单用或联合应用 促黄体激素20～50IU，肌肉注射，1周后未见效者，可再注射1次，剂量应稍加大，或肌肉注射人绒毛膜促性腺激素50～100IU。

2. 肌注黄体酮 剂量为2～5mg，每天或隔日1次，连用2～5次。也可口服17－α羟孕酮3～4mg/kg。

3. 手术疗法 激素疗法无效时，可将卵巢摘除。

六、输卵管炎

输卵管炎按病程分急性和慢性。按炎症性质分浆液性、卡他性或化脓性输卵管炎。

（一）病因

主要是由于子宫或卵巢的炎症扩散所引起，也可能由于病原菌经血液或淋巴循环进入输卵管而感染。

（二）症状

急性输卵管炎 输卵管黏膜肿胀，有出血点，黏膜上皮变性和脱落。炎症发展常形成浆液性、卡他性或脓性分泌物，堵塞输卵管。其上部蓄积大量分泌物时，管腔扩大，似囊肿状。肌炎和浆膜发炎时，可与邻近组织或器官粘连。

慢性输卵管炎 其特征是结缔组织增生，管壁增厚，管腔显著狭窄。

（三）诊断

根据病史和开腹探查，可以确诊。

（四）治疗

对急性输卵管炎用抗生素和磺胺类药治疗，同时配合腰荐部温敷，可有一定效果。慢性输卵管炎治愈困难。

七、子宫内膜炎

子宫内膜炎是子宫黏膜及黏膜下层的炎症。按病程分为急性和慢性。按炎症性质分为卡他性、化脓性、纤维素性、坏死性子宫内膜炎。

（一）病因

通常是在动情期、配种、分娩、难产助产时，由于链球菌、葡萄球菌或大肠杆菌等的侵入而感染。子宫黏膜的损伤及机体抵抗力降低，是促使本病发生的重要因素。

此外，阴道炎、子宫脱、胎衣滞留、流产、死胎等，都可继发子宫内膜炎。另据报道，卵巢机能障碍和孕酮分泌增加，可引起子宫蓄脓（增生性子宫内膜炎）。

（二）症状

1. 急性子宫内膜炎　母犬体温升高，精神沉郁，食欲减少，烦渴贪饮，有时呕吐和腹泻。有时出现拱腰、努责及排尿姿势。从生殖道排出灰白色混浊含有絮状物的分泌物或脓性分泌物，特别是在卧下时排出较多。子宫颈外口肿胀、充血和稍开张。通过腹壁触诊时子宫角增大、疼痛、呈面团样硬度，有时有波动。

2. 慢性子宫内膜炎　慢性卡他性子宫内膜炎时，发情不正常，或者发情虽正常但屡配不孕，即使妊娠，也容易发生流产。动情期延长或频繁，并有出血，有时从生殖道排出较多的混浊带有絮状物的黏液。子宫颈外口肿胀、充血。通过腹壁可触知子宫壁变厚、子宫角粗大。患慢性脓性子宫内膜炎时，母犬不发情或发情微弱或持续发情。经常从生殖道排出较多的污白色、混有脓汁的分泌物。子宫颈外口充血、肿胀，有时有溃疡。有的由于子宫颈肿胀和增生而变狭窄，脓性分泌物积聚于子宫内致子宫角明显增大，子宫壁紧张而有波动，触诊疼痛。

（三）诊断

根据病史和临床症状，一般容易诊断。

（四）治疗

子宫内膜炎的治疗原则是增强机体抵抗力，消除炎症及恢复子宫机能。

1. 冲洗子宫　首先肌肉注射己烯雌酚0.5～1mg或垂体后叶激素2～10 IU，以促使子宫颈口开张和子宫收缩。然后用温生理盐水或0.02%呋喃西林溶液冲洗，每天冲洗1次，连续2～4次。

2. 注入药液　在冲洗之后向子宫内注入青霉素20万IU和链霉素500mg，或注入新霉素100mg。

全身疗法当子宫内膜炎伴有全身症状时，宜适当补液，并应用抗生素疗法。

手术疗法如上述疗法无效时，需进行卵巢子宫切除术。

八、子宫蓄脓

子宫内蓄积大量脓性渗出物不能排出时，称为子宫蓄脓，常见于5岁以上的母犬。

（一）病因

子宫蓄脓综合征，主要与母犬、猫体内激素代谢紊乱、微生物感染、机械性刺激有关。

内分泌因素 黄体激素（孕酮）长期持续作用于子宫内膜可引起子宫内膜囊性增生，囊性子宫内膜增生是子宫对孕酮的一种异常反应，也是子宫蓄脓的开始阶段。雌激素可以增强孕酮对子宫的损害作用和加快子宫蓄脓的发展。如母犬发情结束后，不论妊娠与否，功能性黄体可持续分泌黄体激素两个月以上。假妊娠时，为了阻止泌乳，长期注射或内服黄体激素或合成黄体激素类药物等，都可导致本病的发生。

微生物感染 当子宫内膜囊性增生时，子宫抵抗力降低，使病原菌（葡萄球菌、大肠杆菌、变形杆菌和沙门氏菌等）易于侵入和繁殖，引起子宫内膜炎、化脓和蓄脓。

机械性刺激 有人实验证明，对子宫内膜逐渐增加机械刺激，如用铁丝线插入子宫内或用铁丝搔刮子宫内膜，可出现典型的子宫内膜增生症。

（二）症状

病犬精神沉郁，厌食，多数患犬、猫多饮多尿，有的犬呕吐。一般体温正常，发生脓毒血症时，体温升高。阴门排出分泌物较多，带有臭味。阴门周围、尾和后肢跗关节附近的被毛被阴道分泌物污染，有的犬频频舔阴门。子宫颈关闭的病例，其腹部膨大，触诊敏感，可摸到扩张的子宫角。子宫显著肥大的病例，可见其腹壁静脉怒张。

临床血相检查其白细胞数增加，犬通常为2 000～100 000 mm^3；核左移显著，幼稚型达30%～50%以上；红细胞、血红蛋白均正常，但有时出现贫血现象，红细胞容积不到正常值的36%。血清蛋白检查多数病例呈现高蛋白血症，往往是纤维蛋白原正常，而γ-球蛋白增高。血清尿素氮和血清总蛋白稍增高。阴道涂片检查有大量的或成堆的嗜中性白细胞和微生物。

（三）诊断

1. *诊断和鉴别诊断* 根据病史、临床症状、临床血相检验和X射线检查等进行综合分析，即可做出诊断。

2. *直肠检查* 排粪排尿后，举起犬的后躯，把手指尽量向直肠深部插入，即可触到骨盆前方扩张的子宫。

3. *X射线检查* 从腹中部到腹下部有旋转的香肠样均质像，有时尚出现妊娠中期的子宫角念珠状膨大像。

4. *超声波断层检查* 将犬仰卧保定，腹下部充分剪毛和涂布耦合剂后，把探头垂直接触皮肤，先确定膀胱的位置和大小，然后把探头从子宫颈向子宫角方向边移动边观察子宫的图像，子宫内蓄脓的扩大子宫腔呈散射回波。子宫内滞留有多量内容物时，呈水平上升的回波。糖尿病病例，也有多饮多尿，但腹围不增大，不呕吐，并表现多食、高血糖和糖尿等，可与之相区别。本病与腹水的鉴别可通过触诊和X射线检查进行。与膀胱炎、慢性肾炎、钩端螺旋体病、肠梗阻、中毒症等鉴别诊断，主要靠血液学检查。

（四）治疗

为排出子宫内积脓，可应用抗生素。根据病情适当补液。

根据病情，可采取手术疗法或药物疗法。

手术疗法：即进行卵巢、子宫摘除术是本病的根治方法。但有相当一部分患犬由于体质虚弱，不适宜手术，因此，应先采用支持疗法即适当给予输液、输血、使用抗生素等，待机体体液、电解质失衡状态改善后，再行手术。对有低蛋白症的患犬、猫，可用右旋糖酐制剂15～30ml/kg体重，静脉注射。

药物疗法：以促使子宫颈张开和子宫收缩，消除子宫内感染的微生物，除去致病因素（孕酮）的来源为治疗原则。可选用雌激素、睾酮、催产素或前列腺素等。己烯雌酚0.2～0.5mg，3～4d后注射垂体后叶素2～5 IU。睾酮每次内服200～300mg，每周两次，连用3周；前列腺素0.25～1mg/kg体重，肌肉注射；催产素一次10～20 IU，在子宫颈开张的情况下，也可使用麦角新碱或前列腺F2a 250μg/kg体重，皮下注射。子宫内容物基本排完后，适当投入抗生素。也可采用头孢霉素类抗生素35mg/kg体重，每天3～4次，静脉注射，连用3～5d有效。

对囊性增生型子宫蓄脓综合征，有人曾用搔刮子宫内膜的方法而治愈。

九、阴道炎

阴道炎是由于阴道及前庭黏膜受损伤和感染所引起的炎症。未阉割的成年、青春期或切除卵巢的母犬均可发生。

（一）病因

通常是在交配、分娩、难产及阴道检查时，受到损伤和感染而发生。

此外，阴道脱、子宫脱及子宫内膜炎等疾病中，可继发阴道炎。

（二）症状

常见的症状是时常舔舐阴门，从阴门流出黏液性或脓性分泌物，并散发出一种能吸引公犬的气味。阴道黏膜出现肿胀、充血及疼痛。

（三）诊断

根据阴道黏膜潮红、肿胀，并不断排出炎性分泌物，可以确诊。用电光检耳镜仔细检查阴道可发现黏膜上有小的结节、脓疱或肥大的淋巴滤泡。

为区别子宫颈、子宫体、子宫角的炎症，采用空气或阳性造影剂进行造影X线摄片检查有助于诊断。

（四）治疗

1. *冲洗阴道* 排出渗出物，可用生理盐水、2%碳酸氢钠溶液、0.1%高锰酸钾溶液、1%硫酸铜溶液或0.02%呋喃西林溶液冲洗阴道。

2. *涂布药膏* 冲洗之后，可于黏膜上涂布碘甘油、磺胺软膏或青霉素软膏。有溃疡时，涂以2%硫酸铜软膏，或注入抗生素栓剂。

3. *全身疗法* 伴有全身症状者，可肌肉注射青霉素或口服磺胺二甲基异噁唑，同时给予己烯雌酚，以排出分泌物。

十、假孕症

假孕又称伪妊娠，是指犬、猫排卵后，在未受孕的情况下出现腹部膨大、乳房增大，并可挤出乳汁，以及其他类似妊娠犬、猫的征候群。

（一）病因

母犬假孕，主要由于母犬发情排卵后交配期不当而不受孕或根本未曾交配，其卵巢上均能形成功能性黄体（或称性周期黄体）。此黄体的功能至少维持75d，在此期间由于它分泌孕酮的作用，使母犬产生一系列类似妊娠的表现。

母猫假孕，由于母猫的排卵属于刺激性排卵，所以母猫发情后，只有经过交配而未受孕的母猫，其卵巢上的卵泡才会成熟破裂排卵，并形成黄体，出现假孕现象。而发情后未交配的母猫，则不排卵和不形成黄体，所以也不会出现假孕现象，这点与犬不同。此外，母猫假孕的时间比母犬短，因为母猫的功能性黄体在排卵后44d时即丧失功能。犬猫假孕，除内分泌紊乱（黄体功能持续，所分泌的孕酮作用时间延长等）外，母犬、猫生殖器官疾病（如子宫炎、子宫蓄脓等）或母犬、猫长期栓系，缺乏运动等更易诱发此病。

（二）症状

犬多发生于发情后2～3个月期间，猫则发生于发情配种而未受孕后的1～1.5个月期间。临床表现与正常妊娠非常相似，患犬、猫性情温和、被毛光亮、早期有呕吐、腹泻、食欲增加等妊娠反应。随后在发情或配种后50d，腹部脂肪蓄积，腹部增大，乳房增大，并可挤出乳汁。接近分娩时期（约55d）也会出现筑窝行为，食欲不振或废绝，母性本能增强，并愿为其他母犬、猫所产的仔犬、猫哺乳。有的病例吸吮自己的乳汁。若为内分泌紊乱所致假孕的患犬、猫，一般在出现上述分娩前症状1～2周后，其症状即可消失。若为子宫蓄脓则会排出多量脓性分泌物，污染产床和房舍，处理不及时、不恰当，可转为慢性炎症过程。

（三）诊断

根据发情配种情况和临床特征，即可做出诊断。腹部触诊可感知子宫角增粗变长，但无胎儿。必要时可进行X线或B超检查，有助于确诊。

（四）治疗

对于内分泌紊乱所致的病例，可以肌肉注射卵泡激素或睾丸素，以抑制黄体孕酮的分泌。如甲基睾丸酮1～2mg/kg体重，或前列腺素1～2mg次，每天1～2次，连用2～3d。有的假孕病例，特别是猫往往不治自愈。只要投给一些镇静剂（如溴剂等），加强运动，乳房极度增大时可涂以碘酊，带上嘴罩防止吸吮自己的乳汁等，可促使早日摆脱假孕现象。

对于子宫蓄脓等病例，在治疗本病的同时，可参照本章节有关疾病进行治疗。

十一、子宫外孕

子宫外孕是指受精卵、胚胎或胎儿在子宫外的任何部位，建立营养关系，继续发育一段时间或发育成熟。根据胚胎附植的部位不同，常有卵巢妊娠、输卵管妊娠、腹腔妊娠。据报道，犬的胎儿胎盘附着在肠系膜和网膜上，能继续发育成熟。

（一）病因

子宫外孕的原因，主要是卵细胞移行过程发生破坏。如排卵时卵细胞不排出卵泡，精子通过腹腔钻进了这种卵泡而发生卵泡内受精，胚胎在卵泡内发育；输卵管蠕动机能紊乱使管腔狭窄，受精卵不能移行于子宫内，在输卵管内发育，常由于严重出血伴随输卵管破裂而中断妊娠或继发腹腔妊娠。

（二）症状

子宫外孕无明显症状，只表现不发情。胎儿通常是不能发育足月即死亡、吸收或包在结缔组织内。

（三）治疗

及时进行开腹术。

十二、流产

流产即是妊娠中断，是由于内外各种因素的作用，破坏了母体与胎儿正常孕育关系所致。

（一）病因

引起流产的原因很多，主要有以下几方面：

1. 饲养不当　饲料单一或不足，长期饥饿，使胎儿不能得到充分的营养，发育受到影响，造成流产。饲料中缺乏维生素（A、D、E）、矿物质（钙、磷、钠等），均可引起流产。

2. 机械性损伤　任何外力（打架、跳跃、碰撞、跌倒、压迫等）作用于孕犬腹壁，均有可能造成流产。

3. 手术影响　如孕犬的外科手术、保定等刺激，可引起子宫收缩导致流产。

4. 用药错误　给孕犬全身麻醉、子宫收缩药以及大量的泻剂、利尿、发汗剂等，均能造成流产。

5. 胎膜和胚胎发育不良　由于近亲交配或其他原因，使精子或卵子发育不良，受精的合子活力不强，可使胚胎早期死亡被吸收。胎水过多、胎膜水肿、胎盘异常，使胎儿的营养供给发生障碍，引起胎儿死亡。

6. 生殖器官疾病　慢性子宫内膜炎，虽然妊娠，但妨碍胎儿继续发育，怀孕到一定时间发生流产。

7. 全身性疾病　母犬的心、肺、肝、肾及胃肠道疾病、某些病原微生物（常见病原体有布氏杆菌、葡萄球菌、大肠杆菌、沙门氏菌、犬瘟热、钩端螺旋体、胎儿弧菌、弓形体等)、寄生虫病、中毒病等，均可并发流产。

8. 内分泌失调　孕犬体内雌激素过多而孕激素不足，可引起流产。甲状腺功能减退可使细胞氧化过程受到障碍，亦能影响胚胎继续发育而使其死亡。

（二）症状

1. 隐性流产　妊娠早期可发生潜在性流产，即胚胎尚未充分形成胎儿，易被子宫吸收。或一个胚胎死亡，而其他同胎的胚胎仍然正常发育。

2. 产生不足月的胎儿（早产）　早产儿可能不具生活力，也有可能具有生活力。流产前母犬出现阵痛，并从阴门流出胎水。

3. 排出死胎　胎儿死亡后，可引起子宫反应，而将死胎及其胎膜排出来。但也有长期不排出者。

4. 胎儿干尸化（木乃伊化）　妊娠中断后、胎儿遗留在子宫内，没有腐败的细菌侵入，其组织中的水分被吸收，胎儿变干，体积缩小，呈干尸样。

5. 胎儿浸溶　胎儿死亡后经本身发酵分解，软组织浸溶（分解液化）变为液体，而骨骼残骸流在子宫内。

6. 胎儿腐败（或称气肿）　胎儿未能排出，通过子宫颈管侵入腐败细菌，使其组织分解，产生气体，积于皮下组织或腹腔内。

（三）诊断

根据病史和临床症状，即可做出诊断。对感染性流产，如布氏杆菌感染时，可通过流产胎儿或胎盘的细菌分离培养，以及母犬、母猫血清凝集试验来确诊。弓形体感染时，可通过胎儿脏器，尤其是胎儿脑组织中包囊的检查，或进行组织切片进行确诊，或用母犬、母猫血清进行补体结合反应诊断。

（四）治疗

安胎、保胎：当发现母犬有流产征兆时，应及时安胎、保胎，可肌肉注射黄体酮5～10mg，每天1次，连用3～5d。有习惯性流产病史的母犬、猫，可在妊娠的一定时间，预计发生流产之前开始注射孕酮。已出现流产预兆的，也可使用孕酮和镇静剂，如氯丙嗪、溴剂等。禁止阴道检查，以免刺激母犬、猫促进流产。

促进胎儿排出：子宫颈口已张开，胎膜已破，胎水流出，胎儿不能排出时，可使用催产素或前列腺素、雌激素等，可肌肉注射已烯雌酚0.5～1mg，促进子宫收缩，将胎儿排出。若子宫颈口张开不良或不开时，以及胎儿干尸化时，可使用已烯雌酚，能使干尸化胎儿排出，或子宫内注入前列腺素可获得良效。若胎儿较大或胎儿位置、姿势不正常，用上述方法仍不能排出时，则进行引产术或截胎术，将胎儿取出。

胎儿浸溶的治疗：对胎儿已经腐败或软组织浸溶液化时，可使用雌激素或手术方法扩张子宫颈口，将胎儿骨骼逐块取出。术后用0.1%高锰酸钾或雷佛奴尔溶液冲洗子宫，将残留在子宫内的胎儿分解组织和液体排出。注意加强护理和预防继发败血症。

十三、难产

难产是指妊娠犬、猫在分娩过程中，已超过正常分娩时间而不能将胎儿娩出。

（一）病因

引起犬、猫难产的原因有如下几方面：

胎儿异常：如胎儿过大、胎位不正、畸形胎、胎向和胎势异常、气肿胎等，往往会引起难产。

母体产道狭窄：包括子宫狭窄（如子宫先天性发育不良、子宫捻转、子宫肌纤维变性），子宫颈狭窄（子宫颈异常、先天性发育不良、纤维组织增生或瘢痕），阴道和阴门狭窄，骨盆腔狭窄、畸形以及产道肿瘤等，都会影响胎儿娩出。

母体分娩力不足：如营养不良、年老体弱，运动不足、过度肥胖，以及激素不平衡或不足（雌激素、前列腺素或垂体后叶素分泌失调，孕酮过多）等，都可引起分娩力（阵缩与努责）微弱，造成难产。

（二）症状和诊断

难产的症状通常是显而易见的，但要区分其种类、程度、是否还有胎儿未娩出等，则有赖于病史调查和临床检查。

病史调查：即了解或询问病例是初产还是经产，经产者以往是否发生过难产；配种日期和公犬、猫的品种及大小；本次分娩发动时间，阵缩和努责的强度及频度，是否已分娩出胎儿及只数，每只胎儿娩出的间隔时间；是否经过处理和处理情况如何等。

临床检查：即先观察病例的阵缩和努责的情况，从产道流出的分泌物情况和已娩出的仔犬、猫情况。然后在畜主将母犬、猫保定好的情况下，进行腹部触诊和产道检查。可以查明子宫的大小、产道扩张程度、有无异常，有无胎儿，是死胎还是活胎等。

难产母犬、猫通常有如下表现，有助于诊断：

1. 阵缩和努责持续时间和强度正常，但自分娩开始发动后30min，胎儿未娩出者，很可能为难产。若从阴道内流出绿色分泌物，表明胎盘已经分离，胎儿仍未娩出则为难产，且多为产道狭窄和胎儿异常性难产。

2. 阵缩和努责次数少、持续时间短、力微弱，自分娩开始发动后3h，胎儿尚未娩出则为难产，且多为原发性子宫乏力性难产。

3. 当分娩出1只或几只胎儿后，经过4h以上无继续分娩现状，但腹部触诊或产道检查产道内仍有胎儿则为难产，且多为子宫收缩无力性难产。

4. 初产母犬、猫妊娠期超过1～2d或经产母犬、猫妊娠期超过1～2周者，若胎儿仍活着分娩时往往发生难产，且多为胎儿发育过大性难产。

（三）治疗

犬、猫难产的治疗方法包括药物助产和手术助产两类。

1. *药物助产* 主要用于母体原发性阵缩和努责微弱或无力时。对于产道狭窄，胎向、胎位、胎势异常时禁用，以免引起子宫破裂。在子宫颈口完全张开以后，可使用催产素（缩宫素）5～10 IU、垂体后叶素5～30 IU或己烯雌酚0.5～1mg，皮下或肌肉注射。注射后3～5min子宫开始收缩，可持续30min，然后再注射一次，同时配合按压腹壁。为了增强子宫对子宫收缩剂的敏感性和促进子宫颈口张开，可先肌肉注射雌激素（如己烯雌酚、雌二醇等）0.1～1mg，再注射催产素。也可静脉注射10%葡萄糖酸钙溶液10～100ml，以增强子宫的收缩。

2. *手术助产* 方法包括牵引术、矫正术、截胎术和剖腹产术。牵引术是指用手指或长柄产钳伸入产道，将胎儿夹住并牵拉取出。矫正术是指用手指或器械伸入产道，将胎向、胎位或胎势异常的胎儿矫正后，再牵引取出。截胎术是指经牵引术助产无效并已死亡的胎儿，将其分割成数块分别取出。剖腹产术是指经牵引术助产无效（因胎儿过大、产道狭窄等）、胎儿仍活着时，切开母体腹壁和子宫，将胎儿取出。以上手术助产方法，可根据难产的类型、产道的状态、胎儿的死活和胎向、胎位、胎势是否正常，以及母体健康状况等，选择最佳方法。

十四、子宫捻转

子宫捻转是指子宫沿其纵轴发生程度不同的扭转。本病多发生于妊娠中后期的犬、猫。

（一）病因

子宫捻转多与剧烈运动如跳跃、翻滚等有关，当犬、猫身体进行急剧转动时，沉重的子宫未能随之迅速转动而引起捻转。早产或分娩时子宫角的异常收缩，以及胎儿的异常活动，也可促进子宫捻转的发生。此外，子宫阔韧带过长或松弛，也可诱发本病。

（二）症状

子宫捻转发生于妊娠期，称为产前捻转。病犬、猫以突然发生疝痛症状为特征。皮温降低，黏膜苍白或发绀，呼吸浅表，脉搏微弱，肌肉张力降低，对刺激反应迟钝乃至消失，严重者发生昏迷等症状。腹部触诊和配合直肠指检，有时可触及紧张、捻转的子宫。子宫捻转发生于分娩时，称为临产捻转，除临床呈现疝痛症状外，可引起难产。进行产道指检时，可发现产道狭窄或完全闭锁，直肠和腹部检查时，可触及捻转的子宫。

（三）诊断

根据发病突然、急性疝痛、分娩时发生难产，以及腹部触诊、直肠和产道指检结果，即可做出诊断。

（四）治疗

可提起患犬、猫的两后肢，急速地向子宫捻转方向旋转，力求捻转的子宫复位。否则可进行剖腹整复术或剖腹产术。

十五、子宫破裂

（一）病因

子宫破裂是因妊娠后期遭受外力作用，难产时助产操作的错误或用过量催产药，以及产后急性坏死性子宫炎或子宫蓄脓所致。

（二）症状

患犬、猫精神沉郁，体温升高，拒食，腹痛，呕吐等。延误治疗可继发腹膜炎或有生命危险。

（三）诊断

根据病史和临床症状（腹腔穿刺流血液性混合液）即可做出诊断。

（四）治疗

立即进行剖腹术，将子宫破口缝合或将子宫切除，严格冲洗腹腔，并注入抗生素，闭合腹腔切口，静脉注射电解质和抗生素，术后加强护理。

十六、子宫脱

子宫的部分或全部翻转，脱出于阴道内或阴道外，称为子宫脱。根据脱出程度可分为子宫套叠及完全脱出两种。通常在分娩后数小时内发生，多见于老龄犬、猫。

（一）病因

营养不良，运动不足，经产老龄犬、猫，胎儿过大或胎水过多，子宫过度扩张使之松弛，分娩后阴道有损伤或过分受刺激，努责剧烈等，都可引起子宫脱出。助产时不加滑润剂而粗暴牵引也会诱发本病。

（二）症状

1. 子宫套叠　从外表可发现子宫角套叠于子宫、子宫颈或阴道内。患犬、猫表现不安，努责，腹壁紧张，有轻度腹痛现象。阴道检查时可发现子宫翻转脱出于阴道内。子宫套叠不能复原时，易发生浆膜粘连和顽固性子宫内膜炎，引起不孕。

2. 完全脱出　全部脱出的子宫露出阴门外。有的为一侧子宫角脱出，外观呈长圆形棒状物悬挂于阴门外，也有两侧子宫角同时脱出，外观呈分叉状的两根长圆形棒状物悬挂于阴门外。脱出的子宫黏膜淤血或出血，水肿，受伤及感染时可化脓、坏死，有的患犬咬破脱出的子宫可引起大出血，继发败血症。

（三）治疗

治疗是采用手术整复的方法，将脱出的子宫还纳复位。整复前应进行局部或全身麻醉，以便于手术操作和减轻母犬、猫对来自产道刺激的敏感性。对部分脱出阴道内的子宫，术者手指消毒后伸入阴道内，轻轻向前推压脱出的子宫部分，必要时将并拢的手指或用器械伸入阴道及子宫内，顶住脱出的子宫，左右摇动向前推进，可将子宫复位。有时用生理盐水灌注子宫内，借水的压力，可使子宫角复原。

对完全脱出于阴门外的子宫，应先选用0.1%高锰酸钾溶液或2%明矾溶液清洗，并清除污物和血凝块等，然后向阴道和子宫内推送，在推送时，助手将患犬两后肢提起，利用重力便于将脱出的子宫还纳复位。对较难回纳病例，可在腹腔切开一小口（在耻骨前缘的腹中线上），手指伸入将子宫牵引回腹腔后再缝合腹壁切口。

整复后向阴道和子宫内投入抗生素胶囊（如金霉素或土霉素等），同时肌肉注射垂体后叶素5～10 IU。为了预防术后再脱出，可在阴道内填塞以纱布卷做成的阴道塞，放置1～2d，也可在阴门周围进行荷包缝合，2～3d可拆线。

当脱出子宫发生破裂、大面积损伤或发生坏死或难以还纳以及反复脱出时，为挽救母犬、猫的生命，可进行子宫切除术。

十七、胎衣不下

犬、猫的分娩与其他动物一样，分为子宫收缩、排出胎儿和排出胎衣3个阶段。有的犬、猫在分娩出一个胎儿后，立即将相应的胎衣排出，有的则是胎儿排出后经15min左右才将胎衣排出。当最后一个胎儿分娩出后2～6h胎衣仍不排出时，称为胎衣不下。

（一）病因

主要由于子宫收缩无力，而引起胎衣不下。如子宫因多胎和持续分娩胎儿之后而剧烈伸张时、分娩时母体肥胖导致子宫复原不全、缺乏运动或运动不足时可引起子宫弛缓等，都可引起子宫收缩无力而发生胎衣滞留。

妊娠期间子宫有炎症时，也可能引起胎衣不下，因为胎衣以胎盘绒毛固定在凹穴内，即使剧烈阵缩也不容易从凹穴中脱出来。当胎盘发炎时则绒毛膜上的绒毛也肿胀，它们往往和子宫黏膜紧密地粘连，导致胎衣不下。因此，某些全身感染性疾病（如布氏杆菌病、结核病等）的犬、猫，常会发生胎衣不下。

此外，饲料质和量的不足，也是造成胎衣不下的诱因。

（二）症状

在正常情况下，胎儿分娩后只排出少量绿色分泌物（为胎盘中红细胞降解成子宫绿素，当胎膜脱离时，从产道排出），分娩后数小时内即停止排出。若分娩后有多量分泌物排出，并且由绿色变为黑色分泌物达6h以上，即为胎衣滞留。

胎衣不下的犬、猫，病初有剧烈努责现象，但未见胎衣排出，腹部触诊时感知子宫呈节段性肿胀。若滞留在子宫内的胎衣在12～24h内完全排出来，犬、猫多半不会发生并发症，全身症状不明显。若胎衣不下超过1d则发生腐败，微生物和毒素很快进入机体内，在第二天即表现明显的全身症状，如体温升高，食欲废绝，呼吸和心跳增数，产道内流出难闻的分泌物。若不及时进行治疗，往往并发败血症后很快（3～5d内）死亡。

（三）诊断

早期诊断胎衣不下的最好方法，是在犬分娩时仔细观察排出的胎衣是否与胎儿数相同，少则可能滞留在子宫内。也可对分娩后数小时，产道内仍排出大量分泌物的母犬，进行阴道检查时发现有部分胎衣滞留于产道内和腹部触诊时发现子宫节段性肿大，即可做出诊断。

（四）治疗

胎衣不下超过12h的病例，先用防腐消毒药液（如0.1%高锰酸钾或0.1%雷佛奴尔等）冲洗（灌注）子宫，隔一段时间后再投入抗生素（如青霉素等）可促进胎衣的排出和控制子宫内感染。同时注射催产素或垂体后叶素（5～30IU/次），或麦角新碱（0.1～0.5mg/次）。若子宫颈口未张开时，则先注射雌激素（0.2～0.5mg/次），待宫颈张开后再用上述子宫收缩药。

对部分胎衣滞留时，可用两指伸入阴道内夹住胎衣牵引出。也可用产科钳伸入产道内夹住胎衣并加以旋转，将其抽拉出。

对无法取出胎衣，如子宫颈已紧密关闭或子宫已坏死的病例，可进行剖腹剥离胎衣或切除子宫。对全身症状较明显的病例，应根据病情实施全身性对症和保护治疗。

十八、产褥痉挛

产褥痉挛又称产后癫痫、产后搐搦，是运动神经异常兴奋而导致肌肉发生搐搦性或战栗性的痉挛性疾病。临床上以痉挛、低血钙症和意识障碍为特征。多发生于产仔多、泌乳量高的母犬、猫和小型犬。此病虽然在产前、分娩过程中和产后4周之内均可发生，但多发生于产后2～6周期间。

（一）病因

缺钙是导致发病的主要原因。经临床血钙检验表明，正常母犬血钙含量为9～12mg/100ml（2.241～2.988mmol/L）。而病犬血钙含量多为8mg/100ml（1.992mmol/L），严重的病只有6～7mg/100ml（1.494～1.743mmol/L）或更少。由于胎儿的发育、骨骼的形成需要大量的钙，由于分娩前后钙补充不足，母体本身缺钙或从肠道吸钙量减少，或由于幼犬吸吮大量乳汁，致使血钙浓度显著下降，使细胞外液中的钙显著降低，神经肌肉兴奋性增高，从而引起肌肉强直性痉挛。

此外饲养管理不善，肥胖，妊娠后期日粮中食盐过多等，均可引起本病。

（二）症状

此病开始时病犬表现不安、乱跑和恐惧。10～30min后出现运步蹒跚、后躯僵硬、运步失调，然后突然倒地，四肢伸直，肌肉战栗性痉挛，此时病犬口张开并流出泡沫状唾液，呼吸急迫，脉搏细而快，眼球向上翻动，可视黏膜充血。少数病例体温升高达40℃左右。产褥痉挛，可呈现间歇性发作，病情和症状逐次加重，在发作间歇期患犬不表现上述症状。痉挛发作持续2～4d时间，如不及时治疗患犬通常在痉挛发作中死亡，少数是在昏迷状态中死亡。

（三）诊断

妊娠母犬在分娩前后出现典型的战栗性痉挛症状，实验室检查出现低血钙（4～7mg/dl），即可确诊。

（四）治疗

以补钙、镇静、抗痉挛为治疗原则。

补钙：10%葡萄糖酸钙溶液或10%硼酸葡萄糖酸钙溶液10～50ml/次，静脉注射。病情缓解后，可每天喂服钙片0.5～1g/次和维生素D_3 0.5万～1万IU/次，连用3～4周。

镇静：为了镇静可注射盐酸氯丙嗪0.5～1mg/kg体重。

抗痉挛：对持续性痉挛病例，用上述药物疗效不明显时，可注射25%硫酸镁溶液0.1ml/kg体重。痉挛可以得到缓解和消除。若经过若干时间又复发，可用同样剂量重复注射。其他可根据病情进行对症治疗。

十九、产褥败血症

产褥败血症是由于子宫或阴道严重感染而继发的全身性疾病。

（一）病因

由于分娩过程中，子宫或阴道受到损伤，局部发生炎症，病原菌及其毒素由炎症灶进入血液循环，引起全身性的严重感染。

引起产褥败血症的病原菌通常是溶血性链球菌、金黄色葡萄球菌和大肠杆菌等。

（二）症状

病犬全身症状重剧，病初体温升高到40℃以上，呈稽留热，恶寒战栗，末梢冷厥，脉搏细数，呼吸快而浅表。食欲废绝，贪饮，泌乳停止。常伴发腹泻、血便、腹膜炎、乳腺炎等。

子宫弛缓，排出恶臭的褐色液体，阴道黏膜干燥、肿胀。

（三）治疗

由于产褥败血症发展迅速，发病严重，因此，必须及时治疗，才能挽救母犬生命。

1. 处理局部感染灶　阴道内有创伤或脓肿时，须进行外科处理，涂布软膏，切开排脓。子宫内积有渗出物，可应用子宫收缩剂，促进排出，随后子宫内注入抗生素。

2. 应用抗菌药物　宜早期应用敏感的抗菌药物，消灭侵入血液中的病原菌。最好以抗生素和磺胺类药联合应用。

3. 对症治疗 根据病情可应用输血、补液、强心、抗酸中毒疗法。

二十、乳房炎

乳房炎是指乳腺受到病原微生物的感染而发生的急性或慢性炎症。

（一）病因

病原微生物主要通过乳头或乳头皮肤损伤侵入感染，也可由体内其他部位的感染病灶，经血行转移至乳腺所致。常见病原微生物为葡萄球菌、链球菌、大肠杆菌、绿脓杆菌等。此外，布氏杆菌、结核杆菌、变形杆菌和霉形体等也可引起乳房炎。慢性乳房炎，可由急性乳房炎转变而来，但更常见于老龄犬、猫，其发生可能与体内激素代谢紊乱或失调有关。

（二）症状

急性乳房炎：病初，乳房潮红、肿胀、皮肤紧张，触诊坚实，并有热痛，母犬、猫常不让仔犬、猫吮奶，泌乳量减少或停止。随后，在患病乳房内形成一些小肿块，此时体温升高、精神沉郁、食欲减退，从乳房中可挤出稀薄、混浊、含有絮状物或血液的乳汁。

慢性乳房炎：临床上以乳腺内结缔组织增生而形成硬块，乳腺萎缩，泌乳功能丧失等为主要症状，其他全身症状不明显。

（三）诊断

根据临床症状和乳汁变化，即可做出诊断。

（四）治疗

急性乳房炎，为缓解炎症可注射抗生素和糖皮质激素（1～2 次/d，连用 2～3d），并在乳房外涂以鱼石脂软膏或用普鲁卡因青霉素溶液在患病的乳房基部做环形封闭，以促进炎症消散。患乳房炎的病犬必须经常少量挤奶，为了减少泌乳可肌肉注射长效己烯雌酚 0.2～0.5mg，每天 1 次，连续 5d。若形成脓肿则及时切开排脓和用防腐药液冲洗。若呈现毒血症则进行抗生素和输液疗法。

慢性乳房炎，参照上述方法治疗无效时，可考虑将患病乳腺切除。有些病例则应进行卵巢子宫切除术。

复习题

1. 难产的种类及治疗方法。
2. 乳房炎的治疗方法。

第十六章　外科实践实训

实训一　宠物外伤的常规处理

【实训目标】 掌握宠物外伤的检查方法与治疗技术。

【实训材料及设备】

1. 动物：外伤的宠物。

2. 器械：止血钳、手术刀、手术镊、探针、体温计、听诊器、缝合针、缝合线、持针器等。

3. 材料：消毒乳胶手套、绷带、纱布等。

4. 药品：高锰酸钾、新洁尔灭、酒精、碘酊、青霉素、0.25%普鲁卡因溶液、10%盐水等。

【实训内容及方法】

1. 外伤的检查

(1) 一般检查　首先应检查受伤部位和救治情况。接着是问诊，应了解外伤发生的时间，致伤物的性状，发病当时的情况和犬、猫的表现等。然后是全身检查包括犬、猫的体温、呼吸、脉搏，以及观察犬、猫的可视黏膜颜色和精神状态。最后是系统检查包括呼吸、循环和消化系统的变化。特别要注意各天然孔是否出血，胸腔、腹腔内是否有过多的液体，触诊膀胱是否膨满，并注意排粪、排尿状况。当发生四肢外伤时，并怀疑伴有骨和关节损伤时，应弯曲各关节，观察是否有疼痛反应和变形。

(2) 外伤外部检查　按由外向内的顺序，仔细地对受伤部位进行检查。先视诊外伤的部位、大小、形状、方向、性质，创口裂开的程度，有无出血，创围组织状态和被毛情况，有无外伤感染现象。继则观察创缘及创壁是否整齐、平滑，有无肿胀及血液浸润情况，有无挫灭组织及异物。然后对创围进行柔和而细致的触诊，以确定局部温度的高低、疼痛情况、组织硬度、皮肤弹性及移动性等。

(3) 外伤内部检查　外伤的内部检查，首先对创围剪毛、消毒，在遵守无菌原则下，检查外伤内情况，应胆大心细。注意创缘、创面是否整齐、光滑，有无肿胀、血液浸润及上皮生长等。注意检查创内有无血凝块、挫灭组织、异物。创底有无创囊、死腔等。必要时可用消毒的探针、硬质胶管等，或用戴消毒乳胶手套的手指进行创底检查，摸清外伤深部的具体情况。新鲜创最好不用探针检查，因其常能将微生物和异物带入深部，有引起继发性感染的危险，且容易穿通外伤邻近的解剖腔造成不良后果。但为了明确化脓创或化脓性瘘管（或窦道）的深度、方向及有无异物时，可使用探针或消毒指套的手指进行检查，切忌粗暴。

对于有分泌物的外伤，应注意分泌物的颜色、气味、黏稠度、数量和排出情况等。对于出现肉芽组织的外伤，应注意肉芽组织的数量、颜色和生长情况等。

（4）其他检查方法　在外伤检查中，还可以根据需要借助仪器采用穿刺、实验室检查、X 线透视或摄片等检查手段。

2. 外伤的治疗

（1）清理创围　清理创围时，先用数层灭菌纱布块覆盖创面，防止异物落入创内。后用剪毛剪将创围被毛剪去，剪毛面积以距创缘周围 10cm 左右为宜。创围被毛如被血液或分泌物粘着时，可用3%过氧化氢和氨水（200：4）混合液将其除去。再用70%酒精棉球反复擦拭紧靠创缘的皮肤，直至清洁干净为止。离创缘较远的皮肤，可用肥皂水和消毒液洗刷干净，但应防止洗刷液落入创内。最后用5%碘酊或5%酒精福尔马林溶液以 5min 的间隔，两次涂擦创围皮肤。

（2）清洁创面　揭去覆盖创面的纱布块，用生理盐水冲洗创面后，持消毒镊子除去创面上的异物、血凝块或脓痂。再用生理盐水或防腐液反复清洗外伤，直至清洁为止。创腔较浅且无明显污物时，可用浸有药液的棉球轻轻地清洗创面；创腔较深或存有污物时，可用洗创器吸取防腐液冲洗创腔，并随时除去附于创面的污物，但应防止过度加压形成的急流冲刷外伤，以免损伤创内组织和扩大感染。清洗创腔后，用灭菌纱布块轻轻地擦拭创面，以便除去创内残存的液体和污物。

（3）清创手术　清创手术前要进行消毒和麻醉，修整创缘时，用外科剪除去破碎的创缘皮肤和皮下组织，造成平整的创缘；扩创时，是沿创口的上角或下角切开组织，扩大创口，消灭创囊、创壁，充分暴露创底，除去异物和血凝块，以便排液通畅或便于引流。

对于创腔深、创底大和创道弯曲不便于从创口排液的外伤，可选择创底最低处且靠近体表的健康部位，尽量于肌间结缔组织处作适当长度的辅助切口一至数个，以利排液；外伤部分切除时，除修整创缘和扩大创口外，还应切除创内所有失活破碎组织，造成新创壁。失活组织一般呈暗紫色，刺激不收缩，切割时不出血，无明显疼痛反应。为彻底切除失活组织，在开张创口后，除去离断的筋膜，分层切除失活组织，直至有鲜血流出的组织为止。

（4）外伤用药　如清创手术比较彻底的外伤，用 0.25% 普鲁卡因青霉素溶液向创内灌注或行创围封闭即可；如外伤污染严重、外科处理不彻底，为了消灭细菌，防止外伤感染，早期应用广谱抗菌性药物，可向创内撒布青霉素粉、磺胺碘仿粉（9：1）等；对外伤感染严重的化脓创，为了消灭病原菌和加速炎性净化，应用抗菌药和加速炎性净化的药物，可用 10% 食盐水、硫呋液（硫酸镁 20.0ml、0.01% 呋喃西林溶液加至 100.0ml）湿敷；如果创内坏死组织较多，可用蛋白溶解酶（纤维蛋白溶酶 30IU、脱氧核糖核酸酶 2 万 IU，调于软膏基质中）创内涂布；如肉芽创应使用保护肉芽组织和促进肉芽组织生长，以及加速上皮新生的药物，可选用 10% 氧化锌软膏、生肌散（制乳香、制没药、煅象皮各 6g，煅石膏 12g、煅珍珠 1g、血竭 9g、冰片 3g，共研成极细末，撒布于创面）或 20% 龙胆紫溶液等涂布；如赘生肉芽组织，可用硝酸银棒、硫酸铜或高锰酸钾粉腐蚀。

（5）外伤缝合　根据外伤情况可分为初期缝合、延期缝合和肉芽创缝合。

初期缝合是对受伤后数时的清洁创或经彻底外科处理的新鲜污染创施行缝合，条件是外伤无严重污染，创缘及创壁完整，且具有生活力，创内无较大的出血和较大的血凝块，缝合时创缘不至因牵引而过分紧张，且不妨碍局部的血液循环等。

延期缝合是根据外伤的不同情况，分别采取的缝合措施。外伤部分缝合，于创口下角留一排液口，便于创液的排出；或创口上下角的数个疏散结节缝合，以减少创口裂开和弥补皮肤的缺损；或先用药物治疗3～5d，无外伤感染后，再施行缝合，称此为延期缝合。

肉芽创缝合又叫二次缝合。适合于肉芽创，创内应无坏死组织，肉芽组织呈红色平整颗粒状，肉芽组织上被覆的少量脓汁内无厌氧菌存在。对肉芽创经适当的外科处理后，根据外伤的状况施行接近缝合或密闭缝合。

(6) 外伤引流　以纱布条引流最为常用，多用于深在化脓感染创的炎性净化阶段。把纱布条适当地导入创底和弯曲的创道，就能将创内的炎性渗出物引流至创外。作为引流物的纱布条，根据创腔的大小和创道的长短，可做成不同的宽度和长度。纱布条越长，则其条幅也应宽些。将细长的纱布条导入创内时，因其形成圆球而不起引流作用。引流纱布是将适当长、宽的纱布条浸以药液（如青霉素溶液、中性盐类高渗溶液、奥立夫柯夫氏液、魏斯聂夫斯基氏流膏等），用长镊子将引流纱布条的两端分别夹住，先将一端疏松地导入创底，另一端游离于创口下角。

(7) 外伤包扎　外伤包扎，应根据外伤具体情况而定。一般经外科处理后的新鲜创都要包扎。当创内有大量脓汁、厌氧性及腐败性感染，以及炎性净化后出现良好肉芽组织的外伤，一般可不包扎，采取开放疗法。外伤绷带用3层，即从内向外由吸收层、接受层和固定层组成。

(8) 全身疗法　受伤宠物是否需要全身性治疗，应按具体情况而定。许多受伤宠物因组织损伤轻微、无外伤感染及全身症状等，可不进行全身性治疗。当受伤宠物出现体温升高、精神沉郁、食欲减退、白细胞增数等全身症状时，则应施行必要的全身性治疗，防止病情恶化。例如，对污染较轻的新鲜创，经彻底的外科处理以后，一般不需要全身性治疗；对伴有大出血和外伤愈合迟缓的宠物，应输入血浆代用品或全血；对严重污染而很难避免外伤感染的新鲜创，应使用抗生素或磺胺类药物，并根据伤情的严重程度，进行必要的输液、强心措施，注射破伤风抗毒素或类毒素；对局部化脓性炎症剧烈的病畜，为了减少炎性渗出和防止酸中毒，可静脉注射10%葡萄糖酸钙溶液10～20ml和5%碳酸氢钠溶液10～100ml，必要时连续使用抗生素或磺胺类制剂以及进行强心、输液、解毒等措施；疼痛剧烈时，可肌肉注射度冷丁或氯丙嗪。

【实训报告】　简述外伤的治疗方法。

实训二　脓肿的诊治技术

【实训目标】　了解脓肿的病因，掌握脓肿的诊断与治疗方法。

【实训材料及设备】

1. 动物：患病宠物。

2. 器械：止血钳、手术刀、手术镊、探针、体温计、听诊器、缝合针、缝合线、持针器、注射器等。

3. 材料：消毒乳胶手套、绷带、纱布等。

4. 药品：高锰酸钾、新洁尔灭、龙胆紫溶液、酒精、碘酊、青霉素、0.25%普鲁卡因溶液、10%盐水、生理盐水、鱼石脂软膏、鱼石脂樟脑软膏、复方醋酸铅溶液、鱼石酯酒精等。

【实训内容及方法】

1. 脓肿的诊断　浅在性脓肿诊断并不困难，深在脓肿诊断比较困难，确诊可进行穿刺或超声波检查后确诊。后者不但可确诊脓肿是否存在，还可确定脓肿的部位和大小。穿刺时当肿胀尚未成熟或脓腔内脓汁过于黏稠时常不能排出脓汁，但在后一种情况下针孔内常有干涸黏稠的脓汁或脓块附着。根据脓汁的性状并结合细菌学检查，可进一步确定脓肿的病原菌。但注意与血肿、淋巴外渗和疝的区别。

2. 脓肿的治疗方法

(1) 保守疗法

①消炎止痛及促进炎症产物消散与吸收：当局部肿胀正处于急性炎性细胞浸润阶段可局部涂擦樟脑软膏，或用冷疗法（如复方醋酸铅溶液、鱼石脂酒精），以抑制炎性渗出并具有消肿止痛的功效。当炎性渗出停止后，可用温热疗法、短波透热疗法、超短波疗法以促进炎症产物的消散吸收。局部治疗的同时，可根据患病动物的情况适当配合抗生素、磺胺类药物等进行对症治疗。

②促进脓肿的成熟：当局部炎症产物已无消散吸收的可能时，局部可用鱼石脂软膏、鱼石脂樟脑软膏、超短波疗法、温热疗法等以促进脓肿的成熟。待局部出现明显波动时，应立即进行手术治疗。

(2) 手术疗法　脓肿形成后其脓汁常不能自行消散吸收，因此，只有当脓肿自溃排脓或手术排脓后经过适当地处理才能治愈。脓肿时常用的手术疗法有：

①脓汁抽出法：适用于关节部脓肿膜形成良好的小脓肿。其方法是利用注射器将脓肿腔内的脓汁抽出，然后用生理盐水反复冲洗脓腔，抽净腔中的液体，最后灌注混有青霉素的溶液。

②脓肿切开法：脓肿成熟出现波动后立即切开。切口应选择波动最明显且容易排脓的部位。按手术常规对局部进行剪毛消毒后再根据情况作局部或全身麻醉。切开前为了防止脓肿内压力过大脓汁向外喷射，可先用粗针头将脓汁排出一部分。切开时一定要防止损伤对侧的脓肿膜。切口要有一定的长度并作纵向切口以保证在治疗过程中脓汁能顺利地排出。深在性脓肿切开时除进行确实麻醉外，最好进行分层切开，并对出血的血管进行仔细的结扎或钳压止血，以防引起脓肿的致病菌进入血液循环，而被带至其他组织或器官发生转移性脓肿。脓肿切开后，脓汁要尽力排净，但切忌用力压挤脓肿壁（特别是脓汁多而切口过小时），或用棉纱等用力擦拭脓肿膜里面的肉芽组织，这样就有可能损伤脓肿腔内的肉芽组织而使感染扩散。如果一个切口不能彻底排空脓汁时也可根据情况作必要的辅助切口。对浅在性脓肿可用防腐液或生理盐水反复清洗脓腔。最后用脱脂纱布轻轻吸出残留在腔内的液体。切开后的脓肿创口可按化脓创进行外科处理。

③脓肿摘除法：常用于治疗脓肿膜完整的浅在性小脓肿。此时注意勿损伤刺破脓肿

膜，预防新鲜手术创的污染。

【实训报告】 写出实训报告。

实训三 眼科疾病的常规检查

【实训目标】 掌握眼科疾病常规检查方法和内容。

【实训材料及设备】

1. 动物：成犬与猫各1只。

2. 器械：聚光灯、角膜镜、检眼镜、手术镊等。

3. 药品：2%荧光素、生理盐水、阿托品、新洁尔灭等。

【实训内容及方法】

1. 眼眶检查 用肉眼观察眼眶有无肿胀、肿瘤和外伤等。

2. 眼睑检查 用肉眼观察眼睑是否有先天性异常、位置和皮肤变化等；观察眼裂大小，有无眼裂闭合不全，上眼睑是否下垂，有无上下眼睑内翻、外翻、倒睫、睫毛乱生等；最后应观察眼睑有无红肿、外伤、溃疡、瘘管、皮疹、脓肿等。

3. 泪器检查 用肉眼观察泪器的色彩，有无肿胀、泪点与小泪管有无闭塞、狭窄，是否通畅。观察泪囊部有无红肿、压痛、瘘管、肿块等。

4. 结膜检查 检查之前将上眼睑翻转，充分暴露睑结膜、结膜穹窿部和球结膜，用肉眼观察睑结膜、结膜穹窿部和球结膜的颜色、光滑度，有无异物、肿胀、外伤、溃疡、肿块、滤泡、分泌物等情况。

5. 眼球检查 用肉眼观察眼球的大小，是否有萎缩或膨大，其位置有无突出或内陷现象。

6. 角膜检查

(1) 聚光灯检查 常用聚光灯以不同角度照射角膜各部，注意观察有无角膜翳、新生血管、缺损、溃疡、瘘管以及角膜穹窿程度的变化。聚光灯检查时也可以配合放大镜检查，可使病变看得更清楚，可发现细小的病变和异物。

(2) 角膜镜检查 如同心环影像形态规则，则表示角膜表面完整透明，弯曲度正常；同心环呈梨形，则表示圆锥形角膜；同心环线条出现中断，则表示角膜有混浊或异物。

(3) 角膜染色检查 在角膜表面滴1滴2%荧光素，然后用生理盐水冲洗，病变处就染成绿色。

(4) 角膜瘘管检查 在角膜表面滴1滴2%荧光素，不冲洗，用一手拇指和食指分开眼裂，同时轻轻压迫眼球，观察角膜表面，如发现有一绿色流水线条不断激流，则瘘管就在流水线条的顶端。

7. 巩膜检查 注意观察巩膜血管的变化，如巩膜表面充血等。

8. 眼前房 检查观察眼前房应注意其深浅及眼房液是否混浊。

9. 虹膜检查 检查虹膜时，应与健侧进行比较，注意观察虹膜的颜色、位置、纹理，有无缺损、囊肿、肿瘤、异物、新生血管等。

10. 瞳孔检查 要注意其大小、位置、形状以及对光的反应等。

11. 晶状体　检查前先用阿托品点眼，使瞳孔散大后，再检查晶状体有无混浊、色素附着、位置是否正常。

12. 玻璃体和眼底检查　检查玻璃体和眼底必须利用检眼镜，检查前先在被检眼滴入1%硫酸阿托品溶液进行散瞳。检查者右手持检眼镜，左手固定上下眼睑，光源对准患眼瞳孔，检查者的眼应立即靠近镜孔，转动镜上的圆板，直至清晰地看到眼底为止。

眼底检查的顺序，通常是先找到视神经乳头，观察其大小、形状、颜色，边缘是否整齐，有无凹陷或隆起，然后再观察绿毡和黑毡。

检查视网膜时，应注意有无出血、渗出、隆起和脱离，特别要注意血管的粗细、弯曲度、动静脉血管直径的比例、动脉血管壁的反光程度。

【实训报告】　写出实训报告。

实训四　脐疝的诊治

【实训目标】　了解脐疝的组成，掌握脐疝的诊断与治疗方法。

【实训材料及设备】

1. 动物：患脐疝的犬或成猫各1只。

2. 器械：止血钳、手术刀、手术镊、体温计、听诊器、缝合针、缝合线、持针器、注射器等。

3. 材料：消毒乳胶手套、绷带、纱布等。

4. 药品：高锰酸钾、新洁尔灭、酒精、碘酊、青霉素、0.25%普鲁卡因溶液、生理盐水等。

【实训内容及方法】

1. 疝的诊断　疝的诊断并不困难，一般根据临床症状：疝缺乏炎性症状不疼痛，柔软，有弹性及压缩性；容积可随腹压的增加而增大，腹压缩小而缩小；具有还纳性，压迫或体位改变可完全消失，但除去压迫或恢复原位又可脱出；有疝门。但注意与脐部脓肿和肿瘤等相区别，必要时可进行穿刺，根据穿刺液的性质可做出诊断。

2. 疝的治疗

（1）非手术疗法（保守疗法）　适用于疝轮较小，年龄小的动物。可用疝带（皮带或复绷带）、强刺激剂等促使局部炎性增生闭合疝口。但强刺激剂常能使炎症扩展至疝囊壁与肠管发生粘连。国内有人用95%酒精（碘液或10%～15%氯化钠溶液代替酒精），在疝轮四周分点注射，每点3～5ml，取得了一定效果。

幼龄动物可用一大于脐环的、外包纱布的小木片抵住脐环，然后用绷带加以固定，以防移动。若同时配合疝轮四周分点注射10%氯化钠溶液，效果更佳。

（2）手术疗法　比较可靠。术前禁食。按常规无菌技术施行手术。全身麻醉或局部浸润麻醉，仰卧保定，切口在疝囊底部，呈梭形。皱襞切开疝囊皮肤，仔细切开疝囊壁，以防止损伤疝囊内的脏器。认真检查疝内容物有无粘连和变性、坏死。仔细剥离粘连的肠管，若有肠管坏死，需实行肠部分切除术。若无粘连和坏死，可将疝内容物直接还纳腹腔内，然后缝合疝轮。若疝轮较小，可做荷包缝合，或纽扣缝合，但缝合前需将疝轮光滑面作轻微切割，形成新鲜创面，以便于术后愈合。如果病程较长，疝轮的边缘变厚变硬，此时一方面需要切割疝轮，形成新鲜创面，进行纽扣状缝合，另一方面在闭合疝轮后，需要分离囊壁形成左右两个纤维组织瓣，将一侧纤维组织瓣缝在对侧疝轮外缘上，然后将另一侧的组织瓣缝合在对侧组织瓣的表面上。修整皮肤创缘，皮肤作结节缝合。

【实训报告】　写出实训报告。

实训五　骨折的诊断与治疗

【实训目标】　掌握宠物骨折的诊断方法与治疗技术。

【实训材料及设备】

1. 动物：患骨折的犬或猫1只。

2. 器械：体温计、听诊器、X线、外科常用手术器械1套等。

3. 材料：消毒乳胶手套、绷带、纱布、竹片或木条、棉花、髓内针（钉）、接骨板等。

4. 药品：高锰酸钾、新洁尔灭、酒精、碘酊、青霉素、0.25%普鲁卡因溶液、生理盐水等。

【实训内容及方法】

1. 骨折的诊断

（1）病史调查　主要了解动物患病的经过与致伤后的表现。

（2）临床检查　应注意以下几点。

①机能障碍：因疼痛和骨折后肌肉失去固定的支架，致使肢体不能屈伸，而出现显著的跛行。

②变形：由于骨折断端移位、肌肉保护性收缩和局部出血，使骨折外形和解剖位置发生改变。

③疼痛：骨折后骨膜、神经受损，病犬明显疼痛，常见全身发抖等表现。

④异常活动和骨摩擦音：全骨折时，活动远侧端，出现异常活动，并可听到或感觉到骨断端的骨摩擦音。

⑤肿胀：骨折部位出现肿胀，是由于出血和炎症所引起。

⑥开放性骨折：除具有上述闭合性骨折的基本症状外，尚有新鲜创或化脓创的症状。

（3）X线检查　必要时可进行X线检查来确定骨折的性质。

2. 骨折的治疗

（1）治疗的原则　紧急救护，正确复位，合理固定，促进愈合，恢复机能。

（2）紧急救护　骨折发生后，于原地进行救治，主要是保护伤部，制止断端活动，防止继发性损伤。应就地取材，用竹片、小木板、树枝、纸壳等材料，将骨折部固定。严重的骨折，要防治休克和出血，并给予镇痛剂，如吗啡、哌啶等药物。对开放性骨折，要预防感染，可于患部涂布碘酊，创内撒布抗生素等药物，然后进行包扎。

(3) 正确复位　骨折复位是使移位的骨折断端重新对位，重建骨骼的支架作用。时间要越早越好，力求作到一次整复正确。为了使整复顺利进行，应尽量使复位无痛和局部肌肉松弛，可选用局部浸润麻醉或神经阻滞麻醉。必要时可采用全身浅麻醉。

整复时对轻度移位的骨折，可由助手将病肢远端进行适当的牵引后，术者用手托压、挤按手法，即可使断端对正。对骨折部肌肉强大而整复困难时，可用机械性牵引法，按“欲合先离，离而复合”的原则，先轻后重，沿着肢体纵轴作对抗牵引，采用旋转、屈伸、托压、挤按、摇晃等手法，以矫正成角、旋转、侧方移位等畸形。复位是否正确，要根据肢体外形，特别是与健肢对比，检查病肢的长短、方向，并测量附近几个突起之间的距离，以观察移位是否已得到矫正。有条件的最好用 X 线检查配合整复。

(4) 合理固定　骨折复位以后，为了防止再移位和保证断端在安静状态下顺利愈合，必须对患部进行有效的固定。

①外固定：常用的外固定方法有夹板绷带、石膏绷带、支架绷带等。

夹板绷带　主要用于四肢骨折的固定，通常需同石膏绷带、水胶绷带、支架绷带配合使用。选择具有韧性和弹性的竹片、木条、厚纸片或金属板条，按肢体形状制成相符的弯度，为了防止夹板上、下、左、右串动，可将其编成帘子，固定前对患部清洁消毒和涂布外敷药，外用绷带包扎，依次装上衬垫（棉花、毛毯片等），放好夹板，用布带或细绳捆绑固定。

石膏绷带　骨折整复后，刷净皮肤上的污物，涂布滑石粉，然后于肢体上、下端各绕一团薄的纱布棉花衬垫物。同时将石膏绷带浸没于 30～35℃温水中，直到气泡完全排出时为止（约 10min），取出绷带，挤出多余的水分。先在患肢远端作环形带，后作螺旋带向上缠绕直到预定的部位，每缠一层，都必须均匀地涂抹石膏泥，石膏绷带上、下端不能超出衬垫物。在包扎最后一层时，必须将上、下衬垫物向外翻转，包住石膏绷带的边缘，最后表面涂石膏泥，并写上受伤及装置的日期。为了加速绷带硬化，可用电吹风机吹干。

当开放性骨折时，为了观察和处理创伤，常应用有窗石膏绷带。“开窗”的方法是在创口覆盖消毒的创伤压布，将大于创口的杯子或其他器皿放于布巾上，固定杯子后，绕过杯子按前法统绕石膏绷带，最后取下杯子，将窗口边缘用石膏泥涂抹平滑。此外，亦可以在缠好石膏绷带后用石膏刀切开制作窗口。

为了便于固定和拆除，也可用预制管型石膏绷带，即将装着的石膏绷带在未完全硬固前沿纵轴剖开，即成两页，待干硬后，再用布带固定于患部，这种绷带便于检查局部状况，当局部血液循环不良时，可以适当放松，肿胀消退时也可以适当收紧。

支架绷带　主要用于四肢腕、跗关节以上的骨折，可以制止患肢屈曲、伸展，降低患肢的活动范围，以防止骨折断端再移位。常与夹板绷带、内固定等结合使用。犬用托马斯（Thomas）支架绷带效果较好，即用直径 0.3～0.5cm 的铝棒或钢筋制成。由上面的近似圆形的支架环和与之相连的两根支棒构成。环的大小和角度要适合前臂和胸壁间，或大腿与胁腹间的形状，勿使与肩胛部、髋结节等部位摩擦。前、后肢的支架棒要弯成和肘关节、膝关节、跗关节相符的角度。

②内固定：用手术方法暴露骨折段，进行整复和内固定，可使骨折部达到解剖学部位和相对固定的要求，特别是当闭合复位困难，整复后又有迅速移位，外固定达不到复位要求以及陈旧性骨折不愈合时，采用切开复位和内固定的方法是有效的。内固定的方法很多，应用时要根据骨折部位的具体情况灵活选用。

髓内针（钉）固定 本法适用于臂骨、股骨、桡骨、胫骨等骨干的横骨折。髓内针长度和粗细的选择，应以患骨的长度及骨髓腔最狭处的直径为准，过短过细的针达不到固定作用。

接骨板固定 是内固定应用最广泛的一种方法，适用于长骨骨体中部的斜骨折、螺旋骨折、尺骨肘突骨折以及严重的粉碎性骨折等。接骨板的长度，一般约为需要固定骨骼直径的3～4倍，结合骨折类型，选用4、6或8孔接骨板。固定接骨板的螺丝钉，其长度以刚穿过对侧骨密质为宜，过长会损伤对侧软组织，过短则达不到固定的目的。骨骼的钻孔，以手摇骨钻较好，电钻钻孔过快可产生高热而使骨骼坏死。钻孔位置、方向要正确，不然螺丝钉可能折断或使接骨板松动。

螺丝钉固定 某些长骨的斜骨折、螺旋骨折、纵骨折或膝盖骨骨折、髁部骨折等，可单独或部分地用螺丝钉固定，根据骨折的部位和性质，再加用其他内固定法。

钢丝固定 主要用于上颌骨和下颌骨的骨折，某些四肢骨骨折可部分地用钢丝固定用外固定以增强支持。

内固定有时因固定不牢固或骨骼破裂而失败，为此必须正确地选用固定方法，并应加内固定时，必须严格地遵守无菌操作，细致地进行手术。最大限度地保护骨腔和减少骨折部神经、血管的损害，积极主动地控制感染，这些都是提高治愈率的必要条件。

骨折后，若能合理的治疗，在正常情况下，经过7～10周，可以形成坚固的骨痂，此时某些内固定物（接骨板、螺丝钉）须再次手术拆除。

(5) *药物疗法* 中西医结合治疗骨折，可以加速愈合。

①外敷药：可灵活选用消肿止痛、活血散淤的中药。

铁瓦散 乳香（炒）、没药（炒）、自然铜（锻醋淬）、生半夏、南星、土鳖虫、五加皮、陈皮各等份，共研细末，鸡蛋清调和包裹患部，外用夹板固定。

白芨膏 白芨120g，乳香、没药各30g，研为细末，醋500ml。先将醋加温，加入白芨粉熬成糊状，待冷至不烫手后，加入乳香、没药，搅拌均匀，涂于骨折部周围，用宽绷带缠紧，稍干后，外加夹板绷带固定。

②内服药：可服用云南白药或七厘散等。为了促进骨痂的形成，可给予维生素A、维生素D及鱼肝油、钙片等。

(6) *物理疗法* 骨折愈合的后期，常出现肌肉萎缩、关节僵硬、病理性骨痂等，为了防止这些后遗症的发生，可进行局部按摩、搓擦，增强功能锻炼，同时配合直流电钙离子植入疗法、中波透热疗法或紫外线疗法。

(7) 开放性骨折除按上述方法治疗之外，预防感染十分重要，要彻底地清洁创伤，同时应用抗生素疗法。

【实训报告】 写出实训报告。

实训六 难产的诊断与助产

【实训目标】 掌握难产的诊断方法和助产技术。

【实训材料及设备】

1. 动物：患难产的犬或猫 1 只。

2. 器械：体温计、听诊器、导尿管、X 线、外科常用手术器械 1 套等。

3. 材料：消毒乳胶手套、绷带、纱布等。

4. 药品：高锰酸钾、新洁尔灭、酒精、碘酊、青霉素、0.25%普鲁卡因溶液、生理盐水等。

【实训内容及方法】

1. 难产的诊断

（1）病史调查 主要了解动物分娩过程中的表现，是否超过了正常分娩时间。

（2）临床检查

①阵缩及努责微弱所引起的难产：指母犬在分娩过程中，阵缩和努责无力，超过了正常分娩时间，不见胎儿娩出。多见老弱、肥胖、妊娠中缺乏运动或怀胎儿过多等，可引起阵缩及努责微弱。

②产道狭窄所引起的难产：如子宫颈狭窄、阴通及阴门狭窄、骨盆腔狭窄以及产道肿瘤等，可影响胎儿娩出。母犬不到繁殖年龄，过早配种受胎，常引起产道狭窄。

③胎儿异常所引起的难产：包括胎儿过大、双胎难产（两胎儿同时陷入产道）、胎位不正（横腹位、横背位、侧胎位等）、畸形胎、气肿胎等。

2. 难产的助产

（1）首先对患病动物进行全身检查，必要时可进行强心补液。

（2）对阵缩及努责微弱所引起的难产 可应用药物催产，垂体后叶素 2～15 IU、催产素（缩宫素）5～10 IU、已烯雌酚 0.5～1mg，皮下或肌肉注射。注射后 3～5min 子宫开始收缩，可持续 30min，然后再注射 1 次，同时配合按压腹壁。

（3）对产道狭窄和胎儿异常所引起的难产 经助产无效时，可施行剖腹产手术。

【实训报告】 写出实训报告。

实训七 子宫蓄脓的诊治

【实训目标】 掌握子宫蓄脓的诊断方法和治疗技术。

【实训材料及设备】

1. 动物：患子宫蓄脓的犬或猫 1 只。

2. 器械：体温计、听诊器、X 线等。

3. 药品：已烯雌酚、垂体后叶素、樟脑磺酸钠注射液、生理盐水、5%葡萄糖、高锰酸钾、酒精、碘酊、青霉素等。

【实训内容及方法】

1. 子宫蓄脓的诊断

（1）病史调查　主要了解动物分娩时间，阴道分泌物的性状与气味。

（2）临床检查　精神沉郁，食欲不振，烦渴，呕吐，多尿，呼吸增数，体温有时升高。腹部膨大，触诊疼痛。有时伴发顽固性腹泻。阴门肿大，排出一种难闻的具有特殊甜味的脓汁，在尾根及外阴部周围有脓痂附着。

（3）X线检查　用X线检查即可确诊。

2. 子宫蓄脓的治疗

（1）促进子宫内脓汁的排出　可肌肉注射已烯雌酚0.2～0.5mg，3～4d后再注射垂体后叶素2～5 IU。子宫颈开张后可用0.1%高锰酸钾冲洗。

（2）为防止败血症发生　可静脉或肌肉注射抗生素。根据病情适当补液。

（3）强心补液　樟脑磺酸钠注射液0.05～0.1g、生理盐水50～250ml、5%葡萄糖50～250ml等。

【实训报告】写出实训报告。

实训八　尿石症的诊断与治疗

【实训目标】　掌握宠物尿石症的诊断方法和治疗技术。

【实训材料及设备】

1. 动物：患尿石症的犬或猫1只。

2. 器械：体温计、听诊器、导尿管、X线、外科常用手术器械1套等。

3. 材料：消毒乳胶手套、绷带、纱布等。

4. 药品：高锰酸钾、新洁尔灭、酒精、碘酊、青霉素、0.25%普鲁卡因溶液、生理盐水等。

【实训内容及方法】

1. 尿石症的诊断

（1）病史调查　主要了解排尿量及排尿时有无腹痛和血尿。

（2）临床检查　主要症状是排尿障碍、肾性腹痛和血尿。由于尿石存在的部位及对组织损害程度不同，其临床症状也不一致。如肾盂结石时多呈肾盂炎症状，可见血尿，肾区疼痛，严重时形成肾盂积水；输尿管结石时病犬不愿运动，表现痛苦，步行拱背，腹部触诊疼痛；膀胱结石时表现尿频和血尿，膀胱敏感性增高；尿道结石时排尿痛苦，排尿时间延长，尿液呈断续状或滴状流出，有时排尿带血。尿道完全阻塞时，则发生尿闭、肾性腹痛。导尿管探诊插入困难。膀胱膨满，按压时不能使脓液排出。时间拖长，可引起尿毒症或膀胱破裂。

（3）尿道探诊　可用导尿管进行探诊，来确定尿道结石的位置。

（4）X线造影检查　用X线造影技术，来确定结石的位置。

2. 尿石症的治疗

（1）当有尿石形成可疑时，应给予矿物质含量少而富含维生素A的食物，并给大量清洁饮水，增加尿量，来稀释尿液，借以冲出尿液中的细小结石。同时还可以冲洗尿道，使细小的结石随尿排出。对体积较大的结石，并伴发尿路阻塞时，需及时施行尿道切开术或膀胱切开术。

（2）为预防感染，可应用抗生素，如青霉素等。

（3）对磷酸盐和草酸盐结石，可给予酸性食物或酸制剂，使尿液酸化，对结石有溶解作用。尿酸盐结石可内服异嘌呤醇4mg/（kg·d），以防止尿酸盐凝结。对胱氨酸结石应用D-青霉胺25～50mg/（kg·d），使其成为可溶性胱氨酸复合物，由尿排出。

（4）为防止尿结石复发，可内服水杨酰胺0.5～1片/d。

【实训报告】 写出实训报告。